教育部高等学校软件工程专业教学指导委员会
软件工程专业推荐教材
高等学校软件工程专业系列教材

U0103698

智能机器人导论

微课视频版

朱 明 主编

樊 鑫 马艳华 马洪连 编著

清华大学出版社
北京

内 容 简 介

本书系统、全面地介绍了机器人感知、处理和控制的关键技术、方法和应用。本书共 7 章,内容包括机器人的组成结构、机械装置、感知系统、处理系统、电源系统、驱动与运动控制系统,以及近年来在各类智能机器人系统中出现的视觉识别、路径规划和导航技术。书中还穿插了 ROS、PID 控制和模糊 PID 控制等机器人关键系统的基础知识。本书内容新颖,基础理论、应用技术与应用案例相结合,方便读者快速学习机器人知识,掌握机器人智能化技术,了解行业发展趋势。

本书可作为高等院校软件工程、计算机、自动化、机电一体化和信息工程等相关专业的本科生教材,也可作为工程技术人员与科研工作者的参考书籍。

图书在版编目(CIP)数据

智能机器人导论:微课视频版/朱明主编.—北京:清华大学出版社,2023.5
高等学校软件工程专业系列教材
ISBN 978-7-302-61517-0

Ⅰ.①智…　Ⅱ.①朱…　Ⅲ.①智能机器人－高等学校－教材　Ⅳ.①TP242.6

中国版本图书馆 CIP 数据核字(2022)第 141698 号

责任编辑:黄　芝　薛　阳
封面设计:刘　键
责任校对:韩天竹
责任印制:宋　林

出版发行:清华大学出版社
　　　　　网　　　址:http://www.tup.com.cn,http://www.wqbook.com
　　　　　地　　　址:北京清华大学学研大厦 A 座　　　邮　　编:100084
　　　　　社 总 机:010-83470000　　　　　　　　　邮　　购:010-62786544
　　　　　投稿与读者服务:010-62776969,c-service@tup.tsinghua.edu.cn
　　　　　质量反馈:010-62772015,zhiliang@tup.tsinghua.edu.cn
　　　　　课件下载:http://www.tup.com.cn,010-83470236
印 装 者:三河市君旺印务有限公司
经　　销:全国新华书店
开　　本:185mm×260mm　　　印　　张:21.5　　　　字　　数:527 千字
版　　次:2023 年 6 月第 1 版　　　　　　　　　　印　　次:2023 年 6 月第 1 次印刷
印　　数:1~1500
定　　价:69.80 元

产品编号:088968-01

前　言

2015 年 5 月以来,中央和地方政府陆续出台了一系列文件强调加快机器人发展。2021 年 3 月,全国人民代表大会通过的《中华人民共和国国民经济和社会发展第十四个五年规划和 2035 年远景目标纲要》中强调要推动制造业高端化智能化绿色化、推动机器人等产业创新发展。

当前,中国机器人市场已经进入了稳定增长期。仅工业机器人一项,2021 年中国规模以上工业企业的工业机器人产量累计达 366 044 套,同比增长 44.9%。工业机器人市场销量 24.8 万台,同比增长 46.1%。受地震、洪涝灾害和极端天气,以及矿难、火灾和安防等公共安全事件的影响,国内市场对特种机器人也有着突出的需求。但是,中国机器人的关键核心技术仍有待突破,亟待提升控制器、伺服电动机、操作系统等核心环节的国产替代率,提升服务机器人智能化和个性化水平,提升特种机器人的应用领域。而人才培养也成为解决机器人关键技术困扰、提升机器人智能水平的重要途径。

党的二十大报告提出,坚持把发展经济的着力点放在实体经济上,推进新型工业化,加快建设制造强国、质量强国、航天强国、交通强国、网络强国、数字中国。习近平新时代中国特色社会主义思想在深刻阐明中国式现代化是中国共产党领导的社会主义现代化内涵的同时,也十分明确地指出了全面建成社会主义现代化强国、以中国式现代化全面推进中华民族伟大复兴这一中心任务。智能机器人所蕴含的人工智能技术和机器人基础技术,正是实现新型工业化、实现现代化强国的重要支撑技术,本书也从人才培养的角度,肩负着这一重要历史使命。

智能机器人技术是一门多学科交叉的科学,包括传统机器人的机械设计与制造、电力电子、传感器、无线通信、机电一体化、精密仪器、信号处理、知识工程、专家系统、决策系统、自动控制和数据处理等技术,也包括机器人实现智能化所需的图像处理、图像识别和人工智能设备和技术等。

本书作者总结了大量教学经验和科研成果,吸收和借鉴了国内外的最新研究成果和应用技术。本书从理论介绍出发,通过结合实际案例、硬件电路或软件程序,理论密切联系实际,较为系统地介绍了智能机器人的关键技术及应用。本书对机器人的本体结构、感知系统、微控制系统和运动控制系统,以及代表智能化程度的机器视觉、路径规划和导航进行了叙述,并且介绍了水下机器人这一特种机器人的对应技术路线。此外,本书对电动机选型、ROS、PID 和模糊 PID 等相关技术也进行了阐述。

本书共 7 章。第 1 章介绍国内外机器人的发展历史、机器人的基本组成和分类、现代机器人的主要应用领域,并对水下机器人的分类、发展和应用进行了介绍。第 2 章介绍机器人的本体结构,讲述了机器人的基本外观结构和机械结构,以及机器人内部的电池与电源系统

II

组成，介绍了水下机器人的特殊组成结构。第 3 章介绍机器人的感知体系，讲述了传感器系统的组成和使用方法，列举了机器人系统常用的传感器类型和功能，介绍了水下领域常用的传感器。第 4 章介绍机器人的微控制系统，讲述了机器人常用的微处理器和微处理器系统板，详细说明了微处理器常用的控制接口，列举说明了常用传感器的接口和数据通信方式，介绍了机器人和水下机器人的常用数据通信技术。第 5 章介绍机器人的运动控制，主要包括机器人的运动结构、电动机和驱动电路，并且针对机器人最基本的运动控制算法进行了说明和仿真介绍。第 6 章介绍机器人的图像感知识别技术，从机器视觉的图像变换基础入手，叙述了机器视觉系统的发展、组成和应用现状，对机器视觉常用的图像处理技术进行了举例说明。第 7 章介绍机器人路径规划和导航技术，首先讲述了各类数字地图的特点与表示方法，以及建立在数字地图之上的各类路径规划方法，然后介绍了机器人操作系统 ROS，并举例说明了 ROS 下的 SLAM 仿真和 VSLAM 仿真，最后就无人驾驶技术中的路径规划与导航技术进行了说明。

选用本书作为教材，建议设置 32 学时的理论教学学时和 24 学时或 48 学时的实践教学学时，并根据学生专业特点适当调整课程内容，以满足不同专业学生的知识侧重点要求。

在本书的编写过程中，得到了大连理工大学软件学院、国际信息与软件学院、微电子学院的大力支持，书中水下机器人装备的内容得到了鹏城国家实验室的大力支持。特别感谢大连理工大学罗钟铉教授、王雷教授、吴国伟教授和刘日升教授等在本书成稿过程中的帮助，感谢大连理工大学 OurEDA 实验室的孙晋辰、刘翔宇、杨新磊、于汛和曹存曦等同学的工作。

智能机器人所涉及的技术领域十分广泛，涉及学科众多。由于编者水平有限、经验欠佳，书中不足之处在所难免，敬请读者和同行批评指正。

编　者

2023 年 1 月

目　录

V

VII

第 1 章   绪 论

机器人技术像计算机技术和移动通信技术一样,正在改变着人类的生活。计算机强大的运算处理能力改变了人类处理信息的方式,移动电话的便捷通信能力改变了人类沟通交流的方式,而机器人则结合了计算机和移动通信的优点,从更广泛、更深入的角度逐渐改变人类的生产生活方式,这种改变必将持续而漫长。

长久以来,人类一直渴望构建一种机器人社会,使用机器人来替代人类从事劳动。实际上,这样的社会已经逐渐到来:银行和酒店的服务机器人正在替代人类完成顾客接待、疑难解答和路线指引等工作;工厂中的各类工业机器人正在替代人类完成加工、焊接和组装等工作;仓储仓库中的搬运机器人正在替代人类完成货物的挑选、分拣和运送工作;自动驾驶汽车正在帮助人类完成泊车、车道辅助甚至自动驾驶等工作;家中的扫地机器人正在替代人类完成地面的清扫和擦拭工作。所有的这一切,从生产到生活、从工作到娱乐,都表明人类已经迈入了机器人时代。

1.1   机器人的定义

1.1.1 机器人的起源定义

机器人(Robot)无论是起源还是现在的各类宣传报道,给人们的直观印象都是一种具有人类形状的、能够直立行走且体积与人类近似的机器装置,即学术领域特指的"双足机器人",如本田公司的 ASIMO、波士顿动力公司的 Atlas、优必选公司的 Walker 等,如图 1.1 所示。这类机器人的高曝光率和所实现的人类行为更加深了机器人一词的专有性,也迫使其他类型的机器人必须增加定语构成专有名词,如水下机器人、工业机器人或扫地机器人等,如图 1.2 所示。

(a) 本田ASIMO机器人   (b) 波士顿动力Atlas机器人   (c) 优必选Walker机器人

图 1.1   几种较为常见的双足机器人

(a) 大连理工大学的水下机器人　(b) 比亚迪的工业机器人　(c) 科沃斯的扫地机器人

图 1.2　几种特殊用途的机器人

Robot 一词最早出现在 1920 年捷克作家卡雷尔·恰佩克的剧作《罗素姆的万能机器人》（*Rossum's Universal Robots*）中，剧中一位名为罗素姆的哲学家研制出一种机器人 R.U.R，其外形与人类相似，并可以自行思考，被资本家大批量制造来充当劳动力。机器人领域的"诺贝尔奖"——恰佩克奖正由此而来，以奖励在机器人领域做出贡献的组织和个人。

此外，Robot 一次来源于捷克语中的 Robota 和波兰语中的 Robotnik，原意都是"奴隶、仆人、苦工"，因此，机器人的起源定义，也是狭义的机器人定义，与当前的公众认知如出一辙，即替代人类工作、为人类服务的、与人类形态相似的机器装置。

1.1.2　机器人的广义定义

广义上，机器人的范围包含水下机器人、工业机器人和扫地机器人等各类辅助人类、替代人类完成各种工作的机器装置。广义上，机器人的定义包括以下几种。

（1）中国科学界的定义：机器人是一种自动化的机器，这种机器具备一些与人或生物相似的智能能力，如感知能力、规划能力、动作能力和协同能力，是一种具有高度灵活性的自动化机器。

（2）美国机器协会（Robot Institute of America，RIA）的定义：A robot is a reprogrammable，multifunctional manipulator designed to move material，parts，tools or specialized devices through variable programmed motions for the performance of a variety of tasks。

（3）日本工业规格标准（Japanese Industrial Standards，JIS）在 JIS B 0134 中对工业机器人的定义：自動制御によるマニピュレーション機能または移動機能を持ち、各種の作業をプログラムにより実行でき、産業に使用される機械（具有自动控制功能或移动功能，能够根据程序执行各种作业，用于工业的机器）。

（4）国际标准化组织（International Organization for Standardization，ISO）在 ISO 8373 中的定义：An automatically controlled，reprogrammable，multipurpose，manipulator programmable in three or more axes，which may be either fixed in place or mobile for use in industrial automation applications。

可见，广义的机器人定义已经远远超越了人形外观的局限性，即具有存储和判断能力的、具有执行能力的电子与机械装置的混合体，都属于机器人的范畴。

广义的机器人是替代人类劳动、推进社会发展的主要动力，在高性能计算机和无线通信等技术的推动下，机器人已经在执行精度、应用广度和智能化程度三个维度上实现了快速发展，不但实现了替代人类劳动的功能，还可以实现人类无法完成的工作。目前，世界上有数百万台工业机器人在工厂中完成铸造、锻造、焊接、切削、研磨、冲压、装配和检验等工作,数十万台物流机器人在仓库中完成货物的分拣、搬运、调取、存储和投送等工作,实现了替代人类工作的目标;而水下机器人可以实现上万米海底深处的探索和采样作业、芯片制造业的机器人可以实现芯片光刻和封装等流程的全无尘作业、核电站的机器人可以实现反应堆附近高辐射下的维护作业、空间站的机器人可以实现舱外真空环境下的各类维保作业,一定程度上实现了人类无法完成的工作。

1.1.3 机器人伦理学

近年来,机器人的快速发展,在生产制造业大量取代了人工劳动力,使劳动者产生了一定的敌视情绪和恐惧情绪,而《终结者》等科幻电影中塑造的高智商、高机动能力、合作工作、可以随意改变形态又很难消灭的、妄图消灭人类的暴力机器人表现出的种种超过人类的运动功能、执行功能和智能功能却正在变为现实。波士顿动力公司在视频网站发布的视频中,Atlas 机器人已经可以完成在不同高度箱子之间的跳跃和转身等动作,以及后空翻、跑步甚至跑酷等普通人类难以做到的动作,一旦人类为机器人赋予了可以反抗、可以攻击人类的指令,可能会出现难以预期的结果,如图 1.3 所示,这些更进一步加剧了人们对机器人的恐慌。

(a) 机器人攻击人类的合成视频截图　　(b) 机器人威胁人类的合成视频截图

图 1.3　美国影视公司 Corridor Digital 基于波士顿动力机器人合成的视频

实际上,机器人伦理学早在智能机器人诞生之前就已经建立,即 1942 年美国科幻小说家阿西莫夫提出的机器人三大定律。

定律 1：A robot may not injure a human being or, through inaction, allow a human being to come to harm(机器人不得伤害人类,或者因为不作为而导致人类受到伤害)。

定律 2：A robot must obey orders given it by human beings except where such orders would conflict with the First Law(机器人必须服从人类的命令,除非该命令与第一条定律冲突);

定律 3：A robot must protect its own existence as long as such protection does not conflict with the First or Second Law(机器人在不违反第一条和第二条定律的情况下要保护自己不受伤害)。

机器人三大定律随着电影 *I, Robot*(2004)的推出被民众所熟知,该电影描述了 2035 年,机器人进化出了自我思考能力,曲解了三大定律,认为人类之间的行为会危害人类的生存,进而"保护人类"、将人类囚禁在家中等一系列故事。机器人三大定律只能约束机器人的基础行为,阿西莫夫以及其他小说家和科学家又陆续对定律进行了诸多补充,形成了不同版本的约束机器人行为的定律,但最基础的仍然是机器人三大定律。机器人伦理学正是在三大定律基础之上建立的约束机器人行为、研究人类与机器人之间的关系的科学,每一个从事机器人学习、研究、生产和制造的人都应当熟知机器人伦理学,合理处理人类与机器人之间的关系。

1.2　机器人的发展历史

现代意义上的机器人已经不包括人类自身,且人类应平等对待机器人和其他事物,因此Robot 的起源只能代表历史,不代表现在和未来。

1.2.1　古代机器人

中国古代的"偶"和"佣",欧洲早期的"Mechanical doll"(机械玩偶)都带有机器人的含义,但由于当时并不存在电子设备,因此,这一类机器人多以机械结构为主,或者依靠机械结构实现一些简单的记忆功能。

1. 古代中国的机器人

中国最早的机器人可以追溯到"指南车",如图 1.4(a)所示,《太平御史》中记载其出现于黄帝与蚩尤的逐鹿之战,部分文献也记载为西汉或三国时代。指南车是一种不依靠地磁、而依靠机械传动来指示方向的装置,当被人力或畜力拖动时,依靠车内的机械传动系统来传递两个车轮的差动,以带动车上的指向手臂实现与车辆转向相反且大小相同的角度转动,实现手臂指向始终与出发时设定的指向相同的功能。

《墨子·备城门》和《韩非子·外储说左上》中记载了墨家发明的连弩车、转射机、木鸢和籍车等装置,其中的连弩车是一种置于城墙上,可同时放出大弩箭六十支、小弩箭无数支的大型机械装置,如图 1.4(b)所示,其巧妙之处在于长为十尺的弩箭的箭尾用绳子系住,射出后能用辘轳迅速卷起收回,重复使用。

《墨子·鲁问》记载了鲁班木鹊的发明,"公输子削竹木以为鹊,成而飞之,三日不下,公输子自以为至巧。子墨子谓公输子曰:'子之为鹊也,不如匠之为车辖,须臾斫三寸之木,而任五十石之重。故所为功回,利于人谓之巧,不利于人谓之拙。'"木鹊如图 1.4(c)所示,这段记载也印证了古代机器人的目的,即服务人类,提升生产效率,提升生活品质。

(a) 指南车复原图　　　(b) 墨家连弩车(游戏图)　　　(c) 鲁班木鹊

图 1.4　中国古代机器人图

《后汉书·张衡传》中所记载的浑天仪、地动仪和记里鼓车作为东汉时期科技水平的知名代表,实现了更为复杂的感知功能和机械功能。《后汉书·张让传》记载了毕岚的龙骨水车"作翻车,渴乌,施于桥西,用洒南北郊路",是世界上出现最早、流传最久远的农用水车,如图 1.5(a)所示。

《三国志·蜀志·诸葛亮传》中记载的诸葛亮的木牛流马、诸葛连弩已经被世人所熟知，"亮性长于巧思，损益连弩，木牛流马，皆出其意""建兴九年，亮复出祁山，以木牛运，粮尽退军；十二年春，亮悉大众由斜谷出，以流马运，据武功五丈原，与司马宣王对于渭南。"与木牛流马依然没有完整的复原图相比，记里鼓车及其各种改良版广泛地被《古今注》《晋书·舆服志》《宋书·礼志》《隋书》《宋史》《金史》等古籍所记载，也被完整地进行了还原，如图1.5(b)所示。

唐代也包含一系列具有跨时代意义的机器人发明，《新唐书·天文志》记载的"浑天铜仪"："立木人二于地平之上：其一前置鼓以候刻，至一刻则自击之；其一前置钟以候辰，至一辰亦自撞之"，就是世界上最早的一座自动机械计时器，而且运用了复杂的"水轮联动擒纵机构"，电视剧《长安十二时辰》中则对该机器进行了高度还原，如图1.5(c)所示。

(a) 龙骨水车　　　　　　(b) 记里鼓车　　　　(c) 浑天铜仪(电视剧照)

图1.5　中国古代机器人图

《新仪象法要》《元史·天文志》《元氏掖庭记》等资料则记载了宋元时期人们对天象和时间的痴迷。《虞初新志·黄履庄传》中记载了黄履庄发明的发条玩具"自动木人，长寸许，置桌上，能自动行走，手足皆自动，观者以为神"，发条的发明使机器人摆脱了传统动力来源的束缚。《新齐谐》中记载了更先进的机器人系统"乾隆二十九年(1764)，西洋贡铜伶十八人，能演《西厢》一部。人长尺许，身躯耳目手足，悉铜铸成，其心腹肾肠，皆用关键凑接，如自鸣钟法……"。《清朝野史大观》中则记载了世界上最早的书法机器人为乾隆书写"万寿无疆"的故事等。

2. 古代国外的机器人

与中国古代机器人起源于机械结构相比，欧洲机器人则起源于各类神话故事，其创意也更为超前：火神赫菲斯托斯(Hephaestus)使用数不清的"机器人"和"机械狗"为其工作，代达罗斯(Daedalus)则是生命和机械的结合体等。

早期的国外机器人大多记载于欧洲的笔记和传说中，如意大利外交家克雷莫纳德·鲁伊普兰记载的君士坦丁堡拜占庭皇宫里的王座厅、罗贝尔的日记中所描述的铜质机械运动装置、神学家马格努斯制造的一个能蹦、能跳、能做家务的"机器人"、西班牙阿拉贡国王费迪南一世宫廷上的"娱乐机器人"等。

有文献记载的机器人起源于文艺复兴时期，达·芬奇(Leonardo da Vinci)的手稿记录了他的各类设计：表面覆盖了多层金属板以防士兵遭受敌人炮火攻击的装甲车(Armoured Car)、既能独立发射又能同步操作还可以自由移动的机关枪(Machine Gun)、左右两翼像鸟儿翅膀的仿生扑翼飞机(Ornithopter)等，如图1.6所示。此外，达·芬奇晚年还设计了一系列能够自由行走的机器人和机械狮，如图1.7所示。

(a) 装甲车

(b) 机关枪

(c) 扑翼飞机

图 1.6　达·芬奇设计的机械装置的手稿图

(a) 机器人外观图

(b) 机器人内部结构图

(c) 机器狮外观和内部结构

图 1.7　还原后的达·芬奇设计的机器人和机器狮

意大利发明家 Gianello Torriano 于 1540 年发明的可以演奏曼陀林的女机器人、法国钟表师 Juanelo Turriano 于 1560 年左右发明的可以行走和执行祷告动作的机械修道士、法国技师 Jaques de Vaucanson 于 1738 年发明的会嘎嘎叫、会游泳和喝水，甚至还会进食和排泄的机器鸭，上述几种机器人的相同之处在于使用机械模拟生物行为。同时期这类机器人的巅峰代表作当归属于瑞士钟表匠 Pierre Jaquet Droz 和他儿子及徒弟共同完成的一系列人偶机器人：作家机器人由 6000 多个零件组成，利用凸轮技术控制男孩的每一次落笔，同时也精确地控制鹅毛笔在墨水瓶中蘸取墨水和下笔力度，通过设定事先编程好的 40 个字母的顺序排列组合，可以在纸上流畅地写出所有单词；画家机器人可以画出四幅不同的肖像画；音乐家机器人可以用风琴演奏出五种不同的歌曲，胸部还可以随着演奏时的呼吸而起伏，目前三个机器人都被收藏于瑞士的纳沙泰尔博物馆并定期展示，如图 1.8 所示。同期的西方国家的机器人从动力上已经摆脱了水动力，实现了发条、飞轮等机械元件的储能功能，也实现了更加精密、精准的齿轮传动，这一点是领先于中国的。

(a) 作家、画家和音乐家机器人实物图

(b) 作家机器人实物内部结构图

图 1.8　作家、画家和音乐家机器人实物图及作家机器人实物内部结构

上述装置都难以达到机器人的定义。主要原因是受限于设备动力来源和存储两方面：水动力限制了装置必须建造在有水资源的环境下，发条和飞轮本质上依然是人力；而装置可以实现的报时、书写和绘画功能依然是靠固定机构完成的，无法实现可修改的控制功能。

英国纺织工 James Hargreaves 发明的珍妮纺织机以及后续改进的走锭精纺机、James Watt 发明的蒸汽机解决了机器人的动力来源问题。法国丝绸织工 Joseph Marie Jacquard 于 1804 年发明的雅卡尔提花机则解决了机器人无法编程的问题，该纺织机采用穿孔卡片控制花样，预先根据设计图案在卡片上打孔，根据孔的有无来控制，工作效率提高到了老式提花机的 25 倍，其数据记录方式非常类似于初代电子计算机的打孔卡片编码。珍妮纺织机和雅卡尔提花机如图 1.9 所示。

(a) 珍妮纺织机外观图　　　　(b) 雅卡尔提花机外观图

图 1.9　珍妮纺织机和雅卡尔提花机

电的相关发明则从动力和控制两方面进一步推动了机器人的发展：Nikola Tesla 的遥控无人船（Remote Control Boat）使用电池作为能量来源，电动机作为动力装置，无线电作为通信信号，实现了机器装置在控制方式和动力来源上的突破，如图 1.10 所示。

(a) 遥控无人船现场演示图　　　　(b) 遥控无人船内部结构图

图 1.10　特斯拉的遥控无人船及其内部结构

具备人类的外形和功能一直是人们理想的机器人，瑞典发明家 August Huber 的 SABOR 系列机器人则率先实现了电力驱控＋人类外形＋人类行为的部分统一：使用蓄电池为机器人供电、通过短波无线电遥控机器人的行为、全身具备 24 个可以移动的关节实现接近人类的动作、可以实现举起手臂、弯曲手臂、转动头部、点头摇头、移动嘴唇和眨眼、用手枪射击和吸烟等动作，该机器人如图 1.11 所示。

(a) SABOR机器人外观照片　(b) SABOR机器人内部结构　(c) 工作人员维护SABOR机器人

图1.11　瑞典发明家 August Huber 的 SABOR 系列机器人

综上,东西方古代文明和近代文明对机器人的探索是多种多样的,从战争装备到民用设备、从生产工具到娱乐设施、从计时工具到天文星象机构、从仿鸟到仿人。这一系列的探索过程始终伴随着人类文明和科技的发展,从人力、畜力,到水动力、蒸汽机,再到电力,从手工和机械控制,到打孔编程控制,再到无线电遥控。但机器人对于生产力提升的效果并不明显,直到现代机器人,尤其是现代工业机器人的大规模出现,机器人才逐渐站上生产力和科技发展的舞台,实现了从固定作业机器人到感知作业机器人、再到智能作业机器人的三个发展阶段。

1.2.2　第一代：固定作业型机器人

早期数控机床(Computer Numerical Control,CNC)的出现为示教型机器人的发展奠定了技术基础,编程人员将加工部件的加工参数编写成程序,再由专门软件转换为数控程序,控制刀具和电动机,实现目标物的切割和加工等功能。

Joseph Engelberger 和 George Devol 联合成立的 Unimation 公司于1958年推出了第一款产品:一个可以自动完成搬运的液压机械手臂 Unimate。Unimate 于1961年开始在通用汽车公司新泽西工厂中服役,从事焊接工作,Unimate 开始工作就体现出机器人的诸多优点:动作精准、永不疲倦、不怕高温和环境污染,使其应用范围逐渐扩大到通用汽车公司的焊接、油漆、黏合和装配等工作,也扩展到了其他汽车公司的生产中。此外,Unimate 还进入日本市场,并与川崎重工合作开发了日本的第一台工业机器人 Kawasaki-Unimate 2000。Unimate 成为公认的第一台现代意义上的机器人,甚至登上电视节目完成发高尔夫球、倒啤酒、挥舞指挥棒,以及拉手风琴等工作,而 Joseph Engelberger 也当之无愧地成为世人公认的机器人之父。Unimate 机器人如图1.12所示。

(a) 电视节目中的Unimate　　　　　　(b) 汽车工厂中的Unimate

图1.12　Unimate 机器人

第一代示教型机器人带有明显的工业色彩：焊接、组装、搬运和装配，用以替代人类完成繁重的、有危险的工作，如汽车组装和制造等，也决定了这一类机器人的动力局限于庞大的液压驱动系统上。此外，这些机器人的工作环境和动作也相对固定，尽管在汽车制造等工业领域大放异彩，但在精密加工和精密制造业等领域却难以适应环境的变化。

1.2.3　第二代：感知作业型机器人

第一代示教型机器人只能在设定好的固定位置执行动作，无法实现基于外部环境执行的判断和选择功能。第二代机器人则实现了基于外部环境执行的判断和选择功能方面的突破，可以称之为带有逻辑判断能力的机器人。

Heinrich Ernst 在其 1962 年发表的论文 *MH-1, a computer-operated mechanical hand* 中介绍了 IBM 公司设计的机械手，该装置同时实现了数字计算机控制、电力驱动以及触觉感知能力三方面的突破。

图灵奖获得者、人工智能之父 John McCarthy 在 1968 年实现了一个基于图像和语音技术的机器人。它可以根据人类的指令寻找积木并抓取，开创了早期的机器视觉和语音识别技术的先河，扩展了机器人的感知范围和手段。机器人先驱 Victor Scheinman 于 1969 年发明了一个完全由电力控制的、具有六个关节的机械臂，并以连续模式工作的可编程机械臂 Stanford Arm。在该机械臂的基础之上，Unimate 与通用汽车公司联合研发了 PUMA 机器人，标志着工业机器人技术的成熟，PUMA 机器人的每一个关节上都安装了位置传感器，还可以加装视觉传感器和压力传感器，实现协调工作，如图 1.13 所示。

(a) 机械臂Stanford Arm　　　　　　　　(b) PUMA机器人

图 1.13　两款具有感知能力的机器人

1973 年，ABB 公司向市场推出了第一款基于微处理器控制的全电动商业化工业机器人 IRB6/S1。IRB6/S1 最初被 Magnusson 用于衬管弯头的磨抛加工，其仿人化设计增加了灵活性，并实现了 6kg 的有效载荷。IRB6/S1 的重大变革在于摆脱了体积庞大的计算机系统，改用了微处理器。其 S1 控制器使用了 Intel 的 8 位微处理器，具有 16KB 内存容量、16个 GPIO、16 个编程按键和 4 位 LED 显示屏。随后，ABB 又推出了 IRBL6/S2、IRB1440/S4C、IRB60/S2、IRB6000/S3 和 IRB2000/S3 系列工业机器人，实现了更大的有效载荷，通过更灵活的伺服电动机、运算速度更快的微处理器和容量更大的存储器，实现了更加灵活、强大的作业功能。

自从 Kawasaki-Unimate 2000 机器人诞生起，日本便步入了机器人高速发展时期。1972 年，日立公司研发出了具有视觉功能的传送带机器人，可实现传送带上物体的形状、大小和位置姿态的识别,并可以完成选择抓取工作;1973 年,日立公司研发了混凝土桩行业的自动机器人,通过动态视觉传感器识别浇铸模具上的螺栓位置,并完成相关作业;1974 年,日本川崎重工研发了世界首款具有精密插入功能的机器人 Hi-T-Hand,实现了高精度、高灵活度,并带有力反馈功能的机械手腕。

第二代机器人的另一项重要改进则是实现了结构的多样化,改变了传统工业机器人的关节结构设计方法。1985 年,Clavel 发明了著名的 Delta 机器人,该机器人具有结构简单、运动耦合弱、承重能力强的优点,可以实现极高的运动速度,非常适合进行食品等小型包装物品的搬运和分拣工作,如图 1.14 所示。

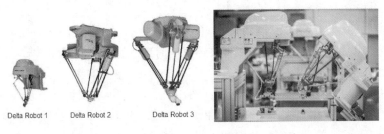

Delta Robot 1　　Delta Robot 2　　Delta Robot 3

(a) 三代Delta机器人的外观图　　　　(b) 流水线上的Delta机器人

图 1.14　Delta 机器人

此外,第二代机器人上所使用的微处理器,如 MCU、FPGA 和 DSP 等技术的进步,也提升了机器人控制器的运算速度和存储容量等方面的性能。总之,第二代机器人的发明和发展离不开三方面技术的进展,即执行结构精度的提升、传感器技术的发展和计算机微处理器的发展,三者相互作用,提高了机器人执行作业的精度、速度和灵活性,也减小了机器人的占地面积,尤其是能够在一定程度上适应作业环境的变化,可以基于设定好的程序实现逻辑判定和自动执行功能。在此基础之上,第二代机器人也逐渐由工业机器人扩展到了很多的应用分支,如医疗护理机器人、作战机器人、双足机器人和各类仿生机器人等。

第二代机器人可以根据程序实现预设功能,满足因果关系的程序要求,实现"感知-判定-执行"功能,其感知能力可以是各类传感器,如温度传感器、湿度传感器、压力传感器、触觉传感器等,也可以是声音、图像等多维度信号;动作功能可以是各类电动机、开关和阀门等装置的组合,这些功能一定程度上已经能够满足现有机器人的感知需求和执行需求,但预置的逻辑判定能力限制了第二代机器人的性能。

1.2.4　第三代:智能作业型机器人

第三代机器人利用人工智能技术替代了逻辑判定,赋予了机器人"灵魂",能够模仿人类,适应复杂的外界环境,具备了识别、推理、规划和学习等能力,即"智能作业型机器人",其核心是人工智能技术。

自 1956 年人工智能元年以来,人工智能技术已经经历了三个阶段的发展:第一阶段,替代人类完成部分逻辑推理工作,如各类算法;第二阶段,替代人类完成包括不确定性在内的部分思维工作,如模糊技术和专家系统;第三阶段,具有类人的思维能力和学习能力,完成自主学习和自主执行,如各类神经网络算法和深度学习技术。

John McCarthy 在 1968 年实现的手眼机器人,已经能够替代人类完成部分逻辑工作,具有了第一阶段人工智能机器人的特性。但真正将人工智能机器人推广至大众的当属 IBM 的具有超级计算能力的 Deep Blue 机器人:1997 年 5 月,该机器人以两胜一负三平的战绩战胜了排名世界第一的人类棋手。此后,Polaris2、Watson 也都在与人类的对战中取得了胜利。尽管如此,这些机器人与常规意义上的机器人依然存在一定的差距,它们具有了机器人的大脑,但不具有明显的机器人的执行机构,所以称其为超级计算机更为恰当。

与人类对战的另一个机器人胜利者是 Google 的 AlphaGo。Deep Blue 等超级计算机以 CPU 和逻辑推理为主,而 AlphaGo 是一个可以学习人类的行为甚至训练自身能力的神经网络。在 2016 年以 4:1 战胜了职业九段棋手李世石之后,AlphaGo 已经成为自己的老师,进行了数百万次高水平的自我训练,不断改进,实现了很多令人难以置信的棋谱。2017 年,AlphaGo 以 3:0 战胜了人类世界冠军柯洁。随后,Google 推出了 AlphaGo 2.0,其改进之处在于 AlphaGo 2.0 完全摒弃了从人类棋谱获得经验的训练方式,完全依靠自身的深度学习技术成长。

CubeStormer 魔方机器人尽管没有使用神经网络,但其体现了感知、运算和执行的机器人基本结构:CubeStormer 3 使用 Galaxy S4 手机摄像机拍摄魔方六个面的状态,再由手机处理器(ARM)运算后,控制乐高机器系统执行还原动作,创造了 3.253s 的世界纪录,但其执行机构和智能性仍未达到人类对机器人在"人类"层面上的基本要求。

最具盛名的人形机器人当数本田的 P2、P3 和 ASIMO 系列机器人。1996 年,本田成功研发了具有双足和双臂的人形机器人 P2,其身高为 1820mm、宽度为 600mm,重量达 210kg,双腿有 12 个自由度、双臂有 14 个自由度,可以完成上下楼梯等动作。随后的 P3 机器人改进了高度和重量。2000 年推出的 ASIMO 机器人(见图 1.1(a))高为 1200mm,重量为 43kg,小巧可爱,能够实现灵活流畅的步行功能以及弯腰、握手、挥手甚至舞蹈等功能。

同期各国也都推出了具有类似功能的人形机器人:德国的 ARMAR 机器人、MIT 的 Cog 机器人、国防科技大学的先行者机器人、北京理工大学的 BRH-01 机器人、清华大学的 THBIP-1 机器人等,从机器人自由度到智能性等方面均有较大的进步。

近年来,材料技术和计算机技术的发展加速了机器人技术的进步:高性能处理器、FPGA 和 GPU 的发展为机器人智能化提供了更高性能的大脑;神经网络和深度学习技术为机器人大脑提供了更灵活的思维;激光雷达、摄像机和传感器技术的发展为机器人提供了更强的感知能力;3D 打印、新材料技术为机器人提供了轻便而结实的结构。在此基础之上,以波士顿动力 Atlas 为代表的更具有人类特征的智能机器人应运而生,实现了智能机器人所必须具有的多感知融合、自主定位导航、人机交互和智能控制等功能。

第三代智能机器人不仅体现在人形机器的进展上,其他如家庭服务类机器人、水下机器人、空间机器人、军用警用机器人、医疗机器人和教育机器人也都取得了巨大的进步。

1.3　机器人的组成和分类

从机器人的发展历史和现状可见,现代意义上的机器人结构、形态都存在较大的差异,但都遵循了相同的体系结构,这个结构也约束了机器人的设计。

1.3.1 机器人的体系结构

现代意义上的机器人,其体系结构都应满足"感知-智能决策-执行"的体系结构,并在此基础之上进行结构设计、组成分类划分等工作。三部分的体系如下。

(1)感知体系。机器人的感知体系是机器人获取外界信息的唯一途径。狭义的感知体系主要是机器人所搭载的各类传感器所产生的数据,既包括数据类的温度、湿度、位置、姿态、气体和压力等,又包括多媒体类的语音、图像、地形地貌等。广义的感知体系则包括机器人获取外界信息的所有来源,既包括自身的感知数据,也包括从其他机器人或网络中收到的感知数据,如地图信息等。机器人的感知数据既包括机器人外部的环境数据,也包括机器人自身的状态数据,如电池电压、液压系统压力、电动机温度等。机器人的感知体系与其工作环境有关,例如,扫地机器人的感知体系仅仅是其工作房间的信息,属于狭义的感知体系,而自动驾驶汽车除了依靠自身的摄像机和激光雷达之外,还需要通过互联网获取周边的地图和路况信息,属于广义感知体系。

(2)智能决策。智能决策是机器人根据外界环境变化做出反应的规则,其规则体系可以是逻辑规则、模糊规则或人工智能反应。决策算法方面,可以是一般的逻辑判定或算法,也可以是模糊控制理论或专家系统,还可以是神经网络系统。承载决策的硬件则可以是微处理器、FPGA、GPU或超级计算机,平台可以是机器人自身搭载的硬件,也可以是通过网络连接的远程计算机系统。

(3)执行体系。执行体系是机器人对外界做出的反应。执行机构的种类和范围非常丰富,从模仿人类的双足、机械臂,到模仿生物的鱼鳍、翅膀。机械类包括机械手、轮子、履带、螺旋桨,各类显示设备、语音合成设备和通信设备等。执行体系的范畴不局限于机器人自身的动作和反应,对其他设备、装置或机器人所产生的动作甚至是数据的影响,都可以归纳到执行体系。

综上,狭义的机器人体系通常指不具备感知信息交互和作业信息交互能力的单机机器人或者是小范围的遥控机器人,受到机器人体积、供电等方面的限制,其感知能力、处理能力、存储能力和执行能力非常有限,如教育教学的智能小车、家庭中的扫地机器人等。狭义的机器人体系结构构成如图1.15所示。而广义的机器人体系则应具备联网或信息交互功能,体现出协同或远端辅助处理能力,如工业流水线机器人、自动驾驶汽车、AlphaGo、ASIMO和Atlas等。其性能不再受自身体积和机能的限制,所构成的群智能机器人系统功能也更加强大。

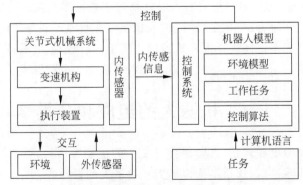

图 1.15　狭义的机器人体系结构图

1.3.2 机器人的结构组成

本节主要介绍机器人的执行结构,由于广义机器人体系结构中的执行体系较为宽泛,本节以狭义机器人中的人形机器人为例介绍其组成,而机器人的感知和决策功能将在后续章节中讲述。机器人的执行结构包括可以实现机器人运动的机械结构,也包括构成机器人本体的各类框架结构,包括:

(1)动力装置。为机器人结构提供能源和动力的装置,是机器人的必要结构,包括机器人的电池等电源系统、电动机和舵机系统、液压系统等。各类动力装置在决策体系的控制下,将电或液压转换为转动(有刷电动机、无刷电动机、步进电动机、液压推进器等)、偏转(舵机)或推拉(推拉杆、液压杆)的机械能;或与汽车发动机和航空发动机相似,控制燃料的反应来实现机械能的输出;或与当前研究前沿相似,使用无工质推进器将电能直接转换为机械能。

(2)变速和传动装置。齿轮、链条和蜗杆等机械结构可以实现改变转速与扭矩、改变运动方向和改变运动形式等功能,是机器人的可选结构,如图 1.16(a)所示。

(3)关节。关节是单自由度摆动或旋转的重要结构,多关节组合赋予了机器人多轴传动功能和多运动自由度,是机器人的可选结构。如图 1.16(b)所示的机器人共有 6 个关节,可以实现 6 自由度运动,关节通常由电动机和齿轮构成。

(a) 减速齿轮(右上方方框)　　　(b) 具有6个关节的机器人

图 1.16　机器人的部分组成结构

(4)拾取机构。拾取机构是机器人抓取外界物体的关键,通常可以由电动机和齿轮构成,也可以由特殊材料制成其他结构,如吸取等,如图 1.17 所示。

  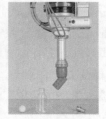

(a) 夹取机构　　(b) 仿生机械手　(c) 仿生自适应吸取手

图 1.17　几种常见的拾取机构

(5)移动机构。移动机构指机器人改变自身位置的机构,包括机器人的腿脚、轮子和履带等。

Atlas 机器人和 ASIMO 机器人的主要组成结构如图 1.18 所示。

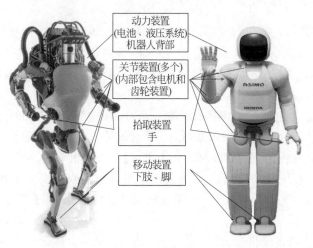

动力装置
(电池、液压系统)
机器人背部

关节装置(多个)
(内部包含电机和
齿轮装置)

拾取装置
手

移动装置
下肢、脚

图 1.18　Atlas 机器人和 ASIMO 机器人的主要组成结构

1.3.3　机器人的分类

机器人历史悠久、结构复杂、应用场合众多,除了根据发展历史进行的分类之外,还可以从智能水平、机械结构、驱动形式、移动性能和应用场景进行分类。

1. 依照智能水平分类

智能水平与发展历史是一致的,第一代机器人可以根据人类编写的程序实现固定功能,但无法根据外界环境做出变化;第二代机器人具备感知能力,可以根据感知数据完成作业,一定程度上适应环境的变化;第三代机器人具备智能性,基于人工智能技术能够更好地适应环境变化,具有一定的智能决策能力。

2. 依据机械结构分类

机械结构是机器人的重要组成结构,其分类角度众多,例如,从关节的组合关系可以分为串联机器人、并联机器人、串并混合机器人以及无关节机器人;从移动结构可以分为轮式机器人、双足机器人、多足机器人、履带机器人和螺旋桨机器人等;从拾取装置可以分为吸取式、夹取式和抓取式等;从关节的活动范围可以分为平面范围和球形作业范围等。

3. 按照驱动形式分类

驱动形式同样分类角度众多,从能量来源可以分为电能、化学能和核能等;从驱动能量的传输可以分为电驱动、液压驱动和气动等;从驱动输出形式可以分为转动、扭动和推动等;从电动机的形式可以分为直流有刷电动机、无刷电动机、步进电动机和舵机等。

4. 按照移动性能分类

移动性能指机器人移动的范围和形式,从移动范围可以分为固定机器人、轨道机器人和移动式机器人以及空中机器人、水下机器人和两栖、多栖机器人;从移动的形式可以分为轮式机器人、双足机器人、多足机器人、履带机器人和螺旋桨机器人等。

5. 按照应用场景分类

按照应用场景,国际上通常将机器人分为工业机器人和人机协作机器人。工业机器人包括流水线机器人、仓储物流机器人等,人机协作机器人则包括服务机器人等。国内一般分为工业机器人、服务机器人和特种机器人。其中,服务机器人特指为人类生活提供服务的机器人,如扫地机器人、导引机器人、娱乐用无人机、自动驾驶汽车和医疗机器人等。特种机器人指应用在非日常生活生产领域的机器人,如水下机器人、排爆机器人、消防机器人和核反应堆维护机器人等。

由于机器人的分类依据较多,因此在描述机器人时,应在分类描述前增加对其性能和功能的描述,如六自由度焊接机器人、四自由度搬运机器人等。此外,不同的机器人分类也有不同的机械性能指标,如运动自由度、动作重复精度、工作空间、承载能力等。

1.4　机器人的应用

机器人的应用与机器人的应用场景分类相似,主要包括工业机器人、服务机器人和特种机器人等。

1.4.1　工业机器人

工业机器人是全球使用量最多的机器人,也是最早的现代意义上的机器人,更是工业和制造业现代化的重要标识。工业机器人主要用于工业生产,包括切削加工、搬运转移、焊接装配和打磨抛光等方面,如图1.19所示,其产业链包括伺服电动机、机械本体、减速机、控制系统、伺服系统、电器配件与附件等。全球的工业机器人主要被四大家族把持,占据全球约50%的市场份额,尤其是减速机、伺服电动机和控制器等核心零部件的技术和市场。工业机器人四大家族对比如表1.1所示。

表1.1　全球工业机器人四大家族对比

公　司	国　家	核心和主要业务	公司技术和市场优势 (2013—2017年营收/亿人民币)	应用领域
Yaskawa	日本	伺服和运动控制。 电力电动机设备、运动控制、伺服电动机、机器人本体	日本第一个研发伺服电动机的公司,典型的综合型机器人公司,伺服电动机和控制系统等关键部件自给,性价比较高 (184.8、216.5、238.3、244.9、235.1)	电子电气、搬运系统
FANUC	日本	数控系统。 自动化、机器人、数控加工中心	专注数控系统领域,标准化编程、操作便捷,除减震器以外的核心部件能自给,盈利能力强 (296.7、268.5、434.5、371.2、319.7)	汽车制造业、电子电气
KUKA	德国	系统集成和本体。 焊接机器人、机器人本体、系统集成、物流自动化	拥有汽车行业的奔驰和宝马等高端行业客户,机器人使用开放式操作系统,北美市场占有率高 (138.5、163.5、231.5、230.1、271.4)	汽车制造业
ABB	瑞士	控制系统。 电力产品、低压产品、自动化与运动控制,系统集成	电力电动机和自动化设备巨头,拥有强大的系统集成能力,运动控制核心技术优势突出 (一、一、2228.8、2124.9、2155.3)	电力电子、物流搬运

(a) 加工机器人　　　　　　(b) 搬运机器人　　　　　　(c) 焊接机器人

(d) 加工机器人　　　　　　　　　　(e) 抛光机器人

图 1.19　多种类型的工业机器人

1.4.2　服务机器人

服务机器人在消费市场上需求量巨大、发展潜力巨大,从导引机器人到扫地机器人、再到外科手术机器人、自动驾驶汽车等,涵盖了导引、出行、娱乐和医疗等生活的各个方面。目前,常见的服务机器人如下。

(1) 导引机器人。导引机器人是一种依靠语音识别、图像识别、触摸屏幕等人机交互接口完成信息获取,通过本机系统或者远程人工智能系统完成信息解析,再通过人机交互接口完成信息反馈的服务机器人。目前,主要应用在机场、银行、商场、酒店、政府大厅等公共场所。早期的导引机器人以触摸查询一体机为主,位置固定,通过触摸屏完成人机交互。其内容只能按照程序设定完成逻辑解答功能,功能单一、智能性低、无法移动。现有的导引机器人普遍以人类外观存在(仅仅是外观模仿人类),以图像识别、语音识别和触摸屏作为主要的人机交互手段,本地或远程(如使用百度大脑)处理用户咨询请求,通过人工智能技术实现更灵活、更易于更新的人机交互功能,如图 1.20 所示。

(2) 家庭服务机器人。扫地机器人是一种最典型的家庭服务机器人,通过吸尘、清扫和擦地等功能完成地面清理工作。目前的扫地机器人已经可以通过激光雷达、电子罗盘和多种传感器实现数据融合,并利用微处理器运行 SLAM 算法使机器人能够自动完成地图建立和路径规划等工作,并实现定时清理、自动回充等人性化功能。此外,家庭服务机器人还包括擦窗机器人、教育机器人等。

(3) 医疗机器人。医疗机器人指用于医疗救治和健康养护类的机器人,包括药品等医

(a)触摸查询一体机   (b)导引机器人   (c)导引机器人

图 1.20   多种类型的服务业机器人

疗物资运送机器人、临床手术机器人和病人护理机器人等,如图 1.21(a)和 1.21(b)所示。现有的手术机器人一般是在远程操作中由人类操作者操纵主输入装置,并且患者端机器人跟随主输入动作,可以实现主输入与机器人之间的缩放操作,从而完成更高精度的微创手术。此外,还可以通过高清摄像机和可视化技术实现局部结构重建与增强功能,提升手术的准确性和智能性。典型的护理机器人是外骨骼机器人,这是一种利用机械装置来辅助人完成运动的机器人,一方面可以辅助有运动障碍的人完成运动,如辅助完成行走、起立、坐下和维持身体平衡等,另一方面可以提升人类的能力,如提升人类的负重能力、战斗力和忍耐力等。

(a)外科手术机器人   (b)外骨骼机器人

图 1.21   多种类型的医疗机器人

（4）娱乐机器人。具有娱乐性质的,供人们观赏和互动为目的的机器人,包括舞蹈机器人、机器狗和游乐设施等。娱乐机器人相对于其他类型机器人,更注重于与人的交流和互动,能够完成交流、陪伴以及互动功能。历史上发行最早且最成功的娱乐机器人当数SONY 的 AIBO 机器狗,第一代 AIBO 于 1999 年推出,它会像真狗一样做出摆尾、打滚等动作,还能分辨对它的称呼和责备,通过长时间的学习还能够识别人类的声音、动作和容貌。2017 年发布的最新一代 AIBO 则具有人工智能技术,互动性和智能性更强。目前流行的是具有娱乐、教育和智能家居功能的人形机器人,如优必选的悟空机器人。该机器人具有拍照、打电话、视频监控、儿童编程、人脸识别、语音操控和设备互联等功能,还能够对人体姿态进行 3D 重建,模仿人类动作。其语音系统搭载了腾讯叮当,编程功能则与编程猫进行合作,听觉则与微纳感知进行合作,具有强大的人工智能功能。

（5）无人机。服务领域的无人机通常指各类航模和消费级多旋翼飞行器等,目前市场保有量最大的是各类四旋翼或多旋翼飞行器,在民用领域简称为无人机,如大疆的精灵系列无人机、植保系列无人机等,如图1.22所示。无人机已经广泛应用在人们的娱乐性航拍领域和专业影视作品拍摄领域,其拍摄角度灵活、运动速度快等优点替代了直升机、摇臂甚至滑轨,给影视作品带来高画质的同时也降低了拍摄成本。电影《只有芸知道》《致命通缉》、纪录片《最美中国》等均使用了无人机进行拍摄。无人机目前也大规模应用于农药化肥喷洒等农业领域,具有作业高度低、飘移少、可悬停、穿透性好、远距离遥控操作、喷洒作业安全性高等诸多优点。此外,无人机未来还有望在物流等更多领域应用。

(a) 无人机用于植保 　　　(b) 无人机用于《致命通缉》电影拍摄

图1.22　消费级无人机的应用

1.4.3　特种机器人

与常见的工业机器人和服务机器人相比,特种机器人在生活中很少出现,特种机器人主要用于救灾救援、警用军用和特殊场所,如水下和空中等。

1. 救援机器人

救援机器人指在各类灾害、各类事故中,用于搜索、救援伤亡人员,用于观测和处理人类难以到达的场地的各类机器人,包括搭载有生命探测仪等设备的搜索机器人、搭载有机械臂等设备的废墟救援机器人、搭载有危化品分析和处置设备的危化品处理机器人、搭载有高压水枪的消防机器人等,如图1.23所示。

(a) 消防机器人 　　　　　(b) 废墟搜索机器人

图1.23　救援机器人的应用

救援机器人在特殊场合有着人类无法替代的作用,尤其是在人类难以防护的高危环境下,如各类放射性区域等。现代意义上第一次应用救援机器人可以追溯到1986年的切尔诺贝利核事故,在一定程度上替代人类在超高致命辐射环境下的作业。第一次成功使用机器人观测和处理核事故现场则是2011年的日本福岛核电站事故,救援方使用了小翻车鱼水下机器人、TEMBO屏蔽块除尘机器人、Rosemary辐射源调查机器人、Sakura辐射量测量机器人、Arounder高压水去污机器人和蝎型机器人等数十款机器人对厂房、水池甚至是核反应堆内部进行和观测和处置,大幅度减少了人员伤亡。

2. 警用机器人

警用机器人指用于维护社会治安、处置恐怖威胁的各类机器人,如治安巡逻机器人、交通警察机器人和反恐排爆机器人等,如图1.24所示。

例如,针对产业园区、居民社区和物流仓储等的巡检要求,优必选推出的智能巡检机器人ATRIS,其履带式底盘可以在松软、泥泞等复杂环境下作业,具备良好的越野机动性能。可见光和红外热成像构成双目监控支持水平360°和垂直±90°旋转功能,支持1080P高清可见光视频与640×512热成像视频的实时回传。激光雷达则可以实现地图实时构建功能,其云端的人脸识别更进一步提升了机器人的性能,可实现特殊指征人群的主动识别、海量人脸特征数据库的实时比对等功能,千万级人像检索可以达到秒级响应,并支持视觉跟踪、性别年龄判断等功能。而排爆机器人则是一种专业性较强的机器人,执行靠前侦察、获取现场信息、深入各种复杂空间、处置危险爆炸物等作业,具备爬坡、爬楼梯等地形适应能力,具备灵活且稳定的机械系统可实现稳定而快速的搬运,具备远程观察和操控性能,可以安装摄像机、红外摄像机、热成像摄像机或X光检测仪等设备。

(a) ATRIS智能巡检机器人　　　　　　　　(b) 排爆机器人

图1.24　警用机器人的应用

3. 军用机器人

军用机器人指直接用于战争或间接服务战争的机器人,范围广、类型多,涵盖了各型地面机器人、空中无人机、水下机器人以及空间机器人。

军用地面机器人涵盖了各型装备杀伤性或非杀伤性武器的战斗机器人、构筑工事的工兵机器人、布设地雷场的布雷车、用于战争后勤保障的运输机器人,以及信息战中的各类机器人等。如无人车、波士顿动力公司的机器狗,也包括科幻作品中的终结者机器人,如图1.25所示。

军用无人机通常特指用于进行远程空中侦察、远程投送、远程轰炸和电子对抗等工作的

(a) 俄罗斯的战斗机器人　　(b) 运送物资的机器狗　　　　　　(c) 布雷车

图 1.25　军用地面机器人

固定翼无人飞行器,军用无人机具有体积小、重量轻、载荷大、飞行速度快等优点,甚至可以在大气层外围飞行,如猎鹰 HTV-2 号超音速可以携带 5t 物资,最快飞行速度可以达到 2.8 万千米/小时,在 2h 内达到全球任何地点。

越南战争是现代战争中第一次大规模使用无人机的案例。美军利用无人机雷达反射面积小的优点对严密设防目标进行侦查,出动无人机 3435 架次,拍摄了 1.45 亿张照片。同期,美国还利用无人机对古巴和中国进行了侦察。现代意义上的军用无人机指集侦查和火力攻击于一身的长续航无人飞行器,如全球鹰无人机。其内部集成了合成孔径雷达、光电和红外传感器,可以对半径 100km 内的移动目标进行侦测,该无人机飞行高度可达 20 000m,航程可达 25 000km。而 MQ-9 无人机作战半径可达 1852km,巡航时间达 42h,可挂载 4 枚地狱火反坦克导弹和 2 枚 230kg 精确激光制导炸弹,具备装载联合直接攻击弹药和响尾蛇导弹的能力。我国在无人机领域起步较晚,但发展迅速,其性能已经接近国际水平,但在高端领域仍有较大差距。

空间机器人指用于代替人类在太空和其他天体上进行科学实验、舱外作业、空间探测等活动的机器人,是技术最严苛、防护等级最高、定制性最强的一类机器人,包括空间站机械臂机器人、月球车和火星车等,如图 1.26 所示。

(a) 国际空间站外的机器人　　　　　　　(b) 玉兔号月球车

图 1.26　空间机器人

1.4.4　自动驾驶汽车

自动驾驶汽车指依靠汽车自身和云端的感知和处理功能,全部或部分替代人类控制的车辆。以各类智能汽车为代表的各类自动驾驶技术是先进的人工智能技术、定位导航技术和环境感知技术的高度融合体。自动驾驶汽车可以分为以下 6 个等级,如表 1.2 所示。

表 1.2　自动驾驶汽车分级

分　　级		级别名称	自动驾驶特征
NHTSA[*]	SAE[*]		
0	0	有人驾驶	无自动驾驶,由人类驾驶员全权操控汽车,可以得到警告或干预系统的辅助
1	1	驾驶支援	通过驾驶环境对方向盘和加减速中的一项操作提供驾驶支持,其他的驾驶动作都由人类驾驶员进行操作
2	2	部分自动化	通过驾驶环境对方向盘和加减速中的多项操作提供驾驶支持,其他的驾驶动作都由人类驾驶员进行操作
3	3	有条件自动化	由自动驾驶系统完成所有的驾驶操作。根据系统要求,人类驾驶者需要在适当的时候提供应答
4	4	高度自动化	由自动驾驶系统完成所有的驾驶操作。根据系统要求,人类驾驶者不一定需要对所有的系统请求做出应答,包括限定道路和环境条件等
	5	完全自动化	在所有人类驾驶者可以应付的道路和环境条件下,均可以由自动驾驶系统自主完成所有的驾驶操作

[*] NHTSA：美国高速公路安全管理局(National Highway Traffic Safety Administration)

[*] SAE：美国汽车工程师学会(Society of Automotive Engineers)

1. 人工智能技术

汽车驾驶是一个复杂工程问题,难以通过先验知识和专家系统建立系统模型,而机器学习和深度学习技术则可以通过人类的驾驶数据训练神经网络模型,这些数据既包括人类驾驶行为数据,也包括各类传感器的感知数据。通过训练使神经网络模型能够学习人类驾驶行为,对道路上的情况做出反应,如行驶过程中的行车线路选择、障碍物躲避策略、路口转向和红绿灯识别等。

2. 环境感知技术

环境感知技术指利用传感器感知周边环境。常用的传感器包括摄像头、激光雷达、超声波雷达、GPS、陀螺仪等,最主要的两种传感器就是摄像头和激光雷达,如图 1.27 所示。

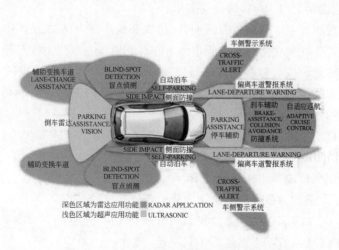

图 1.27　某自动驾驶系统搭载的各类传感器

3. 定位导航技术

定位导航技术包括高精度地图和实时道路环境两个方面。高精度地图除了提供常规地图的平面路径外,还需要提供道路的自然状况,如斜率、曲率,以及车辆建模,以协助完成车辆间距调整、变道超车等功能;实时道路环境需要提供车辆自身传感器之外的数据信息,如周围建筑物信息、交通事故信息、天气信息和自然灾害信息等。

截止 2023 年 3 月,已经在销售的自动驾驶汽车包括 L2.5 级别的特斯拉 Model S 和 Model X 等(最新的 FSD Beta 已经非常接近于 L4)、小鹏汽车 G3 和 P7 等。L2 级别的自动驾驶汽车包括蔚来 ES8 和 ES6 等,而目前在运营的只有 2020 年 4 月落地长沙和北京的百度无人驾驶出租车 Robotaxi。

1.5 水下机器人概述

1.5.1 水下机器人分类

水下机器人是一种可以在水下运行并能够独立完成特定功能的机械设备,通常可以分为载人水下机器人(Human Occupied Vehicle,HOV)、自治无人水下机器人(Autonomous Underwater Vehicle,AUV)和遥控机器人(Remotely Operated Vehicle,ROV)三类,如图 1.28 所示。本书主要以 ROV 为主进行介绍。

(a) 载人潜水器(HOV)　　　(b) 自治无人水下机器人(AUV)　　　(c) 遥控机器人(ROV)

图 1.28　三种水下机器人的外观图

国际海事承包商协会对 ROV 的分类如下。

(1) 级别 1:观察级 ROV,即带有照明灯、摄像头或小型声呐的小型 ROV。

(2) 级别 2:具备可变载荷能力的观察级 ROV,相对于观察级 ROV,该类型的 ROV 可以携带多个摄像头,能够安装附加的传感器设备,具有简单作业能力的机械手装置。

(3) 级别 3:工作级 ROV,体积大,能够携带数量较多的勘测设备和传感器,具备多自由度的机械手装置。

(4) 级别 4:拖曳或爬行 ROV,依靠母船线缆拖曳移动工作的 ROV 或者依靠车轮/履带在海底移动工作的 ROV。

(5) 级别 5:原型机或者正在开发的 ROV。

但目前国际上主流的 ROV 分类是以重量为划分标准的。

(1) 观察级 ROV(OCROV):重量在 200lb(磅,1lb=0.454kg)/91kg 以下的 ROV。

(2) 中型 ROV(MSROV):重量为 200lb(磅)/91kg~2000lb/907kg 的 ROV。

(3) 工作级 ROV(WCROV):重量超过 2000lb(磅)/907kg 的 ROV。

OCROV 是目前数量最多、应用领域最广的一类设备,广泛地应用在勘测、搜救、水产养殖和娱乐等领域,部分 ROV 基本参数如表 1.3 所示。OCROV 还可以根据重量划分为以下三个子类别。

(1) 微型/小型 OCROV:主体重量在 10lb/4.5kg 以下的 OCROV。

(2) 中型 OCROV:重量为 10lb(磅)/4.5kg~70lb/32kg 的 OCROV。

(3) 大型 OCROV:重量为 70lb(磅)/32kg~200lb/91kg 的 OCROV。

表 1.3　部分国内外 OCROV 基本信息

ROV 名称	ROV 研发公司和国别	陆地重量/kg	下潜深度/m
Gladius PRO	深圳潜行创新科技有限公司,中国	3.2	100
Discovery I	上海欧舶智能科技有限公司,中国	4	100
白鲨 MINI	天津深之蓝海洋设备科技有限公司,中国	15	100
VVL-V400-4T	山东未来机器人有限公司,中国	27	200
VideoRay	VideoRay LLC,美国	4.85	305
Phantom XTL	Deep Ocean Engineering,美国	50	150
AC-ROV	AC-CESS CO,英国	3	75
H300	ECA Hytee,法国	65	300
RTVD-100MKIIEX	Mitsui,日本	42	150
Stealth	Shark Marine Technologies Inc,加拿大	40	300

近年来,MSROV 技术迅速发展,正在从工作深度和动力等方面接近或者超过 WCROV,部分 ROV 参数如表 1.4 所示。MSROV 根据性能和工作深度,可以划分为以下三个子类别。

(1) 浅水 MSROV。通常指使用铜缆或光纤通信和遥控,工作深度小于 3300ft(英尺,1ft=0.3048m)/1000m 的低功率 MSROV。

(2) 深水 MSROV。可以工作在更深水域的浅水 MSROV 版本,并且应安装有轻型液压机械手臂、使用高压电力的 MSROV。

(3) 重型 MSROV。配备有中型液压动力和中型液压机械手臂的 MSROV。

表 1.4　部分国内外 MSROV 基本信息

ROV 名称	ROV 研发公司和国别	陆地重量/kg	下潜深度/m
海豚水下机器人	天津深之蓝海洋设备科技有限公司,中国	103	1000
VVL-VT1100-6T	山东未来机器人有限公司,中国	100	600
S5N	Deep Ocean Engineering,美国	114	1000
Lynx	Saab SeaEye,英国	200	1500
Super Mohawk	Sub-Atlantic,英国	290	2000
Panther XT	Saab SeaEye,英国	500	1500

WCROV 作为 ROV 的最高级别,除应具有深水作业能力之外,还应该具有足够的驱动作业能力。根据液压泵功率可以划分为以下两个子类别。

（1）标准工作级：功率为 100～200 马力[1]，主要用于钻机支持或是轻型建造工作。

（2）重型工作级：功率在 200 马力以上，主要用于重型建造工作。

1.5.2 水下机器人发展

1. AUV 及其发展

自治无人水下机器人是一种外形像小型潜艇或鱼雷的水下机器人，其不通过电缆连接到母船或外部操作者，仅根据已经编写的程序自动执行任务。AUV 早期主要用于水下扩散效应、声学传递等军事研究。随着技术发展、制造能力的提升，AUV 不只应用在军事任务上，也在海洋研究、油气探勘、海图绘制等领域发挥重要作用。AUV 目前在科学研究上有很多广泛的应用，可帮助科学家调查湖、海、海床等大型水域及水下地形。根据不同调查环境与目的，AUV 可搭载多种传感器以便测量水中元素、化合物浓度、光强、吸收与微生物生态等参数。

Odyssey 系列水下机器人是美国麻省理工学院（MIT）研发的 AUV，史上共计研发了 Odyssey Ⅰ 至 Odyssey Ⅳ 四个型号。其中，Odyssey Ⅱ 作为首款全海洋深度作业的 AUV，完成了北冰洋底部的火山喷发观测和北冰洋水下海冰形成机制的辅助勘测工作，Odyssey Ⅱ 的基本参数如表 1.5 所示。

表 1.5 Odyssey Ⅱ 型 AUV 主要参数

型　　号	长　　度	直　　径	陆 地 重 量	续 航 时 间
Odyssey Ⅱ	2.15m	590mm	140kg	24h

除 Odyssey 系列（见图 1.29）之外，美国麻省理工学院还研发了 Reef Explorer 和 Sea Squirt 两款 AUV，如图 1.30 所示。

图 1.29　MIT Odyssey Ⅱ 和 Odyssey Ⅳ 型 AUV

图 1.30　MIT Reef Explorer Ⅰ、Reef Explorer Ⅱ 和 Sea Squirt 型 AUV

---

[1]　马力，非国标单位，1 马力＝735 瓦（W）。这是为整数计算方便，未换算——编辑注。

蓝鳍金枪鱼自主式水下航行器由美国马萨诸塞州蓝鳍金枪鱼机器人技术公司研发制造,因马航 370 的搜救而声名大振。其中的 Bluefin-21 型主要用于在较浅水域清扫战场水雷等用途,该亚型可以配置高性能的 455kHz 侧扫声呐系统,分辨率能够达到 7.5cm,在与目标物相距 75m 内辨识出相关物体,如果降低分辨率,其辨识距离还能扩大到 150m。其外观如图 1.31(a)所示,主要参数如表 1.6 所示。

　　日本东京大学等联合研制的 r2D4 型 AUV 搭载了精确的传感器等避障装置,可以探测周围情况并躲避障碍物,还可以利用视频装置对现场环境进行图像采集和视频录制工作。该机器人如图 1.31(b)所示,主要性能参数如表 1.7 所示。

(a) 美国Bluefin-21型AUV　　　　　　　(b) 日本r2D4型AUV

图 1.31　美国 Bluefin-21 型和日本 r2D4 型 AUV

表 1.6　蓝鳍金枪鱼 Bluefin-21 型 AUV 主要参数

型　号	长　度	直　径	陆地重量	续航时间	下潜深度
Bluefin-21	4.93m	533mm	750kg	25h	4500m

表 1.7　r2D4 型 AUV 主要参数

型　号	长　度	宽　度	高　度	陆地重量	最大航速	下潜深度
r2D4	4.4m	1.08m	0.81m	1506kg	3 节	4000m

　　GAVIA 型 AUV 是冰岛 Hafmynd 公司研发的一款完全功能模块化设备,用户的功能模块可以在数分钟内完成更换,得益于此,用户可以快速地完成 AUV 传感器的重新配置和电池更换。该机器人主要参数如表 1.8 所示,外观如图 1.32(a)所示。

　　此外,英国 BAE 公司研制成功的 Talisman 系列 AUV,澳大利亚科学和技术组织研发的 Wayamba 系列 AUV、挪威 Deep Ocean 公司研发的 Hugin-1000 型(如图 1.32(b)所示)和 Remus-6000 型 AUV 等,也在军事领域、水下科学研究和水下勘测等领域得到了大量应用。

表 1.8　GAVIA 型 AUV 主要参数

型　号	长　度	直　径	陆地重量	最大航速	下潜深度
GAVIA	2.7m	0.2m	80kg	＞5.5 节	1000m

　　我国关于 AUV 的研究工作从第六个五年计划时便已经开始,当时主要以军事用途为主。现阶段,我国国内 AUV 相关技术研究成果较多的是中国科学院沈阳自动化研究所(以下简称沈阳自动化研究所)和哈尔滨工程大学等单位和高校。

(a) 冰岛GAVIA型AUV   (b) 挪威Hugin-1000型AUV

图 1.32　冰岛 GAVIA 型和挪威 Hugin-1000 型 AUV

我国首台自主研发的 AUV 名为探索号,该型 AUV 的研制机构为沈阳自动化研究所,其最大下潜深度为 1000m,填补了我国在这一领域的空白,为后续的深入研究奠定了基础。在探索号研制成功后,沈阳自动化研究所联合俄罗斯研发机构开展了更深入的研究工作,并成功研发出了较为成熟的 CR-01 型 AUV。该型 AUV 主要用途为海底地貌调查,我国相关科研机构使用该型号的 AUV 已经成功完成了多处关键区域的地貌信息数据采集工作。在 CR-01 型 AUV 的研制成功的基础上,又研制成功了 CR-02 型 AUV,CR-02 型 AUV 在性能上远远强于上一代产品。CR 系列的 AUV 的成功研制,为我国有关 AUV 领域的研发做出了巨大的贡献,为我国在该领域的发展奠定了深厚的基础,其外观如图 1.33 所示。

(a) CR-01型AUV   (b) CR-02型AUV

图 1.33　沈阳自动化研究所研发的两款 AUV

哈尔滨工程大学联合中船重工 702 研究所、华中理工大学等国内重要科研单位和高校也共同进行了 AUV 的研发工作。几家单位联合研发的"智水Ⅰ、Ⅱ、Ⅲ、Ⅳ"型军用 AUV 在性能、外观、工作深度、续航里程和避障等方面均达到良好的效果,位于当时世界领先水平。

潜龙一号是中国国际海域资源调查与开发十二五规划重点项目之一,是中国自主研发、研制的服务于深海资源勘察的实用化深海装备,其主要参数如表 1.9 所示。该项目于 2011 年 11 月正式启动,2013 年 3 月完成湖上实验及湖试验收,5 月搭乘海洋六号船在南海进行首次海上实验。

表 1.9　潜龙一号型 AUV 主要参数

型　号	长　度	直　径	陆地重量	最大航速	下潜深度	续航时间
潜龙一号	4.6m	0.8m	1500kg	2knot	6000m	24h

潜龙一号配有浅地层剖面仪等探测设备,可以完成海底微地形地貌精细探测、地质判断、海底水文参数测量和海底多金属结核丰度测定等任务。通过路径规划等程序设定,潜龙一号在水下可以根据不同的任务,自主选取不同的运动模式,在较复杂的海底地形下,它还

能够自主避障,可实现三维坐标下 5 个自由度的连续运动控制,具有自动定向、定深、定高、垂向移动、横向运动、位置和路径闭环控制功能,也具有水面遥控航行功能。

潜龙二号是国家 863 计划深海潜水器技术与装备重大项目的课题之一,由中国大洋矿产资源研究开发协会组织实施,沈阳自动化所作为技术总体单位,与国家海洋局第二海洋研究所等单位共同研制。潜龙二号在 6 000 米 AUV 潜龙一号的基础上,针对多金属硫化物矿区需求研制,在机动性、避碰能力、快速三维地形地貌成图、浮力材料国产化方面均有较大提高,为我国海底多金属硫化物调查和勘探提供了高效、精细、综合的先进手段。

为应对水下复杂的地形地貌,潜龙二号在国内首次采用前视声呐作为避碰控制设备。这是一种成像声呐,即把数据采集进来后,通过图像处理方式来识别障碍和周围环境,结合避碰策略,下达紧急转向、紧急变深或变高以及跟踪策略。在解除危机后,会通过在线路径规划引导潜器回到正确的轨迹上,使其继续正常地执行任务。2018 年 4 月 6 日,在西南印度洋执行中国大洋 49 航次科考任务的潜龙二号无人潜水器成功完成第 50 次下潜,并在本航次科考任务结束后正式进行技术升级。潜龙一号和潜龙二号 AUV 如图 1.34 所示。

(a) 潜龙一号 AUV   (b) 潜龙二号 AUV

图 1.34　潜龙一号和潜龙二号两款 AUV 的外观图

2. ROV 及其发展

ROV 的研发始于 20 世纪 50 年代,由军方主持研制,主要用于执行鱼雷和水下导弹回收任务。由美国海军 1956 年研制出的 CURV Ⅰ ROV 在服役期间曾执行数百次使命,从海底回收了 100 多枚鱼雷,并与 HOV 配合,在西班牙外海找到了一颗失落在海底的氢弹,因而引起了极大的轰动,使得 ROV 技术进入人们的视线。随后,美国海军又在 CURV Ⅰ 的基础上相继研发了 CURV Ⅱ 与 CURV Ⅲ 型 ROV。目前该系列的机器人已经发展到了 CURV-21,最大下潜深度可达 20 000ft,并配备了高精度数字摄像机等设备。CURV 系列 ROV 如图 1.35 和图 1.36 所示。

(a) CURV Ⅰ型 ROV   (b) CURV Ⅱ型 ROV

图 1.35　美国海军的 CURV Ⅰ 型和 CURV Ⅱ 型 ROV

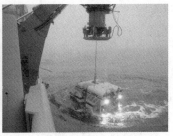

(a) CURV Ⅲ型ROV   (b) CURV-21型ROV

图 1.36 美国海军的 CURV Ⅲ型和 CURV-21 型 ROV

进入 20 世纪 70 年代后,由于海洋工程和军事的需求,以及电子、计算机和材料等新技术的迅速发展,ROV 的研究进入了高速发展阶段,并开始形成了产业。

美国 Hydro Products 公司于 1975 年生产了世界上第一台商业化的 ROV RCV-125,并在北海油田和墨西哥湾得到了应用。随后 Hydro Products 公司为 RCV 系列 ROV 配备了机械手,该机械手是一种具有五种功能的工作臂,安装在 ROV 下部框架内。机械手可以 245°旋转,安装的钳口可以线性打开和关闭,夹紧刀片与夹口同时驱动时可切割 3/4 英寸(1 英寸(in)＝2.54 厘米(cm))聚丙烯电缆。

美国伍兹霍尔海洋研究所(WHOI)研制的 Jason Ⅰ型 ROV 于 1988 年投入使用,其最大下潜深度可达 6000m,最长工作时间可为 100h,平均水下工作时间为 21h。2002 年,WHOI 又研制了 Jason Ⅱ型 ROV,其下潜深度可达 6500m,拥有更加优良的性能指标以及更加先进的作业技术。两款机器人如图 1.37 所示。

(a)正在执行吊放操作的Jason Ⅰ ROV   (b) Jason Ⅱ ROV的作业图像

图 1.37 Jason 系列 ROV 和其作业图像

日本海洋研究中心(JAMSTEC)研发了 10 000m 级别的 KAIKO,重达 10.6t。1995 年,该 ROV 成功下潜至 10 970m 深的马里亚纳海沟,创造了潜水器的最大作业深度纪录。1995—2003 年期间,该 ROV 进行了 250 多次潜水,收集了 350 种海洋生物。不幸的是,KAIKO 于 2003 年 5 月 29 日在太平洋海域进行作业时,受台风影响次级电缆断裂,ROV 神秘丢失。KAIKO 机器人如图 1.38 所示。

为使美国海洋协会可以率先获得 11 000m 海底的使用权,WHOI 设计研发了可以在无缆自治模式及携带小直径光纤遥控两种模式下转换的混合型遥控潜水器(HROV)Nereus(海神号),该 HROV 重 3t,长 4.25m,宽 2.3m,使用 2000 节锂离子电池供电。该 HROV 于 2009 年在太平洋马里亚纳海沟成功下潜至 10 902m 的深海,完成了对于极深处的挑战。意外的是,Nereus 也于 2014 年 5 月 10 日,在新西兰东北的克马德克海沟深 9990m 处丢失。

图 1.38 KAIKO 型 ROV 实物照片

Nereus 机器人如图 1.39 所示。

(a) 正在执行吊放操作的Nereus型ROV   (b) Nereus型ROV的无缆模式 (c) Nereus型ROV的遥控模式

图 1.39 Nereus 型 ROV 和其混合工作模式

除了水下勘测、科学考察和军事领域的专业应用之外,国外的消费级水下机器人也取得了不俗的销量。OpenROV 公司生产的 OpenROV 系列和 Trident 系列水下机器人是两款可以用键盘和手柄控制运动,并将水下视频信息实时传输到 PC 上的消费级水下机器人,OpenROV 形容其为"水下无人机",如图 1.40 所示。Trident 的售价在 1700 美元左右,在设计上结合了远程操控设备的灵活性和水下自动设备的高效性,基于流体动力学设计的推进器使其既可以在水中直线巡航,也可以在狭小空间灵活机动。Trident 从硬件设计到驱动控制软件都是开源的,也支持了最新的 HTML5、webRTC、WebVR 和 WebGL 等网络标准,用户可以通过开源 SDK 自行设计 UI 和外部配件等。

(a) 水中的OpenROV型和Trident型ROV   (b) OpenROV回传的图像

图 1.40 OpenROV 和 Trident ROV

Blue Robotics 公司推出的 BlueROV2 水下机器人同样定位于水下无人机,目前售价 3000 美元左右,BlueROV2 能够潜入最深 100m 以下的水中,配备了六个矢量推进器,重 10kg,电池续航时间可达 4h。BlueROV2 通过一根 100m 的系绳连接,用户可以通过 QGroundControl 应用实时对其进行操控。BlueROV2 还采用了开源的 Pixhawk 自动驾驶 仪及树莓派微型计算机。用户可通过机载摄像头拍摄 SD/HD(1080p/30fps)视频,视频的 延迟低至 200ms。此外,BlueROV2 的搭载能力和开源特性,也使得众多水下机器人爱好者 和厂商为其开发了大量扩展配件,如机械手、外挂大功率推进器套件、声呐和定位系统等。

我国的 ROV 研究起步较晚,大致经历了起步、合作发展与自主创新三个发展阶段。我 国水下机器人的研发起始于 20 世纪 70 年代末,沈阳自动化研究所开展了我国第一台 ROV 海人一号的研制工作,20 世纪 80 年代中期,又研发了小型 ROV 金鱼号、海蟹号以及海潜号 等多种类型。

中国船舶科学研究中心与哈尔滨工程大学、武汉数字信息研究所和华中理工大学共同 研发了 8A4 ROV,并于 1993 年 11 月在大连海湾进行了实验。2002 年,沈阳自动化研究所 着手开展研制了一种集 AUV 和 ROV 技术特点于一身的第四代混合型水下机器 ARV,并 开发出了 SARV-A、SARV-R 与北极号 ARV 三个型号,并于 2008 年和 2010 年分别参与了 中国第三次、第四次北极科考,为获取科研数据做出了巨大贡献。

哈尔滨工程大学研制了用于堤坝安全检测的观察型 ROV 名为 GDROV,该 ROV 可对 水下 200m 以内的堤坝表面缺陷和坝体内部破损进行有效的探测,并于 2004 年和 2005 年 分别在莲花湖和葛洲坝对该 ROV 进行了外场实验。此外,上海交通大学于 2004 年研发了 海龙号 ROV,并于同年在东海成功完成了 3500m 水下操作测试。之后,上海交通大学还主 持研发了海马号 4500m ROV,并于 2014 年在南海成功完成了海试。上述中的几款水下机 器人如图 1.41 所示。

(a) 海人一号ROV   (b) 北极号ARV

(c) 海龙号ROV   (d) 海马号ROV

图 1.41 几款国内高校和科研院所研发的 ROV

1.5.3 ROV 的应用领域

1. ROV 在军事领域的应用

军事应用是 ROV 的重要应用领域之一,主要用于水下探测、布雷、探雷和排雷等。美国海军率先在海战中使用了 AN/SLQ-48 型扫雷水下机器人,该机器人通过近 1000yards(码,1 码约为 914 米)的线缆连接至母船,最深可以下潜至 610m 的深度,该 ROV 还可以搭载 MP1,MP2 和 MP3 三种不同的配件使用:①MP1 配备了电缆切割机,可以切断水下爆炸物的电缆连接并移动和回收水下爆炸物;②MP2 是一种由 75 磅聚合炸药 PBXN-103 组成的小型炸弹,用于中和水下爆炸物;③MP3 综合了 MP1 的移动能力和 MP2 的综合能力。此外,美国 VideoRay 公司也在军用水下机器人方面研发了相关的产品和应用。但是受到资料保密的限制,本书未能提供更多适合公开的 ROV 在军事领域的应用案例。该公司的水下机器人如图 1.42 所示。

(a) AN/SLQ-48型ROV   (b) VideoRay Pro4型ROV   (c) ROV探雷示意图

图 1.42 军事领域中的 ROV

2. ROV 在科考领域的应用和案例

在进行与海洋相关科学研究的过程中,需要采集大量地形、地貌、水温、水流、成分等方面的数据,甚至还需要捕捉海底的生物样本、海底的岩石样本等资源,为科学研究提供样本和依据。与载人潜水器相比,无人遥控潜水器具有无法替代的优势。一是适应性强、功能强大,几乎可以应用于所有海洋开发活动,受海况和海底环境影响小,推进系统和机械手功率大,覆盖海底作业链各个环节,在海洋地质调查中应用前景广阔,可大幅提升调查能力。二是作业灵活、经济高效,可根据不同的海底作业任务进行功能扩展配置,收放便捷,不需要专门支持母船,占用甲板空间和作业人力等资源少,建造、运行和维护成本低。三是无载人风险,可在母船实时遥控操作,不需要水面工作艇支持。四是能够长时间驻留海底,母船通过脐带缆提供电能,可无限时地执行高强度、复杂的海底定点作业任务。

在 2014 年 2 月 20 日至 4 月 22 日间,海马号 ROV 在南海进行了三个航段由浅到深的海上实验。海马号共完成 17 次下潜,3 次下潜到南海中央海盆 4502m 的海底进行作业实验,圆满完成了预定的海底作业任务,并成功实现与水下升降装置的联合作业,通过了 114 项考核指标的现场考核,其中技术指标为 91 项。

2014 年 4 月 18 日,海马号在位于南海中央海盆 4502m 水深处的海域执行第 16 次下潜,在到达海底后按照水下定位给出的定位指示,依次进行了定向、定高、定深航行测试。通过声呐和水下摄像机寻找并靠近已布放于海底的升降装置后,海马号坐底。通过机械手穿插作业,海马号依次完成了海底热流探测、海底地震仪布放、海底沉积物取样、永久性标志物布放、模拟的黑匣子抓取和海底电缆缆鼓布放等作业。

2016 年 2 月 27 日至 3 月 23 日，海马号再赴海马冷泉，执行以水合物资源详查和冷泉生态环境调查研究为目的的海底作业任务。来自国内多个单位的冷泉研究专家参加了这次调查，对海马冷泉的分布范围、地形地貌特征、发育历史、生物属种、碳酸盐岩和流体活动进行了探查，取得丰硕成果，如图 1.43 所示。

(a) 海马号拍摄的活动性冷泉海底碳酸盐结壳　　　　(b) 海马号拍摄的生物群落

图 1.43　海马号的海底作业图

2018 年 11 月，我国远洋科考船大洋一号圆满完成中国大洋 48 航次科考任务。海龙 11 000ROV 在本航次中顺利完成 6000m 级实验，最大潜深 5630m，创造了国产 ROV 最大潜深。海龙 11 000ROV 水下工作时间长、状态稳定，完成了标志物投放、摄像、与船联动等实验，具备了开展进一步应用性实验的条件。此外，海龙 III 号 ROV 完成了在多种复杂环境下的环境和资源调查项目，项目优化了海龙 III 号 ROV 作业模式，初步形成海龙 III 号 ROV 取样方法体系。科考队员在西北太平洋马尔库斯-威克海山区开展了生态系统调查，采集到多类群底栖生物标本近百只，并获得大量影像资料。科考队员获取了西北太平洋调查区海水和沉积物微生物 DNA 样品 75 份，系统观测记录了栖息于西北太平洋的 17 种大洋性海鸟，初步了解了这一海域的海鸟种群分布特征，并在西北太平洋调查区及航路采集到水体微塑料样品 34 份和放射性核素样品 32 份等。该机器人水下作业如图 1.44 所示。

 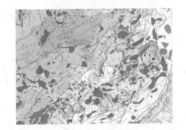

(a) 深海科考型ROV在海底插国旗　　　　(b) 深海科考型ROV编制完成的1∶25万莆田幅矿产图

图 1.44　深海科考型 ROV 作业成果

3. ROV 在救援领域的应用和案例

ROV 从事救援工作可以追溯至 1966 年，CURV-1 型 ROV 和载人潜水器配合，成功在西班牙外海找到并打捞了失落在海底的氢弹。此外，该 ROV 还在 1973 年在爱尔兰成功救援了一艘失事潜艇中的驾驶员。目前，包括我国救助打捞局在内的很多国家和救援组织都采用 ROV 进行救助打捞工作，尤其是深水的救助打捞作业。ROV 在科考领域的优势，也使得 ROV 在救援领域具有独特的优势。

2017 年 9 月 6 日，两名 GUE（环球水下探索组织）的顶级潜水员在潘家口水库水下长城探索项目的测绘工作过程中意外失踪。多支救援力量和专业技术团队参与救援，天津深之蓝公司派出了技术人员和江豚Ⅳ型 ROV 赴潘家口水库进行水下探测和救援工作。潘家口水库水下地形复杂,水域淹没了一段长城和整个老潘家口村,水底呈阶梯状分布着倒塌的、高达八层楼的村庄,水下情况十分复杂。ROV 根据声呐测量和水下摄像头的图像逐片区域进行排查,9 月 17 日 17 点 10 分在 ROV 在水下 62m 处发现三个减压瓶及潜水员图像;9 月 18 日 10 点 45 分,ROV 又在水下 63.2m 处发现两个减压瓶及另一名潜水员图像,完成了本次救援的勘查工作。

2018 年 1 月 6 日 20 时许,桑吉轮与中国香港籍散货船长峰水晶轮在长江口以东约 160 海里处发生碰撞,导致桑吉轮全船失火。1 月 14 日 12 时左右,桑吉轮突然发生爆燃,船头疑似塌陷,船舶向右倾斜 25° 左右,全船剧烈燃烧,火焰达到 800~1000m。1 月 14 日 13 时 45 分左右,桑吉轮全部被浓烟笼罩,看不清船形,随后被确认已经沉没。船舶沉没水域的水深约 115m,船体庞大,当地的水文气象条件复杂,当地的风浪恶劣,达不到人工饱和潜水作业的条件。1 月 20 日 17 时 40 分,华吉轮完成 ROV 入水调试,并分别于 20 日 17 时 42 分至 23 时 20 分、21 日 6 时 50 分至 18 时下水对沉船进行了勘察,累计作业时间 16h48min。勘察发现桑吉轮右舷撞口在 2♯-3♯ 货舱位置,呈三角形,最宽处约 35m。同时,通过对沉船主甲板、艏部和艉部等区域的观察,发现甲板上通风口、测量孔、洗舱口和舱口盖孔等大部分已损坏,为随后的人员勘探和打捞、清污工作提供了大量关键图像,该过程如图 1.45 所示。

(a) 上海打捞局华吉轮释放ROV　　(b) ROV探测的甲板管线破损情况

图 1.45　ROV 在桑吉轮事件中的工作

4. ROV 在娱乐领域的应用

OpenROV 的 Trident 系列 ROV 和深圳潜行创新科技有限公司的 Gladius ROV 等消费级水下机器人定位于游泳场馆、水上世界、海滨浴场或潜水娱乐等场景。该类 ROV 通常具有高清摄像头,可以将水下图像实时传输至水面的手机或者平板电脑,便于用户进行水下观测,如图 1.46 所示。

(a) 深圳潜行创新科技有限公司的Gladius ROV　　(b) Gladius ROV拍摄的海洋生物

图 1.46　ROV 在娱乐领域的应用

除了上述企业之外,国内的消费级 ROV 企业还包括北京博雅工道机器人科技有限公司(BIKI、RoboLab-Edu、Robo-Rov 等产品)、深圳潜行创新科技有限公司(Gladius 等产品)、海图智能科技有限公司(海棠 U300、大鱼 U200、河马 U100 等产品)、深圳市吉影科技有限公司(波塞冬、泰坦、泰鼎等产品)、天津海之星海洋科技发展有限公司(TC-100 等产品)、上海迈陆(Sub-Cruiser 等产品)等公司和产品。

小　　结

使用机器人替代人类从事繁重的劳动,一直是人类的梦想。从古代中国的偶,到古代国外的各类机械装置,无一不是在向着这个方向努力的。但是,直到近代工业的迅速发展,才使得机器人正式站上了人类社会进步的舞台,并逐渐出现在人类生产生活的方方面面,尤其是在水下等人类无法到达的环境。本书将从第 2 章开始逐步揭开机器人神秘的面纱,介绍机器人的结构、感知、控制以及机器人的视觉识别等高级功能。

习　　题

1. 简述现代意义上,机器人的三个发展阶段。
2. 简述机器人的体系结构。
3. 简述人形机器人的主要组成结构。
4. 简述机器人的分类方法。
5. 服务机器人主要应用在哪些领域?
6. 国际海事承包商协会对 ROV 有哪些分类?
7. 简述 ROV 的应用领域。

第2章 机器人本体结构

机器人的本体结构决定了机器人的外观、运动方式和组成结构,其结构方面包括外观结构和内部结构两部分。外观结构是机器人呈现的外部形象,决定了机器人的基本参数,如长度、宽度和高度等;内部结构则包括机器人的支撑结构、机械结构、电气结构以及传感器结构等,决定了机器人的主要性能参数,如载重量和运动方式等。

本体结构,尤其是内部的机械结构,是体现机器人通用性和适应性的重要特征。可变的机械结构允许机器人执行不同的任务时,可以以不同的方式完成任务,并且在一定程度上适应外界环境的变化,完成"感知环境-分析环境-改变操作-适应环境"的过程。

2.1 机器人的基本参数

机器人的基本参数主要指机械结构中的自由度参数,特指其机械臂结构的自由度、工作空间、分辨率和精度参数,并包括重量、工作温度湿度、存储温度湿度、供电和功率等基础参数,在此之上增加其他参数,如移动性能、观测性能和智能性能等,共同构成机器人的基本参数。

1. 机器人的自由度

机器人的自由度是机器人的重要技术指标,又称为轴,由机器人的结构决定,直接影响机器人的机动性能。机器人的自由度特指的是确定机器人的手部在空间呈现特定位置和特定姿态时,所需要的独立运动参数的数目,不包括手部的开合运动。机器人的自由度越多,机器人的结构就越复杂、控制难度就越大,在三维空间中描述一个物体的位置和姿态需要6个自由度,所以目前机器人的自由度一般不超过7个。

机器人的自由度应根据机器人的用途设定,自由度过多会增加成本,自由度不足则无法完成指定功能。如图2.1(a)所示的搬运机器人,该机器人需要将空间中物体进行移动,因此只需要3个自由度。如图2.1(b)所示的对具有旋转功能的钻头进行定位和定向的机器人,则需要5个自由度。

实际的机器人运行过程中,由于奇异位形的存在和关节运动范围结构的限制,会导致机器人的自由度发生退化,使机器人无法满足工作要求,这种情况下应增加机器人的自由度,即冗余自由度以解决自由度退化问题。理论上,6个自由度可以描述物体在空间中的位置和姿态,但在实际工作中,6自由度无法保持末端机构在三维位置不变的情况下从一个构型到另一个构型的变换。因此,需要增加1个冗余自由度,实现7自由度机器人的6自由度运动,如图2.2所示。

(a) 3自由度搬运机器人　　　(b) 5自由度钻孔机器人

图 2.1　机器人的自由度说明

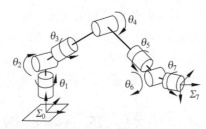

图 2.2　7自由度机器人的6自由度运动

2. 机器人的工作空间和载荷

机器人的工作空间表示机器人的工作范围，指机器人末端在未安装执行器（如机械手）时，末端参考点所能到达的空间区域，末端参考点通常选取最末端轴的中心线，如6轴机器人的第5轴轴心。

机器人的工作空间可以通过数学方程表示，也可以使用工作空间图表示。机器人的数据手册中通常会提供性能表格和工作空间图。表2.1是ABB IRB140机器人的运动性能，图2.3是该机器人在立装、壁装和倒装时的工作空间。

表 2.1　ABB IRB140 机器人的运动性能

运动/轴	工作范围(°)	运动速度(°)/s
轴1，rotation（旋转）	+360	200
轴2，arm（手臂）	+200	200
轴3，arm（手臂）	+280	260
轴4，wrist（手腕）	无限制，默认400	360
轴5，bend（弯曲）	+230	360
轴6，turn（翻转）	无限制，默认800	450

载荷是衡量机器人受力能力的参数，通常可以由计算或者实测求得，通常用质量、力矩或惯性矩表示。图2.4是IRB140机器人的负载图，此外，各公司一般也提供负载和转动惯量等参数的计算工具。

3. 机器人的分辨率

分辨率通常指图像中的最小单位，机器人的分辨率与图像学定义的分辨率相似。机器

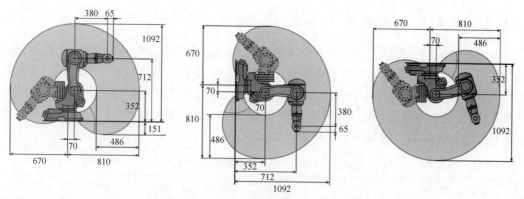

图 2.3　ABB IRB140 机器人在立装、壁装和倒装时的工作空间

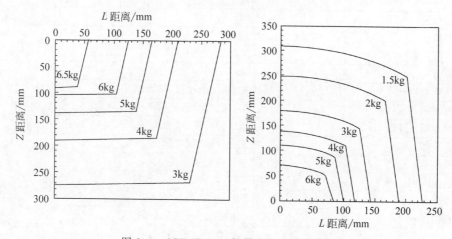

图 2.4　ABB IRB140 机器人的末端负载图

人的分辨率可以分为编程分辨率和控制分辨率。编程分辨率指程序中可以设定的最小距离单元，又称为基准分辨率；控制分辨率是位置反馈回路能检测到的最小位移量。当编程分辨率和控制分辨率相等时，系统性能最高。

4. 机器人的精度

机器人的精度主要体现在定位精度和重复精度两方面。定位精度指机器人末端执行器的实际位置与目标位置之间的偏差，由机械误差、控制算法误差和系统分辨率等部分组成。

重复定位精度指在相同环境、相同条件、相同目标动作、相同命令条件下，机器人连续重复动作若干次时，其位置会在一个平均值附近变化，变化的幅度代表重复定位的精度。重复定位精度是关于定位精度的统计，是衡量示教型机器的重要指标。

上述参数，除重复定位精度之外均可直接测量。对重复定位精度的检测方法主要包括位移传感器测量、相机跟踪测量、超声波测量和激光跟踪仪测量。其中，激光跟踪仪测量精度高、测量范围宽、处理效率高，应用较为广泛。上述参数都属于机器人的"工业机器属性"参数，而机器人的"人类属性"参数，如运动参数、人机交互参数和智能化参数等指标目前还处于空白状态。

2.1.1 双足机器人的基本参数

双足机器人是一种以人类智慧和行为为目标的仿生机器人,目前仍然是一个极具挑战性的研究领域。双足机器人是机器人领域的典型代表,是材料、机械、电子、计算机、传感器等技术的集成,其双足结构为机器人赋予了灵活的运动技能。双足机器人目前还没有确定的参数指标,因此不同的机器人有不同的参数侧重点。ASIMO 双足机器人和 Yanshee 双足机器人的官方参数分别如表 2.2 和表 2.3 所示。

表 2.2 ASIMO 机器人的官方公开参数

参 数 类 型	参 数 值
高度	130cm
重量	50kg
步行速度	2.7km/h
跑步速度	7.0km/h
步行周期	周期可调、步幅可调
抓力	0.5kg/手
执行机构	舵机、减速电动机、驱动单元
控制单元	行走、控制单元、通信单元
传感器:脚部	加速度传感器、陀螺仪
传感器:躯干	加速度传感器、陀螺仪
供电	51.8V 锂离子电池
工作时间	1h
操作方式	计算机、移动控制器
自由度:颈部	3 自由度(上下、左右旋转)
自由度:手臂	肩:3 自由度(前后、上下旋转)
	肘:1 自由度(前后)
	腕:14 自由度(上下、左右、旋转、双手)
自由度:手指	4 手指+拇指:26 自由度(双手)
自由度:髋	2 自由度(旋转)
自由度:腿	胯:3 自由度(前后、左右旋转)
	膝:1 自由度(前后)
	踝:12 自由度(前后、左右旋转)
自由度:共计	57 个

表 2.3 Yanshee 机器人的官方公开参数

参 数 类 型	参 数 值
产品造型	370mm(高)×192mm(宽)×106mm(厚)
重量	2.05kg
工作时间	35(平整路面 2m/min 匀速行驶)
	100min(整机待机)
最高速度	3.5m/min
自由度	17 个自由度

参 数 类 型	参 数 值
电压功率	DC9.6V/4.5～38.4W 电池：2750mAH
处理器	STM32F103RDT6 BCM2837 1.2GHz 64-bit quad-core ARMv8 Cortex-A53（Raspbian Pi 3B）
存储	1GB/16GB
网络	Wi-Fi：支持 Wi-Fi 802.11b/g/n 2.4GHz 蓝牙：蓝牙4.1
摄像头	800万像素、定焦
传感器	九轴传感器 主板温度检测传感器 扩展接口：POGO 4PIN×6
调试接口	HDMI、GPIO×40、USB×2
APP 支持	iOS 9.0以上、Android 4.4以上
智能功能	智能语音识别（基于科大讯飞语音平台） 智能视觉识别（基于 Face＋＋开源平台）

2.1.2 水下机器人的基本参数

1. AUV 的基本参数

AUV 主要用于执行巡航勘测任务，因此续航能力是 AUV 的重要指标，常见 AUV 的指标可参考第1章内容，其主要参数包括体积、重量、续航时间、最大航速和巡航速度等。

2. ROV 的基本参数

ROV 主要用于水下作业，除了选配部件的参数外，ROV 的基本参数主要以体积参数、重量参数和动力参数为主。以山东未来某深海工作型水下机器人和 Blue Robotics 公司的 BlueROV2 为例，其官方参数分别如表2.4和表2.5所示。

表2.4 山东未来公司某深海工作型水下机器人的官方公开参数

参 数 类 型	参 数 值
产品尺寸	1000mm（长）×600mm（宽）×830mm（高）
空气重量	160kg
推进器	6个矢量推进器：4水平、2垂直
摄像机参数	200万，最低照度0.001Lux，垂直旋转±90°
最大工作深度	400m
电缆	200m 零浮力电缆、500kg 抗拉
航速	3节
下潜速度	2节
机械手	5轴液压

表 2.5　Blue Robotics 公司的 BlueROV2 官方公开参数

参 数 类 型	参 数 值
产品尺寸	457mm(长)×338mm(宽)×254mm(高)
空气重量	11kg
推进器	6 个推进器：4 个水平、2 个垂直 8 个推进器：4 个水平、4 个垂直
摄像机参数	1080P，垂直旋转±90°
最大工作深度	100m
电缆	300m 零浮力电缆、45kg 抗拉
航速	3 节
电池	18AH

　　水下机器人往往会搭载各种设备，如特种作业所使用的机械臂、用于海底扫描的声呐和浅地层剖面仪、用于水声通信和定位的超短基线和长基线系统，因此水下机器人的基本参数还会与这些必要的水声设备有关。

2.2　机器人的基本机械结构

　　机械系统是机器人操作目标对象、移动自身位置的基本手段，主要包括主体结构、运动机构、动作机构等部分。其中，主体结构即机器人的躯干，是连接和支撑机器人所有机构的基础；运动机构指机器人的下肢，是机器人用于移动本体的机械装置；动作机构指机器人的上肢，是机器人用于执行搬运和抓取等作业的机械装置；辅助机构指机器人内部的各种传动机构，用来连接电动机等驱动装置和各执行机构，辅助机构可能存在于机器人机械机构的任何部分。

2.2.1　机器人的主体结构

　　机器人的主体结构与人类的躯干类似，用于连接和固定运动结构、动作机构和辅助机构，以及支撑和固定处理器、存储器、传感系统、通信系统和供电系统等，主体结构一般处于机器人的结构中心，既可以是固定的，也可以是移动的。常见的主体结构有类人型结构、行进型结构、弯曲型结构和伸缩型结构等，其中弯曲型主体结构和伸缩型主体结构如图 2.5 所示。

(a) 弯曲型主体结构　　　　　　　　　　(b) 伸缩型主体结构

图 2.5　机器人的主体结构

　　(1) 类人型主体结构。类人型主体结构与人类上身躯干外观相似，承担着主要的支撑和连接作用，其内部结构完成的功能也与人类似：装配机器人的非移动性装置，如电池、油箱或发动机等,以及电源变换器、液压泵或气压泵等,并满足结构要求的支撑骨架。与人类结构不同的是:①类人型主体结构通常不具备关节或可形变部位,内部结构和内部部件的结构固定,不发生相对位移;②类人型主体结构的内部通常包裹了机器人的处理器和存储器,相当于人类脑部功能的转移。

（2）行进型主体结构。该结构与类人型主体结构功能类似,其内部集成了非移动性装置和运算控制等装置。这种结构可以更好地使用分离式的保护结构,例如,将系统处理和控制板密封等易损部件密封在保护舱内,大狗机器人和水下机器人采用的正是这种结构。

（3）弯曲型主体结构。弯曲型主体结构机器人包括常见的蛇形机器人和柔性机器人等,这一类机器人的本体具有多个可以活动的关节,具有高灵活性。为了实现这一功能,弯曲型主体结构通常与运动机构、动作机构和辅助机构,以及控制和感知高度融合,呈现出分布式结构。

（4）伸缩型主体结构。这种结构主要指机器人主体可以发生体积改变的情况,如使用推拉杆、回转升降装置改变机器人的高度等。

主体结构的支撑和连接作用,对机器人的负荷能力和精度影响很大,在设计时应注意以下两点。

（1）受力问题。主体结构需要支撑和连接其他结构,必须具有足够强度的支撑刚度和接触刚度,以承受弯曲力和扭转力的同时作用。因此,应选用抗弯和抗扭刚度较大的封闭空心截面材料提高结构刚度、降低结构重量,同时合理布置下肢和机械臂等作用力点的位置和方向。

（2）平稳性问题。主体结构承载大、自身质量大,在运动速度和负荷较大时,容易产生冲击和振动,影响机器人的正常作业,甚至损坏机器人,应选用符合强度要求的轻质材料,如铝合金或碳纤维等非金属材料,以减少惯性。还需要配置和调整重心,平衡机器人的受力分布,避免局部受力过大,使机器人在静止时处于平衡状态。

2.2.2　机器人的运动机构

与固定在制造生产线上无法移动本体的工业机器人不同,运动机构为机器人赋予了移动特性,允许机器人以自组织、自规划和自适应的形式,在没有人干预的条件下自主完成作业。

运动机构必须要适应机器人的工作要求,因此可以根据工作环境分为室内运动机构和室外运动机构,又可以根据工作空间分为陆地移动机构、水下移动机构、空中移动机构和空间移动机构等,还可以根据运动机构的种类分为轮式机构、履带式机构、步行机构、推进器机构等。而仿生机器人则会根据其模仿对象构建相似的运动机构,如机器蛇使用的蛇形移动机构、机器鱼使用的鳍式移动机构等。在现有的各类陆地移动机构中,轮式机构结构简单、执行效率最高,但地形适应性最差,履带式适应性稍好,步行机构适应性最好,但结构复杂、执行效率低。

1. 轮式运动机构

轮式运动机构结构简单、动作灵活,定位准确,在平整地面可以进行高速移动,但地形适应性最差,难以适应台阶等有障碍的地形。轮式机器人分为单轮到两轮、三轮、四轮和多轮,根据轮子的功能可以分为普通轮、全向轮和万向轮三种。根据驱动形式又可以分为主动轮和从动轮。普通轮和全向轮既可以作为主动轮也可以作为从动轮,而万向轮只能作为从动轮。

全向轮有两种:全向轮(Omni Wheel)和麦克纳姆轮(Mecanum Wheel),如图 2.6 所示。全向轮包括轮毂和从动轮。该轮毂的外圆周处均匀开设有 3 个或 3 个以上的轮毂齿,每两个轮毂齿之间装设有一从动轮,该从动轮的径向方向与轮毂外圆周的切线方向垂直,可以使用三个全向轮构成三角结构的移动平台,实现360°移动和旋转等功能。麦克纳姆轮的车轮外环中固定了与轴心成45°的周边轮,由周边轮与地面接触,这些成角度的周边轮轴把一部分的机轮转向力转化到一个机轮法向力上,依靠各自机轮的方向和速度,最终合成在任何要求的方向上的合力矢量,从而保证了平台在最终的合力矢量的方向上能自由地移动,而不改变机轮自身的方向。使用四个麦克纳姆轮构成的移动平台可以实现前行、横移、斜行、旋转及其组合等运动方式。基于全向轮的全方位移动平台非常适合在有限空间内执行作业,增加空间利用率以及降低人力成本。

(a) 全向轮 (b) 麦克纳姆轮 (c) 基于麦克纳姆轮的全向移动平台

图 2.6　全向轮结构和全向移动平台

2. 履带式运动机构

履带式运动机构在排爆机器人等特种机器人上使用较多,履带和履带上的花纹可以提供更大的与地面的接触面积,适用于野外、城市环境等,能在沙地和泥地等各类复杂地面运动,具有一定越障能力和较好的地形适应性。但履带的运动速度慢、效率低,且运动噪声较大。履带式运动机构主要由支重轮、托链轮、导向轮、驱动轮、履带、履带支架和履带行走架构成,根据履带的数量可以分为双履带和多履带两类;根据履带的结构可以分为固定形状履带、可变形状履带等,如图 2.7 所示。可变形状履带指履带在工作的过程中,可以根据地形条件和作业要求改变履带的构形,即通过改变主臂杆的角度改变行星轮的位置,实现履带的不同构形。

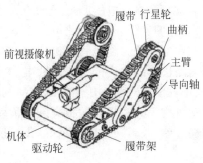

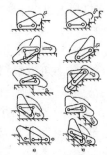

履带　行星轮
前视摄像机　曲柄
主臂
导向轴
机体
驱动轮　履带架

(a) 固定形状履带 (b) 可变形状履带 (c) 可变形状履带上下台阶过程

图 2.7　固定形状履带和可变形状履带

3. 步行运动机构

步行运动机构指模仿人类或其他步行生物运动方式的仿生运动机构,包括双足直立机构、四足运动机器人和多足运动机器人。单只运动机构(腿/足)的自由度越多,行动就越灵活,但控制难度也越高。由于步行运动机构与地面以离散点的形式接触,在行进的过程中可以选择地面上特定最优点作为"落脚点",很好地适应崎岖路面,是轮式和履带难以实现的。此外,步行运动机构还可以具有主动隔振能力,在崎岖路面上保持主体结构稳定,表现出比轮式和履带式更好的适应性。

目前,双足机器人的研究和应用仍停留在直立行走、上下楼梯以及运动方面,尽管在这些方面已经达到甚至超越了普通人的运动能力,但机器人功耗巨大,现有的电池技术无法满足机器人的工作需求,限制了双足机器人的应用。四足机器人相对双足有着明显的应用优势,主要表现在:①结构更简洁、零部件更多,因而可靠性更高;②四足运动机构较简单,易于运动规划;③四足研发周期缩短,产品和技术迭代更新更快。尽管如此,四组机器人的机构相较于轮式和履带式仍过于复杂、成本过高,也尚缺少明确的商用落地场景,仅在军事上有探索性质的应用。

4. 蠕动运动机构

蠕动是软体机器人常见的运动形式,软体机器人可以更好地适应管道等狭长区域以及弯曲和狭窄的缝隙。

2.2.3 机器人的动作机构

动作机构是机器人的主要执行部件,主要指机器人的上肢部分,包括臂、腕和手。其中,臂是主要的动作机构,臂可以由上臂、下臂或多个臂构成以具有多个自由度,到达工作空间内的任意位置。臂还需要满足机器人的运动形式、搬运质量和动作精度等要求,同时要考虑机器人驱动控制、与腕和手的连接,以及线缆安装等因素。因此,臂必须要满足以下几个要求。

(1) 刚度要大:臂的运动会产生一定的形变,影响臂的安全性和动作精度,因此必须设计合理的臂的结构,增大刚度、减小形变。

(2) 导向性好:臂的运动容易发生沿轴线的相对运动,即"扭曲"问题,因此必须设计合理的臂的支撑形状,减小扭曲。常见的断面支撑形状有方形(起重机吊臂)和花键(负荷花键)等。

(3) 偏转力矩小:必须要减少臂部运动部分的质量,以减小偏重力矩和臂腕手整体对回转轴的转动惯量,减少臂腕手的质量对支撑回转轴产生的静力矩。

臂的驱动方式有电控液压驱动、电控气压驱动和最常用的直接电驱动三种。行程较小的臂可以直接用气压驱动;行程较大的则应使用液压或电动丝杆传动,以带动臂前端的腕和手。

腕是连接在臂和手之间、支撑手和改变手姿态的部件,与手连接侧的腕最多具有三轴旋转功能,满足手在空间的任取姿态,达到完全灵活。腕能够实现对空间三个坐标轴 x、y、z 的转动,具有偏转(Yaw/Y)、俯仰(Pitch/P)和翻转(Roll/R)三个自由度,具有翻转自由度的关节称为 R 关节(Roll)、具有俯仰或偏转自由度的关节称为 B 关节(Bend),如图 2.8(d) 所示是一种 3 自由度 BBR 腕。

由于腕的特殊位置和特殊连接性,因此在设计腕时,需要在极小的空间内实现多个自由度,使腕具有结构紧凑、重量轻的基本结构特点。此外,还要满足动作灵活、动作平稳、定位精度高、强度高、刚度高的要求,并考虑传感器和驱动装置以及与手的连线布局等因素。

手是机器人的末端执行器,用以完成机器人的执行功能,手可以是常规意义上带有手指或夹具的动作机构,也可以是焊、钻或刀等特定的作业工具。手是机器人专用性最强的部件,受到重量和体积的限制。一种手往往只能适应特定的某些种工作,如焊接、钻孔或切削等,即便是相对灵活的手爪,也只能抓住有限的形状、尺寸和重量的目标物,以机械方式或吸盘方式完成以下三种动作。

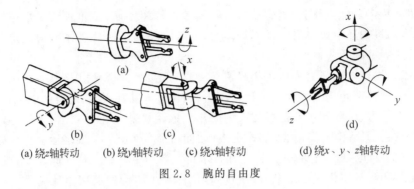

(a) 绕z轴转动　　(b) 绕y轴转动　　(c) 绕x轴转动　　　(d) 绕x、y、z轴转动

图 2.8　腕的自由度

(1) 抓取：手能够以指定的姿态抓取指定位置的目标物，调节固定目标物与手之间的相对位置，实现抓取位置的准确性，以便后续作业。

(2) 握住：手能够确保在机器人的运动过程中，保持目标物在手中的位置与姿态的稳定性。

(3) 释放：手能够在指定位置放开目标物，结束手与目标物之间的约束关系。

根据抓取方式，手又可以分为以下几种。

(1) 外夹持式：手与目标物的外表面接触。

(2) 内撑持式：手与目标物的内表面接触。

(3) 内外夹持式：手与目标物的内表面和外表面都需要接触。

2.2.4　辅助机构

机器人中的辅助机构可以归结为两类：一类是隐性存在于机器人关节等各种机构中的传动机构，属于机器人本体结构的一部分；另一类是独立于机器人外部的辅助机构，如充电站、固定装置等机器人正常工作时不使用的装置。

其中，传动机构是机器人的重要机械结构，用于连接驱动装置和执行装置，传递驱动力，实现驱动装置到执行装置间的运动形式、动力参数的转变过程。例如，变速箱结构实现从高转速到低转速的变换、从小扭矩到大扭矩的变化；推拉杆结构实现从旋转运动到直线运动的变换等。

常见的传动机构可以归结为以下几类。

1. 齿轮齿条结构

齿轮齿条结构指通过有齿零件之间的啮合来传递动力的结构，是机械机构中应用最广泛的传动结构，包括齿轮传动、齿条传动、丝杠传动和蜗轮蜗杆传动等，这一类结构具有传递动力大、效率高、寿命长、工作稳定等优点，但这类结构对制作和安装的精度要求较高。

不同的齿轮齿条结构有不同的工作特性。齿轮传动可以将动力从主动轮传递向从动轮，传动过程中结构始终保持旋转运动形式。齿轮传动可以实现极高的传动功率，但受到齿轮直径的限制，难以实现远距离传输；齿条传动则将齿轮的转动变换为沿着齿条方向的直线运动或弧线运动，但其运动的回差相对较大，齿条传动在一些较大型的精密设备上使用较多，如激光切割机等，如图 2.9(a)所示；丝杠传动由精密传动丝杠和沿丝杠移动的螺母组成，目前主流使用滚珠丝杠已经能够实现摩擦小、运动平稳和双螺母预紧去回差等功能。丝杠传动的传动动力较小，因此适用于一些小型精密设备上，如小型 3D 打印机等，如图 2.9(b)所示。蜗轮蜗杆传动利用空间垂直而不相交的两轴间的运动传递动力，具有传动比大、传动力矩大、结构紧缩、传动平稳等性能，此外还具有自锁特性。

(a) 激光切割机中的齿条传动   (b) 小型3D打印机中的丝杠传动

图 2.9　齿条传动和丝杠传动的应用

2. 带传动结构

带传动指利用带轮上的挠性环形带与带轮之间的摩擦力来传递动力。常见的带传动可以分为摩擦型和啮合型两种：摩擦型由主动轮、从动轮和两轮上的环形传送带(通常是皮带)组成。传送带处于张紧状态，因此在静止时与轮的接触面之间呈现正压力状态，利用运动时产生的摩擦力拖动从动轮转动；啮合型则与链条类似，传送带和轮上都有齿，依靠齿之间的啮合实现传动。啮合型的优点在于不会产生滑动，以保证主动轮和从动轮之间的角速度按比例同步。

摩擦型带传动使用在对传动没有同步要求的场合，比如满足电动机带动排风扇等仅仅是动力传递的功能要求。而啮合型带传动则适用于有同步要求的场合，比如汽车发动机的正时皮带，就是通过啮合来连接缸盖正时轮、曲轴正时轮等装置，以保证各个气缸的进气门和排气门等装置按照一定的顺序和节拍工作。啮合型带传动是汽车发动机的重要装置，具有噪声小，自身变化量小而且易于补偿的优点，但皮带容易磨损和断裂，使用周期较短。

3. 链传动结构

链传动与啮合型带传动的工作原理类似，其结构由两个具备齿形的链轮和一条挠性链条组成，以实现主动轮和从动轮之间的角速度按比例同步，不会产生打滑问题，使用寿命也高于啮合型带传动。

4. 连杆传动

连杆转动利用可活动的连接和连杆实现传动动力，可以通过特殊设计将旋转运动转换为直线运动、往复运动或指定轨迹运动。

5. 凸轮传动

将凸轮与连杆相结合，可以通过凸轮的旋转控制连杆在一个位置范围内的往复运动，内燃机配气凸轮结构和自动机床的进刀机构都是凸轮传动的典型应用。

6. 减速器、离合器和制动器

减速器是机器人系统的常用整合型传动结构，由集成一体的齿轮齿条结构、带传动结构或链传动结构等组成，是原动机和工作机之间的独立的传动装置，用来降低转速和增大转矩，以满足工作需要。根据内部的组成结构，减速器可以分为齿轮减速器、蜗杆减速器、行星齿轮减速器、摆线针轮减速机和谐波齿轮减速器等。此外，还有由一个行星齿轮减速机的前级和一个摆线针轮减速机的后级组成的 RV(Rotary Vector,旋转矢量)减速器等。

工业机器人中使用的伺服电动机直接驱动关节会导致电动机发生低频发热和低频振动

等问题,难以保证精度和可靠性。为了保证工业机器人的重复度和精度,关节中目前普遍采用了传动链短、体积小、功率大、质量轻和易于控制的 RV 减速器或谐波减速器,以保证伺服电动机在合适的转速下运转,精确地将转速降低到机器人所需要的速度,提高机械体刚性的同时输出更大的力矩。其中,RV 减速器具有更高的刚度和回转精度,常被应用在工业机器人的机座、大臂和肩部等重载位置,而谐波减速器常被应用在小臂、腕部或手部等位置。

离合器是一种在机器运动过程中,控制动力传递断开或传递的结构,以便机器人进行变速和换向。无论是牙嵌式离合器还是摩擦式离合器,都具有接合平稳、分离迅速、断开彻底,以及体积小、重量轻等优点,且易于调节和维修。

制动器是一种限制关节运动的装置,用于在特定要求下限制机器人的运动。例如,机器人正常停机或意外停机时,需要利用制动器来保持机械臂等关节的位置不变,防止发生意外失灵故障,即制动器采用的是通电释放、断电制动的工作方式。这种方式的优点在于可以有效防止意外断电后的失控,缺点在于工作期间需要通电释放制动器,始终消耗电能。

7. 联轴器

联轴器是机械结构中的常用部件,用于轴与轴之间的连接,以传递运动和转矩。不带有离合功能的联轴器在机器运转时的两轴是不能分离的,只有在停转时才能分离。

联轴器的主要作用在于消除由于制造和安装产生的误差、机械结构承载后的变形以及温度等因素的影响所导致的两轴不能严格对中的问题,包括轴向位移、径向位移、角位移和综合位移。四种联轴器如图 2.10 所示。

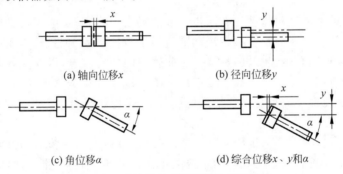

(a) 轴向位移x

(b) 径向位移y

(c) 角位移α

(d) 综合位移x、y和α

图 2.10　联轴器所连接两轴的位移种类

联轴器的种类可分为不具备位移补偿能力的刚性联轴器、具有挠性可以补偿相对位移但无缓冲减震能力的无弹性元件挠性联轴器和具有挠性可以补偿相对位移且具有缓冲减震能力的有弹性元件挠性联轴器。刚性联轴器包括套筒联轴器、凸缘联轴器和夹壳联轴器等,表现为两个轴之间是严格对中的,联轴器不存在可发生形变和位移的部件;无弹性元件挠性联轴器包括十字滑块联轴器、滑块联轴器、齿式联轴器、万向联轴器(又称万向节)和滚子链联轴器等,表现为两轴之间可具有一定的相对位移,但联轴器内没有弹性元件,不能实现缓冲功能;有弹性元件挠性联轴器包括弹性套柱销联轴器、弹性柱销联轴器、梅花形弹性联轴器、轮胎联轴器、膜片联轴器和星形弹性联轴器等,表现为两轴之间可具有一定的相对位移,且联轴器内安装有弹性元件,能够实现缓冲功能。

此外,机器人工作时还要依赖一些独立于机器人本体之外的辅助机构,如充电站和固定等装置中的机械结构。这一类装置的设置与机器人的特性有关,如工业机器人需稳固的基座、自动驾驶的电动汽车需要充电站或换电站等装置,也属于机器人辅助机构的范畴。

2.3 电源电路的组成

现阶段的各类机器人基本是通过电能进行直接驱动或间接驱动的,因此电源电路是机器人系统的重要组成,是机器人的工作基础。

机器人根据电能的来源可以分为内部没有电池而只能依赖外部电源的外部供电型、内部安装有电池且无需外部电源的内部供电型和内外混合型三种。固定使用的机器人,如工业机器人等往往使用外部电源供电,而自动驾驶汽车、无人机、AUV 水下机器人等多种移动机器人则需要使用内部电池供电。但无论哪种供电类型,都需要机器人内部对电源进行调整和限制后才能供各部分电路使用。

2.3.1 供电和电源变换

机器人系统中的微处理器系统、传感器系统和驱动系统等电气结构都需要依赖可靠且稳定的供电电源,从电压和功率两方面满足其工作需求。

机器人系统的电源往往只具有有限的几种输出电压提供给微处理器系统,如+12V 和 +5V 等,以减少电源的体积和复杂程度。对于微处理器、传感器系统和存储系统等所需要的+3.3V 和+1.8V 的供电电压,可以通过各类稳压电路来实现。常见的稳压电路以降压为主,包括线性降压稳压电路和开关降压稳压电路两类。

1. 线性降压稳压电路

线性降压稳压电路又称线性稳压器,是一类调整管工作在线性状态下的稳压电路,是最早使用的一类稳压电路,目前包括二极管稳压电路、三极管稳压电路、78XX/79XX/317/337/1117型三端稳压器等,如图 2.11 所示。这类稳压电路具有反应速度快、输出纹波小、工作噪声低的优点,但是要求输入输出电压的压差不能过大,且具有效率低、发热量大的缺点。

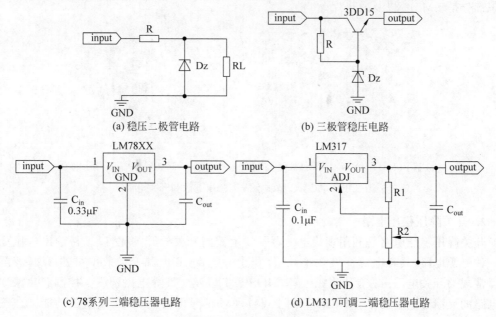

图 2.11　常用线性稳压电路

47

第2章

机器人本体结构

除二极管稳压电路和三极管稳压电路之外,各类三端稳压器内部一般都集成有调整管、基准电压源、采样电路和比较放大电路,以及保护电路和软启动等部分,可自行搜索 LM7805 等三端稳压器的数据手册了解其内部电路结构和参数。

常用的 78XX/79XX/317/337/1117 型三端稳压器有着较为严格的输入输出要求。例如,仙童公司生产的 LM7805 要求输入电压不低于 7V 才能够输出稳定的 5V 电压,即满足输入输出之间最小 2V 的压差,而安森美公司生产的 LM317 的输入输出的压差经验值应不低于 1.2~1.3V,高压差则意味着线性稳压器件的高功耗和高发热。但是,低功耗和低压差设备的诞生限制了这些线性稳压器件的应用场合,如锂电池供电设备的电池电压为 3.6~4.2V,而微处理器等器件的工作电压为 3.3V,这就对线性稳压器件的输入输出压差 V_{DROP} 产生了要求,需要使用 LDO(Low Drop Out regulator)才能够满足要求。

LDO 在工作时可以保持较低的压差,进而减少芯片的发热,常用的 LM1085 在 1A 输出时的 V_{DROP} 仅为 1V、RT9172 在 3A 输出时 V_{DROP} 约为 700mV,而 S-1172 和 S-13A1 在 1A 输出时的 V_{DROP} 甚至仅为 70mV。近年来,国产芯片设计和制造商也推出了多款 LDO,如圣邦微电子的 SGM2036 在 300mA 输出时 V_{DROP} 仅 165mV,芯朋微电子的 AP1312 在 2A 输出时的 V_{DROP} 仅 230mV。

LDO 电路简单,易于搭建和调试,使用时安全可靠,输出品质好纹波低,不会引入新的干扰,适合在设备的调试期间使用,尤其适合在音频信号、视频信号等小幅值模拟信号的处理领域应用。但 LDO 不适合在高压差大电流等场合使用,其所附加的散热片会增大整体尺寸,此外,LDO 电路中的电容也需要较大容量。

根据输入输出的电源类型,线性降压稳压电源可以分为 AC-DC 和 DC-DC 两种,AC-DC 型电路可理解为 DC-DC 电路前增加了变压器、整流电路和滤波电路。图 2.12(a)是一款基于 LM317 的 AC-DC 型可调线性降压稳压电源,其中左 1 圆圈标识部分是 $220V_{AC}$ 低频变压器、左 2 圆圈标识部分是整流电路、左 3 圆圈标识部分是 LM317 的输出调节电位器、方框标识部分是 LM317 以及散热片。

(a) 基于LM317的AC-DC可调线性降压电源　　　(b) AC-DC型开关降压稳压电源

图 2.12　AC-DC 型线性降压稳压电源和开关电源

2. 开关降压稳压电路

开关降压稳压电路是利用现代电力电子技术控制开关管开关比,以维持输出电压稳定的一种电源电路,具有电源变换效率高、体积小等优点,其电源变换效率可达 97% 甚至更高。常规的开关电路由控制芯片和功率 MOSFET 以及滤波等电路构成。控制芯片根据反馈电路的反馈来调整功率 MOSFET 的 PWM 驱动信号的占空比,实现稳压功能。在正常工作时,开关电路的功率 MOSFET 始终工作在开关模式下,而不是工作在线性区。因此,开关电路电磁干扰大,纹波系数大,可能会为电路尤其是会为音频信号和视频信号等模拟电路引入难以去除的噪声干扰。

根据输入输出的电源类型,开关电源也可以分为 AC-DC、DC-DC 以及 DC-AC 和 AC-DC-AC 等几种。常见的 AC-DC 和 DC-DC 型开关电源已经实现了模块化,可以方便地采购和使用。图 2.12(b)是广州金升阳公司生产的 LOF350-20B12 型 AC-DC 开关电源模块,输入电压 90～264V_{AC},输出可调 11.4～12.6V,强制风冷条件下输出功率可达 350W,转换效率达到 92%,其体积和重量远小于相同输出功率的线性电源。

AC-DC 和 DC-DC 型开关电路中常用的控制芯片有 TL494、UC3528、LM2575、TPS5430 等,国产芯片包括上海贝岭的 BL9384B、芯朋微电子的 AP2952 等。电路中除了需要使用控制芯片和功率 MOSFET 之外,AC-DC 型开关电路应使用高频变压器进行隔离,而 DC-DC 型开关电路(包括 BUCK、BOOST、BUCK-BOOST 三类)则需要使用储能电感和续流二极管实现降压和稳压。目前,大多数小功率控制芯片内部都集成有功率 MOSFET,构建开关电源时只要安装极少的元件就可以构建体积极小的 DC-DC 电路。如图 2.13 所示 TPS5430 电路,互联网销售的该模块只有 18mm×15mm 大小,且得益于功率 MOSFET 的工作方式,即便在输出电流满载的情况下也发热极低。

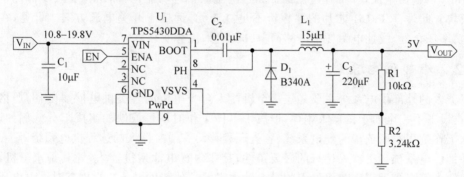

图 2.13　基于 TPS5430 构建的 5V/3A DC-DC

可见,开关电源相较于线性电源,在相同功率下拥有明显的体积优势和转换效率优势。此外,开关电源还具有较好的输入抗干扰性能,还可以达到优于 1% 的输出电压稳定度,而随着新型开关电源中零电压开关(ZVS)和零电流开关(ZCS)等新技术的引入,其电压稳定度进一步升高,而发热量、电磁干扰和体积进一步降低。但开关电源的设计和选用还应注意以下一些问题。

(1) 工作效率问题:AC-DC 的转换效率可达到 80% 以上、DC-DC 的转换效率可达到 90% 以上,但并不意味着开关电源可以在任意负载范围内保持较高的转换效率。使用时应保证负载功率保持在 10%～90%,过低的负载功率会导致电源效率下降,而过高的负载功率则会在负载波动时触发过载保护。

(2) 电磁兼容问题:功率 MOSFET 的高频开关会产生谐波干扰,对音频视频信号等共模信号会造成影响,因此应采取接地和屏蔽等措施降低干扰,如使用 EMC 滤波器等。

(3) 保护问题:开关电源工作电流大、输出功率大,因此必须具备过电流保护、过电压保护、过热保护和短路保护等防护功能,以保证开关电源本身、负载设备和供电设备的安全。

线性电源和开关电源的特性对比如表 2.6 所示。

表 2.6 线性电源和开关电源的特性对比

参 数 类 型	线 性 电 源	开 关 电 源
转换效率	低,压差越大效率越低	高,且效率基本稳定
发热状况	高,压差越大电流越大发热量越大	低,发热量与压差关系小,与电流关系大
体积重量	大,大功率时需要散热片或风扇散热,但自身元件少	小,相同功率时开关电源散热体积小,但自身元件多
价格成本	低,元件少、电路简单,但大功率器件价格高	高,元件多,电路复杂,但大功率电源价格低
多路输出	通常不具备	易于实现
复杂度	低,元件少,原理简单	高,元件多,原理复杂
电磁干扰	小,不产生新的干扰	高,易引入新的干扰

但是需要特别说明的是,上述对比是通用性的,在一些特殊情况下是存在极端案例的。例如,设备中为微处理器供电的 LDO,需要实现 5V 到 3.3V 的变换,电流较小(如 100mA 以下),则可以直接使用小体积 LDO。如 SOT-23 封装的 RT9161,其体积仅为 2.6mm× 2.7mm×0.9mm,在满足散热的条件下输入输出仅需要 1μF 和 10μF 耦合电容即可实现最大 300mA 的输出电流,并具有过温保护和过电流保护等功能,其体积和复杂度都优于开关电源模块。此外,RT9161 芯片的零售价不足 0.3 元,远低于开关电源方案。可见,在低压差、低功率场合上,线性电源凭借电路简单、成本低,优势明显。

2.3.2 外部供电系统

机器人的外部供电系统主要是连接至机器人自身电源的各类供电前端设备,严格意义上,这类设备不完全属于机器人本体,但属于本体工作时不可或缺的组成部分。例如,工业机器人工作过程中所依赖的配电系统、各类远程移动有缆机器人的远程供电系统等。

外部供电系统是机器人运行的必要条件,是非内置电池型机器人,尤其是水下机器人、管道机器人等有缆远程作业机器人的唯一动力来源。外部供电系统根据其对供电电压的处理可以分为简单传输型、类型变换型和电压变换型三种。

(1) 简单传输型:简单传输型指外部供电系统接受电源提供方(220V_{AC} 市电、发电动机等)提供的供电后,仅进行必要的检测和保护措施,如电压显示、过电压保护和过电流保护等,而不对供电进行类型和电压的变换,就直接传输给机器人的外部供电系统类型,这一类供电系统电路简单、易于维护,但传输距离和传输功率受外界供电制约大,无法自行调节供电电压和类型。

(2) 类型变换型:类型变换是一种较为常见的变换形式,主要指对电压的类型进行调整,并可以附带有对变换后电压的稳定功能。从 AC 到 DC 变换的功能模块通常称为 PFC 模块,如 VICOR 公司的 VI-HAM 系列模块则可以实现 85～264VAC 到 DC 的变换,其变换效率可达 99%。而 DENSEI-LAMBDA 公司的 PF1000A-360 型模块在实现 85～ 255VAC 到 DC 变换的同时,还能够实现输出电压的稳压功能,保持输出电压 360V 且线性调整率不大于 5V。

类型变换型外部供电系统所采用的 PFC 模块的主要功能是对电压进行 AC-DC 或 DC-AC 的变换,在变换过程中,不对电压进行调整或仅进行稳压功能。该类型供电系统都应具有简单传输型的传输、指示和保护功能。

(3) 电压变换型:该类型的主要特点是对电压进行调整,也可能对供电类型进行调整,其电压调整范围一般应超过供电或类型变换后电压的 50%，如 $220V_{AC}$ 到 $800V_{DC}$ 的变换等。外部供电系统的电压变换主要是实现从低电压到高电压的变换，以便实现远端机器人的大功率供电。这种供电形式在深海水下有缆机器人等需要长距离大功率供电的机器人系统中尤为常见。

2.3.3　电池管理系统

工业机器人等固定的机器人可以直接使用外部供电，而如智能送货车、物流仓库机器人以及部分水下机器人等移动机器人以及各类电动汽车都需要依靠电池为机器人提供能源。目前，机器人系统中主要采用的是各类锂电池储能，如三元锂电池和磷酸铁锂电池等。机器人的电池管理系统复杂度远高于外部电源供电系统，电池管理系统故障轻者会导致机器人电池工作异常，重者可能会导致机器人意外掉电和电池组的损坏，导致机器人无法实现应急回收等功能。

大容量锂电池是移动机器人组成的重要环节，其输出功能直接决定了移动机器人的性能。锂离子电池在使用过程中，应通过电池管理模块来避免电池过充电、过放电、长时间大电流放电等问题的发生，并且对电池进行必要的管理，实现对单体电池和电池组的电压、电流和温度等状态的实时监测、电池的电量进行准确的计量和电池的剩余电量进行准确的估算，从而预防电池组出现故障，使电池尽可能工作在最佳状态，为移动机器人作业提供可靠的能源支持。

具体地，内置电池型机器人的电池管理系统（BMS）需要完成以下基本功能：①充电管理：管理电池组和电池的充电过程，平衡电池单体之间的单体差异，防止出现电池之间充电不平衡和过充电问题；②状态检测：完成系统所需的基本数据的采集，包括电池组和单体电池的电压、电流、温度等信息，作为管理电池的依据；③SOC 估算：SOC（State Of Charge）是表征当前电池剩余电量的重要参数，可以有效防止过充电和过放电问题，但只能通过计量的方式进行计算，目前主要估算方法有安时计量法、开路电压法、内阻法、放电实验法、人工神经网络法和卡尔曼滤波法等；④均衡控制模块：平衡电池单体之间的差异，防止个别电池在使用过程中发生老化过快问题，目前主要的均衡控制方法包括能量耗散法、能量转移均衡和能量转换均衡等方法。

常见的 BMS 系统功能和芯片如下。

（1）电池组电流检测：现代电力电子技术的发展使得电流检测的方法摆脱了传统的"采样电阻＋放大器＋光耦隔离"的烦琐方案，进入了以霍尔元件为代表的可隔离的单器件解决方案时代。这一类现代电子器件的出现，解决了电动汽车（EV）和混合动力汽车（HEV）等诸多以电力作为主要能源的设备的电池检测问题。Allegro MicroSystems 公司陆续推出的 ACS714、ACS758 和 A1360 的系列霍尔电流传感器由低偏移的精密线性霍尔电路组成，其电流路径靠近霍尔芯片的表面，流过该电流路径的电流产生的磁场被霍尔器件转换成同比例的电压输出。其中，ACS758 电流路径的阻抗仅为 $100\mu\Omega$，有效减少器件损耗和发热。以 ACS758LCB-050B 为例，该型传感器可以检测的电流范围为 $\pm50A$，在 5V 供电时，0A 输出电压 $V_{OUT}=2.5V$，并可以达到 $40mV/A$ 的检测灵敏度，如图 2.14 所示。

在实际使用中，只需要通过微处理器的 ADC 模块采集 V_{OUT} 的输出即可获得电流值。

（2）各串联电池的电压检测：由于串联电池之间零电位不同，采用传统的"分压＋ADC"的方式很难对电池单体进行单独的电压测量，但 EV 和 HEV 的出现在一定程度上推动了锂电池检测系统的发展。例如，MC33771 就是一种面向 EV、HEV 和 UPS 领域的串联

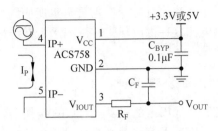

(a) Allegro电流传感器选型参考　　　　　(b) ACS758内部功能结构

图 2.14　Allegro 电流传感器选型和 ACS758 内部功能结构

锂电池电压电流监控芯片,具备最高 61.6V 的工作电压、单芯片支持 7～14 节锂电池监控、218μs 完成一轮 14 通道的电压测量、支持差分串联和 SPI 通信、最高仅 0.8mV 计量误差、支持 GPIO 扩展传感器等先进特性,并可以满足严苛的 ISO 26262 中 ASIL-C(Automotive Safety Integration Level,汽车安全完整性等级)的要求,典型电路如图 2.15 所示。

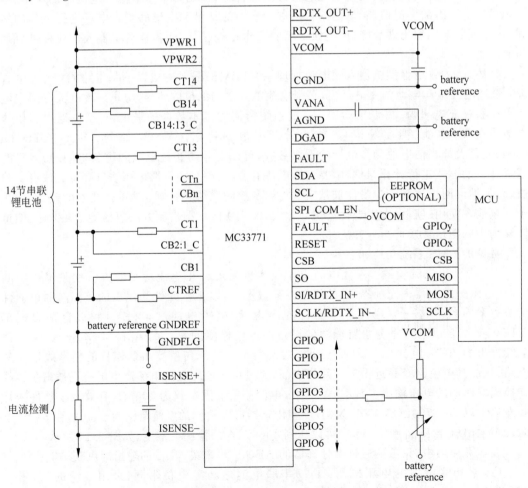

(a) 基于MC33771的单独电池组检测电路

图 2.15　基于 MC33771 的单独电池组检测和菊花链电池组检测方案

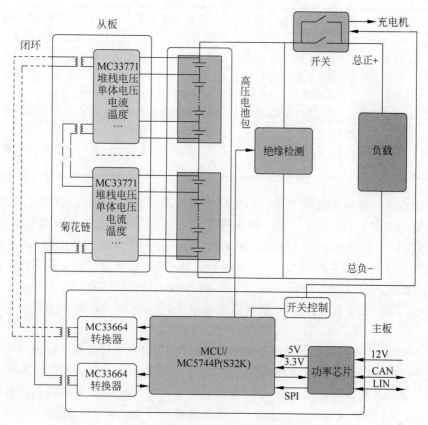

(b) 基于MC33771的菊花链电池组检测方案

图 2.15 （续）

MC33771 在实际设计电路和使用时应注意以下几点：①锂电池在充放电过程中会产生高频干扰，可以使用 RC 网络构成低通滤波器；②为了保护 MC33771 内部的电池电压采样电路，可以在诸如 CT_14 和 CB_14：13_C、CT_1 和 CT_REF 等 Cell pin input 和 Cell common pin 之间加入稳压二极管，以防止输入电压超出允许范围；③MC33771 的 GPIO 还支持作为测温使用，通过外界热敏电阻电路，即可完成对于锂电池温度的测量；④MC33771 可以通过内部 MOS 和外部均衡电阻实现被动均衡功能，避免电池单体的差异问题，但使用中应注意外部均衡电阻的散热问题；⑤MC33771 的菊花链最多可以级联 15 片 MC33771，菊花链采用差分数据传输，带有 CRC 校验，采用隔离变压器相互隔离，通过 MC33664 在微处理器和 MC33771 之间转换，并在菊花链首尾处增加 300Ω 的匹配电阻。

（3）BMS 系统的微处理器：芯片按照工作的可靠性可以分为消费级、工业级、汽车级和军工级，在军工级之上还有更高要求的航天级。各级别可靠性差异如表 2.7 所示。

机器人本体结构

表 2.7　各级别芯片的可靠性对比

	消 费 级	工 业 级	汽 车 级	军 工 级
工作温度	0～70℃	−40～+85℃	−40～+125℃	−55～+125℃
电路设计	防雷设计、短路、过热保护	多重防雷、抗干扰技术、短路、过热、超高压保护	多重防雷、抗干扰技术、多重短路、多重过热、超高压保护	辅助和备份电路、多重防雷、抗干扰技术、多重短路、多重过热、超高压保护
工艺处理	防水处理	防水防潮防腐防霉	增强封装和散热处理	耐冲击、耐高低温等
系统成本	低廉难维护	均具备自检、造价稍高但易维护	均具备自检并增强散热、造价稍高但易维护	造价成本高、维护费用高

移动机器人的电池系统需要承受恶劣环境且在散热等方面有一定限制，需要比主控芯片具备更高的可靠性，主控芯片一般应选用工业级芯片，而电池系统建议选用汽车级芯片，如 STMicroelectronics 的 SPC5 系列 32 位 Cortex R52 内核微处理器，该系列微处理器包括单核微处理器和多核微处理器、支持−40～+150℃ 宽温范围、达到 ISO 26262 中的 ASIL-D 要求，此外，如 STMicroelectronics 的 STM8AF 和 STM8AL 系列、NXP 的 S32 系列、Silicon Labs 公司的 C8051F5 系列以及瑞萨公司的 RH850 系列等也可以满足温度的要求。

综上，对于仅使用内置电池供电的机器人系统而言，电池无疑是整个设备的唯一动力来源。除了在应急情况下使用线缆将机器人"拉回"外，大多数移动机器人在使用时必须估算剩余电量和返回所需的电量，这一点与无人机非常类似。图 2.16 是大疆无人机的遥控界面，界面上方在十分显著的位置上标注了电量并设置了更加直观的条状指示，右侧箭头所指示的位置表示当前剩余电量和可使用时间，左侧箭头所指示的位置为建议的返航电量（标注有黄色的"H"字母）。而当无人机运行到红色剩余电量时，将强制返航或者降落。所以，开发者在设计移动机器人的供电系统和整体系统时，必须要关注移动机器人已经消耗的电量、剩余的电量、所处的位置并做出明显的提示。

图 2.16　大疆无人机操作界面上关于使用电量的指示

2.4 水下机器人基本结构

在 2.2 节中介绍了各类陆地机器人的基本结构和运作原理,与陆地机器人相对应。水下机器人在结构上也颇具代表。水下机器人主要包括 AUV(Autonomous Underwater Vehicle,自主式水下潜器)和 ROV(Remote Operated Vehicle,遥控无人潜水器)两类,两类水下机器人需要根据应用领域的不同、执行作业的不同进行结构的设计和优化,进而决定了其外形、框架,甚至影响水下机器人的供电形式。

AUV 的任务通常是执行勘测和侦查作业,需要在大范围区域内高效地采集数据;而 ROV 的典型任务是在小范围内执行抓捕等精细的作业,如图 2.17 所示。因此水下机器人必须要面向任务的特点进行设计和优化:AUV 应该进行单轴运动优化,ROV 则需进行三轴方向的悬停稳定优化。AUV 和 ROV 任务对比和设计优化对比如表 2.8 所示。

图 2.17 AUV 和 ROV 的主要工作场景

表 2.8 AUV 和 ROV 任务对比和设计优化对比

特 性	AUV	ROV
主要任务和设计优化	大范围移动作业 高速目标运输 针对单一轴进行优化 流线型设计,阻力小 较少注重各剖面的阻力优化 封闭式闭合框架 内置能源来源(电池)	小范围近距离作业 物理控制和操纵 潜水器长宽比较小 各方向阻力面类似 前向剖面阻力优化 开放式框架设计 通过脐带缆可以使用外部电源

ROV 结构复杂,其结构功能更接近于陆地机器人,因此本节主要介绍 ROV 的相关内容。ROV 系统的组成包括水面控制和支援系统、ROV 本体以及连接两部分的脐带缆三部分构成。

2.4.1 水下机器人外观和结构特点

正稳性是水下机器人必须要实现的状态之一,即在机体具有在倾斜的状态下可以本能地扶正到稳定的状态的能力,这种能力可以简单地通过 ROV 的浮力与重力配置来实现——浮心高,重心低,正稳性越强,ROV 则越容易被控制。正稳性主要表征 ROV 的静态稳定性,但 ROV 在运动时,还应该考虑 ROV 运动学和动力学数学模型,即开架式 ROV 的水动力模型,该模型对于 ROV 的操纵控制与运动预测起到至关重要的作用。

56

传统的水动力模型是构建在纵向匀速直航运动上,叠加一个微小运动,再利用泰勒级数以基础运动为基准点,进行多元函数的泰勒展开。DTNSRDC 先后提出了用于潜艇模拟研究的标准运动方程和修正的潜艇标准运动方程,实现了水动力系数的精准预测,同时考虑了潜艇在高速大舵角、大攻角、大漂角运动情况下水动力的强非线性,引入了积分形式来表达水动力,以保证能够逼真地模拟潜器的非线性、强耦合运动。1995 年的《潜艇操纵性》一书则基于潜艇标准运动方程,并省略了螺旋桨负荷造成的影响,给出了潜艇六自由度运动方程。但是,潜艇运动与 AUV 运动相似,以高速前向运动为主,ROV 与潜艇和 AUV 的运动方式是不同的。因此,潜艇运动方程中以纵向直航运动为基准运动设计的水动力模型难以适用。Fossen 等人提出了一种简化的 ROV 水动力模型,该模型将 ROV 考虑为上下、左右和前后三个方向对称结构。该模型中对于 ROV 的黏性水动力也进行了大幅度的简化,但这种简化后的模型忽略了 ROV 外形结构特点对 ROV 水动力以及运动的影响。并且该模型中,对黏性项水动力的解耦处理忽略了 ROV 在一个方向上的运动时所引起的其他方向上的水动力,以及在运动过程中由于耦合速度而产生的耦合水动力,这些因素都影响了该模型的准确性。

ROV 的水动力模型和水动力系数是 ROV 结构设计重要的参数之一,无论是使用模型实验还是通过模拟计算,都应尽可能减少 ROV 各种结构和机构,甚至线缆所带来的水阻。如水下机器人各面的固定板、防水密封舱、机械手臂和零浮力电缆等,都是应该考虑的因素。

图 2.18 和图 2.19 分别为某国产型号 A 和型号 B 的水下机器人,两款同为开架式设计,即机器人的结构允许水流从机器人内部流过,简单对比两款框架的特点。从三视图可以发现,A 型 ROV 框架设计在满足了机器人结构强度的前提下,其左右面框架和前后面框架尤其是上下面框架的面积占比远小于 B 型 ROV。因此,在真实的海洋环境应用中,A 型 ROV 能够更好地减少海流对其稳定性的影响。尽管 B 型 ROV 以及诸多的娱乐消费级 ROV 都采用了外观精美的封闭式结构,但是在实际应用中,极易受到水流的影响,尤其难以抵抗风生流和潮汐流的影响,在水下表现出各方向的随海流的晃动,增加了机器人的稳定难度。

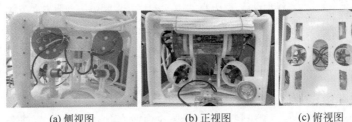

(a) 侧视图　　　　(b) 正视图　　　　(c) 俯视图

图 2.18　国产某 ROV 框架的侧视图、正视图和俯视图(型号 A)

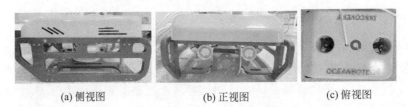

(a) 侧视图　　　　(b) 正视图　　　　(c) 俯视图

图 2.19　国产某 ROV 框架的侧视图、正视图和俯视图(型号 B)

ROV 框架除了要考虑水阻问题外，还需要考虑其结构强度。框架上需要安装必要的机械、电气和推动器件等装置，包括防水密封舱、摄像机、照明灯、机械手臂以及其他特殊仪器和工具等。由于这些装置的密度通常大于海水，因此 ROV 框架上还需要安装必要的浮力材料，并且 ROV 的框架需要能够承受自身重量、装置重量和浮力材料在空气中和水中所带来的不同的受力状况，以及推进器所带来的推动力影响。ROV 框架一般采用塑料等耐腐蚀的复合材料或者铝等轻质金属，以实现最小的重量下达到最大的强度。此外，ROV 框架还要满足装载、运输和吊环对强度的要求。

ROV 的长和宽通常为 6in/15cm×6in/15cm～20ft/6m×20ft/6m[①]，具体的框架大小设计可以参考以下原则。

(1) 防水密封舱机器内部电路和设备的体积。

(2) 所搭载的其他各类装置和设备的体积。

(3) 所要承载的所有物体的重量。

(4) 浮力材料的体积。

(5) 框架材料的承重能力和抗冲击能力。

但是在实际的设计和制作的工程中，所要面临的影响因素远不止上述内容，还应该至少包括以下各个要点。

(6) 框架的防水与防腐蚀：框架材料和辅助材料在海水等介质中应具备防腐蚀能力，如框架选用 POM、连接件选用 444 不锈钢或 C15 不锈钢等材料，或者为 ROV 增加阴极防护措施。

(7) 各种装置对重心的影响：具备移动功能和动力功能的装置、框架附着物和负载和对 ROV 重心的影响，如机械手伸缩或左右会移动导致 ROV 倾斜、推进器的转动也会导致重心的偏移等。

(8) 重量的变化影响：部分 ROV 需要携带耗材在水中作业或者从水中运输物品，会导致 ROV 的重力浮力比发生变化，导致机器人上浮或下沉。

(9) 特殊受力点的影响：ROV 框架的吊举点、电缆和系缆的连接点和各类装备的安装点对 ROV 框架提出了特殊的强度要求。

(10) 线缆的连接和传输要求：对于 ROV 而言，需要通过线缆密封舱、推进器和传感器，还要通过零浮力电缆与母船连接，因此线缆还要有足够的供电能力、有足够的带宽传输图像和数据、有足够的抗拉能力以便在应急时回收 ROV。

(11) 各种装置的安装要求：设计结构时，应避免安装在机器人的各类设备之间产生干扰，包括电磁干扰和磁场干扰等。

2.4.2　水下机器人的推进器结构

尽管目前研究者已经推出了基于波动鳍的仿生水下机器人和滑翔水下机器人，但是在常规的水下机器人中，推进器依然是占据绝对主流地位的牵引力来源，也是设计水下机器人的重要考虑因素，推进器的外形、功率和驱动形式都是 ROV 的重要设计因素。

1. 推进器的分类

ROV 推进器的主要参数除了外形参数之外还包括推力、最大工作深度、空气重量和水

---

① in 为英寸，ft 为英尺。1ft=12in，1ft≈0.30m——编辑注。

下重量等。推进器可以从功率、深度等不同角度进行分类,最主要的分类方式是从驱动形式进行的,可以将推进器分为电推进器和液压推进器两种,外观如图 2.20 所示。

(a) SPE250型电力水下推进器　　(b) SA300型液压水下推进器

图 2.20　Sub-Altantic 生产的 SPE250 型电推进器和 SA300 型液压推进器

(1) 电推进器指使用电力作为能源的水下推进器。驱动电路在控制信号的控制下,向推进器提供不同电压、相位的驱动电力,控制电推进器以不同的速度和方向旋转,带动螺旋桨产生推动力。电推进器有不同的驱动和控制方式,应根据具体推进器区别使用,几种电推进器的参数如表 2.9 所示。

表 2.9　天津昊野的三种电推进器与 BlueROV2 的 T200 性能对比

特　　性	T300	T650	T2040	T200
前向推力	8.2kgf	30kgf	85kgf	5kgf
反向推力	3.6kgf	30kgf	85kgf	4kgf
额定电压	48V_{DC}	110V_{DC}	300V_{DC}	6～20V_{DC}
空气重量	8.2kg	5.7kg	12kg	344g
水下重量	3.6kg	3.5kg	8.1kg	156g
最大转速	2050rev/min	1250rev/min	1650rev/min	3800rev/min
最大工作深度	850m	850m	850m	100m
控制信号形式	模拟电压	模拟电压/PPM	模拟电压/RS485	三相无刷控制

需要特别注意的是,通常电推进器的额定电压越高,其推力越大,越适合在大型水下机器人上使用,但电推进器的电压也影响着水下机器人的供电特性。

(2) 液压推进器相对于电推进器可以输出更大的推力,但驱动液压推进器需要水下机器人带有液压动力系统、补偿器、液压阀组件和各种压力管线。几种液压推进器的参数如表 2.10 所示。

表 2.10　Curvetech 部分液压推进器性能对比

特　　性	HT230	HTE300BA-32	HTE300BA-32	T200
最大静态推力@250bar	200kgf	350kgf	415kgf	570kgf
最大工作压力	350bar	300bar	300bar	280bar
空气重量	14kg	15kg	27kg	70kg
水下重量	10kg	7kg	13kg	39kg
液压吞吐量	10cc/rev	32cc/rev	45cc/rev	62cc/rev

尽管液压推进器需要如图 2.21 所示的液压动力站等各类大型液压配件的配合,导致水下机器人体积庞大、重量增加等各类问题,但液压系统可以提供更大的推力,也可以为其他设备,如大型机械臂、钻孔设备等提供动力。

图 2.21 UNW1000 型水下液压动力站

水下机器人制造商针对两种推进器的观点比较鲜明,电力水下机器人制造商认为电动推进器部件少,系统结构简单,成本较低;而液压推进器系统部件较多,电力还需要转换为液压动力才能工作,造成能量损失,而且一旦液压系统发生泄漏等故障,容易导致整个系统失效,也会导致海水发生污染,其维护成本较高。液压水下机器人制造商则认为使用液压系统是目前唯一能驱动大型机械手臂和大型机械设备的唯一方案。而且水下机器人可以使用更轻便的非金属的脐带缆,在深水水下机器人上使用带有凯夫拉抗拉材料的非金属脐带缆可以有效地解决悬挂重量的问题,具有较高的性价比。但实际上两者的区别正逐渐模糊,尽管大型水下机器人仍倾向于使用液压作为动力,但 Seaeye 和 Sub-Altantic 等公司也研发了可以工作于 6000m 海底的全电动工作级水下机器人,而一些小型的观测级水下机器人也使用了小型液压机械装置。

需要注意的是,本书中所介绍的推进器以螺旋桨推进器为主,但 ROV 推进器除了螺旋桨推进器之外,还有环形推进器、喷水推进器和仿生推进器等种类。

2. 电推进器

电推进器的功率决定了水下机器人的供电形式,但是水下机器人的类型也决定了水下机器人的供电形式,进而也影响电推进器的功率,这是一个相互影响相互制约的问题。例如,观测级 ROV 线缆较短,一般是将 $220V_{AC}$ 直接整流为 $300V_{DC}$ 后,通过线缆传送至 ROV,再经过 DC-DC 降压供各个部件和推进器使用,大中型 ROV 线缆较长,为了减小传输损耗,通常在水面将电压升至 $3000V_{DC}$ 再向 ROV 传输,而深水型 ROV 则需要在线缆管理器(TMS)上进一步处理供电。

目前,ROV 主要以直流电动机为主,包括直流有刷电动机和直流无刷电动机两类。直流电动机具有操控简单、可靠性高等优势,但直流电动机也有一些不足之处,如直流电动机转速较高、扭矩低,因此需要增加减速装置来获得最佳的作业速度。直流电动机使用 PWM 等复杂的技术来调整电动机转速,导致传统电力电子设备控制难度较大。但随着近年来单片机和嵌入式技术的迅速发展,利用单片机直接产生 PWM 控制信号,再经过电子调速器(Electronic Speed Control,ESC)即可以直接驱动直流电动机。

(1)直流有刷电动机。由图 2.22(a)可知,直流有刷电动机的定子上安装有固定的主磁极(Fixed Magnets)和电刷(通常为碳刷,Carbon Brushes),转子上安装有电枢绕组(Electormagnets)

和换向器(Commutator)。直流电源的电能通过电刷和换向器进入电枢绕组,产生电枢电流,电枢电流产生的磁场与主磁场相互作用产生电磁转矩,使电动机旋转带动负载。由于电刷和换向器的存在,有刷电动机的结构比较复杂,电刷存在磨损,寿命短,换向时易产生火花,也易产生电磁干扰。这些电磁干扰如果不进行过滤,也会随着电力线干扰到机器人内部的其他设备,所以在使用直流有刷电动机时,需要进行足够的滤波和屏蔽处理。

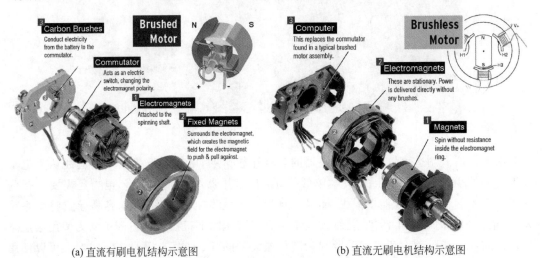

(a) 直流有刷电机结构示意图　　　　　　　　(b) 直流无刷电机结构示意图

图 2.22　两种直流电动机的结构示意图

　　虽然电动机绕组中的电流产生了磁场,推动了转子的旋转,但是绕组在主磁极的静磁场中的移动,也会导致绕组中产生反向电流和反向电动势(Counter-Electro Motive Force, CEMF)。与供电共同作用的最终结果是,电动机转速越快,实际工作电流越小。所以,电动机在转动时,其正向电动势、反向电动势和负载会达到平衡,电动机进入到稳态。对于电动机而言,存在着两个工作的极端——空载和堵转。空载指电动机工作时没有任何外部负载,电动机的转速最高;而堵转时所有的输入电流都用来产生扭矩,不会产生反向电动势。启动与堵转状态一样,会产生突发启动电流,电流值可达正常工作电流的 5～7 倍。一般情况下,应将该电流控制在正常工作电流的 2～5 倍以内,或者通过软启动方法减少过量的启动电流,以避免电路超载和电源过载等问题的产生。电动机应尽可能避免工作在空载或堵转这两种不做功的状态,以免损坏电动机或相关电路。

　　电动机的输出功率 P 等于电动机转矩 T 乘以电动机的角速度 ω:

$$P = T\omega \tag{2.1}$$

其中,$\omega = v/R$,v 为线速度,R 为半径,P 的单位为瓦特(W),T 的单位为牛顿·米(N·m),ω 的单位为弧度/秒(rad/s),转换为转速 N,单位为转/分(r/min)后,并使用 kW 为功率单位,则有:

$$P = \frac{2\pi TN}{60 \times 1000} = \frac{TN}{9549} \tag{2.2}$$

可得:

$$T = 9549 \times P/N \tag{2.3}$$

由上述公式和图 2.23 可知,当电动机的转速逐渐增加时,其转矩也会降低,当功率到达某一个点并不再随着转速增加而增加时,即达到了电动机的最大输出功率。但是,包括ROV在内的各类设备在选用直流电动机时,电动机的长时间工作点难以一直保持在最大功率点,而是在最大效率点附近,对于多数直流电动机而言,最大效率点位于堵转转矩的10%左右。

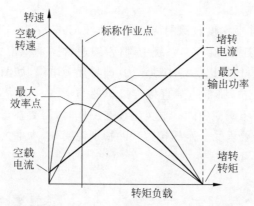

图 2.23　某电动机转速与输出功率之间的关系

(2) 直流无刷电动机,如图 2.22(b)所示。直流无刷电动机的主要特点在于不使用电刷和换向器,电动机由主体和驱动器组成,是一种典型的机电一体化设备。电动机的定子绕组多做成三相对称星形接法,同三相异步电动机十分相似。电动机的转子上粘有已充磁的永磁体,为了检测电动机转子的极性,在电动机内还装有位置传感器。驱动器由功率电子器件和集成电路等构成,其功能是在单片机的启动、停止等控制信号的作用下,控制电动机的启动、停止,同时接收位置传感器信号和正反转信号,用来控制逆变桥各功率管的通断,产生连续转矩;接收单片机的速度指令和速度反馈信号,用来控制和调整转速等。

随着 MOSFET 等现代半导体技术的发展,目前的直流无刷电动机已经可以通过检测反向电动势的方式检测电动机的位置,而取消了位置传感器,进一步减少了电动机的复杂性,提升了电动机的可靠性。

总体上,直流无刷电动机继承了有刷电动机控制简单的优点,并具有体积小、重量轻、出力大、转矩特性优异、中低速转矩性能好、启动转矩大、启动电流小、可无级调速、耐震动、噪声低、震动小、运转平滑、寿命长、过载能力强和维养简单等优点,尤其是不使用电刷,既不产生火花,也可以不暴露电动机的控制电流,可以在一定程度上实现防水功能。如图 2.24 所示,早期 OpenROV 便直接选用了对线缆进行了简单处理的直流无刷电动机,并将其定子绕组和永磁体直接暴露在水中,实现了简单的、低成本的防水电动机。

图 2.24　OpenROV 所使用的
直流无刷推进器

2.4.3　水下机器人的线缆系统

ROV 的电缆系统包括脐带缆、系缆和互联线缆三部分,此外还有辅助的线缆保护装置等,本节主要指 ROV 的线缆系统中的脐带缆和系缆部分,以及相应的连接部件。脐带缆和系缆通常采用环保的 EM 电缆,负责在母船和 ROV 之间传输电力、通信信息甚至是机器人的机械负载。在选用 ROV 线缆时,应该综合考虑 ROV 运行深度、持续工作时间、水温和盐度、海流强度、海水生物和悬浊物因素等,此外,线缆也是造成水下机器人阻力的主要原因,因此线缆直径的最小化也是选择线缆的重要因素。

1. 脐带缆和系缆

如图 2.25 所示,在作业深度较深的 TMS(Tether Management System)中,脐带缆连接 TMS,而 TMS 通过系缆连接 ROV。系统中,脐带缆通常是钢铠甲式,可以承受 TMS 的重量,而系缆采用合成纤维材料,以保持中性浮力(即零浮力电缆,如图 2.26 所示)。在作业深度较浅的无 TMS 的系统中,脐带缆则直接连接母船与 ROV,但脐带缆多使用合成纤维材料的零浮力电缆,极少使用钢铠甲式。这类电缆在工作时,需要在母船和 ROV 之间长距离传输电力和信号,并且需要承受一定的拉力。除特别说明外,本书主要指这一类作业深度较浅的 ROV。

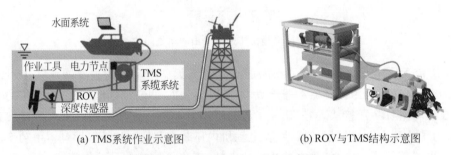

(a) TMS系统作业示意图   (b) ROV与TMS结构示意图

图 2.25   TMS 和 ROV 系统示意图

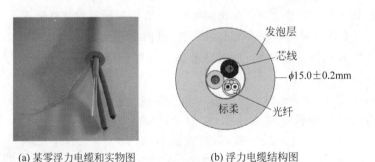

(a) 某零浮力电缆和实物图   (b) 浮力电缆结构图

图 2.26   某零浮力电缆和实物图和结构图

2. 电力传输和绝缘需求

线缆在传输电力方面的需求,应考虑供电电压、工作电流、供电相数和持续时间。

当绝缘材料受潮或受到过高的温度、过高的电压时,可能完全失去绝缘能力而导电,称为绝缘击穿或绝缘破坏。因此,线缆可以承载的最高电压也是有限的。零浮力电缆的线芯与普通电缆一致,涉及的现行标准如下。

(1) GB/T 12706:低压交联电力电缆、中压交联聚乙烯绝缘电力电缆和高压交联聚乙烯绝缘电力电缆。

(2) GB/T 16927:高电压实验技术。

(3) GB/T 2951:电缆绝缘和护套材料通用实验方法。

（4）GB/T 3048：电线电缆电性能实验方法。

（5）IEC 60885：电缆的电气实验方法。

此外，电缆选择时还应该注意遵循 GB 6995 电线电缆识别标示、GB 2592 电缆外护套、GB 3956 电气装备电线电缆铜铝导电线芯等。另外，还可以参考 ISO 13628-5 石油和天然气工业水下生产系统的设计和操作标准中关于深海油气脐带缆的要求。但目前仍没有关于水下机器人线缆的明确标准出台。

线缆中的电力线应首先满足 ROV 电流传输的要求，即满足额定电流的传输要求。与高压输电的原理类似，为了减少电缆线损，应提升传输电压、降低传输电流，同时尽可能选择导电率高的导体材料，如电解铜等，并应该选用具备高柔软、耐弯曲和耐扭曲的特定线缆。此外，线缆应满足 ROV 的额定功率需求。但在极端情况下消耗功率会超过额定功率，即线缆上承载的电流会超过设定电流，线缆会产生发热的问题，发热会导致绝缘层的软化。目前的线缆绝缘层主要有热塑性材料和热固性材料两类，热塑性材料指热软化、冷却硬化特性的材料，如聚乙烯（PE）、聚丙烯（PP）、聚氯乙烯（PVC）、尼龙（Nylon）和特氟龙（PTFE）等。热固性材料指遇热后材料产生不可逆的化学反应而固化变硬的材料，如氯化橡胶（Neoprenet）、交联聚乙烯（XLPE）和乙烯丙烯二烯橡胶（EPDM）等。常见的民用线缆以及 ROV 线缆通常使用热塑性绝缘材料，但也应限制机器人的功率，以控制线缆的发热。

3. 信号传输需求

同电力一样，信号在传输过程中也会损耗衰减。目前主流的传输介质有铜缆和光纤两类，传输的信号类型则包括模拟信号和数字信号两类。目前，ROV 主要的信号传输方式包括基于双绞线的网络信号传输、基于电力线载波的网络信号传输、基于光纤的数字信号传输、基于光纤的数字模拟信号传输等。

使用双绞线和电力线载波的铜缆传输信号是短距离信号传输的常见方式，使用简单。但传输距离较短，其传输距离通常在 300m 以内，带宽在 100Mb/s 以下，并且在与电力同时传输时需要考虑屏蔽电磁干扰。使用光纤则可以避免干扰问题，并且实现 100Mb/s 以上的高带宽、1000m 以上的长距离传输，线缆也更轻更细。

4. 线缆强度需求

线缆在使用时，需要支撑自身的重量、支撑 ROV 的拉力以及附加的阻力，所以在选择线缆时必须要重视线缆的强度因素，包括抗拉强度和弯折半径等。

脐带缆通常通过钢丝网和合成纤维增加其强度。钢丝网由碳钢丝编织而成，包裹在线缆外部可以有效提升线缆的抗拉强度、模量和耐磨性。凯夫拉（Kevlar）密度低、强度高、韧性好、耐高温、易于加工和成型，其强度为同等质量钢铁的 5 倍，但密度仅为钢铁的 1/5。这类合成纤维材料通常以编织或者包覆的形式设置在线缆电力通信材料的外部，提升电缆的抗拉能力，如图 2.27 所示。

5. 线缆温度需求

线缆的工作温度对于线缆内导体的影响较小，主要影响绝缘材料的工作特性，过高的温度会导致绝缘材料软化、溶化，过低的工作温度会导致绝缘材料变硬、变脆，应根据各种材料的特性进行选择，相关材料的性能参数如表 2.11 所示。

(a) ROV末端的钢丝网包裹　　(b) 浮力电缆内部的凯夫拉材料　(c) 浮力电缆内部的凯夫拉包裹

图 2.27　ROV 的系带夹紧器的钢丝网和线缆内的凯夫拉抗拉纤维

表 2.11　各种塑料的绝缘性能(P/F/G/E/O 逐渐变好)

	微孔聚乙烯	高密度聚乙烯	低密度聚乙烯	尼　龙	聚 丙 烯	聚 氨 酯	聚氯乙烯	聚四氟乙烯
英文简称	UHMWPE	HDPE	LDPE	Nylon	PP	PU	PVC	PTFE
工作温度/℃	−20～75	−20～75	−20～75	−65～105	−40～105	−196～120	−20～80	−65～250
耐水性	E	E	E	P-F	E	P	E	E
耐热性	G-E	E	G	E	E	G	G-E	O
阻燃性	P	P	P	P	P	P	E	O
耐酸性	G-E	G-E	G-E	P-F	E	F	G-E	E
耐碱性	G-E	G-E	G-E	E	E	F	G-E	E
耐油性	G-E	G-E	G-E	E	E	E	E	O
耐磨损性	G	E	F-G	E	F-G	O	F-G	G-E
耐酒精性	E	E	E	P	E	P	G-E	E
电气性能	E	E	E	F	E	P-F	F-G	E
抗氧化性	E	E	E	E	E	E	E	O
耐臭氧性	E	E	E	E	E	E	E	E
低温柔型性	E	E	G-E	G	P	G	P-G	O
耐苯芳烃性	P	P	P	G	P-F	P	P-F	E
抗核辐射性	G	G	G	P-F	F	G	P-F	P-F
耐脱脂溶剂性	P	P	P	G	P	G	P-F	E
耐汽油煤油性	P-F	P-F	P-F	G	P-F	F	G-E	E
耐气候阳光性	E	E	E	E	E	F-G	G-E	O

6. ROV 线缆连接器件需求

连接器件是连接不同线缆、连接不同空间的必备器件,是所有机器人系统中都要使用的器件。航空航天和水下机器人领域的连接器件因要承受高温差和高压差,其复杂度和安全性相较于陆地机器人要高。机器人领域所使用的与电气相关的基本连接器可以有不同的分类角度。

(1) 从连接器传输的信号类型可以分为电、光和光电混合。

(2) 从连接器两端的环境类型可以分为干配对、干湿隔离、湿配对和水下配对。

(3) 从连接器传输的电压高低可以分为低电压、中电压、高电压和极高电压。

(4) 从连接器传输的电流大小可以分为弱信号、小电流、大电流。

(5) 从连接器环境的压力大小可以分为低压力、中压力、高压力和超高压力。

(6) 从连接器具备的触点数量上分类等。

7. 常用线缆连接器件介绍

（1）舱壁板连接器（Bulkhead Male/Female Connector）。舱壁板连接器是一种最基本的连接器，分为公头和母头两种，线缆连接时直接对插即可完成，两端连接器无固定装置，如图 2.28(a)所示。

（2）法兰安装连接器（Flange Male/Female Connector）。法兰安装器指在连接器周边安装的用于辅助安装的结构装置。法兰安装连接器是在基本的舱壁板连接器的基础之上，添加了法兰安装器，可以方便地安装在各类平整的壁板上，并可以实现防水，如图 2.28(b)所示。

(a)舱壁板连接器   (b)法兰安装连接器

图 2.28　舱壁板连接器和法兰安装连接器

（3）公母同体连接器。公母同体连接器是一种特殊连接器，每个连接器上既有公头也有母座，在日常使用中应用较少，如图 2.29 所示。

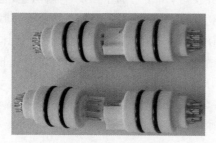

图 2.29　公母同体连接器

（4）虚拟连接器配件和导销。虚拟连接器配件，指能够与连接器连接，但是不起到任何通信和传输作用的配件，主要用于未使用的连接器的防水防尘，在水下机器人领域也被称为防水堵头，在陆地机器人系统上，也通常会为一些暂时不使用的连接器配备防氧化防尘用的虚拟连接器，常称为端盖。

虚拟连接器上的导销指在连接时用于对准位置的，不起到任何电气连接作用的插针。实际上，绝大多数连接器都配备有导销或类似的定位装置，防止连接器连接时出现偏移。水密插头和堵头如图 2.30 所示。

（5）光纤连接器。与常规的民用光纤连接器方法类似，ROV 的光线对接也有两种常用的方式：光学扩展组件对接和物理对接。前者在需要对接的两根光纤之间加入了一定的光学组件，光纤对接时可以存在一定的误差，但损耗较大；物理连接则是以冷接或者热融的方式将光线两端对接，且配对面密切接触的连接方式，这种方式可以有效地减少连接损耗。光纤连接器如图 2.31 所示。

(a) 带有突出插头的水密插头　　　　(b) 带有插孔的水密堵头

图 2.30　水密插头和堵头

图 2.31　具有多根光纤对接通道的光纤连接器

（6）油压平衡连接器(Pressure Balanced Oil-Filled Connector)。油压平衡连接器可以保护内部的触点，避免与外界接触，由于增加了压力平衡功能，也可以在水中重复拔插。通过充油来平衡压力使连接器、电缆内部的油压与外部的水压一致。当外界压力增大时作用于电缆外表面的压力增大，使电缆收缩变形而挤压电缆内部液体，使压力升高从而使内外压力达到平衡，对连接器各个密封环节的要求都大大降低。常见的油压平衡连接器也会包含一个专门用于注油和泄压的阀门，如图 2.32(a)所示。

（7）穿透式连接器。穿透式连接器可以连接容器的内外两端，在容器的内外两端穿透电缆或光纤，如图 2.32(b)所示。

(a) 油压平衡连接器　　　　(b) 带有螺纹的直插式穿透连接器

图 2.32　油压平衡连接器和带有螺纹的直插式穿透连接器

（8）电缆填料压盖。

电缆填料压盖是依靠挤压软质填充材料的方式，填充在线缆和连接器缝隙之间，实现密封功能。但填料压盖密封只适用于普通的防水防潮功能，不适用于水下使用和电线经常弯折的环境，如图 2.33 所示。

图 2.33　金属制电缆填料压盖的拆分结构组成

（9）跳线和适配线。ROV 所使用的跳线与适配线与其他场合的基本一致，跳线通常一端为公头，一端为母头，用于延长连接，适配线用于连接两种不同的接口。

（10）电缆连接配件。电缆连接配件包括筒模具连接器、T 形接头、Y 形接头和接线盒等，不同种类的连接方式具有不同的防护和防水耐压等级，在使用时需要参考对应的资料，如图 2.34 所示。

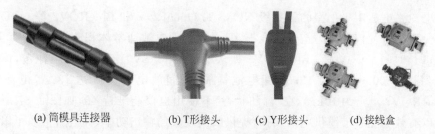

(a) 筒模具连接器　　　(b) T形接头　　　(c) Y形接头　　　(d) 接线盒

图 2.34　几种常见的电缆连接配件

（11）应力消除套。应力消除套指从连接器到电缆之间的应力过渡部分，也称为弯曲应力消除套，可以有效地缓解结合处过度弯曲导致的电缆损坏，如图 2.35（a）所示。

（12）O 形圈和润滑密封剂。O 形圈是在密封舱和舱盖、在各个连接器与舱板等关键位置上实现密封的必要部件。O 形圈和防水橡胶的表面需要使用润滑剂，可以提高密封圈防水性能，延长橡胶的使用寿命，如图 2.35（b）所示。

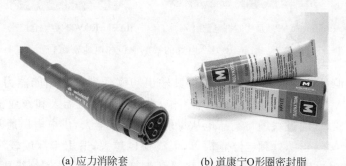

(a) 应力消除套　　　　　(b) 道康宁O形圈密封脂

图 2.35　应力消除套和道康宁 O 形圈密封脂

O 形圈尽管不直接参与电气连接，但与 O 形圈密封脂相配合是各类连接器与舱板之间的重要密封部件，如图 2.36 所示。

2.4.4　水下机器人的供电系统

与陆地机器人相似，ROV 的电力来源有内置电池供电、外部电源供电和内外混合供电三种方式，而电力类型有直流和交流两种形式。

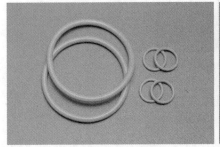 

(a) 密封所使用的O形圈   (b) 安装了O形圈的舱盖

图 2.36   O 形圈和使用了 O 形圈的舱盖

内置电池供电适用于小型的消费级 ROV，如 OpenROV 和 BlueROV2 等。ROV 内置锂电池避免了脐带缆传输电力造成的线损，但内置的锂电池通常体积有限、能量有限，导致机器人难以长时间水下运作。BlueROV2 默认配置了 14.8V/18Ah 的锂电池包，该电池包由 24 节容量为 3000mAh 的 18650 锂电池构成，瞬间放电电流可达 132A，电池重量为 1152g（BlueROV2 重量约 10kg），在"温和状态"下使用也仅能维持 4h，如图 2.37 所示。内置电池可以有效避免脐带缆供电的线损，提供瞬间较大的输出功率，而且脐带缆可以更细更轻，但内置电池容量有限、重量较大的问题，导致 ROV 整体续航时间短，而且更换电池需要打开密封舱，频繁操作会导致密封性能下降。

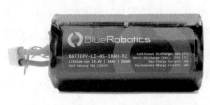 

(a) BlueROV2所使用的锂电池组   (b) BlueROV2的电池仓位置

图 2.37   BlueROV2 内置的锂电池包和电池密封仓

尽管内置电池可以避免供电的线损，但其输出功率受到电池储能能力的限制，通常较小，为了保证 ROV 可以长时间水下大功率工作，大部分观测机器人和作业机器人都采用外部电源的供电方式，即通过线缆将高压电从母船传输至机器人，供电电压通常在数百伏至上千伏。供电电压越低，电源处理电路越简单，但线损也越大，适用于深度较浅的功率较小的观测级 ROV；供电电压越高，电源处理电路越复杂，对线缆和设备的绝缘要求越高，但线损也会减小，适用于大功率作业型 ROV。

电源的功率要依据机器人的功率来选择，以某七轴（安装有七台推进器）ROV 为例，推进器额定工作电压 24V，最大功率 300W，整机推进器总功率 2100W。此外，系统其他部分也需要供电，在此条件下系统的电源输出功率不应低于 3000W。

外部电源供电 ROV 内需要使用开关电源将高压电降低为推进器等设备的供电需求，ROV 使用的开关电源比陆地设备有更严格的要求：如开关电源安装在防水密封舱内，只能通过密封舱材料与水进行热交换散热，因此开关电源必须具备较宽的工作温度范围、较好的散热性能、较高的转换效率和较好的电磁兼容性，此外还应具备一定的防潮能力和较完整的保护措施。以明纬电子的 DPU-3200-24 型开关电源为例,该开关电源如图 2.38 所示,基本特性如表 2.12 所示。

图 2.38　明纬电子 DPU-3200-24 型开关电源

表 2.12　明纬电子 DPU-3200-24 型开关电源基本参数

特　性	参　　数	特　性	参　　数
输出电压	24V	输入电流	17A@230V$_{AC}$
输入电压范围	90～264V$_{AC}$ 127～370V$_{DC}$	额定输出功率	3192W
工作温度	−30～+70℃	转换效率	94.5%
过载能力	额定功率105%～115%	散热方式	风扇冷却散热
散热方式	风扇冷却散热	保护种类	短路、过载、过电压、过温、防潮灌胶
电源重量	2.76kg	外观尺寸	325.8mm×107mm×41mm

尽管在选择开关电源时,其额定功率会留有一定的余量,也会为 ROV 提供足够的电力,但外部电源供电完全依赖线缆传输和开关电源的正常工作,任何一个环节出现问题都会导致机器人完全失去动力,甚至发生事故和丢失。为了平衡内置电池供电、外部电源供电两者的优缺点,部分厂商提出了内部电池和外部供电同时使用的 ROV 供电方式,称为混合供电方式,但这种混合供电 ROV 目前暂未见大规模使用。

混合供电方式即 ROV 既通过内置的电池供电,也通过线缆传输外部电力至内置开关电源供电,其原理与油电混合新能源汽车相似:ROV 处于低功耗状态时,开关电源为 ROV 供电,同时也为内置电池充电;ROV 在大负载工作时,开关电源和电池共同为系统供电。在这种模式下,尽管 ROV 同时要安装有内置电池和开关电源,线缆也要具有供电能力这些弊端,但开关电源额定功率和尺寸重量可以减小,线缆也可以选用线径更细的铜缆。例如,使用 DPU-3200-24 型开关电源,其输入电流最大为 17A。若使用 AWG 线缆则其直径应不小于 2.5mm,但在混合供电方式下,可以将外部供电功率降低到 1500W,选择 SPV-1500-24 型开关电源,AWG 线缆则可以减少到 1.5mm,可以有效降低线缆和开关电源重量。此外,混合供电的 ROV 可以在线缆断裂等情况下执行预选设定的程序,如浮出水面等,避免 ROV 丢失等严重问题的发生。

2.4.5　防水密封结构

防水密封舱是 ROV 的重要结构,是隔离外部海水、保护 ROV 内部电源、推进器驱动电路、微处理器和摄像头防水防潮的唯一手段。BlueROV2 的防水密封舱系统主要由前舱盖、法兰环、O 型圈、内部电路和支撑支架,以及与前舱部分类似的后舱部分构成,如图 2.39 所示。

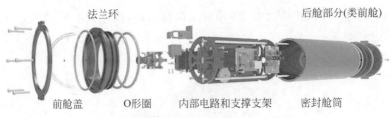

法兰环　　　　　　　　　　　　　　　后舱部分(类前舱)

前舱盖　　　O形圈　　内部电路和支撑支架　　密封舱筒

图 2.39　ROV 防水密封舱的基本结构

1. 防水密封舱筒

防水密封舱的主体是密封舱筒，承担了密封的大部分抗压和隔离工作。密封舱必须选用轻便、耐压并耐腐蚀材料，如图 2.40 所示。ROV 密封舱筒的材料主要有以下两类。

(a) 使用有机玻璃材料制成的密封舱筒　　　　(b) 氧化铝合金制成的密封舱筒

图 2.40　ROV 的有机玻璃密封舱和氧化铝合金密封舱

(1) 塑料材质密封舱。主要以有机玻璃(PMMA，聚甲基丙烯酸甲酯，俗称亚克力)为主，具有较好的透明性、化学稳定性、力学性能和耐候性，易染色，易加工，外观优美，尤其是价格低廉，因此在观察级和工作深度较浅的 ROV 上广为使用，如 BlueROV2 和科研、教学、实验以及诸多 DIY 爱好者自制的 ROV(可参考百度贴吧水下机器人吧)等，并可以通过普通的无齿锯等民用工具进行切割，而且其透明特性也方便开发者观察内部电路状态。

图 2.41 列出了三种 ROV 的防水密封舱类型，图 2.41(a)为 BlueROV2 的纵置型防水密封舱，即密封舱方向与机器人前进方向一致，其舱内部集成了摄像头、摄像头云台、树莓派、Pixhawk、电调等核心电路，通过透明外壳也可直接观察到内部电路上的 LED 指示灯，了解 ROV 的工作状态。图 2.41(b)的前方为某 ROV 的横置型防水密封舱，内部也包括摄像头和控制电路等。图 2.41(c)为 Guardian LF1 型 ROV，该 ROV 为结构型防水密封舱，用于减少狮子鱼对珊瑚礁的破坏以及对沿海旅游的威胁，ROV 通过电极击晕并收集十条狮子鱼后，将其带出水面，右上方为主舱，左上方为电池仓，下方为狮子鱼收集舱，舱筒材料都为有机玻璃。

(a) BlueROV2的纵置型密封舱　　(b) 横置型防水密封舱　　(c) Guardian LF1的结构型防水密封舱结构

图 2.41　三种 ROV 的塑料材料防水密封舱

（2）金属材质密封舱。主要以不锈钢或铝合金材料为主，相比于塑料材料密封舱，金属材料具有更好的机械强度，但需要选择耐腐蚀材料或进行防腐处理。金属密封舱可以抗击更大的水压和更大的撞击，因此更适用于在深水作业或者是更为复杂的水下环境作业，且金属材料更易制成一体化结构，实现密封舱与机器人框架的无缝结合，增加机器人结构的可靠性。金属密封舱加工较为复杂，普通民用工具难以进行切割或精确钻孔操作，而且也无法视觉观察内部元件的工作状态。但金属舱壁导热性能远好于塑料材料，可以快速对密封舱内的元件进行散热。

图 2.42 是三种以金属密封舱为核心的、与框架一体的 ROV。可见，得益于金属的机械特性，可以将 ROV 设计成为以金属密封舱为中心的结构，将推进器、机械手和附加设备固定安装在密封舱外部，且连接电缆也可以通过。

(a) 结构型密封舱的ROV   (b) 结构型密封舱的ROV   (c) 结构型密封舱的ROV

图 2.42 三种金属框架 ROV 的金属密封舱

2. 密封舱盖

密封舱盖是指在防水密封舱筒的两边起密封作用的盖子，与密封舱使用的材料类似，可以由塑料和金属两种材质构成，在纵置情况下分为前舱盖和后舱盖。前舱盖一般为 ROV 主摄像头提供观察窗口，因此常见的前舱盖为半球形有机玻璃材质，可以保证内部摄像头在旋转时图像不产生畸变。后舱盖可以根据 ROV 的设计选择材质，一般具有向密封舱外连接的功能，舱内电缆一般通过后舱盖的密封空心螺栓连接至外部设备。若选用塑料材质舱筒和舱盖，建议前舱盖厚度应略厚于舱筒厚度，后舱盖厚度应至少 2 倍于舱筒厚度。

图 2.43(a) 为安装好了后舱盖和密封空心螺栓的塑料防水密封舱，图 2.43(b) 为单独的塑料后舱盖。后盖上的通孔数目应取决于与外部的连接状况并预留扩展需求，开孔过少无法满足穿线数目要求，开孔过多会导致舱盖板的强度降低。

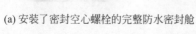

(a) 安装了密封空心螺栓的完整防水密封舱   (b) 防水密封舱的后舱盖

图 2.43 安装了密封空心螺栓的完整防水密封舱和后舱盖

3. 密封螺栓与密封

密封螺栓通常安装在密封舱盖上，DIY 领域的密封螺栓可以分为用于在密封舱内外的空心穿线螺栓和用于封堵舱盖通孔的实心螺栓。图 2.44(a) 为两种螺栓的通用结构，相比于常规螺栓,其增加了O形圈以实现舱内外的防水密封功能。图2.44(b)和图2.44(c)分别为两枚空心穿线螺栓和两枚实心螺栓,其区别在于空心穿线螺栓内部为线缆预留了穿线通道,使得线缆可以经过螺栓连接防水密封舱的内部和外部。

(a) 空心螺栓结构组成 (b) 空心螺栓外观 (c) 实心螺栓外观

图2.44 螺栓组成结构、空心穿线螺栓和实心螺栓

线缆穿过空心穿线螺栓的安装方法如图2.45所示。线缆在进入螺栓内部后,应保证线缆的线束(带有绝缘层的内部线缆,包括屏蔽层)和外皮都处于螺栓内部并进入近半的长度。通过热缩管约束线束后,向螺栓内部加注防水密封用树脂,使其填充满线缆与螺栓内壁之间的缝隙,实现密封功能。可见,螺栓的主要功能在于完成舱内外的隔离,而具体线缆与螺栓之间的密封需要依靠具有一定的抗拉和抗压强度的耐水型的树脂来完成。

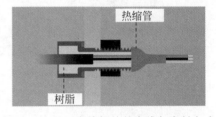

图2.45 空心穿线螺栓的穿线与密封方式

需要注意的是,以上的密封方式仅在DIY领域常见,其使用深度不建议超过100m。对于工作深度更深的ROV,应选用各类满足工作深度、工作温度、震动等级和工作电流的连接器,如直插式穿透连接器或者油压平衡连接器等专业设备。

小　结

本章从工业机器人的自由度特性开始,介绍了机器人的本体机械结构、关键组成部件和电源系统特性。本章的后半部分从水下机器人入手,介绍了这一类运动形式特殊、组成结构特殊、系统部件特殊的高防护型机器人,详细地说明了各部分的关键技术。第3章将深入机器人的内部,揭示机器人感知外部环境、获知外部信息的奥秘。

习　题

1. 简述工业机器人自由度的定义。
2. 机器人的主体结构有哪些类型?
3. 对比开关电源和线性稳压电源的特点。
4. 简述AUV和ROV在作业任务上的区别。
5. 水下机器人的推进器有哪几种类型?
6. 水下机器人的供电方式有哪些种?

第3章 机器人的传感器系统

机器人的作用在于替代人类完成各项工作,与人类的工作过程相似:人类在工作的过程中,需要通过眼、耳、鼻、舌和皮肤接触等方式获取外界信息,经过脑部处理后,再通过手、脚等器官完成控制、把握、行走等动作,构成了一套"检测-处理-执行"的流程。

机器人在工作过程中,也需要完成同样的流程:通过特殊的设备感知关键状态、经过微处理器、计算机或神经网络处理分析后,交由机械臂、轮子或推进器等移动装置或加热设备、制冷设备等非移动装置执行相关工作。因此,这种用于感知外部状态或机器人自身状态的设备被称为传感器。

例如,物流转运中心的搬运机器人通过无线网络接收到搬运指令后,需要根据地面的标记,通过定位传感器感知机器人的当前位置,经由路径分析后确定最佳路径,并在行驶过程中通过感知位置保证行驶路线的正确。此外,在搬运等过程中也需要依靠压力传感器、图像传感器等完成外部状态的感知,而机器人的电池电压、工作电流、承载压力等自身状态也是必要的工作参数。可见,传感器系统是现代机器人系统的必备组成部分。

3.1 传感器系统结构组成

各类机器人上所用的传感器与其他装置上的传感器原理基本相同,但结合机器人的工作精度和工作场合等条件的约束,机器人对传感器有着更高的要求,具体要求如下。

(1) 精度高、灵敏度高、分辨率高、重复性好。精度(Precision)指测量值与真值的最大差异,传感器的精度越高,测量的结果越接近于真实被测量;灵敏度(Sensitivity)指传感器在稳态工作情况下输出量变化 Δy 与输入量变化 Δx 的比值,即输入特性曲线的斜率。如某位移传感器,在位移变化 1mm 时,输出电压变化为 200mV,则其灵敏度应表示为 200mV/mm;分辨率(Resolution)指传感器能够响应的最小测量值,如果输入量从某一非零值缓慢地变化,当输入变化值未超过某一数值时,传感器的输出并未发生变化,即传感器对此输入量的变化是无法分辨的,该数值称为传感器的分辨率。只有当输入量的变化超过分辨率时,传感器输出才会发生变化,分辨率与数字传感器的 AD 转换器密切相关。重复性指传感器在输入量按同一方向做全量程多次测试时,所得特性曲线不一致性的程度。多次按相同输入条件测试得出的输出特性曲线越重合,其重复性越好,误差也越小。传感器输出特性的不重复性主要由传感器机械部分的磨损、间隙、松动、部件的内摩擦、积尘以及辅助电路老化和漂移等因素造成。

机器人系统中的传感器应当具有比民用设备传感器更高的精度和更好的重复性,如工业机器人对机械手的定位和承重的要求,远高于普通民用产品的要求。此外,机器人在工作过程中往往从事的是重复性劳动，其传感器始终在特定范围内进行重复测量。因此，为了保证每次测量的准确性和一致性，机器人上的传感器必须有良好的重复性。

（2）稳定性好、可靠性好。机器人的工作环境通常较为复杂和恶劣，与民用传感器的工作环境相比，机器人的工作环境可能面临着高温、高压、高湿度、高粉尘，甚至是有毒、有害、有腐蚀性的威胁。因此，机器人所使用的传感器必须能够在这样的环境中保证更高稳定性和可靠性。

（3）抗干扰能力强。机器人工作的场合电磁环境复杂，伺服电动机、推进器、电动机以及电焊等设备工作电流大、电流变化快，会向外辐射大量电磁波，造成电磁干扰问题。因此，机器人所使用的传感器必须具有对电磁干扰的防护能力。

（4）重量和体积优势强，安装替换方便。机器人所使用的传感器工作时间长，工作强度大。因此在使用时，应能够方便地应对发生的故障，快速地拆卸故障传感器、安装新传感器，以减少机器人因故障导致的停机时间。

3.1.1 传感器系统组成

传感器是机器人系统获取外界状态和自身状态的重要途径，是机器人连接外部环境的重要接口，也是机器人迈向自主化、智能化的基础。现代机器人通常会装备多个传感器，并利用多个传感器的数据进行解算和处理，以获取机器人的当前状态并预测未来状态，如机器人使用加速度、陀螺仪和电子罗盘等传感器计算姿态的，同时还可以通过历史累计数据计算机器人的运动速度。因此，根据传感器数据在机器人系统中的使用目的，可以按照由简单到复杂分为以下几个等级。

（1）反射式感知。反射式感知仅根据传感器的输出结果进行直接的数据处理或判定，执行简单的行为，如防碰撞和避障等。反射式感知行为简单、处理简单，不需要复杂的算法和神经网络即可完成，反应速度快，但可实现的功能有限。

（2）融合式感知。融合式感知是对多个传感器的输出数据进行融合处理，综合处理多传感器的多尺度数据，历史数据也需要被存储并参与计算。因此可以实现对状态的预判功能，并做出反应，如 PID 算法等。融合式感知处理简单，反应速度较快，且具有预判能力，适合在机器人的基本作业过程中使用。

（3）经验式感知。经验式感知除了依靠传感器的数据之外，还需要建立相应的知识库或专家系统，机器人根据知识库或专家系统的判决结果执行动作。经验式感知是建立在庞大的人类历史经验基础之上的，能够满足机器人作业期间的各类环境变化，但知识库或专家系统可能会因系统庞大导致机器人系统响应缓慢。

（4）自主学习式感知。自主学习式感知的最大特点是在使用前，并不通过人工方式分析系统关系或构建专家系统，而是构建应用于该系统的神经网络，机器人系统根据神经网络的反馈结果执行作业任务，且在工作的过程中还可以实现神经网络的训练和更新。自主学习式感知对机器人系统的运算能力有较高的要求，通常要求使用 GPU 或 FPGA 等具有较强算力的设备来部署神经网络，因此其成本高、难度大。

从传感器输出的信号类型角度区分较为简单，可分为模拟电信号、数字电信号和光信号等，目前较为常用的是数字传感器。数字传感器通常具有集成度高、抗干扰强、使用简单的特点。数字传感器通常包括以下四部分。

（1）敏感材料。敏感材料是指能够感知被测量且随着被测量变化按照一定规律变化的，而对其他干扰因素不敏感的材料。敏感材料通常封装在保护外壳中，构成敏感元件，在电路中使用。

如某 PTS 铂金 SMD 扁平片式温度传感器中的敏感材料 PTS 是一种温度敏感材料，其测温范围为 $-55 \sim +175 ℃$，在该范围内可达到小于 $\pm 0.1\%$ 的稳定度。最为重要的是，该材料还具有 $+3850 ppm/K$ 的线性温度特性，而且对湿度、光照度、震动等其他信号类型不响应或不敏感。而某湿度传感器中使用的氯化锂材料，在经过特殊老化和涂覆工艺后，其湿度测量范围达到了 $1\% RH \sim 100\% RH$，实现了感湿范围内的线性化，且传感器探头在 $-80 \sim +600 ℃$ 的工作温度均具有稳定的感湿能力。

可见，敏感材料是指可以感知物理量、化学量或生物量（例如：电、光、声、力、热、磁和气体分布等）的特殊材料，按照被感知的类型，常见的敏感材料可以分为以下几种。

① 热敏材料：能够根据所处环境的温度变化，发生有规则的电阻、磁性、介电或半导等物理特性变化的敏感材料。

② 力敏材料：能够根据针对材料的压力变化，发生有规则的电阻、磁性、介电或半导等物理特性变化的敏感材料。

③ 磁敏材料：能够将磁能转换为电信号等特性的敏感材料。

④ 湿敏材料：可以吸附、吸收或凝结空气中的水蒸气，并能够根据水蒸气量改变电阻值等特性的敏感材料。

⑤ 气敏材料：能够根据某种气体浓度变化改变电阻值等特性的敏感材料。

⑥ 光敏材料：能够根据光线强度变化改变电阻值等特性的敏感材料。

⑦ 声敏材料：能够根据声音的强弱变化改变电阻值等特性的敏感材料。

⑧ 电压敏感材料：能够根据电压的大小变化改变电阻值等特性的敏感材料。

⑨ 离子敏感材料：能够将溶液中离子的活跃度转换为电信号等特性的敏感材料。

（2）信号调理电路。信号调理电路指位于敏感材料和信号采集电路之间的对信号进行预处理的电路，包括衰减器、前置放大器、电荷放大器以及非线性补偿电路等。敏感材料在工作过程中依然会受到非感知信号的影响，而信号调理电路主要的目的是消除这些影响、消除外界其他干扰因素。

如压力传感器中的信号调理电路，其功能则是补偿压力敏感元件在不同温度下的误差，根据误差与压力传感器温度曲线之间的关系进行匹配，从而减小温度对压力传感器输出数据准确度的影响。因此，信号调理电路一般安装紧贴敏感元件，并且会增加用于补偿或调整误差的传感器。

（3）信号采集电路。信号采集电路对敏感元件输出的信号（通常是模拟电信号）进行模数转换后成为数字信号。

（4）信号输出电路。信号输出电路将采集后的数值，按照传感器要求的输出类型进行转换，主要包括通信接口和通信协议两方面。

① 通信接口转换指传感器输出所使用的接口以及该接口所附加的接口协议，例如，传感器输出使用 RS232/RS5485 接口，应遵循该接口所定义的底层通信协议中的起始位、数据位、停止位和校验位的要求，如常见的 8-N-1（即 8 位数据、没有校验、1 位停止）等；若采用以太网协议传输，则除了使用网线和网络接口外，还应使用 TCP 或 UDP 进行封包传输。

② 通信协议转换。网络协议所规定的格式并不能代表传感器所有的输出数据,如传感器每次输出的数据长度为 16 位,使用 8-N-1 协议无法满足传输要求,因此就需要用户定义上层协议格式,并增加协议头、尾,组成结构或校验等协议格式,构成上层通信协议。

数字传感器的四个组成部分可以根据传感器的结构和特性进行改变,尤其是随着微处理器技术的发展,可以一定程度上实现信号调理、信号采集和信号输出功能的高度集成和数字化处理。例如,将误差修正功能保存在微处理器内部,实时修正,免去了复杂的外部电路。处理器内部集成的模数转换器、通信接口和通用输入输出接口功能可以实现信号采集、信号输出和控制功能。如图 3.1 所示为 TMP117 高精度低功耗数字温度传感器的内部结构,该传感器工作电压为 1.8～5.5V,在 −55～+150℃ 范围内能实现 ±0.3℃ 的测温精度,而在 −20～+50℃ 范围内能达到 ±0.1℃ 的测温精度,分辨率可达 0.0078℃,1Hz 的连续工作模式下的工作电流只有 3.5μA,关机模式下电流仅 150nA,具有 I^2C 和 SMBus 通信接口并支持可编程的温度报警功能,其 BGA 封装芯片的尺寸只有 1.53mm×1.00mm×0.50mm。

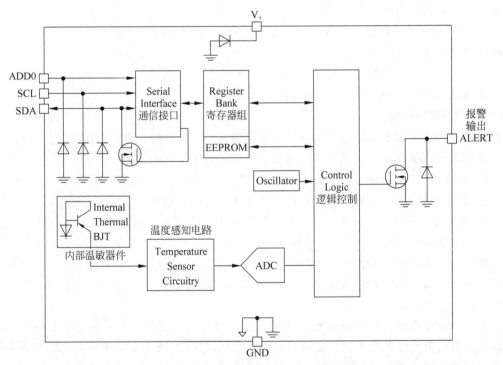

图 3.1　TMP117 温度传感器内部结构图

TMP117 传感器内部集成了微处理器和必要的组成部件,其内部的微处理器部分包括 Control Logic(逻辑控制)、Oscillator(晶体振荡器)、EEPROM(数据存储)、Register Bank (寄存器)、Serial Interface(串行通信接口)和 ADC(模数转换器)等功能模块,将采集、存储、通信和控制等功能高度集成,同时实现了报警输出功能。Internal Thermal BJT 中封装了温度敏感半导体材料,由 Temperature Sensor Circuit 对 Internal Thermal BJT 的输出进行放大等处理后送至 ADC 进行模数转换,转换后的结果由 Control Logic 等模块进行判断处理。可见,数字传感器的高度集成简化了传感器的结构。同时也一定程度上模糊了传感器内部的功能划分,数字传感器内部的微处理器就可以完成采集、存储、通信和处理等功能,降低了传感器功耗,缩小了传感器体积,减少了传感器模拟信号的传输干扰,同时也提升了传感器的易用性,降低了传感器价格。目前,越来越多的电子设备上都已经开始使用各类高集成度、低功耗和小体积的数字传感器。

3.1.2 传感器系统部署特性

机器人系统中的传感器用于采集机器人和外部状态信息,实现类似人类的感知作用。根据传感器在机器人系统中的感知类型,可以分为内部状态传感器和外界环境检测传感器两类:内部状态传感器用于机器人监测自身的状态,以调整机器人的运作方式和行为。内部状态通常包括机器人本体姿态和各运动部件的姿态、能量状态、运动状态和位置状态,以及机器人自身各部件的运行状态。特别需要注意的是,内部传感器并不特别要求安装在机器人"内部",监测机器人的运动状态的传感器可以是机器人内部的传感器,如电流传感器、电压传感器、加速度计、陀螺仪或电子罗盘等,也可以在机器人外部安装传感器,如使用摄像头监测机器人的状态,或内外结合,如机器人使用北斗/GPS卫星定位系统确定自身的位置信息,则该系统既有机器人内部的定位芯片,又要依赖外部的卫星系统等。外界环境检测传感器则用来感受机器人外部的环境状态,以供机器人调整自身的运作方式和行为。外部环境状态包括温度和湿度等机器人运作相关的气象因素、机器人运动路径的状态,以及所有对机器人作业有影响的、需要考虑的外界因素。同样,外界环境检测传感器也不一定要求安装在机器人"外部",如机器人感知外界温度的传感器就可以安装在机器人本体表面,感知外界地形的激光雷达也可以安装在机器人内部,检测是否与外界接触的碰撞传感器或压力传感器也应安装在机器人表面。

可见,外界环境检测传感器和内部状态传感器与传感器的安装位置无关,而与被检测的信息所处的位置有关。因此,机器人系统中的各个传感器的部署应遵循"就近、适度、勿扰和安全"的原则。

(1) 就近原则。传感器应在不干扰被测部件作业的情况下,尽可能靠近被测部件或与之密切接触。如某机器人部件在运行过程中发热量较大,应对其温度进行监控。根据就近原则,一体化传感器或者是分体式传感器的温度探头应紧贴该发热部件并保证紧密接触,并保证良好的导热性能,使传感器的感知温度尽可能接近部件的真实温度。图3.2是一款市售的安装有光电编码器的直流电动机的外观图,根据就近原则,用于测量电动机的转速的光电编码器可以直接安装在电动机轴上,以减少系统的复杂度、提升稳定性、降低成本、缩小体积。而用于机器人姿态检测的加速度计和陀螺仪等传感器,则可以直接安装在待测部件上,如躯干、臂和腿等。

(2) 适度原则。多传感器可以构建冗余感知系统提升机器人系统的可靠性、构建描述内外部状态的高维度数据源。高精度传感器可以提供更高精度的各种状态数据,但是高维度、高精度和大量数据会对机器人的数据处理系统和决策系统造成巨大的压力,导致机器人需要更大的存储空间、更快的处理器和更长的处理时间,造成巨大的数据处理成本。因此,传感器选用应坚持适度原则,

图3.2 安装有光电编码器的直流电动机

在满足机器人运行精度要求的前提下选择传感器的数量和性能指标即可。

（3）勿扰原则。传统传感器测量时往往需要紧贴被测部件或安装在机器人的特定位置上，在部署时可能会存在传感器体积与部件体积接近，导致部件体积、重量增大等问题，进而会导致部件工作状态发生改变。一旦发生类似情况，应该调整传感器的部署方式或者更换传感器的类型，从而尽可能减少对原部件的干扰，即遵循传感器部署的勿扰原则。如测量机器人手臂的姿态，则应该在满足测量要求的情况下，选择体积小、重量轻的数字传感器，以减少对手臂运动的影响。

勿扰原则的另一方面是尽可能少地消耗被测物体数量，如传感器 A 在感知特殊气体的浓度过程中，需要使用气体进行反应才能进行检测，而传感器 B 在检测过程中不消耗任何气体。因此，则在等同条件下应优先考虑传感器 B，以减少对被测物的损耗。

（4）安全原则。安全原则包括传感器自身安全和被测物品安全两个方面。自身安全指传感器在工作周期内应该保证传感器不被工作环境所损害，如测量硫化氢气体浓度，既可以选用接触式的电化学传感器，又可以选用基于光谱分析的光学传感器，选用原则应在满足设备要求的前提下满足安全原则。如某国产型号为 ME3-H2S 的硫化氢传感器，其工作原理为硫化氢和氧气在工作电极与电极发生相应的氧化还原反应并释放电荷形成电流，电流大小与 H_2S 浓度成正比，测量传感器的输出电流即可判定硫化氢浓度的高低。该传感器具有低功耗、高精度、高灵敏度、线性范围宽、抗干扰能力强、优异的重复性和稳定性等显著优点，但该传感器一般用于硫化氢气体检测，在空气中的使用寿命仅为 2 年，不适合进行长期浓度检测。而另一种型号为 G800-H2S 的硫化氢传感器则采用了紫外光谱法，其吸收光谱利用比尔朗伯定律，通过入射光与透射光的对比来计算得出硫化氢气体的浓度，连续工作的寿命可以达到 10 年。因此，在安全原则的要求下，ME3-H2S 型传感器用于长期测量硫化氢气体浓度是不安全的，但可用于检测空气中是否有硫化氢气体，且需要定期更换传感器，而 G800-H2S 则可用于长期监测硫化氢气体浓度。

感知的过程也应该保护被测物品的安全，这一点与勿扰原则是类似的。但安全原则是传感器应用的底线，安装传感器对被测部件所造成的干扰可以通过调整部件的工作模式进行补偿，但对被测物品的损坏是无法补偿的。

随着图像传感器和图像识别技术的发展，光学测量已经成为一种流行的远程、非接触式测量方法。上述 G800-H2S 采用了紫外光谱法测量法实现了硫化氢气体的非接触式测量，而攀升公司的 PMS5003 等多型号 PM2.5 传感器则利用激光散射原理测量并计算颗粒物的等效粒径和单位体积内不同粒径颗粒物的数量。光学测量所带来的非接触式测量方法尤其适合在无法接触的场合工作，如高温、高压、高速或复杂测量等。尤其是近年来，随着高分辨率摄像机的发展普及，光学图像可以实现对被测物体的超清拍照及识别功能。如 IMS 公司的光学测量系统则在轧钢领域用于产品质量监测，将光学系统的图像采集端（摄像机）安装在连铸出口处，如图 3.3（a）所示。摄像机可以精准测量钢坯的几何形状，其测量结果可用于优化加热炉装料，防止出板坯进入加热炉时的翘头或下栽、塌陷等问题。将光学系统的图像采集端（摄像机）安装在热轧线精轧机后，如图 3.3（b）所示，摄像机可以测量带材的宽度，用于优化剪切控制优化后部精轧机工艺。

光学测量的引入，尤其是其非接触特性，使得很多原来无法测量、难以测量的被测物得以被测量。光学测量不仅在工业领域得到应用，在军事领域、民用领域和娱乐领域也得到广

| (a) 平直度及凸度测量系统 | (b) 含三个摄像机的测宽系统 |

图 3.3　用于轧钢厂生产的光学测量系统

泛应用。如利用反射激光的震动信息还原远端声音实现的窃听技术、利用可见光摄像机实现的汽车车牌识别技术、利用可见光和红外结构光实现的 KINECT 娱乐设备等。光学测量的主要传感器是各类摄像头，包括可见光摄像头、紫外光线阵、红外光传感器和激光雷达等，其部署特性要易于传统的接触式测量传感器，甚至可以通过光学镜头实现远距离和超远距离的测量。

3.2　常见的数字传感器

传统的数字传感器指部署在待测部件附近，输出各类数字信号的传感器。数字传感器具有部署简单、通信简单、抗干扰性强、误差低和互换性好等优点，基于 MEMS（微型机电系统）技术设计和加工的数字传感器还具有体积小、功耗低以及各类智能功能，是机器人系统的必备器件。

3.2.1　距离和位置传感器

距离和位置是机器人的重要状态信息，严格意义上，机器人的位置信息也是通过机器人多次测量与已知位置参照物之间的距离来确定的。因此，机器人测距系统的主要功能如下。

（1）检测自身与固定标志物之间的距离，以确定自身所处位置。

（2）检测当前障碍物之间的距离和方向，为机器人移动提供决策依据。

（3）检测障碍物的姿态和形状，为机器人移动提供决策依据。

机器人的测距方式以非接触式测距为主，即不采用类似尺等接触式工具的测量方法。非接触式测距方式则以各类传输媒介作为测量介质，非接触式测距有如下几种分类方式。

（1）根据测量介质进行分类，可以分为声波或超声波测距、红外测距、激光测距等。介质与测距环境关系密切，包括工作环境和测量距离等。

（2）根据测量方法进行分类，可以分为主动辐射测距和被动辐射测距。主动辐射测距即测距装置上需要有辐射信号发送装置，依靠被测物体的反射来测量距离，被动辐射测距即测距装置只具备接收功能，不向外发送任何测距相关信号（光/声波等），只通过测量被测物体的辐射即可完成测量。

（3）根据测量原理进行分类，除了依据立体视觉的方法之外，还包括直接利用信号强度的强度测量法、依据信号传播时间的传播时间测量法、依据信号传播后相位差的相位测量法等。

机器人的传感器系统

在各种测量原理中，由于电磁波、光波或声波等信号在传输过程中的理论衰减曲线会受到 LOS(Line of Sight)或 NLOS(Non-Line of Sight)等各类障碍物，以及雨、雾、云等难以预知的影响，产生较大的信号强度漂移，因此，目前的各类传感器已经极少直接使用信号强度计算距离了，但利用信号强度进行有无判别的传感器在机器人领域仍发挥着重要作用，如各类接近开关、光电开关和光电围栏等。

如图 3.4 所示是两种光电开关的工作示意图。当有被测物（任何遮光物体）进入对射式光电开关的测量范围内时，发射器所发射的光被被测物遮挡，此时接收器无法收到具有一定特性的光（强度无法达到阈值或波长无法被接收），则可判定为有被测物进入了光束范围；当有被测物（任何反光物体）进入反射式光电开关的测量范围时，发射器所发射的光被被测物反射，部分光束反射回接收器（接收器通常与发射器一体化封装），接收器检测到足够强度的反射光后，即可判定为有被测物进入了光束范围。光电开关的电路简单、工作可靠，适合进行检测、安防和计数等工作。

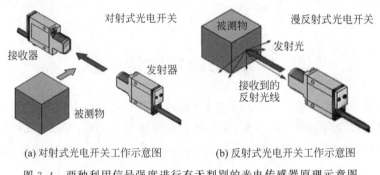

(a) 对射式光电开关工作示意图　　　　(b) 反射式光电开关工作示意图

图 3.4　两种利用信号强度进行有无判别的光电传感器原理示意图

目前，在机器人系统中常见的测距传感器包括以下几类。

1. 声波测距

各类声波测距设备是典型的使用传播时间测量法测量距离的设备。基于声波在空气中有较低传播速率的特性，机器人系统中通常会使用超声波模块进行近距离测量，利用声波可以在水中传播的特性，水下机器人系统又可以利用声呐测距、通过水声进行通信。基于超声波测距模块，陆地机器人系统可以实现避障、定位和环境建模功能，各类竞赛小车和汽车上的倒车雷达和近距离防碰撞设备都是用了超声波测距模块进行近距离测距的。

超声波是指频率高于 20kHz 的声波，超声波具有方向性好、穿透力强、声束能量集中等优点，可以实现向特定方向的发射。采用超声波测距时通常采用测量脉冲回波时间间隔的方法，即渡越时间法。传感器发射模块在 t_1 时刻向空气中发射一段超声波脉冲，如果在测距范围内有障碍物存在，则超声波脉冲会被障碍物反射并被传感器接收模块所接收（接收模块与发射模块的位置差可以忽略），若接收时刻为 t_2，则障碍物距离传感器接收模块的距离 s 为

$$s = c(t_2 - t_1)/2 \tag{3.1}$$

其中，c 为空气中的声速。

基于超声波的渡越时间法原理简单，但在实际应用中存在诸多限制因素：①距离过近无法使用，由于超声波脉冲有一定的时间宽度，一旦测量距离过近，就会导致传感器无法区

分发射波束和反射波束,因此,超声波传感器的最小测量距离通常不小于几厘米;②由于超声波在传输过程中会逐渐衰减,现有超声波传感器测量距离一般也都在 10m 以内;③超声波传感器的声波不具备指纹特征,因此多个传感器之间不具备区分能力,难以构成独立的连续工作的测距阵列。

独立工作的超声波传感器的工作原理和使用方法比较简单,图 3.5 是市售的一款广泛应用的 HC-SR04 型超声波传感器的外观图。该传感器除了电子设备必备的 VCC 和 GND 用于供电之外,仅有两个不涉及通信协议且依靠电平直接控制的控制端口 Trig 和 Echo,超声波波束的宽度约为 15°。

该传感器在工作时,首先在 Trig 端口给传感器一个超过 $10\mu s$ 的高电平触发信号后,传感器开始工作,通过 T 端向外发射 8 个 40kHz 的方波并不断通过 R 端检测是否有信号返回,若 R 端有信号返回则表示传感器收到了被测物体的反射回波,并通过 Echo 端口输出一段高电平信号。高电平信号的持续时间就是超声波脉冲从发射到返回的时间,则可计算出超声波的传输距离,也就是传感器到被测物体距离的 2 倍。

(a) HC-SR04传感器正面   (b) HC-SR04传感器背面

图 3.5　HC-SR04 型独立超声波传感器

基于超声波传感器的测距阵列目前较为鲜见,主要是因为多个独立传感器之间不具备区分能力。图 3.6 是博创公司在 UP-Voyager ⅡA 型机器人上装备的声呐(超声波测距阵列)。声呐距离地面约 45cm,声呐内部安装了 24 个独立的超声波传感器,传感器的角度间隔为 15°。但由于超声波传感器的反射波束会发生扩散,辐射范围变大,造成对相邻若干传感器的干扰。只有通过规划各独立的超声波传感器的工作时间,使特定传感器发射出的回波不干扰其他传感器的接收才能解决这种问题。

(a) UP-Voyager ⅡA型机器人外观　(b) UP-Voyager ⅡA型机器人超声波传感器阵列

图 3.6　UP-Voyager ⅡA 型机器人和声呐(超声波传感器阵列)内部结构图

机器人的传感器系统

第一种规划方式较为简单,即所有24个传感器在任一时刻只有一个传感器处于工作状态,该方式可以杜绝传感器之间的干扰。但传感器利用率低、采样频率低,对环境变化的感知速度慢、感知时间长。

第二种规划方式为分区轮询式,即建立常规情况下相互之间不干扰的传感器编号集合,集合之间循环工作。例如,将传感器进行编号为01~24,若传感器01对传感器04和22不产生干扰、02对05和23不产生干扰、03对06和24不产生干扰,以此类推,则可以编制三组传感器节点的集合:

$$A=\{01,04,07,10,13,16,19,22\}$$
$$B=\{02,05,08,11,14,17,20,23\}$$
$$C=\{03,06,09,12,15,18,21,24\}$$

工作时则可以集合A、B和C依次工作即可,其工作效率可大幅度提升。还可以实现动态分组,以在多反射的复杂地形情况下进一步降低干扰,或在简单地形情况下降低工作频次以降低系统功耗。

2. 红外测距

红外测距的基本原理是利用信号强度计算距离,其传感器对工作环境要求较高。目前市售红外测距传感器主要是SHARP公司的GP2Y0A21YK0F和GP2D12、GP2D15系列等。红外测距传感器相较超声波传感器,具有体积小、功耗低等优势。图3.7是GP2D12传感器的内部原理图。

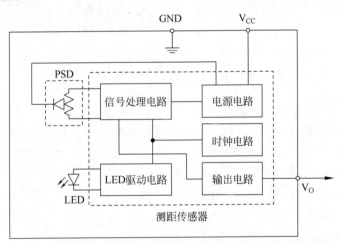

图 3.7　GP2D12 传感器的内部原理图

由GP2D12的数据手册(*GP2D12 Application Note*)可知,在10~80cm的测量范围内,其输出电压与反射物距离之间具有一定的关系,可通过一定的换算关系或查表的方式将传感器的输出电压转换为距离。此外,*GP2D12 Application Note* 中也标示了光照强度、环境温度甚至是反射物的运动形式等外界因素对传感器测距的影响,传感器的数据手册中明确地要求工作时应保持光学镜头清洁,并避免在工作环境中出现灰尘、水、油等其他影响光学传输的干扰因素。

可见,利用信号强度原理进行光学测距的红外传感器在实际应用中有较大的局限性,测距距离范围小于超声波传感器,且对测距的工作环境也有较高的要求,因此这类传感器一般工作在清洁稳定、测距范围满足近距离要求的环境中。

3. 激光测距

超声波信号和红外光信号由于指向性较差,其信号强度会随着传播距离的增大而逐渐衰减,但激光具有高指向性、高单色性和高亮度等特点,可以实现远距离的传输和测距。激光测距主要有传播时间(Time of Flight,ToF)测距和三角反射测距两种方式。

(1) 传播时间测距,即利用激光在发射点和反射点之间的传播时间 t 计算两点之间的距离 D:

$$D = C \times t/2 \tag{3.2}$$

其中,C 是光在测距环境中的传播速度。

普通连续发射的激光难以测量光的传播时间,因此通常采用脉冲法或相位法来测量激光在介质中的传播时间。脉冲法是指利用持续时间极短、瞬时功率极大、能量非常集中的激光脉冲进行测距的方法。该方法可以用于地形测量、战术测距、导弹轨迹跟踪,以及人造卫星、地月测距的远距离和超远距离测距。

脉冲法的测距原理如图3.8所示。由激光发射器发射一个短时间大功率的脉冲激光信号,该信号经过 L 距离的传播之后到达被测物体表面并被反射,反射信号被激光接收器接收,根据激光的传播时间间隔 t,就可以得出目标物的距离。脉冲法的测距精度与激光发射器的光电转换速度、接收器的信噪比和时间计量精度密切相关。

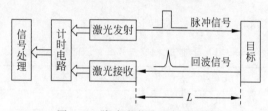

图3.8 脉冲式激光测距原理图

相位法是利用特定信号对激光进行调制,激光在测距的过程中仅充当信号的载体,通常采用的调制信号的波长远大于激光的波长。如图3.9所示,调制信号周期为 λ,调制后的激光信号在传播的过程中遇到障碍物(墙)反射后,反射光的相位会与发射光产生一定的相位差 θ,则反射物距离 d 满足如下关系。

$$d = \theta \times \lambda/4\pi = \theta \times c/4\pi f \tag{3.3}$$

其中,c 为调制信号的传播速度,也即电磁波传播的速度,f 为调制信号的频率。在特定的调制信号和传播环境下,$c/4\pi f$ 是一个常数。

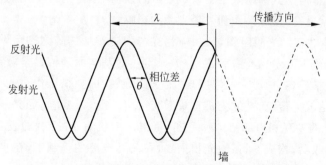

图3.9 调制后的激光遇到障碍物反射前后的相位变化

由于测距仪无法区分 θ 所经过的完整周期,因此确定距离的基本要求是 θ 必须不足一个周期,即 $\theta < 2\pi$。例如,调制信号频率为 100kHz 时,若激光强度满足传播要求,则该激光测距仪的最长测距距离不会超过 1500m。

(2) 三角法测距是指利用激光位移传感器进行测距,其原理如图 3.10 所示,由激光器光源发射的激光束在经过待测物反射后,进入接收系统的反射光会呈现出一定角度的偏移,该偏移角度可以被线阵传感器所接收并测量出与接收光轴之间的距离 x,根据三角关系即可计算出传感器到待测物之间的距离 L。

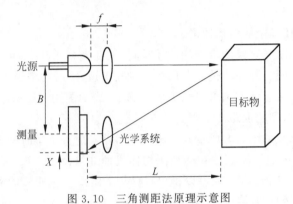

图 3.10　三角测距法原理示意图

对比脉冲法、相位法和三角法的特性,如表 3.1 所示。

表 3.1　脉冲法、相位法和三角法的特性对比

方法类型	脉 冲 法	相 位 法	三 角 法
测距范围	长	中	中
测距精度	中	高	高
传感器体积	小	小	大
电路系统	复杂	复杂	简单
阵列	适合	适合	不适合
抗环境干扰	高	中	低

可见,脉冲法原理简单、收发光学系统简单。远距离测距只需要增强激光功率、提升接收器灵敏度即可,但是对高精度计时的电路的要求较高。相位法同样具有原理简单、收发光学系统简单的优点,但是其测距限制较大,不能超过调制信号的一个周期,无法适用于长距离测距。三角法精度高,但容易受到外界光源的影响。

(3) 激光雷达。在激光测距领域,同样存在与声呐类似的阵列测距设备——激光雷达(Laser Detection and Ranging,LiDAR)。激光雷达的基本原理依然是脉冲法、相位法或三角法,但增加了扫描机构,使激光可以实现"上下+旋转"的扫描工作方式,通过机械旋转实现扫描的激光雷达较为传统,被称为机械式激光雷达。图 3.11 是 Velodyne 公司的 64 线激光雷达 HDL-64E 的外观和内部结构示意图,每组发射机有 16 个激光发射器,每组光学接收镜头有 32 个接收器,构成 64 条激光扫描线,在内部电路的控制下,在水平和俯仰方向上形成光学扫描。HDL_64E 激光雷达的参数如表 3.2 所示。

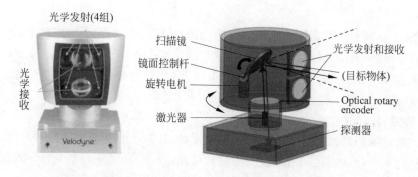

光学发射(4组)

光学接收

扫描镜
镜面控制杆
旋转电机
激光器

光学发射和接收
(目标物体)
Optical rotary encoder
探测器

(a) HDL-64E激光雷达外观　　　　(b) 内部结构示意图

图 3.11　HDL-64E 激光雷达外观和内部结构示意图

表 3.2　HDL-64E 激光雷达的主要参数

方 法 类 型	脉 冲 法
安全等级	Class1(人眼安全)
激光波长	905nm
激光线束	4 组×16
脉冲时间	5ns
水平视野	360°
垂直视野	26.8°
角分辨率	0.09°
距离精度	小于 2cm
距离范围	120m
扫描频率	大于 1.333 兆点/秒
扫更新频率	5～15Hz
功耗	15V,4A
重量	13.2kg

激光雷达的主要功能参数和含义如下。

① 辐射级别。由于激光雷达多点测距是通过激光束对周围环境的不断扫描实现的,因此必须注意激光的强度,以避免在工作过程中对外界造成伤害,尤其是民用设备,如扫地机器人、无人机、自动驾驶汽车上所使用的激光雷达,辐射级别必须低于 Class 1,即人眼安全级别。

② 线束。指激光雷达在垂直视野内的分布状况,线束越多激光束越密集、垂直分辨率越高,就越能详细地描述周围的环境状况,目前常见的激光雷达线束有 16 线、32 线、64 线和128 线等,线束越多价格越高,HDL-64E 的公开报价曾高达 70 万元人民币。

③ 水平视野。指激光雷达在水平方向上的扫描范围,一般机械式激光雷达的扫描范围都可以达到 360°,而固态激光雷达(Solid-State LiDAR)的水平视野会有所减少,仅达到120°的前视方向。

④ 角分辨率。指机械式激光雷达在旋转的过程中,扫描的角度间隔。

⑤ 距离精度和距离范围。指每一个扫描点的测距特性。

⑥ 扫描频率。每秒激光雷达发射的激光点数。激光雷达的点数一般在几万点至几十

万点每秒左右。

⑦ 扫描更新频率。对机械式激光雷达而言,扫描更新频率等同于旋转的频率。

⑧ 使用寿命。采用机械旋转结构的机械式激光雷达,由于机械旋转容易导致磨损使得激光雷达的使用寿命有限,一般使用寿命为几千小时,而固态激光雷达的使用寿命可高达10万小时。

4. 旋转编码器测距

数字式旋转编码器测距属于一种间接测距设备,其测量的是旋转执行轴的旋转角度,进而计算出执行机构摆动或转动所经过的距离。旋转编码器可以分为基于光电码盘的增量式旋转编码器、绝对式旋转编码器和基于接触式的旋转电位器三种。

(1) 增量式旋转编码器。该类型编码器是机器人系统等各类精密机械结构中使用最广泛的编码器,具备结构简单、成本低、可靠性好等显著优点,其输出信号形式为每个可识别的旋转量输出一个脉冲信号。

如图 3.12(a)所示,增量式旋转编码器内部包括一套红外对射装置(包括红外发射管、一个或多个红外接收管)、一个带有一条光栅的码盘、一个用于防止光散射和干涉的掩膜。常规的增量式旋转编码器除了包括电源系统的 VCC 和 GND 之外,通常包括 A、B 和 Z 三路输出信号以及公共的 COM。当转轴带动码盘以逆时针方向旋转时,信号 B 在信号 A 的上升沿时呈现的是低电平。当转轴带动码盘以顺时针方向旋转时,则信号 B 在信号 A 的上升沿时呈现的是高电平。由此就可以判定旋转编码器转轴的旋转方向,Z 信号时旋转编码器的零点位置输出信号。

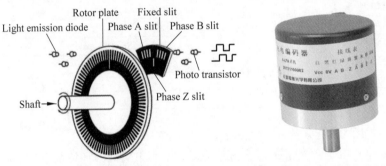

(a) 光电型增量式旋转编码器内部结构　　(b) 某增量式旋转编码器外观标签

图 3.12　增量式旋转编码器内部结构和外观标识

根据旋转编码器的类型不同,部分产品会对 A、B 和 Z 信号进行增减,例如,不判定旋转方向、不采集过零点信息等。此外,还有部分产品为增强信号的传输距离、增强抗干扰性能,增加了 $\overline{A}$、$\overline{B}$ 和 $\overline{Z}$ 信号,用于与 A、B 和 Z 构成差分信号。如图 3.12(b)所示的增量式旋转编码器外观标签图,该传感器就采用了差分信号的输出形式,且使用差分信号可以省略信号的公共地 COM。

(2) 绝对式旋转编码器。增量式旋转编码器提供的是下一状态相对于上一个状态的增量信息,例如,旋转方向、旋转角度等,在不依靠外界电路进行统计的情况下,增量式旋转编码器是无法直接确定当前的绝对信息的,而绝对式旋转编码器则依靠码盘上的多调光通道输出当前编码器的旋转的绝对信息。

常规机械式的绝对式旋转编码器采用的是多条光栅的方式进行计数,图3.13(a)是一个360°的8线绝对式旋转编码器的内部结构,其码盘共有8条光栅,当码盘旋转至[0°,360°)的任意角度时,都有一个绝对的输出值可输出其角度,角度输出的分辨率约为1.41°。但这种单码盘的测量范围仅限于[0°,360°),无法完成多圈数值输出。

另一种能实现多圈转角输出的绝对式旋转编码器内部则通过安装减速器、多个码盘和多组红外对射装置来实现,但这种方法导致编码器结构复杂、体积增大,减速器的使用也容易导致编码器发生机械故障,影响被测物的工作稳定性。

因此,市面上已经出现了基于光学或电磁的增量式旋转编码器与微处理器系统相结合的绝对式旋转编码器,如图3.13(b)所示为EAB79型穿轴磁电绝对编码器。这类编码器具有常规机械式的绝对式旋转编码器的所有功能,并且还能实现更大的计量范围和更高的计量分辨率,如EAB79的电气方面可以实现单圈最高20bit的分辨率(约0.000 34°),同时还可以实现16bit的多圈计数(0~65 535圈),其精度和范围已经远超过常规机械式的性能。但EAB79这类编码器一旦断电,不但无法工作,还无法保存旋转位置等当前状态信息,导致系统状态丢失,难以还原。因此这类编码器一般除具有可靠的外部供电之外,还会带有备用电池,以便在意外掉电之后保存当前状态信息。

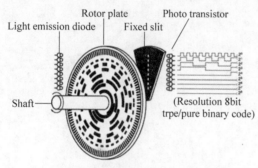

(a) 光电型绝对式旋转编码器内部结构　　　　(b) 电子绝对式旋转编码器外观标签

图3.13　绝对式旋转编码器内部结构和外观标识

(3) 旋转电位器。旋转电位器是一种很普通的角度计量设备,利用的是半导体材料或碳膜的电阻特性。通常具有两个接头和一个划片抽头,两个接头连接电阻的两端,划片在电阻表面移动。因此抽头与任意一端的电阻值会随着划片的运动而变化,进而改变输出电阻的大小。

旋转电位器分为单圈式(旋转角度小于360°)和多圈式(最大转动角度超过360°)两种。旋转电位器价格低廉,但由于划片与电阻之间是接触滑动的,长时间摩擦会导致接触不良和磨损等问题,因此旋转电位器并不适合高速运动、长期运动的场合。

5. 电磁波测距

电磁波测距是另一类典型的根据接收机接收到的信号强度计算距离的方法,又称为RSSI(Received Signal Strength Indication)测距。电磁波测距大多基于ZigBee、Wi-Fi或蓝牙等无线通信设备实现,如CC2430和CC2431等。这一类射频设备通常工作在2.4GHz频段,具有较长的传输距离和较好的穿透性,设备本身还具备体积小、功耗低等特点。

理论上,RSSI与距离的关系如下。

机器人的传感器系统

$$P_d = P_0 - \log\left(\frac{r}{r_0}\right) \tag{3.4}$$

其中,P_d 为待测距点 r 上所接收到的信号强度,P_0 为已知距离 r_0 点上的信号强度,因此,可以根据公式计算 r 的距离,该公式可以表述为类似图 3.14(a)的关系曲线。

在实际的 RSSI 测距过程中,电磁波信号会受到各种外界环境因素的干扰,包括反射、衍射、吸收以及多径效应等问题,造成接收到的 RSSI 信号出现抖动,测距距离越远、RSSI 信号越弱、出现的抖动幅度就越大,RSSI 的测距精度就越低。图 3.14(b)中标有"■"的连线是在特定距离上测量的 RSSI 值,可见距离稍远 RSSI 就会出现大幅波动,波动范围甚至超过 10dBm,对定位精度的影响也超过了 10m。造成这种问题主要是由于 ZigBee 发射功率较低,信号在远端较弱。此外,无线信号在长距离自由传输过程中,传输路径周围的物体所造成的干扰叠加也会造成信号的扰动,甚至是随时间变化的不确定性扰动。因此,RSSI 测距的工作距离较短,一般要求 RSSI 在 −80dBm 以上才可以进行有效测距。

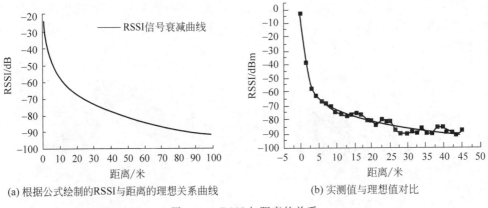

(a) 根据公式绘制的RSSI与距离的理想关系曲线   (b) 实测值与理想值对比

图 3.14   RSSI 与距离的关系

但 RSSI 测距的优势在于信号传输的无方向性,即电磁波在开放空间中的自由传播特性,使得其具备了超声波测距和红外线测距不具备的全向性,可以简单地实现"被测传感器节点发射信号、多参照物节点同时接收"的三角定位功能。

6. 定位系统

本节所介绍的定位系统是指直接利用现有的、公开使用的、面向公众开放的定位系统,主要特指各种卫星定位系统,具体包括中国北斗卫星导航系统(BeiDou Navigation Satellite System,BDS)、美国全球定位系统(Global Positioning System,GPS)、俄罗斯格洛纳斯卫星导航系统(Global Navigation Satellite System,GLONASS)和欧盟研制的伽利略卫星导航系统(Galileo Satellite Navigation System,GSNS 或 GALILEO),此外还包含一些区域性的辅助定位系统,如日本的准天顶系统(Quasi-Zenith Satellite System,QZSS)和印度的区域卫星导航系统(Indian Regional Navigational Satellite System,IRNSS)等,以及一些针对现有定位系统的增强系统,如美国的广域扩充系统(Wide Area Augmentation System,WAAS)、日本的多功能卫星增强系统(Multi-Functional Satellite Augmentation System,MSAS)、欧盟的欧洲地球静止导航重叠服务(European Geostationary Navigation Overlay Service,EGNOS)和印度的 GPS 辅助型静地轨道增强导航(GPS Aided GEO Augmented

Navigation,GAGAN)等。上述各类卫星定位系统可以统称为 GNSS(Global Navigation Satellite System)。

　　这类系统的最大特点是模块化和便利性,用户只需要购买接收机或模块即可在满足定位条件时使用定位服务,而无须自行通过测距的方式解算位置信息。

　　目前,各类卫星定位系统虽各具差异,覆盖范围和定位精度也不一致,但现有厂商已经开发出了数量巨大的综合使用多套系统的定位模块以提升用户定位精度,如搭载了华大北斗 HD8040X 芯片的 GT-U13 GNSS 模块,其主要特性如表 3.3 所示。

表 3.3　GT-U13 型卫星定位模块的主要参数

支持系统	BDS、GPS、GLONASS、Galileo、IRNSS、QZSS、SBAS
接收频段	GPS/QZSS: L1C/A,L5C BDS: B1I,B1C,B2a,B2I,B3I GLONASS: L1 Galileo: E1,E5a SBAS,QZSS
定位精度	D-GNSS<1m CEP GNSS<2.5m CEP
启动时间	1s,热启动 小于 28s,温启动 小于 29s,冷启动
更新速度	1Hz,最大 10Hz
工作参数	高度小于 18 000m,速度小于 515m/s
支持接口	UART: 1,I^2C: 1,CAN: 1,USB: 1
数据协议	NMEA-0183 V4.0/4.1 GSA、GSV、RMC、GGA、ZDA、GLL、VTG、TXT 115 200 波特率,8 位数据位,1 位停止位
坐标系	WGS-84
尺寸	16mm×12.2mm×2.4mm

　　图 3.15 是 GT-U13 GNSS 模块的电路图,目前各类 GNSS 模块普遍需要使用外接有源天线。因此在电路中需要增加向有源天线(Active antenna)直流供电的元件,此外还需要用于保持数据、快速热启动的备用电池电路(V_BAKP)。尽管如此,该 GNSS 模块的外围电路仍非常简单,可以快速部署在各类移动机器人系统进行室外定位,且无需进行任何与定位相关的解算工作。

3.2.2　姿态传感器

　　姿态传感器是用来感知机器人本体以及相关部件与地面之间的相对关系,主要是感知相对角度的传感器。非移动式机器人或在固定轨道上运行的机器人由于位置限制,因此其姿态也相对固定。而移动式机器人由于位置可变,其姿态会随着位置的改变而发生变化,因此必须检测机器人本体和部件的姿态,以防止机器人失控或出现运动风险,以便机器人及时进行调整。

机器人的传感器系统

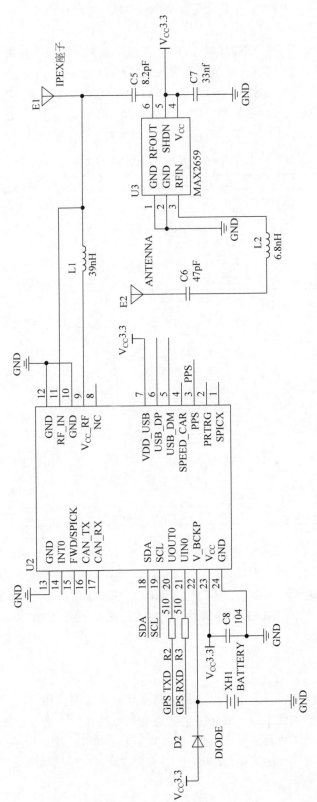

图 3.15 GT-U13 GNSS 模块使用外接有源天线的电路图

静止状态机器人姿态主要包括两类：机器人特定位置的朝向和机器人在空间中呈现的各向角度。对于在地球坐标系中的各类机器人来说，机器人特定位置的朝向通常指机器人头部在地球磁场中的指向角度，通常使用电子罗盘进行测量。机器人在空间中呈现的各向角度指机器人本体坐标系相对于地球坐标系之间的偏移角度，通常使用加速度传感器或倾角传感器进行测量，测量重力加速度 g 在机器人本体坐标系中的分量，以计算机器人的姿态。此外，处于旋转状态的机器人还需要确定其绕特定轴旋转的角速度，通常使用陀螺仪（又称角速度传感器）进行测量。

1. 电子罗盘

电子罗盘（Digital Compass）又称电子指南针，与传统的指南针功能相同，是一类用于指示方向的传感器。为了保证电子罗盘能够在任意姿态下指示方向，目前主流的 MEMS（微机电）电子罗盘通常内部安装有三个相互垂直的磁阻传感器，以保证在传感器非水平放置时仍然能够检测地球磁场相对于传感器的方向，如霍尼韦尔公司生产的 HMC5883L 等。

电子罗盘使用内部每个轴向上的磁阻传感器来检测该方向的地磁场强度，即地磁场在 3 个轴上的分量：①当电子罗盘水平放置，即俯仰角和倾斜角均为零时，使用地磁场在 X 和 Y 的分量即可计算模块的方向值；②当电子罗盘倾斜放置时，方向值的误差取决于俯仰角和倾斜角的大小。为了减小该误差的影响，通常会在系统中增加一个倾角传感器或加速度传感器，测量电子罗盘的俯仰角和倾斜角，将电子罗盘的三轴重新映射到水平平面上，映射过程可以表示为：

$$Xr = X\cos\alpha + Y\sin\alpha\sin\beta - Z\cos\beta\sin\alpha$$
$$Yr = X\cos\beta + Z\sin\beta \tag{3.5}$$

其中，Xr 和 Yr 为要转换到水平位置的值，X、Y、Z 为三个方向的矢量值，α 为俯仰角，β 为侧倾角。可见，HMC5883L 电子罗盘在使用时，还需要配备加速度传感器，因此在部分电子罗盘中，也集成了加速度传感器的功能，如 HMC6343 等。

目前，市售的电子罗盘主要有两种，如图 3.16 所示。一种是只带有 HMC5883L 的独立模块，模块中只包含 HMC5883L 和必要的外围电路，如 LDO、电阻和电容等；另一类是多类型传感器集成模块，如 GY-58 模块，其内部集成了 HMC5883L 电子罗盘、ITG3205 陀螺仪和 ADXL345 三轴加速度传感器。

图 3.16　基于 HMC5883L 的模块和 GY-58 模块

GY-85 模块上的所有传感器都是 I^2C 总线，只需要占用微处理器的一个 I^2C 即可完成检测和通信功能。例如，将 GY-85 连接至树莓派开发板后，只需要使用 i2cdetect 命令检测

机器人的传感器系统

I^2C 设备地址即可识别相应的传感器。如图 3.17 所示,其中,地址 68 对应 ITG3205 传感器,53 对应 ADXL345 传感器,1e 对应 HMC5883L 传感器。

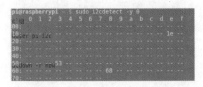

图 3.17　使用树莓派检测 GY-58 模块上的传感器

2. 倾角传感器

倾角传感器(inclinometer)在日常使用中往往被加速度传感器所替代,但在高精度要求场合,加速度传感器难以提供足够高的倾角测量性能。目前主要销售的倾角传感器是村田制作公司的 SCL3300,该传感器本质上也是加速度传感器,但在倾角测量方面进行了增强和优化,使该传感器具有了 $0.001°/\sqrt{Hz}$ 的超低噪声、$0.0055°/LSB$ 的角度输出分辨率,以及 $-40\sim+125℃$ 工作温度、1.2mA 的低工作电流和优越的机械阻尼特性,可以很好地抵御外界低频振动。因此该传感器主要应用在有较高稳定性需求的场合,如水平仪和各类机器人中。

在使用 SCL3300 传感器时,无须自行解算三轴的角度,直接读取内部寄存器并经过简单的换算即可,例如,读取 ANG_X 寄存器的值为 250F8825h,其各部分内容如表 3.4 所示。

表 3.4　ANG_X 寄存器的各段定义

OP[31:26]+RS[25:24]		Data[23:8]					CRC[7:0]
2	5	0	F	8	8	2	5

因此,OP=001001b,表示当前操作是读取 ANG_X 寄存器;RS=01b,表示当前返回的状态是无错误状态;Data=0F88h,根据传感器要求,该数据应先乘以 90,再除以 2^{14},即 $3976d×90/2^{14}=21.84°$,CRC=25,表示 250F88h 的 CRC 校验值。

此外,SCL3300 内部还提供了读取加速度值和温度值的功能,例如:

(1) ACC_X=0500DC1Ch,其 Data=00DCh,即 220LSB,若灵敏度为 2700LSB/g,则 X 轴上的加速度为 0.081g。

(2) TEMPERATURE=15161E0Ah,其 Data=161Eh,即 5662d,则传感器的温度为 $-273+(5662/18.9)=26.6℃$。

3. 加速度传感器

加速度传感器是一种用于测量加速度的传感器,常见的加速度传感器默认指线加速度传感器,包括电容式、电感式、应变式、压阻式、压电式等,加速度传感器广泛地应用在姿态测量和惯性导航等领域。

加速度传感器可以用来测量各类加速度,包括重力加速度和物体在运动过程中由于速度改变产生的加速度。以经典的 MEMS 加速度传感器 ADXL345 为例,该 13 位分辨率的低功耗 3 轴加速度传感器,加速度测量范围包括 $±2g$、$±4g$、$±8g$ 或 $±16g$,可通过 SPI 或 I^2C 接口访问,最高分辨率可达 4mg/LSB,芯片体积仅 $3mm×5mm×1mm$,适合在各类移动设备中使用,可以尽可能减小对设备运动的影响,如图 3.18 所示。

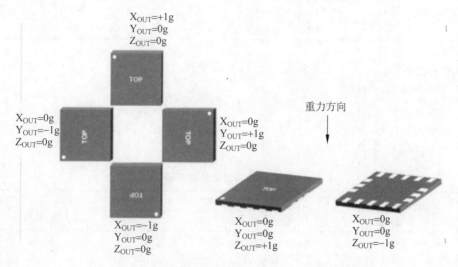

图 3.18　ADXL345 在不同姿态下由重力产生的加速度

4. 陀螺仪

陀螺仪又称角速度传感器,是一种利用高速回转体的动量矩敏感壳体相对惯性空间绕正交于自转轴的一个或两个轴的角运动检测装置。如图 3.19(a)经典陀螺仪动态原理图所示,陀螺仪中心转子在高速转动时,其旋转轴的方向在不受外力影响时不会发生改变,即保持原有方向。而万象坐标系则会随着外界设备姿态的变化而发生变化,检测旋转轴在万象坐标系中的姿态,即可获得外界设备的转动状态,目前民用设备所广泛使用的 MEMS 陀螺仪则在经典陀螺仪基础上利用科氏力的原理来实现角速度的检测。

如图 3.19(b)所示的 MP6050 是一种经典的 6 轴运动处理传感器的 6 个测量轴,其内部集成了 3 轴 MEMS 加速度传感器和 3 轴 MEMS 陀螺仪,其陀螺仪部分测量范围有 ± 250dps、± 500dps、± 1000dps 或 ± 2000dps,可通过 SPI 或 I²C 接口访问,工作电压为 $2.375 \sim 3.46$V,陀螺仪工作电流仅 3.6mA,芯片体积仅 4mm$\times 4$mm$\times 0.9$mm。

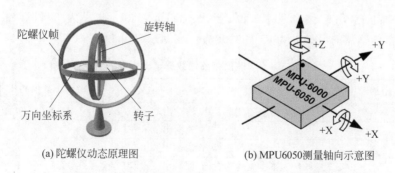

(a)陀螺仪动态原理图　　　　　(b) MPU6050测量轴向示意图

图 3.19　陀螺仪动态原理图和 MPU6050 示意图

下面以 MPU6050 为例,简要介绍其内部加速度和陀螺仪传感器的主要配置和输出寄存器的使用方法,如表 3.5~表 3.8 所示。

表 3.5　陀螺仪配置寄存器(0x1B)

BIT7	BIT6	BIT5	BIT4	BIT3	BIT2	BIT1	BIT0
XG_ST	YG_ST	ZG_ST	FS_SEL[1:0]		—	—	—

其中,FS_SEL[1:0] 2b 用来设定陀螺仪的满量程范围。

0:满量程±250dps。

1:满量程±500dps。

2:满量程±1000dps。

3:满量程±2000dps。

表 3.6　加速度传感器配置寄存器(0x1C)

BIT7	BIT6	BIT5	BIT4	BIT3	BIT2	BIT1	BIT0
XA_ST	YA_ST	ZA_ST	AFS_SEL[1:0]		—	—	—

其中,AFS_SEL[1:0] 2b 用来设定加速度传感器的满量程范围。

0:满量程±2g。

1:满量程±4g。

2:满量程±8g。

3:满量程±16g。

表 3.7　陀螺仪数据输出寄存器

Register	BIT7	BIT6	BIT5	BIT4	BIT3	BIT2	BIT1	BIT0
0x43				陀螺仪 X 轴输出高 8 位[15:8]				
0x44				陀螺仪 X 轴输出低 8 位[7:0]				
0x45				陀螺仪 Y 轴输出高 8 位[15:8]				
0x46				陀螺仪 Y 轴输出低 8 位[7:0]				
0x47				陀螺仪 Z 轴输出高 8 位[15:8]				
0x48				陀螺仪 Z 轴输出低 8 位[7:0]				

可见,陀螺仪输出的数值为 16 位,当 FS_SEL[1:0] 设置为 3,即满量程范围为 ±2000dps 时,传感器的灵敏度为 65 536/4000＝16.4LSB/dps。

表 3.8　加速度传感器数据输出寄存器

Register	BIT7	BIT6	BIT5	BIT4	BIT3	BIT2	BIT1	BIT0
0x3B				加速度传感器 X 轴输出高 8 位[15:8]				
0x3C				加速度传感器 X 轴输出低 8 位[7:0]				
0x3D				加速度传感器 Y 轴输出高 8 位[15:8]				
0x3E				加速度传感器 Y 轴输出低 8 位[7:0]				
0x3F				加速度传感器 Z 轴输出高 8 位[15:8]				
0x40				加速度传感器 Z 轴输出低 8 位[7:0]				

可见,加速度传感器的输出数值也为 16 位,当 AFS_SEL[1:0] 设置为 0,即满量程范围为 ±2g 时,传感器的灵敏度为 65 536/4＝16 384LSB/g。

与加速度和陀螺仪相关的寄存器还包括电源管理寄存器(0x6B 和 0x6C)、陀螺仪采样率分频寄存器(0x19)和配置寄存器(0x1A)等。此外,MPU6050 内部还设置了温度传感器,其输出寄存器为高 8 位 0x41 和低 8 位 0x42,温度计算方法为

$$Temperature = 36.53 + Output\_Value/340$$

尽管 GY-58 模块集成了 3 轴电子罗盘、3 轴加速传感器和 3 轴陀螺仪,构成了一种"9 轴传感器模块",但其分立传感器总体积大、功耗高。目前已经有厂商推出了集成化的 9 轴传感器芯片,如 MPU9250、BMX055 等。其中,BMX055 的加速度测量量程有 $\pm 2g$、$\pm 4g$、$\pm 8g$ 和 $\pm 16g$ 四种级别、陀螺仪测量量程有 ± 125dps、± 250dps、± 500dps、± 1000dps 和 ± 2000dps 五个级别、磁场测量 x 和 y 轴量程 $\pm 1300\mu T$,z 轴量程 $\pm 2500\mu T$,工作电压 $2.4 \sim 3.6$V,芯片体积仅 3mm$\times 4.5$mm$\times 0.95$mm。

3.2.3 触觉和压力传感器

人类皮肤的感知都是定性却无法定量的。而触觉传感器可以模仿人类皮肤的接触功能,甚至可以把温度、湿度或压力等感觉用定量的方式表达出来,可以帮助伤残者获得失去的感知能力。触觉传感器的主要检测功能包括对操作对象的状态、操作对象的接触状态、操作对象的物理性质进行检测,而识别功能是在检测的基础上提取操作对象的形状、大小、刚度等特征,以进行分类和目标识别,这也是触觉的广义定义。而狭义的触觉的定义主要指接触和由于接触所产生的力。因此,现有的触觉传感器也主要以接触感知和接触后的压力等测量为主,如图 3.20(a)所示。

(1) 机器人接触觉传感器。接触觉传感器是一种用以判断机器人是否接触到外界物体或测量被接触物体的特征的传感器,包括微动开关式、导电橡胶式、含碳海绵式、碳素纤维式和气动复位式等。其中,微动开关式接触觉传感器由弹簧和触头构成,触头接触外界物体后离开基板造成信号通路断开或闭合,从而测到与外界物体的接触,其原理如图 3.20(b)所示。

但各种接触觉传感器只能表达接触状态的"是"或者"否",从传感器的设计原理出发,其所实现的接触感知也需要一定压力才能够实现,压力不足时是无法检测到接触的,且接触觉传感器无法测量接触所产生的压力大小。

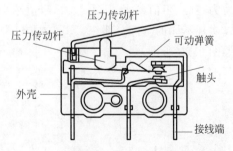

(a) 通过触觉传感器感知吸管的机械手　　　(b) 微动开关的内部结构图

图 3.20　触觉传感器的应用和内部结构图

(2) 压觉传感器。相对于接触觉传感器,压觉传感器可以测量接触时所产生的压力和压力的分布,有助于机器人对接触对象的几何形状和硬度进行识别。

如图 3.21(a)所示是以压敏导电橡胶为基本材料的压觉传感器。在导电橡胶上面附有

柔性保护层,下部装有玻璃纤维保护环和金属电极。在外压力作用下,导电橡胶电阻发生变化,使基底电极电流相应变化,从而检测出与压力成一定关系的电信号及压力分布情况。通过改变导电橡胶的渗入成分可控制电阻的大小,例如,渗入石墨可加大电阻,渗碳、渗镍可减小电阻,通过合理选材和加工可制成高密度分布式压觉传感器。这种传感器可以测量细微的压力分布及其变化,故也被称为"人工皮肤"。

(3) 滑觉传感器。滑觉传感器用于检测在垂直于握持方向物体的位移、旋转和由重力引起的变形等,以达到修正受力值、防止滑动、进行多层次作业及测量物体重量和表面特性等。

滑觉传感器是用于检测物体接触面之间相对运动大小和方向的传感器,它用于检测物体的滑动。例如,利用滑觉传感器判断是否握住物体,以及应该使用多大的力等。当手指夹住物体时,物体在垂直于所加握力方向的平面内移动。如图 3.21(b)所示,该传感器将滑动转换成滚球和滚柱的旋转,用压敏元件和触针,检测滑动时的微小振动。检测出发生滑动时,手爪部分的变形和压力通过手爪载荷检测器,检测手爪的压力变化,从而推断出滑动的大小等。

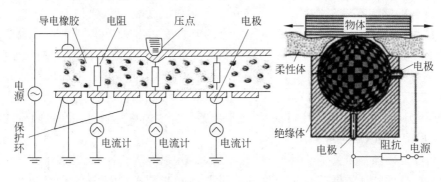

(a) 高密度分布式压觉传感器内部结构图　　(b) 球式滑觉传感器内部结构图

图 3.21　压觉传感器和球式滑动传感器内部结构图

(4) 薄膜式压力传感器。薄膜式压力传感器是一种厚度极薄、具有柔性,且可以根据被测量物体形状定制分布测量的测量工具。薄膜式压力传感器通常由两片很薄的聚酯薄膜组成,两片薄膜内表铺设导体及半导体。当外力作用到传感点上时,其阻值会随着外力成规律变化,压力为零时,阻值最大,压力越大,阻值越小。通过在不同的地方放置不同密度的传感器点,可以实现不同的空间分辨率,不同的传感器面积和空间分辨率可以满足各种不同的测量要求,如图 3.22 所示。

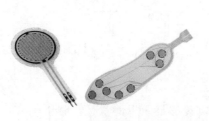
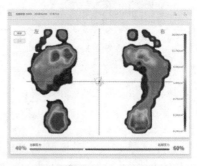

(a) 单点和组合式薄膜式压力传感器　　(b) 组合式薄膜式压力传感器的输出

图 3.22　薄膜式压力传感器

（5）压力传感器。薄膜式压力传感器受到结构和材料的限制，无法形成大量程的产品，而传统的压力传感器，包括圆柱形拉压传感器、S 型拉压传感器和螺纹拉压传感器等，其量程范围可达数千牛。在使用时，根据测量形式、测量量程、测量精度和信号形式进行选择即可。

3.2.4 图像传感器

图像传感器包括各类以图像形式获取外界状态的设备，从图像传感器的感光技术上，可以分为 CCD（Charge Coupled Device，电荷耦合器件）和 CMOS（Complementary Metal Oxide Semiconductor，互补金属氧化物半导体）两类。CCD 传感器响应慢、功耗高、噪点低、均匀、画质高、ISO 较高，而 CMOS 响应快、功耗低、噪点高、不均匀、画质受噪声影响多、ISO 较小。两者主要特性对比如下。

（1）信息读取方式。CCD 电荷耦合器存储的电荷信息需在同步信号控制下一位一位地实施转移后读取，电荷信息转移和读取输出需要有时钟控制电路和三组不同的电源相配合，整个电路较为复杂。而 CMOS 光电传感器经光电转换后直接产生电流（或电压）信号，信号读取方式简单。

（2）速度。CCD 电荷耦合器需在同步时钟的控制下，以行为单位一位一位地输出信息，速度较慢；而 CMOS 光电传感器采集光信号的同时就可以取出电信号，还能同时处理各单元的图像信息，速度比 CCD 电荷耦合器快。

（3）电源及耗电量。CCD 电荷耦合器大多需要三组电源供电，耗电量较大，而 CMOS 光电传感器只需使用一个电源，耗电量非常小，仅为 CCD 电荷耦合器的 $1/8\sim1/10$，CMOS 光电传感器在节能方面具有很大优势。

（4）成像质量。CCD 电荷耦合器制作技术起步早，技术成熟，采用 PN 结或二氧化硅（SiO_2）隔离层隔离噪声，成像质量相对 CMOS 光电传感器有一定优势。而 CMOS 光电传感器集成度高，各光电传感元件、电路之间距离很近，相互之间的光、电、磁干扰较严重，噪声对图像质量影响很大。

若从摄像头的感光元件数量上进行分类，则可以分为各种单目摄像头、多目摄像头、线阵图像传感器，以及激光雷达等点阵类传感器。

1. 单目摄像头

日常生活的各类设备中所使用的各类摄像头通常都属于单目摄像头，包括笔记本电脑摄像头、安放监控摄像头，以及智能手机的前置摄像头和后置摄像头。尽管目前智能手机已经普遍安装了两个甚至两个以上的后置摄像头，但绝大多数手机所装配的是不同光圈或不同焦距摄像头，以实现不同的拍摄效果。单目摄像头系统拍摄时只采用一个摄像头进行拍摄，并非使用多个摄像头同时拍摄立体图像或具有景深信息的图像。

从普通单目摄像头可知，摄像头的常规通信接口包括常见的 USB 接口、有线网络接口、Wi-Fi、BNC 接口和各类面向微处理器系统的接口，如 MIPI（Mobile Industry Processor Interface，移动行业处理器接口）、DVP（Digital Video Port，数字视频端口）和 LVDS（Low Voltage Differential Signaling，低电压差分信号），以及基于 GPIO 的与微处理器和 MCU 相连接的各类接口等。

从传输信号的形式分类，主要有模拟信号和数字信号两种。模拟信号容易实现，但通信信号在传输的过程中容易受到内部和外部的噪声干扰,且通信保密性能差,容易被窃听,而数字通信则可以避免上述问题。但是,信号形式一般与接口形式无关。例如,BNC 接口既可以传输 CVBS,又可以传输 HDTVI 数字高清视频等信号。

微处理器或计算机系统在与各类摄像头连接时,只要遵循接口与协议相适配,即可获得相应的静态图像帧或视频流。以树莓派通过板载的 CSI 连接摄像头为例,如图 3.23 所示,安装好 CSI 接口摄像头模块后,使用 Raspberry Pi 配置工具开启 Camera 即可使用摄像头。

(a) 树莓派通过CSI接口连接摄像头   (b) 树莓派配置界面   (c) 树莓派中启用CSI摄像头

图 3.23   树莓派通过 CSI 接口连接摄像头及系统配置

使用树莓派在命令行模式下执行 raspistill 命令即可获取摄像头采集的静态图像:

```
# raspistill - o Desktop/image.jpg
```

执行后,即可弹出摄像头的预览画面,且在预览结束后拍摄一张静止图像,并保存在桌面上,名字为 image.jpg。

使用 raspivid 命令还可以获取摄像头的视频流:

```
# raspivid - o Desktop/video.mp4
```

执行后,将调用 Camera Module 模块将摄像头的视频流保存在桌面上,名字为 video.mp4,通过 VLC 等软件即可播放该视频。

2. 多目摄像头

多目摄像头指通过两个或两个以上的摄像头同时工作,形成立体视觉,从而在拍摄图像或视频的同时,输出更多的与真实世界环境相关的信息,尤其是目标物的深度信息,即测距功能。

以双目摄像头为例,其测距步骤包含相机标定、双目校正、双目匹配和计算深度信息四个步骤。

(1) 相机标定指为了消除光学透镜的径向成像畸变、传感器与光学镜头的装配误差导致的切向畸变问题,使用特定规格和图形的定标板(通常是黑白的实心圆盘阵列图案或国际象棋盘图案)测量双目摄像头的参数,如将棋盘格的顶点与图像上的对应点建立对应关系,利用棋盘格的已知信息来求得相机模型的内外参数和畸变系数。

(2) 双目校正即利用标定后获得的内参数据和双目相对位置关系(旋转矩阵和平移向量),分别对左右视图进行消除畸变和行对准,使得左右视图的成像原点坐标一致。两摄像头光轴平行、左右成像平面共面、对极线行对齐。因此,同一幅图像上任意一点与其在另一幅图像上的对应点必然具有相同的行号,只需在该行进行一维搜索即可匹配到对应点。

(3) 双目匹配指把同一场景在左右视图上对应的像点匹配起来,即可得到视差图。双目匹配被普遍认为是立体视觉中最困难也是最关键的问题,得到视差数据,通过上述原理中的公式就可以很容易地计算出深度信息。

双目视觉是模拟人类视觉原理,使用计算机被动感知距离的方法。从两个或者多个点观察一个物体,获取在不同视角下的图像,再根据图像之间像素的匹配关系,通过三角测量原理计算出像素之间的偏移来获取物体的三维信息。

树莓派系统也可以通过 StereoPi 连接双目摄像机实现双目拍摄和景深测量功能,如图 3.24 所示。

(a) StereoPi模块及其连接的双目摄像头   (b) 双目摄像头的输出和景深输出

图 3.24　StereoPi 模块及输出信息

StereoPi 所连接的每个摄像头的分辨率为 640×480px,因此通过 raspistill 命令拍摄双目图像应设定为:

```
# raspistill -3d sbs -w 1280 -h 480 -o Desktop/image.jpg
```

其中,-w 和-h 参数指定了到桌面上的输出图片大小,-3d sbs 参数指输出双目立体图像(stereoscopic)。

(3) 线阵摄像头。常用的摄像头属于面阵型,其输出图像的长宽比近似,如 4∶3、16∶9 或 21∶9 等。而线阵摄像头属于线阵型,其输出的图像呈线型,长度可达上千像素,宽度一般只有几个像素,线阵摄像头通常使用在需要极大视野且视野可被视为细长的带状的场合。

如图 3.25(a)所示是 Alphalas 公司生产的高速数字线阵 CCD 相机 CCD-S3600-D-UV,该传感器有效像素 3648px,每个像素 $8\mu m\times200\mu m$,传感器有效长度 $3648\times8\mu m=29.184$mm;如图 3.25(b)所示的 S15351-2048 线阵传感器,该传感器有效像素 2048px,每个像素 $14\mu m\times200\mu m$。

(4) 激光雷达(LiDAR)。激光雷达采用激光测距原理配合不同的移动方式对周围环境进行扫描,最终形成周围环境的点云图像。从该角度出发,激光雷达也属于一种不能够感知环境颜色和照度,但能感知环境距离的特殊图像传感器。

目前,激光雷达已经应用在 iPhone 和部分自动驾驶技术上。iPad Pro 2020 和 iPhone 12 上所集成的 LiDAR 能够在地图绘制、三维建模、体积测定等场景下进行高精度测量,还可以与摄像头图像进行结合,实现 AR 等功能,如图 3.26 所示,利用 iPhone 上的 LiDAR 和光

(a) Alphalas高速数字线阵CCD相机　　　(b) 线阵CCD图像传感器

图 3.25　两种线阵 CCD

学摄像头联合生成关于汽车的三维模型信息,LiDAR 生成模型的景深信息、光学摄像头拍摄图像生成模型的颜色信息,构成带有色彩的三维模型,再将模型以 AR 的形式叠加在现实图像中,图 3.26(b)中间位置的汽车即为虚拟三维模型。

(a) 使用LiDAR采集汽车信息　　　　(b) 使用AR重建汽车的模型

图 3.26　通过 iPhone 对汽车进行立体建模并复制

自动驾驶技术中的 LiDAR 则可以稠密且精确地获取汽车周围三维空间中物体的点云数据,帮助车辆实现定位和障碍物的跟踪。LiDAR 也是一种实现完全自动驾驶的核心传感器,如图 3.27 所示,通过激光雷达可以构建周边环境信息。

图 3.27　通过车顶激光雷达生成的环境点云图像以及目标识别标注

激光雷达所产生的三维点云数据的处理主要包括点云滤波、关键点提取、特征描述、点云匹配、点云分割与分类、SLAM 优化、目标识别和三维重建等,此外还包括数据的存储等工作。

3.2.5　电路状态传感器

机器人系统中的电路状态传感器主要用于测量电路中的电压和电流,以保证系统有足够的能量供应且不超出限定功率。其中,电流检测部分已经在 1.3.3 节中进行了介绍,如 Allegro MicroSystems 公司推出的 ACS714、ACS758 和 A1360 系列霍尔电流传感器,即可用于检测系统中各个部件的工作电流。机器人系统的电压检测较为简单,可采用电阻分压原理获取满足 AD 量程的电压值即可。

电路状态传感器也可以使用集成有电流和电压感知功能的集成芯片,如 INA226 等。INA226 是一款功率检测器,具有线电压检测、采样电阻电压检测、采样电阻电流检测和功率计算功能,通过 I^2C 接口与微处理器通信。在使用 INA226 时,配置好配置寄存器(Configuration Register,地址 0x00,写入 0x4127 即可)后,即可通过读取对应地址的寄存器获得采样结果,其主要传寄存器如下。

(1) 0x01:Shunt Register,采样电阻上的压降,满量程范围为 0~81.92mV,最小测量单位为 2.5μV。

(2) 0x02:Bus Voltage Register,线上电压,满量程范围为 0~40.96V,最小测量单位为 1.25mV。

(3) 0x03:Power Register,功率寄存器,最小计算单位 25mW。

(4) 0x04:Current Register,电流寄存器,最小测量单位 1mA。

3.2.6 其他传感器

除了上述介绍的距离传感器、姿态传感器和压力传感器等与机器人密切相关的传感器之外,机器人系统中还会使用其他各类传感器,主要包括如下几类。

1. 温度湿度传感器

机器人的电子设备在工作过程中会产生一定的热量,在使用外壳包裹的情况下热量会难以耗散,导致舱内温度过高或湿度过高,导致机器人稳定性下降等问题,因此必须要对机器人进行温度和湿度监控。

传统的温湿度监控往往采用热电偶的方式,但这种模拟电路需要大量的外围元件构成电路并输出模拟信号,占用了大量空间,稳定性也相对较差,而新型的数字传感器则可以在更小的体积、更简单的电路、更低的功耗下实现更简单的控制和测量。目前这一类集成的数字温湿度传感器类型较多,主要包括瑞士 Sensirion 的 SHT 系列产品、广州奥松电子的 DHT 和 AHT 系列产品等,部分产品的性能指标如表 3.9 所示。

表 3.9 常用温湿度传感器的基本参数

型　　号	SHT20	DHT11	AHT10	Si7021-A20
工作电压	2.1~3.6V	3.3~5.5V	1.8~3.6V	1.9~3.6V
工作电流	300μA	1mA	23μA	150μA
湿度分辨率	0.04%RH	1%RH	0.024%RH	0.025%RH
湿度精度误差	±3%RH	±5%RH	±2%RH	±2%RH
湿度迟滞	±1.0%RH	±0.3%RH	±1.0%RH	±1.0%RH
湿度非线性	<0.1%RH	—	<0.1%RH	—
湿度响应时间	8s τ63%	<6s τ63%	8s τ63%	—
湿度量程	0%~100%RH	5%~95%RH	0%~100%RH	0%~100%RH
温度分辨率	0.01℃	0.1℃	0.01℃	0.01℃
温度精度误差	±0.3℃	±2.0℃	±0.3℃	±0.3℃
温度迟滞	—	±0.3℃	±0.1℃	—
温度响应时间	5~30s τ63%	<10s τ63%	5~30s τ63%	—
温度量程	−40~125℃	−20~60℃	−40~85℃	−40~125℃
通信接口	I^2C	单总线	I^2C	I^2C

各传感器外观或安装有传感器的模块如图 3.28 所示。

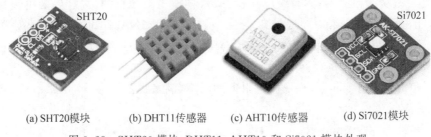

(a) SHT20 模块　　(b) DHT11 传感器　　(c) AHT10 传感器　　(d) Si7021 模块

图 3.28　SHT20 模块、DHT11、AHT10 和 Si7021 模块外观

2. 光照度传感器

传统的光照传感器有光敏二极管、光敏三极管和光敏电阻,以及新型集成式全数字光照传感器。传统光照传感器需要依靠外部模拟电路对信号进行放大等预处理后才能进行 AD 转换,转换为数字信号提供给微处理,该过程所构建的外部电路容易受到外界干扰、器件精度和温度漂移的影响,且体积较大。

集成式全数字光照传感器则可以有效减少或避免上述问题,以常见的数字式光照传感器 BH1750FVI 为例,该传感器支持 2.4~3.6V 的低压供电、消耗功率仅 260mW、体积仅 3.0mm×1.8mm×0.75mm,甚至小于普通光敏二极管的体积,传感器支持 I^2C 通信协议,测量量程 1~65 535lx,并可以抑制 50Hz 或 60Hz 的灯光频闪,支持两种精度和两种测量模式,在工作时也不需要额外元件辅助。

3. 气体传感器

气体传感器也可以分为模拟传感器和数字传感器两类。模拟传感器主要指常规的电化学传感器。电化学气体传感器(Electrochemical Gas Sensor)是把测量对象气体在电极处氧化或还原再测量电流,进而得到被测气体浓度的传感器,可测量的气体包括一氧化碳和二氧化碳等。这类传感器有两个或者两个以上与电解液接触的电极,电极由大表面积贵金属和多孔厌水膜组成,电极和电解液与周围空气接触,并由多孔膜监测,被监测气体通过多孔膜背面扩散入传感器的工作电极,在此气体会被氧化或还原,这种电化学反应引起流经外部线路的电流,电流经过放大和其他处理后对外输出,传感器之外的各类放大和处理电路都需要用户自行搭建和调试。

目前,国产电化学传感器主要有炜盛电子科技的 ME 系列传感器等,包括 MEu-2CO 一氧化碳气体传感器、MEu-H2S 硫化氢气体传感器、ME3-ETO 环氧乙烷传感器、ME3-CL2 氯气传感器和 ME3-HF 氟化氢传感器等。以 MEu-H2S 为例,该传感器满量程范围 0~100ppm、响应时间小于 15s,该传感器如图 3.29(a)所示。但与温湿度、光照和姿态等传感器不同,电化学类传感器会因为内部电解液的消耗导致传感器准确性降低或失效,因此这类传感器普遍会标注预期使用寿命和存储时间,如 MEu-H2S 在空气中的预期使用寿命只有 2 年,在原包装中的储存时间也少于 6 个月,而且在使用前还需要进行不少于 48h 的老化操作,这些问题都严重限制了电化学传感器的应用范围和有效工作时间。

数字气体传感器则是基于各类非消耗测量方法进行工作的,目前主要是各种光学测量方法。以攀藤科技公司生产的 DS-CO2-20 型二氧化碳传感器为例,该传感器的有效量程范围 0~3000ppm、分辨率可达 1ppm、平均无故障工作时间可达 3 年以上,使用时只需要供电,就可以从传感器的串行通信口直接接收测量结果,该传感器如图 3.29(b)所示。除二氧化碳传感器之外,该公司还生产了 PMSx00x 系列 PM2.5 传感器、HOCO 甲醛传感器和 PQTS 多合一气体传感器模组(颗粒物、二氧化碳、甲醛、VOC 和温湿度)等,其通信协议也以串行通信口或 I^2C 为主,可以方便地连接各类微处理器。

(a) MEu-H2S硫化氢气体传感器　　　(b) DS-CO2-20型二氧化碳传感器

图 3.29　MEu-H2S 硫化氢气体传感器和 DS-CO2-20 型二氧化碳传感器

4. 霍尔传感器

霍尔传感器是根据霍尔效应制作的一种磁场传感器,霍尔效应是磁电效应的一种,本质上是运动的带电粒子在磁场中受洛仑兹力作用引起的偏转,当带电粒子(电子或空穴)被约束在固体材料中时,这种偏转就会导致在垂直磁场的方向上产生正负电荷的聚积,从而形成附加的横向电场,该电场经过放大和检测等处理后作为霍尔传感器的输出。

基于霍尔效应所制成的传感器主要有霍尔电流传感器和霍尔开关两类,前述介绍的 ACS712 就是一种霍尔电流传感器。霍尔开关属于一种接近开关,当磁性物件移近霍尔开关时,开关检测面上的霍尔元件因产生霍尔效应而使开关内部电路状态发生变化,以识别附近有磁性物体存在,进而控制开关的通或断,霍尔开关的检测对象必须是磁性物体。与其他接近开关的输出类似,霍尔开关的输出也分为 NPN、PNP、常开型、常闭型、锁存型(双极性)和双信号输出等。

3.3　传感器的信息融合技术

信息融合概念始于 20 世纪 70 年代,源于军事领域的 C3I(Command、Control、Communication and Intelligence)系统的需求,中文称为多源相关技术或传感器信息融合技术。早在 1983 年,美国国防高级研究计划局(DARPA)就已经在战略计算机计划中将多传感器信息融合列为重大研究课题。次年,美国国防部(DOD)成立数据融合专家组,负责指导、组织并协调有关这一国防关键技术的系统研究,1988 年又将其列入国防部 22 项关键技术之一。英、日、德以及欧共体等国家也在同期开展了相关研究。我国在信息融合领域的研究起步较晚,该技术在 1991 年海湾战争之后才引起国内专家和有关单位的高度重视,一些高校和科研院所陆续对信息融合的理论、系统框架和融合算法开展了大量研究,但在工程领域仍有大量关键技术亟待解决。

随着研究的深入和技术的发展,传感器信息融合技术已经形成为一种信息综合处理技术,广泛地应用在机器人、智能检测、自动控制和智能医疗等诸多领域。该技术对于促进机器人技术的智能化发展、自主化进步有着重要的作用,是协调系统中多个传感器数据、消除传感器之间矛盾、弥补传感器部署不足、降低传感器数据不确定性、提升感知系统可靠性、获得系统感知一致性信息的重要技术,目前广泛地应用在导航、定位、环境识别等领域。

综上,多传感器信息融合技术(Multi-Sensor Information Fusion,MSIF)的定义如下:利用不同时间和空间的多个传感器的信息资源,采用计算机技术对信息在一定的准则下加以自动分析、综合、支配和使用,获得被测对象的一致性解释与描述,以完成所需的决策和估计任务,提升系统的感知性能。可见,传感器信息融合技术就像人的大脑综合处理信息的过程一样,将各种传感器进行多层次、多空间的信息互补和优化组合处理,最终产生对观测环境的一致性解释。在这个过程中要充分地利用多源数据进行合理支配与使用,而信息融合的最终目标则是基于各传感器获得的分离观测信息,通过对信息多级别、多方面组合导出更多有用信息。该过程不仅可以利用多个传感器相互协同操作的优势,而且也可以使用其他信息源的数据来提高整个传感器系统的智能化水平。

传感器信息融合技术主要涉及如下概念。

(1)硬件同步。使用同一种硬件同时发布触发采集命令,实现各传感器采集、测量的时间同步,做到多个传感器在同一时刻采集信息。

(2)时间同步。通过统一的主机给各个传感器提供基准时间,各传感器根据已经校准后的各自时间为各自独立采集的数据加上时间戳信息,可以做到所有传感器时间戳同步,但由于各个传感器各自采集周期依然相互独立,难以保证同一时刻采集相同的信息。

(3)空间同步。将不同传感器坐标系的测量值转换到同一个坐标系中,例如,LiDAR在高速移动的情况下需要考虑当前速度下的帧内位移校准问题。

按照传感器信息融合发生在信息传输过程中的位置,信息融合可以分为以下几种。

(1)源端融合。源端融合又称感知融合,指数据在采集阶段即进行判断和识别,形成融合后的数据再输出。源端融合处理方法简单、待融合数据量小,因此源端融合的数据必须是同质数据、针对同一个物理现象进行的检测。

(2)特征融合。特征融合又称中级融合,其融合的特点是对多传感器产生的数据进行特征提取,仅对兴趣特征进行融合处理。

(3)决策融合。决策融合又称高级融合,不同类型的传感器对同一目标进行观测,每个传感器自身完成基本处理之后,将数据交由决策层进行关联处理等其他处理,得出联合判断的结果。

可见,对多个传感器的信息实施综合处理,可以获得准确、全面的结果。与单个信源的单独处理相比,多传感器信息融合具有如下显著优点。

(1)提高系统的测量精度。对具有不同精度的多个独立的传感器采用合理的融合算法,能够显著地提高整个系统的测量精度。

(2)改进探测性能,提高可信度。多传感器信息经融合后,估计精度提高明显,使探测更加有效。同时,由于多传感器提供信息的冗余性,使传感器之间信息可以相互得到确认,从而提高了探测信息的可信度。

(3)增大系统的时间和空间范围。不同的传感器在不同时域、空域上的探测范围的互补性,经多传感器融合后能够扩大系统的时空覆盖范围。

(4)使系统对态势的感知及推断的能力得到增强,同时提升响应速度。将多源或多传感器的信息进行综合后，能够得到关于整个态势的更具体、更详细的知识，从而有助于做出更合理的推断和更及时的响应。

（5）增强系统的稳定性和可靠性，降低估计的不确定性。单传感器系统的稳定性一般较差，若该传感器出现故障将导致整个系统的性能降低或不能正常工作。而融合了多个信源的多传感器系统的稳定性，相比单传感器系统的要提高了很多。由于多源信息的冗余性，使得融合系统的故障容错的能力增强。另外，通过综合多传感器的信息，能够将一些没用的虚假的信息排除掉，从而降低了系统的不确定性。

（6）使系统成本大大降低。可以使用许多个低成本的传感器，而不是采用少数的几个高成本传感器，构建融合系统，采用合适的融合算法就可以获得更高品质的信息，从而使系统的成本得到减小。

3.3.1　信息融合的关键方法

信息融合技术的关键在于数据转换、数据相关性分析和融合计算等，其中，融合计算是多传感器信息融合的核心技术，包括对多传感器信息进行验证、分析、补充、取舍、修改和状态跟踪估计，对新产生的信息进行分析与综合，以及生成综合态势并实时根据多传感器信息进行新的融合计算，修正态势预测。可见，信息融合可以视为一定条件下信息空间的一种非线性推理过程，该过程的输入条件是多传感器的检测信息构成的信息 M，也是信息融合的数据空间，输出是决策空间的信息 N，因此，信息融合过程可以表述为

$$f: M \sim N \tag{3.6}$$

可见，信息融合过程中，主要涉及两个重要的方面：信息融合系统模型和信息融合系统算法，两者共同完成该推理过程。信息融合系统的模型设计最为重要，常见的模型有三种：结构模型、功能模型和数学模型。其中，结构模型采用信息流向，主要描述融合系统的工作方式以及它和外部之间的信息交互的过程。功能模型则主要是说明整个融合系统的功能，以及它所包含的一些子模块的重要功能，还有各子模块之间的相互关系等。融合系统中所使用的融合算法以及综合的判断过程则主要由数学模型来体现。

1. 结构模型

一般来说，数据融合的结构有两种分类方法。一种是按实现目标估计级融合（对其他级别的融合，目前还没公认的结构模型）时常采用的处理结构进行分类的，可分为集中式、分布式和混合式。

（1）集中式多传感器信息融合结构。这一融合结构直接对原始观测信息进行融合。它将各个传感器的信息送到融合处理中心，在融合中心完成数据的校验、关联以及预测跟踪，如图 3.30 所示为集中式融合结构。

该结构是理论上最好的融合方式，但在真实的应用环境中，属于同一个目标的观测信息不容易被区分，并且这种融合结构要求较大的存储空间，对融合处理器的要求也比较高，且系统的融合算法在中心融合处理器发生故障时就不能发挥作用了。因此这种融合方式的处理精度虽然较高，但其成本代价明显也高，并且融合系统的稳定度也差。

（2）分布式多传感器信息融合结构。这种融合结构比集中式结构增加了局部预处理功能，首先将每个传感器的观测信息先分别进行局部预处理，然后再在融合中心进行综合处理，从而完成全局的估计，其结构如图 3.31 所示。

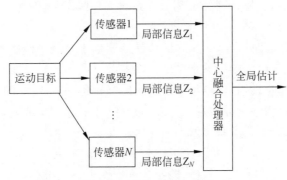

图 3.30　集中式融合结构

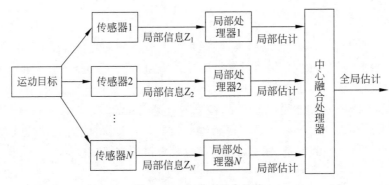

图 3.31　分布式融合结构

在分布式结构中，因有局部处理器对矢量数据进行了部分处理，故大大降低了融合中心的计算复杂度。这种融合结构具有能进行局部跟踪、系统开销小和稳定性好等特点，广泛应用于工程实践中。相比集中式结构，分布式结构减小了通信的压力。

（3）混合式多传感器信息融合结构。这种融合结构如图 3.32 所示，它兼具集中式结构和分布式结构的优点。这种融合结构不仅可以对传感器的原始数据进行融合，而且也能融合经过局部预处理后的矢量数据。其适应性强，可以根据需要有效地进行数据融合或矢量融合，稳定性也比较好。但信息处理复杂，需要较高的传输速率，且在通信和计算上付出的代价较大。

实际工程应用中，选择哪种结构还需综合考虑系统的性能需求、计算负载、通信带宽、设备性能及所需资金和耗时等因素。

另一类是依据融合处理层次的分类方法，可分为像素级、特征级和决策级。像素级融合，有时也称信号级或数据级融合，其抽象程度最低。像素级融合一般常用于集中式融合结构中，它是对传感器的原始数据直接进行融合。如果待融合的数据是来自不同类型的传感器，则在处理时先要进行数据的配准。像素级融合能确保数据的完整性和最有效的融合结果，但由于数据量巨大，在通信信道的使用和数据处理的复杂性上要求较高。

特征级融合是对特征向量进行融合并依据融合结果进行身份判定。其中的特征向量是对传感器的观测数据进行特征抽取得到的。特征级融合不仅可以应用于集中式结构，还可应用于分布式结构中。特征级融合的处理效率、通信信道要求、信息处理的复杂性和数据损

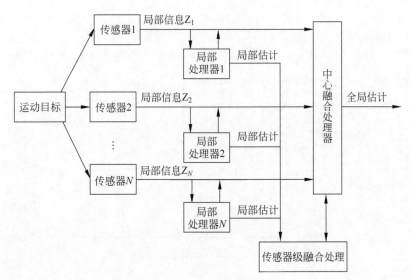

图 3.32　混合式融合结构

失介于三种级别融合的中间。

　　决策级融合是在判定级进行的融合,其融合对象是一些高级的推论及决策。这些高级的推论及决策是在对单个传感器分别进行单独处理后获得的。决策级融合在信息处理的复杂性、通信信道的使用上是最小的,但数据损失容易引起系统性能的降低。

2. 功能模型

　　多传感器信息融合系统的功能模型与实际应用有关。人们提出了多种信息融合的功能模型,如 JDL 及其修正模型、基于行为知识的信息融合模型、瀑布模型和混合模型等。为了获得和实际应用一致的模型,通常要对模型进行细化和修改。最受关注的就是 JDL 模型,最初的模型有 4 个模块,即对目标进行优化、对态势进行估计、对威胁进行估计和对过程的优化。随着信息融合技术的应用及其内涵的完善,JDL 模型几经修改,在 1992 年的修正版本中,第一次将对信息源进行预处理的模块引入其中,增加了信号检测及处理的功能。1999 年的版本(Steinberg 等推出的)在 1992 年版本的基础上将威胁估计修改为影响估计,从而使 JDL 模型不仅可以在军事领域应用,还可以扩宽到民用领域。同时在该版本中,出于对目标进行状态估计的需求,将对信息源的预处理修改为 0 级处理。2004 年,Bowman 提出修正版本,为了进一步明确信息融合的功能划分,同时尽量符合 JDL 模型的基本框架,提出一种推荐修正信息融合模型,该模型对各级别的融合功能从不同方面(如输入、输出数据类型、推理类型等)进行了区分。在该模型中,无须按融合级别顺序依次进行融合,任意级融合均可在满足自身输入条件下正常工作。

　　目前,随着信息融合技术的不断发展,其应用领域也越来越广泛,遇到的情况也越来越复杂。因此,完全依赖计算机进行的自动信息融合系统已不能满足当前信息融合形势的需求了。想要解决这些难题,必须借力人的智能活动和行为,故在多源信息融合功能模型中增加人的认知优化功能,已成为众多专家的共识。

　　目前,我国工程界普遍认可的模型框架是信息融合专家赵宗贵从军事应用角度对 JDL 的论述,并对其具体化后的如图 3.33 所示的结构。

机器人的传感器系统

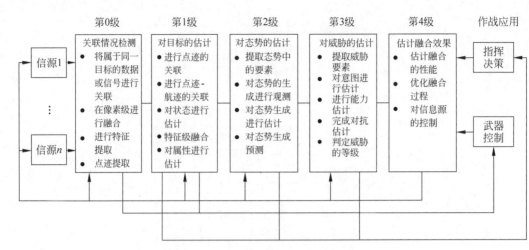

图 3.33　JDL 五级模型的军事应用实例

信息融合算法即信息融合的数学模型,模型中可能需要信号处理、概率统计、生物科学、控制理论、软件工程、信息论、计算智能等科学及相应的支持技术。针对信息融合需解决问题的复杂型和多样性,人们提出了许多信息融合的理论与方法。目前,关于信息融合的方法分类较多,按传感器类型可分为同类传感器信息融合和异类传感器信息融合;按对数据处理的方式可分为像素级融合、特征级融合和决策级融合。按技术原理可分为假设检验型、滤波跟踪型、聚类分析型、模式识别类型、人工智能型等信息融合。此外,大部分的数据融合及其研究目的多是基于 JDL 模型及其演化版本进行讨论的,这一类模型将数据融合分为两层:低级别处理层和高级别处理层。低级别处理层包括:直接数据处理、目标检测、分类与识别、目标跟踪等。高级别处理层包括:态势估计及对融合结果的进一步调整等。

在 JDL 模型及其演化版本中,第 1 级目标估计属于低级别处理层,通过这一层可以得到目标的航迹估计与目标识别信息,识别则包括从低到高的不同的层次,即检测、定位、分类和辨识。一般情况下,通过数据关联对传感器的输出进行融合,可获取感兴趣的物体、目标识别信息和目标位置估计及跟踪轨迹。且检测分类中所用融合算法不一定与航迹估计与预测中所用算法一样。由于目标估计级融合在多数融合系统均会涉及,因此本节将对第 1 级目标估计中的数据融合算法的分类进行简单介绍。

用于第 1 级目标估计中的数据融合算法可分为两类。第一类是用于检测、分类及识别的融合算法,如图 3.34 所示,这一类算法又可分为依据物理模型建立的算法、依赖于特征推理建立的算法和依据感知模型建立的算法。第二类是用于对状态进行估计与跟踪的数据融合算法。状态估计与跟踪算法的分类情况如图 3.35 所示,其目的是完成航迹与实测数据的关联处理。而关联部分的处理则主要包括:对数据的配准、将目标与数据关联起来以及对目标的位置、属性等给出相应的估计等。

此外,还可将信息融合的算法分为随机类及人工智能类这两类算法。其中,在各级融合中均可采用随机类融合方法,而一般情况下,则主要在较高层次融合中使用人工智能类方法。随机类融合算法包括:加权平均、Kalman 滤波、证据推理、产生式规则及贝叶斯推理等。两种算法的特征如下。

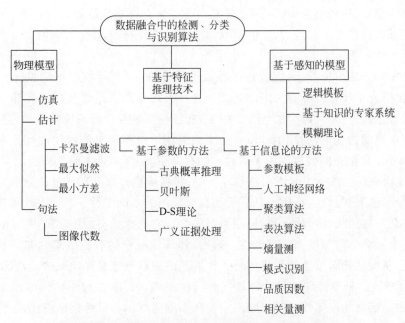

图 3.34　数据融合中常用的各种检测、分类、识别算法

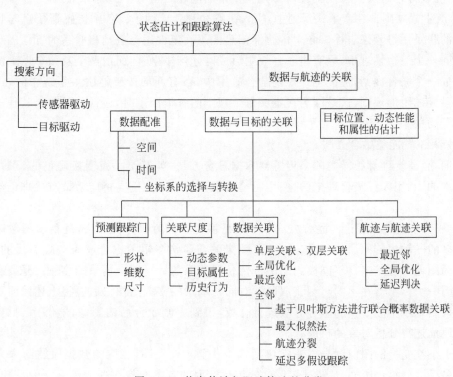

图 3.35　状态估计与跟踪算法的分类

（1）随机类融合方法。

① 加权平均法。通过对多个传感器提供的冗余信息进行加权平均，以获得融合的结果。冗余的原始信息既可以是来自同一传感器不同时刻的采样值，也可为同类冗余传感器

机器人的传感器系统

在同一时刻的信息,这种融合方法简单、直观。该方法直接对数据源进行操作,可以对传感器的原始动态数据进行实时处理,能够消除偶然误差,但调整和设定权系数需花费大量时间且具有一定的主观性。

② Kalman 滤波。Kalman 滤波是一种最优估计方法,它能够根据测量噪声的统计特性,递推给出融合结果在统计意义下的估计。这种方法常用在对多传感器实测的带有冗余信息的数据,直接进行实时融合的场合。通常,在线性系统且假设系统噪声和传感器的噪声均为高斯白噪声的情况下,利用 Kalman 滤波就能获得被测信号的最优估计。由于递推的原因,Kalman 滤波法在滤波过程中无需过多的存储空间,因此可实时处理。

③ 贝叶斯推理。该方法常用在静态环境中,对多传感器数据直接进行融合。在该方法中,用概率分布来表述信息,适用于具有可加高斯噪声的不确定性信息。方法中基于各个传感器得到与之对应的贝叶斯估计器,可用来对多个独立的传感器的关联概率分布进行合成,使其成为一个联合的后验概率分布函数。最后,计算该联合的后验概率分布函数的似然函数的极小值,从而达到对信息的最终融合。该方法的缺点是定义先验似然函数比较困难。

④ 证据推理。证据推理法是贝叶斯推理法的扩展。证据推理用信任区间来表述传感器信息,能表示信息的已知性、未知性、确定性和不确定性。与贝叶斯推理比较,该方法拥有较多优点,贝叶斯推理需已知先验概率,而证据推理法是一种对不确定情况下推理的强有力方法,它能较好地解决贝叶斯推理需要先验概率的问题。

⑤ 产生式规则。在产生式规则中,引入了符号和置信因子。各个传感器信息与目标特征之间的联系用符号来表述。各个传感器信息的不确定性用与规则相联系的置信因子来表示。在同一个逻辑推理中,只有当联合规则形成时才产生融合,而由两个及两个以上的规则才能构成一个联合规则,但产生式规则融合应用中,当有新的传感器引入系统时,还需增加一些对应的附加规则,这是因为在定义每个规则的置信因子时,还得兼顾它与其他规则的置信因子的关系。

(2) 人工智能类融合方法。

目前,有若干计算智能类的多传感器数据融合方法,如基于小波变换理论的、采用神经网络技术的、利用模糊集合理论的、使用粗糙集理论的以及应用支持向量机有关理论的融合方法等。

① 基于小波变换理论的融合方法。小波变换是一种时频分析方法,是目前图像融合中应用较多的一种多传感器信息融合方法。图像融合即将多幅图像合成为一幅图像的过程,这些多幅图像可能是来自不同模式的图像传感器获取的针对同一场景的多幅图像;还可能是来自同一个传感器在不同时刻获取的针对同一场景的多幅图像。通过将上述情况下的多幅图像采用基于小波变换的融合方法进行合成,得到一幅融合后的图像,能够达到更全面、更精确地描述待分析对象的目的。

基于小波变换的图像融合方法常包括三个步骤:首先,对获取的多幅原始图像分别进行小波多尺度分解;其次,对经过多尺度分解后获取的各幅图像在各个频率段的系数,依据一定的融合准则进行融合,获得融合后的各个频率段的系数;最后,经过小波重构获得融合结果图像。

② 基于模糊逻辑推理的方法。模糊逻辑是一种多值逻辑,它指定一个介于 $0 \sim 1$ 的实数来表示其隶属度,并将不确定性直接表示在模糊推理过程中。模糊逻辑不用依据数学模

型,可对一些模型未知或很难获得精确模型的复杂系统进行处理。

③ 基于神经网络技术的方法。神经网络法是通过模拟人的大脑的神经元之间相互连接和相互作用进行信息处理的方法。由于信息的不确定性,因此对其进行融合也是一个不确定性的推理过程。而神经网络就是根据特定的学习方法来获取知识的一种不确定性的推理机制,它根据样本的相似性来分类,并给不同的类赋予不同的权重。神经网络模型与信息融合模型有较大的相似,用神经网络模型进行信息融合有显著的优势。神经网络具有很强的容错性能,能够模拟复杂的映射,并且它的自学习、自组织及自适应的能力也很强。此外,强大的非线性处理能力及并行、高速的计算能力,使其能够符合利用多传感器信息进行融合的需求,同时还能容易地完成实时识别的任务。

实际应用中,常根据具体应用来确定所使用的方法,鉴于各种方法之间具有互补性,多传感器数据融合常常是组合两种及以上的方法进行。

3.3.2 惯性导航与自动驾驶

尽管前述内容已经介绍过,地面和空中的开阔地区可以使用 GNSS 系统进行定位和导航、水下可以使用长基线等水声系统进行定位和导航。但是这些设备仍属于基础设施系统,在工作过程中需要依赖其他设备的辅助才能工作,如轨道上运行的卫星、水底的声学信标阵列等,限制了系统的应用范围。

1. 惯性导航系统原理

惯性导航系统(Inertial Navigation System,INS)是一种不依赖于外部信息,也不向外部辐射能量的自主式导航系统。其工作环境不仅包括空中、地面,还可以在水下。其基本工作原理是以牛顿力学定律为基础,通过测量载体在惯性参考系的加速度,将其对时间进行积分,变换到导航坐标系中,就能够得到在导航坐标系中的速度、偏航角和位置等信息。

惯性导航系统属于推算导航方式,即从一已知点的位置根据连续测得的运动体航向角和速度推算出下一点的位置,因而可连续测出运动体的当前位置。陀螺仪和加速度计是惯性导航系统的核心传感器,被称为惯性测量单元或惯性传感器。陀螺仪用来形成一个导航坐标系,使加速度计的测量轴稳定在该坐标系中,并给出航向和姿态角;加速度计用来测量运动体的加速度,经过对时间的一次积分得到速度,速度再经过对时间的一次积分即可得到位移数据。

将导航体视为三维空间中的刚体,即导航体上每一个质点的运动状态相同,且运动状态可以分解为旋转与平移。因此,该过程可以使用导航体质心的运动状态代替整个导航体的运动。质心的空间位置可以用直角坐标系(x,y,z)来表示,对应着导航体的平移运动。导航体相对质心的旋转可以用广义欧拉角(ψ,θ,γ)来表示。其中,角坐标ψ,θ,γ是运载体以其质心为中心相对于导航坐标系的姿态角:ψ为航向角,围绕Z轴旋转,θ为俯仰角,围绕Y轴旋转,γ为翻滚角,围绕X轴旋转,通过旋转产生的三个自由度,及平移运动产生的三个自由度,可以唯一确定三维空间中刚体的运动状态。

由于导航体在旋转运动时产生的科里奥利效应,在解算载体相对静态导航系的速度和加速度时,必须考虑科里奥利力对运动产生的影响。科里奥利定理,也称科氏定理,指将导航体在静态导航系下的加速度,即导航系下的加速度由旋转及平移两方面的影响叠加而成,数学表达如式(3.7)所示。

机器人的传感器系统

$$\left(\frac{\mathrm{d}\vec{r}}{\mathrm{d}t}\right)_i = \left(\frac{\mathrm{d}\vec{r}}{\mathrm{d}t}\right)_e + (\vec{w}_{ie} \times \vec{r})_i = \vec{v}_{ep} + \vec{w}_{ie} \times \vec{r} \tag{3.7}$$

其中，$\left(\dfrac{\mathrm{d}\vec{r}}{\mathrm{d}t}\right)_i$ 为绝对速度，是在静参考系中的绝对运动，包括地球自转以及载体与相对于地球的运动，$\left(\dfrac{\mathrm{d}\vec{r}}{\mathrm{d}t}\right)_i = \vec{v}_{ep}$ 为载体相对于地球惯性坐标系的相对速度。

使用质心近似地代表整个导航体的运动，平台系的坐标原点就在导航体质心上。式(3.7)中，$\vec{v}_{ep}$ 是导航体的质心与地球系的相对速度，下标 ep 表示平台随体坐标系相对于地球坐标系 e 的运动，叉乘项则表示由旋转而引起的牵连运动，牵连运动是在惯性坐标系所观测到的运动，故此时地球自转则为牵连运动，下标 i 表示惯性系，$\vec{w}_{ie}$ 是地球相对于惯性系的转动角速率矢量。

通过陀螺仪、加速度计及科里奥利定理得到了导航体在三维空间中运动的加速度后，以加速度为出发点，根据运动学和动力学原理列出运动学方程，进而解算求得所需要的位姿、速度等信息。

对式(3.7)两边求导，有：

$$\left(\frac{\mathrm{d}_2\vec{r}}{\mathrm{d}t^2}\right)_i = \left(\frac{\mathrm{d}\vec{v}_{ep}}{\mathrm{d}t}\right)_i + \left(\frac{\mathrm{d}}{\mathrm{d}t}(\vec{w}_{ie} \times \vec{r})\right)_i \tag{3.8}$$

利用科里奥利定理，有：

$$\left(\frac{\mathrm{d}\vec{v}_{ep}}{\mathrm{d}t}\right)_i = \left(\frac{\mathrm{d}\vec{v}_{ep}}{\mathrm{d}t}\right)_e + \vec{w}_{ie} \times \vec{v}_{ep} \tag{3.9}$$

式中，$\left(\dfrac{\mathrm{d}\vec{v}_{ep}}{\mathrm{d}t}\right)_e$ 表示的是载体相对于地球的运动。相对运动会改变牵连运动的旋转半径。而由于旋转半径的变化，引起附加的加速度 $\vec{w}_{ie} \times \vec{v}_{ep}$，该项称为科里奥利项。式(3.8)中的 $\dfrac{\mathrm{d}}{\mathrm{d}t}(\vec{w}_{ie} \times \vec{r})$ 项，由于 $\vec{w}_{ie}$ 是常量，对其求导结果为零，因此由式(3.7)～式(3.9)推出载体相对于惯性坐标系的绝对加速度：

$$\left(\frac{\mathrm{d}^2\vec{r}}{\mathrm{d}t^2}\right)_i = \left(\frac{\mathrm{d}\vec{v}_{ep}}{\mathrm{d}t}\right)_e + \vec{w}_{ie} \times (\vec{w} \times \vec{r}) + 2\vec{w}_{ie} \times \vec{v}_{ep} \tag{3.10}$$

式(3.10)中左边表示载体相对于惯性系的绝对加速度，右端第一项是载体相对于地球系的相对加速度，右端第二项为牵连加速度，右端第三项为科氏加速度。由于惯性导航的计算都是在地理系(t 系)下进行，而式(3.10)中 $\left(\dfrac{\mathrm{d}\vec{v}_{ep}}{\mathrm{d}t}\right)_e$ 相对加速度是相对地心而言，不便于使用，需要将其转换到地理系下。在此处再使用一次科里奥利定理。则有：

$$\left(\frac{\mathrm{d}\vec{v}_{et}}{\mathrm{d}t}\right)_e = \left(\frac{\mathrm{d}\vec{v}_{et}}{\mathrm{d}t}\right)_t + \vec{w}_{et} \times \vec{v}_{et} \tag{3.11}$$

其中，将平台系 p 置换成了地理系 t。$\vec{w}_{et} = \vec{w}_{ep}$ 将式(3.11)和式(3.10)联合，将下标 p 替换为 t，整理后得到：

$$\left(\frac{\mathrm{d}^2\vec{r}}{\mathrm{d}t^2}\right)_i = \left(\frac{\mathrm{d}\vec{v}_{et}}{\mathrm{d}t}\right)_t + (2\vec{w}_{ie} + \vec{w}_{et}) \times \vec{v}_{et} + \vec{w}_{ie} \times (\vec{w}_{ie} \times \vec{r}) \tag{3.12}$$

由牛顿第二定律：

$$\vec{F} = m\vec{a}$$

$$\vec{a} = \left(\frac{\mathrm{d}^2\vec{r}}{\mathrm{d}t^2}\right)_i \qquad (3.13)$$

其中,m 为加速度计的质量,$\vec{F}$ 为作用在运载体的合外力,该合力可由传感器直接检测;加速度 $\vec{a}$ 可以表现为位置矢量 $\vec{r}$ 二次微分的形式。进而,位置矢量和速度则都可以通过初始条件及加速度积分而来。

导航体的绝对加速度由引力加速度 $\vec{g}_e$ 和非引力加速度 $\vec{f}$ 组成,有:

$$\left(\frac{\mathrm{d}^2\vec{r}}{\mathrm{d}t^2}\right)_i = \vec{f} + \vec{g}_e \qquad (3.14)$$

即

$$\vec{f} + \vec{g}_e = \left(\frac{\mathrm{d}\vec{v}_{et}}{\mathrm{d}t}\right)_t + (2\vec{w}_{ie} + \vec{w}_{et}) \times \vec{v}_{et} + \vec{w}_{ie} \times (\vec{w}_{ie} \times \vec{r}) \qquad (3.15)$$

令:

$$\vec{g} = \vec{g}_e - \vec{w}_{ie} \times (\vec{w}_{ie} \times \vec{r}) \qquad (3.16)$$

将式(3.16)代入式(3.15),则有:

$$\left(\frac{\mathrm{d}\vec{v}_{et}}{\mathrm{d}t}\right)_t = \vec{f} - (2\vec{w}_{ie} + \vec{w}_{et}) \times \vec{v}_{et} + \vec{g} \qquad (3.17)$$

式(3.17)被称为惯性导航的基本方程,适用于平台式惯导、捷联式惯导、车载、行人等任何惯性导航系统。

2. 无人驾驶技术中的姿态信息融合

由于涉及生命安全问题,自动驾驶技术对于感知有严格的要求:高速、高精度、高准确性和高可靠性,如自动驾驶技术对于汽车的位置和姿态的极高要求、对于汽车周围环境障碍物的快速检测要求等。

例如,自动驾驶汽车对位置和姿态的要求精度远远高于其他装置,汽车在行驶过程中,必须能实现车道级定位。除了精确地感知车辆的位置之外,还需要精确感知车辆在当前车道中的位置。目前常用的定位定姿传感器根据原理方法不同可以分为基于无线电信号、航位推算和环境特征匹配三类,与之对应且最具代表的传感器分别是 GNSS、惯性导航以及视觉/激光雷达,这也是目前移动测量平台、无人机、移动机器人、自动驾驶汽车的标准配置,如图 3.36 所示。

上述三类代表性的传感器具有很强的优势互补性。GNSS 建立起了一套全球范围内统一的时间和空间基准,所有的信息都将在同一个绝对的时空基准下进行交互融合,是唯一具备全球、全天候高精度绝对定位的系统。惯性导航系统通过感知刚体平动和转动,由加速度和角速度进行航位推算,获得载体丰富的导航信息,包括位置、速度、姿态、加速度、角速度等,因而可作为主滤波器融合任何其他定位定姿传感器的信息。它的优势是独立自主,不与外界发生联系,不受平台、环境的干扰影响,采样率高、故障率低,从而具备高可用、高可靠的优点。视觉传感器通过对环境特征信息的测量与匹配,可实现 INS 一样的航位推算,当有先验地图支持时,也可实现 GNSS 一样的绝对定位。它的缺点是探测距离短,而弱纹理、低光照、强曝光、运动模糊等因素会严重影响特征匹配,但它很少受环境遮挡干扰的影响,且误

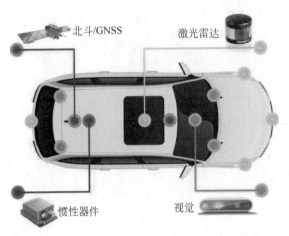

图 3.36　自动驾驶汽车的定位定姿传感器节点分布

差发散与行车距离呈线性关系,其性能介于 GNSS 和 INS 之间,是 GNSS/INS 组合系统的最佳补充。

　　视觉传感器通过感知、识别、跟踪周围环境的特征信息来实现自身载体位姿的估计,其硬件技术成熟度高、体积小、价格便宜,普遍集成于智能终端。并且还具有语义分割和场景理解,大范围建图等计算机视觉能力,具有广阔的应用前景和研究价值。

　　由于自动驾驶技术还在高速发展且该项技术尚未成熟,因此相关技术还在快速发展中,新技术、新方法、新器件和新数据不断诞生,使自动驾驶技术成为目前热门的技术领域,也使得数据的采集方式和融合方式不断更新,如激光雷达和视觉融合、高精度地图与 GNSS/INS 融合、多摄像头视频融合等,具体融合方式不在本书中介绍。

3.4　水下机器人的传感器系统

3.4.1　传感器系统组成

　　水下机器人的工作环境决定了其所使用的传感器类型与陆地设备有所不同。但从水下机器人的组成结构上看,水下机器人除了推进器和需要与水接触的传感器之外的电子部件都被包裹在防水耐压密封舱的内部,而舱内的环境与陆地环境几乎相同。因此,水下机器人常规使用的传感器主要包括温度湿度传感器等。水下机器人的大部分电子设备都安装在封闭的密封舱中,电子元件在工作过程中会产生一定的热量,在使用亚克力密封舱材料的情况下,热量会难以耗散,导致舱内温度过高、机器人稳定性下降的问题,若使用金属等导热性较好的密封舱,又可能导致密封舱内部结露问题,因此必须要对水下机器人密封舱内进行温度和湿度监控,必要的情况下还可通过热传导方式对环境水温监控。一般情况下,使用与陆地机器人相同或相近型号的传感器即可,温度湿度传感器的相关内容不再重复介绍。

　　除了温度湿度传感器之外,水下机器人中也可以用到 3.2 节中介绍的各类传感器,如电压传感器、电流传感器、图像传感器、地磁传感器、加速度计和陀螺仪等,甚至也可以安装 GNSS 系统或无线电台以便水下机器人在浮出水面时定位或通信。由于上述传感器与地面使用几乎无差异,因此相关内容不再重复介绍。

3.4.2　特殊应用传感器

在水中工作的特点给水下机器人提出了防水等其他的感知要求,因此水下机器人内部需要引入特定的传感器来实现感知要求,常规的包括漏水感知和深度感知两类。

（1）漏水传感器。水下机器人依靠防水密封舱保护内部的电子设备不受水的腐蚀,一旦防水密封舱发生漏水,水下机器人就必须要立刻上浮以阻止进一步损失。水下机器人的主要防水舱室一般都需要增加漏水检测功能（BlueROV2 和 OpenROV 的电池舱没有漏水检测）,并需要在舱底部和水密接口处安装漏水探针,漏水检测主板在检测到任意一个漏水探针的告警信号后,都会以电平的形式通知主控板。漏水传感器是水下机器人各密封部件的重要必备功能,其组成结构如图 3.37 所示。

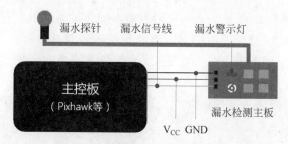

图 3.37　ROV 多探针漏水检测方案

（2）水深传感器。水深传感器是根据机器人所处位置的水压来测量机器人所处深度的,目前作业深度小于 300m 的水下机器人主要使用的水深压力传感器是 MS5837-30BA,该传感器量程为 0~30bar,工作深度为 0~300m,工作电压为 1.5~3.6V,最高分辨率可达 0.002m 水深,工作温度为 -20~85℃,使用 I^2C 通信接口,体积仅为 3.3mm×3.3mm× 2.75mm,可以安装在防水螺栓内部使用,如图 3.38 所示。

(a) 安装有 MS5837-30BA 的密封舱　　　(b) 安装有 MS5837-30BA 的防水螺栓

图 3.38　安装有 MS5837-30BA 的密封舱和防水螺栓

除了上述传感器外,水下机器人往往还要装备独立于密封舱之外的摄像机。观测级 ROV 的摄像头一般是通过在普通摄像头机芯基础之上增加密封舱和电路构成的,根据摄像头机芯的信号类型和接口可以分为模拟机芯、USB 数字机芯、网络数字机芯等。由于密封舱的防护,摄像头外观难以区分,在使用时必须要根据接口区分,如图 3.39 所示。

机器人的传感器系统

(a) 模拟信号摄像头　　　　(b) USB数字摄像头　　　　(c) 网络数字摄像头

图 3.39　难以分辨的模拟信号摄像头、USB数字摄像头和网络数字摄像头外观照片

3.4.3　声呐系统

　　声呐是利用声波进行探测、定位和通信的电子设备,可用来进行水下生物、潜艇和地形等水下目标检测,如图 3.40 所示。声呐分为主动声呐和被动声呐两种,主动声呐通过发射信号,并检测信号的回波,分析回波的时间等特征来还原目标;而被动声呐则只能监听信号,不能发送信号,目前的民用声呐主要是主动声呐。

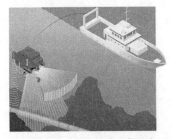

(a) ROV上携带的三种声呐的工作示意图　　　　(b) 三种声呐的城乡图像

图 3.40　ROV 携带声呐作业的示意图和声呐波束示意图

　　主动声呐根据扫描和成像方式还可以分为成像声呐、剖面声呐和侧扫声呐三种。

　　(1) 成像声呐,又被称为前扫声呐。成像声呐的波束成扇形,以浅角度(与水平面夹角较小)扫描表面,主要用于目视解译,能够根据前方目标的回波强度产生类似于视觉图像的声呐成像,适用于水下机器人的避障使用,因此成像声呐一般安装在水下机器人的前部。

　　图 3.41 分别是声呐图像、Tritech 公司的 Micron 成像声呐外观,该声呐主要用于 ROV 目标避碰、识别和 AUV 导航领域,该声呐的主要参数如表 3.10 所示。

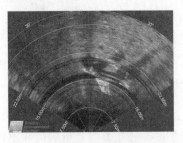

(a) 成像声呐图像　　　　(b) Micron成像声呐外观

图 3.41　成像声呐图像和 Micron 成像声呐外观

表 3.10　Tritech 公司的 Micron 成像声呐主要参数

工作频率	700kHz
波束宽度	垂直 35°,水平 3°
扫描扇区	可调,最高 360°
最大工作距离	75m
最小工作距离	0.3m
扫描分辨率	0.45°,0.9°,0.18°
供电	V_{DC}12～48
通信接口	RS232,RS485
控制方式	Tritech Seanet Pro,Micron 或命令行协议
接口类型	RS232/RS485
重量	324g(空气中)/180g(水中)

(2) 剖面声呐。狭窄的锥形波束以一个陡峭的角度(通常是垂直平面)扫描表面,根据表面的回波强度等信息还原出特定点的位置信息,经过计算机处理后可以还原出线信息和 3D 信息,剖面声呐一般用于探测 ROV/AUV 下方的地形特征。剖面声呐技术目前不仅可以用于测量水底表面的状况,还可以测量水底底层一定深度的信息,构成地层剖面仪。

图 3.42(a)是剖面声呐的表层探测的 3D 还原模型,图 3.42(b)是 StrataBoxTM 浅水地层勘查仪的设备图和测试结果图,可见浅水地层勘查仪不仅可以勘测到表面回波,还可以根据海底地层的回波进行地表以下的地况重建,该设备的基本参数如表 3.11 所示。

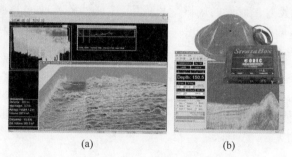

(a)　　　　　　　　　　(b)

图 3.42　剖面声呐图像、StrataBox 浅地层剖面仪

表 3.11　StrataBox 浅水地层勘查仪主要参数

探测范围	0～5m,0～10m,0～20m,0～40m,0～80m,0～150m
变换范围	0～150m 内 1m 增量
地层分辨率	40m 地层穿透,6cm 分辨率
发射频率	10kHz
供电	V_{DC}10～30,8W
通信接口	RS232,57.6kb/s
重量	0.9kg(空气中)

(3) 侧扫声呐。侧扫声呐主要用于探测物体和海底结构,通常是安装在拖鱼两侧的两个换能器发射和接收声波脉冲并将其数字化,从而获得海底图像。侧扫声呐能够呈现高度精细化的图像,不仅能显示物体的存在,同时还能反映物体的材质。侧扫声呐的工作示意图和声呐图像如图 3.43 所示。

机器人的传感器系统

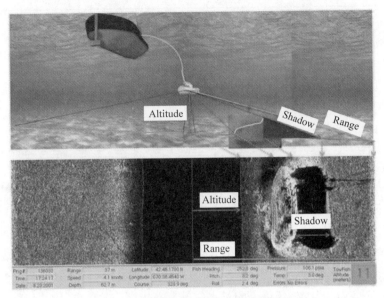

图 3.43　侧扫声呐扫描原理和声呐图像

侧扫声呐波束平面垂直于航行方向,沿航线方向束宽很窄,开角一般小于 2°,以保证有较高分辨率。垂直于航线方向束宽较宽,开角约为 20°~60°,以保证一定的扫描宽度。声呐工作时发射出的声波投射在海底的区域呈长条形,换能器阵接收来自照射区各点的反向散射信号,经放大、处理和记录后,还原出海底图像。侧扫声呐的工作频率,通常为数十 kHz 至数百 kHz,声脉冲持续时间小于 1ms,作用距离一般为 300~600m,拖曳体的工作航速为 3~6 节。

(4) 测深仪。测深仪可以理解为单波束的回声检测仪,用于在小型 ROV 上测量 ROV 距离海底的距离,其体积、重量和功耗等都远小于各类声呐。如 BlueROV2 可选搭载的 Ping Sonar,其参数如表 3.12 所示。

表 3.12　Ping Sonar 测深仪的主要参数

工作频率	115kHz
波束宽度	30°
最大测量深度	30m
波束直径	15cm@30m,1cm@2m
最大工作电压	V_{DC}5.5
工作电流	100mA
通信接口	TTL UART
重量	100g(空气中)/48g(水中)

尽管声呐可以为 ROV 提供更多的信息,但是声呐体积、重量和功耗等方面都超出了小型 ROV 的承载能力。而测深仪能够以简单的方式向 ROV 传递距离信息,也可以实现避障等功能。

小　　结

　　传感器是机器人系统获取外界状态和自身状态的重要途径,是机器人连接外部环境的重要接口,是机器人迈向自主化、智能化的基础。本章介绍了机器人中传感器的类型、部署原则以及温度、湿度、摄像头和激光雷达等的工作原理。针对单一传感器信息维度低等缺点,本章介绍了传感器的信息融合技术,并以惯性导航系统和自动驾驶汽车进行了举例说明。最后,本章介绍了一些水下设备特有的传感器系统。第 4 章将介绍接收传感器数据、控制传感器工作、处理传感器数据的各类信息处理系统。

习　　题

1. 机器人的传感器系统有哪些特殊要求?
2. 数字传感器系统通常由哪些部分组成?
3. 对比激光测距中,脉冲法、相位法和三角法的特性。
4. 激光雷达有哪些基本参数?
5. 水下机器人搭载的声呐有哪些种类?

机器人的传感器系统

第4章　机器人的微控制系统

　　微控制系统位于机器人控制功能的核心位置,一方面连接机器人的各类传感器,检测机器人的运行状态和外部环境状态,另一方面连接机器人的驱动和作业部件,执行对应的功能,以达到作业目的。此外,微控制系统还负责与外界的信息交互,实现接收作业指令和作业状态输出等功能。

　　本章将主要介绍与机器人平台相关的各类微控制器平台,包括由各类通过单片机、微处理器构成的可编程、高灵活度的开放平台和开发板平台,而以 PLC(Programmable Logic Controller,可编程逻辑控制器)为主的各类工业机器人控制系统不在介绍范围之内。

4.1　机器人微控制器平台

　　机器人底层控制系统一般以微处理器为核心,围绕各类电动机和各类传感器等外部件的功能需求,合理地安排和调用微处理器的处理资源、存储资源和硬件接口资源,尤其是外围功能模块资源,以高效稳定地实现通信、检测和控制的功能。

　　目前,主流的微处理器核心构架包括 MCS-51 及各种增强型 51 单片机、ATMEL 的 AVR 系列微处理器、ARM 的 ARM/Cortex 系列微处理器内核、TI 的 MSP430 系列超低功耗微处理器、Renesas 的 R7 系列处理器、NXP/Freescale 的 LPC 系列处理器等,这些处理器构架不同,应用范围也有所区别。本节仅针对最基础的 51 系列微处理器和在机器人领域应用较多的 AVR 和 Cortex 构架系列处理器进行介绍。

4.1.1　单片机系统

1. MCS-51 单片机

　　严格意义上讲,MCS-51 和各种增强型 51 从性能上很难划归为微处理器,而应被称为单片机,但是增强型 51 单片机的出现以及基于 51 构架的各种 SoC 的出现,模糊了其定位,本书暂将其称为 51 单片机。原始的 MCS-51 单片机的内部结构和引脚定义如图 4.1 所示,其内部包含处理器单元(CPU)、数据存储器(RAM)、程序存储器(ROM/EPROM/EEPROM/Flash)、通用输入输出端口(GPIO,P0、P1、P2 和 P3)、串行通信口(UART)、定时器(TIMER)、中断系统(INT)和特殊功能寄存器(SFR),所有功能通过片内单一总线连接,其基本模式类似于单一 CPU 外围扩展各个功能模块。

　　基本型 MCS-51 单片机包含一个 8 位的处理器单元,内部包括运算器和控制器两部分,并增加了面向控制所使用的功能,除了可以进行正常运算外,还可以进行位运算、状态检测和中断处理等;片内 RAM 大小仅 128B,片外最大可扩展到 64KB,用来存储程序运行的变

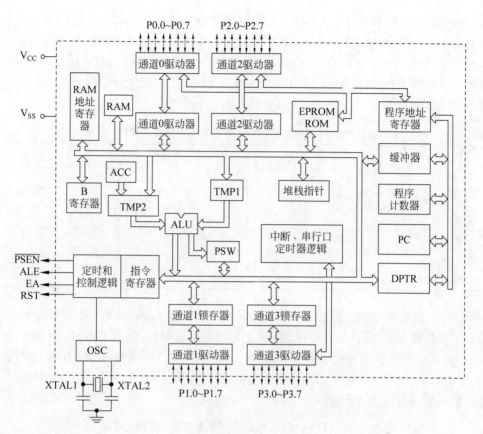

(a) MCS-51单片机内部结构

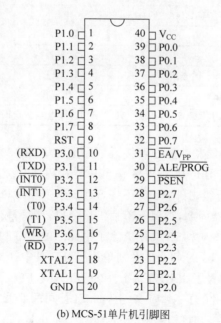

(b) MCS-51单片机引脚图

图4.1　MCS-51单片机内部结构和引脚图

量、数据和标志位等,其 ROM 大小为 4KB,用于存储用户编写的程序。MCS-51 单片机内部包括两个 16 位定时器,具有 4 种工作模式;具有 5 个中断源,2 个中断优先级,21 个特殊功能寄存器,1 个全双工串行通信口和 4 个 8 位通用输入输出端口。但目前基本型 MCS-51 单片机早已停产,目前可购买的、应用最广泛的、最接近于原始 MCS-51 的 51 单片机是我国 STC 公司研发的 STC89C51RC,其基本参数如表 4.1 所示。

表 4.1 STC89C51RC 增强型 51 单片机内部功能和性能一览表

特　　性	性 能 参 数	特　　性	性 能 参 数
CPU	8 位,40MHz	电压	3.3~5.5V
FLASH	4KB	RAM	512B
GPIO	32 个	定时器	3 个,16 位
外部中断	4 路	UART	1 个
工作电流	4~7mA	工作温度	−40~+85℃
其他功能	ISP/IAP、EEPROM、Watchdog		

MCS-51 系列单片经过了几十年的发展,一直进展缓慢,其性能逐渐被 MSP430、AVR 和瑞萨等单片机所超越,性价比也被 STM 系列微处理器打压,淡出了人们的视线。直到近年,STC 在 51 单片机上发力,陆续研发出一批性能强劲、功能丰富、性价比极高(如 STC8A8K64S4A12 参考价约￥10.00)的增强型 51 单片机。STC8 系列中 STC8A8K64S4A12 单片机的性能如表 4.2 所示。

表 4.2 STC8A8K64S4A12 内部主要功能和性能一览表

特　　性	性 能 参 数	特　　性	性 能 参 数
CPU	33MHz/24MHz/32kHz	电压	2.0~5.5V
FLASH	64KB	RAM	8KB
GPIO	59 个	定时器	5 个,16 位,PWM
中断	22 路,4 个优先级	UART	2 个
工作电流	<2.7mA	工作温度	−40~+85℃
其他功能	IAP、SPI、I^2C、Watchdog、ADC、PCA、掉电唤醒定时器等		

STC8 系列单片机的功能和性能已经接近了同期的 MSP430、AVR 和瑞萨单片机的水平,在内置晶振稳定性、宽工作电压、PWM 输出功能和程序升级方式等方面甚至超越了上述单片机。除了上述技术升级之外,STC 还将 STC8 系列单片机的指令周期从 MCS-51 的 12 机器周期升级到了单机器周期,近似于单片机指令执行效率较 MCS-51 提升了 12 倍。

基于 MCS-51 核心的增强型 51 单片机除了 Atmel 的 AT89S5x 系列和 STC 的 STC8 系列之外,还包括 Silicon Labs 的 C8051 系列单片机等。其中,C8051F36x 在 3.0~3.6V 电压下性能可达 100MIPS,内置了 32KB Flash、1280B RAM、10 位高速 ADC 和 DAC 等模块。此外,MCS-51 核心还被应用在了一些 SoC 上,如 TI 公司的 CC2530 Zigbee SoC,该 SoC 除了包括一个单机器周期为 32MHz 的 MCS-51 核心、256KB Flash、8KB RAM、定时器、串口、Watchdog、GPIO 等基本单片机功能外,还集成了 2.4GHz IEEE 802.15.4 的收发器且硬件支持 CSMA/CA,支持低功耗等 ZigBee 网络的特性。

尽管目前各增强型 51 单片机或基于 51 的 SoC 已经表现出强劲的性能和性价比,但在现代机器人上应用仍较少,也未见将其作为机器人主控的公开资料。

2. AVR 单片机

针对 MCS-51 所采用的复杂指令集(Complex Instruction Set Computer,CISC)存在着指令系统不等长、指令数目多、CPU 利用率低和执行速度慢的缺点,ATMEL 公司(已经被Microchip 收购)于 1997 年研发了一种采用精简指令集(Reduced Instruction Set Computer,RISC)的单片机,称为 AVR。RISC 相对于早期的 CISC,采用了流水线操作和等长指令体系,使得一条指令可以在一个单独操作中完成,大量使用寄存器之间的操作,简化了 CPU 处理器、控制器和其他功能单元的设计复杂度,这种优势使得 RISC 不仅应用在AVR 单片机上,还广泛应用在 ARM/Cortex 处理器上,特别是最新的 RISC-V 开源指令集,在字长、核心芯片和功耗等方面,更是实现了较大的进步,被企业广为重视。

AVR 单片机相较于 MCS-51 单片机,在内部结构上进行了重大的改进:程序存储器选用 Flash 介质,可以反复擦写万次以上(同期 51 单片机依然为 EPROM 或 EEPROM 存储介质),程序存储器位宽 16 位,RAM 可达 4KB,位宽 8 位;采用 CMOS 技术,具有高速、低功耗的特点;GPIO 带载能力强,输出电流可达 20mA、输入电流可达 40mA(MCS-51 仅具有小于 10mA 的输入电流,输出电流小于 1mA);带有预分频功能的 8 位和 16 位定时器,具有 PWM 输出功能;具有串行通信口 UART 和 SPI;具有多通道 10 位 ADC;内置时钟,内置 Watchdog,内置上电复位延迟;支持 ISP 和 IAP 程序下载,具有多种低功耗模式,支持2.7~6.0V 宽工作电压;内置 EEPROM 可用于保存系统参数等。综上可见,AVR 单片一诞生就站在了较高的起点上。

目前的 AVR 系列单片机主要以 8 位产品为主,包括 tinyAVR®、ATMega® 和 AVR®XMEGA 三个产品线,其中的 ATMega 在开源硬件和教育领域应用最为广泛,在 AVR 系列中也最具备性价比,尤其是其中的 ATmega328P 和 ATmega2560 两款单片机。两款单片机的性能如表 4.3 所示。

表 4.3　ATmega328P 和 ATmega2560 内部主要功能和性能一览表

单 片 机	ATmega328P	ATmega2560
CPU	支持 131 指令,20MIPS@20MHz	支持 135 指令,16MIPS@16MHz
FLASH	4KB/8KB/16KB/32KB	64KB/128KB/256KB
RAM	512B/1KB/2KB	8KB
EEPROM	256B/512B/1KB	4KB
定时器	2 个 8 位、1 个 16 位	2 个 8 位、4 个 16 位
PWM	6 路	4 路 8 位、12 路 2~16 位
ADC	6 路或 8 路,10 位	16 路,10 位
串行通信	UART、SPI、I^2C	2 个 UART、SPI、I^2C
GPIO	23	86
工作电压	1.8~5.5V	1.8~5.5V
工作温度	−40~+85℃	−40~+85℃
低功耗模式	Active:0.2mA@1.8V/1MHz Power-down:0.1μA@1.8V	Active:0.5mA@1.8V/1MHz Power-down:0.1μA@1.8V

机器人的微控制系统

3. Arduino 开源硬件

ATMega 系列处理器之所以在一些机器人系统中有所应用，主要得益于开源硬件的贡献，尤其是 Arduino 的 Arduino Uno 和 Arduino Mega 2560 两款早期开源智能硬件，占据了巨大的市场份额。与即将介绍的 STM32 微处理器相比，Arduino 开发简单，甚至可以通过 Scratch 图形化编程软件开展面向儿童的编程开发，且 Arduino 硬件接口简单、价格低廉，很适合进行低成本的学习和开发。

相对于其他微处理器系统，Arduino 具有明显优势：① IDE 跨平台性，可以在 Windows、Mac OS 和 Linux 上运行；② IDE 易用性，Arduino IDE 基于 Processing IDE 开发，极易掌握，Arduino 语言基于 wiring 语言开发，对硬件库进行了二次封装，无需太多的单片机基础和编程基础；③ 开放性，Arduino 的硬件原理图、电路图、IDE 软件和库文件是开源的，用户可以在开源协议范围内自行制作和修改；④ 低成本，Arduino 成本低廉，最基本的 UNO 市售价格仅在 20 元左右即可完成基本学习和开发。

在此基础上构建起来的庞大的 Arduino 生态圈已经成为微处理器控制系统领域的重要部分，包括 Arduino UNO 和 Arduino Mega 2560 等二十余种类型的核心板，网络、Wi-Fi、SD 卡和液晶屏幕等百余种扩展模块，使得 Arduino 相对于其他系统可以更简单地构建各类感知和识别、检测和控制系统。常见的 Arduino 系统板如表 4.4 所示。

表 4.4 常见 Arduino 系统板

	UNO	Mega2560	Leonardo	DUE	MKR WIFI
MCU 型号	ATmega328	ATmega2560	ATmega32u4	AT91SAM3X8E	SAMD21
时钟频率	16MHz	16MHz	16MHz	84MHz	48MHz
Flash	32KB	256KB	32KB	512KB	256KB
RAM	2KB	8KB	2.5KB	96KB	32KB
EEPROM	1KB	4KB	1KB	—	—
工作电压	5V	5V	5V	3.3V	5V
数字 I/O 口	14	54	20	54	8
模拟输入口	6	16	12	12	7
PWM 输出	6	15	7	12	12

1）Arduino UNO

目前最新的 UNO 版本是 R3，是 Arduino 最主流、最具有代表性的产品，也正是 UNO 的高性价比为 Arduino 带来了广阔的市场和发展前景。Arduino UNO 系统板功能与结构图如图 4.2 所示。

UNO R3 以 ATmega328 为核心，使用 ATmega16u2 作为 USB 串口转换控制器，具有 14 个数字 I/O 口、6 个模拟输入口，此外还支持 I^2C 接口。在数字 I/O 的带载能力方面，UNO 的每口最大输入输出电流可达 40mA，但实际使用中应控制在 20mA 以下，并控制所有的输入输出电流值总和不超过 150mA。在供电方式上，UNO 支持 USB 供电、板载电源插针 5V 供电和 DC5.5 插座 7～20V 供电三种方式。

2）Arduino Mega2560

Mega2560 较 UNO 提供了更加丰富的接口资源，在电源与调试接口一侧以及基本接口

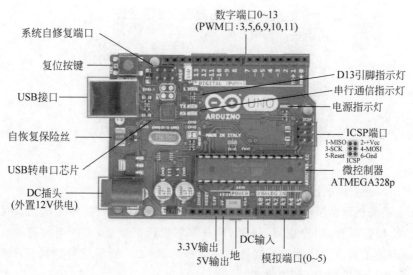

图 4.2　Arduino UNO 系统板功能与结构图

方面保持了与 UNO 的一致,可以方便地从 UNO 升级到 Mega2560。资源方面,Mega2560 除了提供更大的 Flash 和 RAM 空间外,还提供更多的模拟输入、数字 I/O 和 SPI。Mega2560 系统板的功能与结构图如图 4.3 所示。

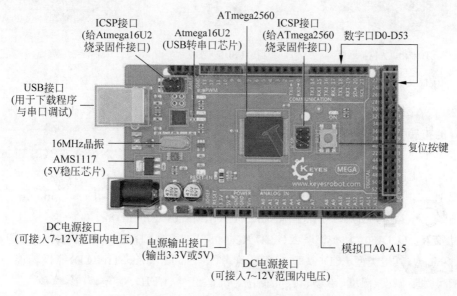

图 4.3　Arduino Mega2560 系统板功能与结构图

3) Arduino DUE

DUE 基于 AT91SAM3X8E 微处理器,也是第一个基于 32 位 Cortex-M 核心的系统板,外观大小与 Mega2560 相近,提供了更大的 Flash 和 RAM,还提供了 54 个数字 I/O,12 个模拟输入、12 个 PWM 输出和 UART、DAC 等更加丰富的功能。最主要的是,DUE 相对于其他系统板,频率高达 84MHz,提升了系统性能。DUE 的外观如图 4.4 所示。

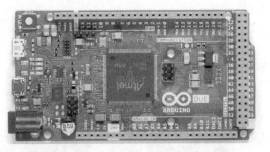

图 4.4　Arduino DUE 系统板正面外观图

4) Arduino 各类扩展板

Arduino 系统板预留了较为丰富的扩展接口,可以方便地扩展各类功能。目前在售的扩展板已经达到数百种,用户也可以根据自身需求设计扩展板,在供电和资源允许的条件下,Arduino 理论上可以无限制地扩展各种功能板,如图 4.5 所示的分别是 TF 卡与以太网口扩展板、USB 扩展板和 Wi-Fi 扩展板。

(a) TF卡和以太网扩展板　　　　(b) USB扩展板　　　　(c) Wi-Fi扩展板

图 4.5　Arduino 各类扩展板

相对于 Arduino 官方有限的扩展板,国内外各厂商进行了诸多研发和设计,目前Arduino 的扩展板主要有以下几类功能。

通信接口:RS232(RS232 Shield)、RS485(RS485 Shield)、CAN(CAN-BUS Shield)或LIN(CAN & LIN Shield Kit)等常用通信接口,以太网(W5100、W5200、EN28J60)等。

无线通信:Wi-Fi(ESP8266、ESP32)、ZigBee(ZigBee/802.15.4 Development Tools)、Lora(LoRa Shield-868M)、GSM/GPRS/3G/4G(SIM800C Shield)等。

人机交互:LCD1602 和按键输入(LCD Keypad Shield)、LCD12864 和摇杆输入(LCD12864 Joystick Shield),其他类型 LCD(LCD ARDUINO 4.3 Shield,Nokia5110LCD)等。

感知识别:温度、湿度、磁场、转动、循迹、光强、红外、RFID、烟雾、声音等。

执行机构:继电器(Relay Shield)、直流电动机(Motor Shield)等。

定位:GPS 定位(GPS Shield)等。

特殊用途:Blackmagic 3G-SDI Arduino Shield 850、DMX 等。

5) Arduino 的软件开发

Arduino IDE 具有 Keil 和 IAR 等平台所不具备的跨平台优势,可以在 Windows、Mac OS 和 Linux 系统上运行,最大限度扩展了用户群体。Arduino IDE 界面友好、语法简单,由Java、Processing、AVR-GCC 等开源软件编写而成,其主界面如图 4.6 所示。

图中标号①~⑪的功能定义如下。

标号①为校验功能：编译并提交代码，用于检查代码中的语法错误。

标号②为上传烧写功能：编译后的程序上传到目标板，上传成功后开始执行。

标号③为新建工程功能：新建一个代码源文件。

标号④为打开工程功能：打开工程。

标号⑤为保存工程功能：保存工程。

标号⑥为串口监控功能：用于监控所有通过目标板串口的数据。

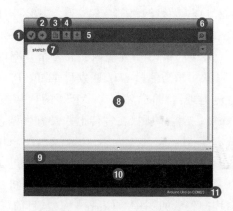

图 4.6　Arduino IDE 主界面

标号⑦为当前工程名：当前工程的命名。

标号⑧为程序代码区：用于查看和编辑代码。

标号⑨为信息显示区：显示当前工程时有错误信息等。

标号⑩为文本终端区：显示 IDE 输出的调试信息和错误信息。

标号⑪为开发板和串口信息：显示当前开发板类型和所使用的串口（USB 转串口）。

Arduino IDE 附带了大量示例，可以用于参考、学习和测试系统板，以最基本的 Blink 为例，从菜单栏中打开文件→示例→01Basic→Blink，该程序的功能是控制 LED 的状态在亮灭之间每秒改变一次。具体的 Arduino 的函数功能和程序功能不再详细介绍，用户可自行查阅互联网资料。

4. STM32(ARM)微控制器系统

之所以并没有将 ARM/Cortex 直接描述成微处理器的名称，主要是由于目前 ARM 公司并不亲自生产基于 ARM/Cortex 构架的微处理器，而是将设计出的 ARM/Cortex 核心以不同级别的技术授权给各个设计开发厂商，分为架构授权、内核授权以及使用授权三个级别。在不同的授权级别上，厂商也研发和生产了不同级别、不同性能的微处理器。近年来，几款典型的 ARM 微处理器的特性如下。

(1) 苹果 A 系列处理器。2019 年，苹果公司发布了该公司当时最先进的 A 系列处理器 A12X，该处理器代表了当时 ARM 架构的最高性能，其性能甚至接近了标准电压版的 Intel i7 处理器。处理器中集成了 CPU、GPU(图形处理单元)、NPU(神经处理单元)、IMC(集成内存控制器)、ISP(图像信号处理器)、SEP(安全区域处理器)和显示引擎、存储控制器、HEVC 解码和编码器等功能部件。其中，GPU 为苹果自研 7 核图形处理单元，用于处理 2D 和 3D 图像，NPU 为苹果自研的神经处理单元，用于加速在设备本地执行的机器学习等相关任务，包括 FaceID 和 TrueDepth 传感器阵列面部识别、语音处理和增强现实等，但 A12X 的 CPU 部分仍基于 ARM 公司的架构授权完成，并重新设计了 Cortex 构架，采用当时最先进的 7nm 制程，包括 4 个性能内核和 4 个效率内核的设计形式，使其性能大幅度提升，甚至可以在 iPad Pro 上运行完整版的 Photoshop CC 等大型软件。

(2) 高通骁龙 855 等处理器。高通公司与苹果公司同时获得了 ARM 公司的架构授权，并开发了骁龙系列微处理器。其最新版本骁龙 855 也针对智能手机进行了一系列的设计开发，集成了 GPU、ISP 等功能，并针对手机的特性增加了对 LTE、5G 网络和 802.11ax、

802.11ay 无线网络的支持。与 A12X 不同,骁龙 855 采用了 ARM 的 BoC(Built on ARM Cortex Technology)授权模式,其 Kyro 485 CPU 部分是基于 Cortex A76 优化定制的,包括 1 个超级内核、3 个性能内核和 4 个效率内核。

（3）华为麒麟 980、联发科 Helio P90、三星 Exynos 9820。三款处理器均为手机领域的主流处理器,同样采用了 ARM 的内核授权模式(华为为架构授权,但麒麟 980 仍为公版 Cortex 架构),所以在宣传上并没有强调自己的 CPU 类型,而是直接说明其 CPU 所采用的核心类型:麒麟 980 为 Cortex-A76,Helio P90 和 Exynos 9820 分别为 Cortex-A75 和 Cortex-A55,三家厂商仅可以在内核的基础上扩展自己的各种功能,如通信、AI 和 GPU 等。

除了上述用于平板电脑和智能手机的高性能处理器外,ARM 还大量内核授权了将面向控制领域的 ARM/Cortex 构架,目前以 Cortex-M 系列为主,众多传统的单片机厂商在此基础之上研发了一系列低功耗且高性能的微处理器产品,大有替代传统单片机内核的趋势,并且已经得到了广泛的应用,包括 NXP 的 LPC5500 和 LPC54000 系列、Atmel 的 ATSAM 系列,目前国内教育领域和产品开发等领域应用最广泛的当属 STMicroelectronics 的 STM 系列微处理器。

STMicroelectronics 的 STM 系列微处理器包括了 8 位 STM8 系列、32 位的 STM32F、STM32L 和 STM32W 系列等,其产品线构成如图 4.7 所示。

图 4.7　STM32 产品线组成

目前在各类机器人底层经常使用的是 STM32F 系列中的 STM32F1xx、STM32F4xx 和 STM32F7xx 三款,表 4.5 中列出了教育领域应用较多的两款基本型 LQFP144 封装的处理器 STM32F103ZET6 和 STM32F407ZGT6 的基本信息。

表 4.5　STM32F103ZET6 和 STM32F407ZGT6 内部主要功能和性能一览表

微　处　理　器	STM32F103ZET6	STM32F407ZGT6
CPU	32 位 Cortex-M3 核心 72MHz,有 FPU	32 位 Cortex-M4 核心 168MHz,有 FPU
Flash	512KB	1024KB
RAM	64KB	192KB
定时器	4 个 16 位+2 个 16 位	12 个 16 位、2 个 32 位
PWM	4 个 16 位+2 个 12 位	12 个 16 位、2 个 32 位
看门狗	2 个	2 个
RTC	1 个	1 个
ADC	3 路 12 位	3 路,12 位
DAC	2 路 12 位	2 路,2 位
串行通信	5×USART、3×SPI、2×I^{2}C USB、CAN、2×I^{2}S、SDIO	4×USART、3×SPI、3×I^{2}C 2×USB、2×CAN、2×I^{2}S、SDIO
GPIO	112	114
工作电压	2.0~3.6V	1.7~3.6V

除表中列出的特性之外,STM32F 系列还支持 CRC 计算、产品唯一身份标识、5V GPIO 输入、POR/PDR/PVD、多种低功耗模式,部分处理器还内置了以太网 PHY、USB OTG 等常规单片机上极少出现的功能,复杂度远非 MCS-51 可比,大大提升了其性价比。在低功耗方面,业界传统认为是 TI 公司的 MSP430 系列单片机的天下,但 STM32 也在一定程度上实现了接近 MSP430 的水平,其 Stop Mode 可低至 $14\mu A$,Standby Mode 可低至 $2\mu A$(需要注意,STM32 与 MSP430 的低功耗级别定义不完全相同)。

在程序的调试方面,STM32 系列微处理器可以使用常见的 ARM 调试器进行在线调试,尤其是可以使用支持 USB 接口 ST-Link,大大降低了程序开发的难度。除此之外,STMicroelectronics 更重视中国市场,与国内高校建立了大量的联合实验室,以推广产品和培养人才,同时降低同类产品的销售价格。而 STM32 系列微处理器尤其在芯片的中文资料和示例程序等方面更是远远优于竞品公司,吸引了大量学生群体在学习和竞赛中使用 STM32,也使得 STM32 微处理器和各类开发板、调试器、下载器和配件等迅速占领了网络销售市场,收获了大量市场。部分开发板介绍如下。

(1) 某型 STM32F103C8T6 最小系统板。STM32F103C8T6 使用 LQFP48 封装,最高主频 72MHz、内部集成了 64KB Flash、20KB SRAM、2 个 12 位 ADC、3 个定时器(TIM1、TIM2 和 TIM3)以及 USART、I^{2}C、SPI 和 USB 2.0 等丰富的接口和功能。但其正常工作和连接外部设备仍需要必要外部元件配合,该 STM32F103C8T6 最小系统板为微处理器配备了 8MHz 高频晶振、32768Hz RTC 晶振、SWD 调试接口、BOOT 选择跳线、复位按键、LDO、MicroUSB 接口和 GPIO 的外部插针,可以方便使用杜邦线连接外部电路,并支持 USB 供电,且电路板尺寸与 51 系列常用的 PDIP40 封装相近,适合在小型设备中使用。但系统板未配置显示屏幕和按键,难以完成用户交互功能,如图 4.8 所示。

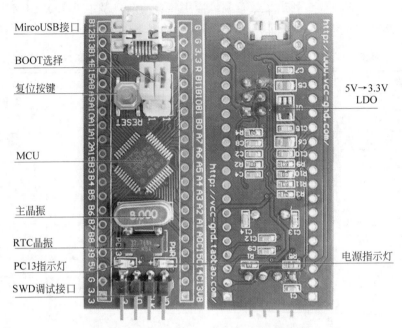

图 4.8　某 STM32F103C8T6 最小系统板功能

（2）某型 STM32F107RCT6 最小系统板。STM32F107RCT6 是 STMicroelectronics 目前较新的 STM32F1 系列微处理器,F107 相对于 F103 主要提升了存储密度,Flash 和 RAM 分别提升到了 256KB 和 64KB,并支持 USB OTG FS 和以太网,如图 4.9 所示。

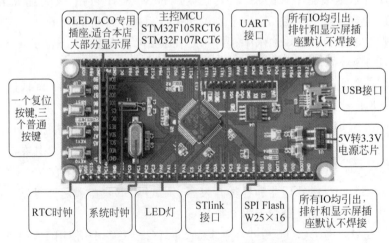

图 4.9　某 STM32F107RCT6 最小系统板

该最小系统板提供了更多的 GPIO 引出,同时也支持了 LCD 液晶显示屏幕、外置了一个 1MB 的 Flash 存储器可用于存储用户数据,增加了三个功能按键,可以配合屏幕实现简单的参数观察和设置等人机交互功能。

（3）STM32F4DISCOVERY。该评估板全称为 STM32F4DISCOVERY Embedded ST-LINK/V2 STM32 Evaluation Development Board,是 STMicroelectronics 推出的一系

列评估板之一,其板载资源通常较少,但集成了 ST-LINK,用户在使用时无须再外接。此外,该板搭载了 3 轴加速度传感器、数字麦克风和集成耳机等功能,如图 4.10 所示。

图 4.10 STM32F4DISCOVERY 评估板

本书的后续章节除特殊说明外,将默认以结构相对简单的 STM32F103ZET6 为蓝本介绍芯片的内部结构、外围扩展电路、示例代码等内容。

4.1.2 树莓派微处理器系统

树莓派(Raspberry Pi)定位为廉价 PC,能够提供比 Arduino 更高的运算性能、存储性能、通信性能和显示性能,也能够运行比 Arduino 更友好、更强大的操作系统,但严格地讲,树莓派内部的微处理器仍属于 ARM/Cortex 系列。截至 2020 年年末,树莓派已经发展到了第四代,并且主要包括 Compute Module 4 和 4B 两款产品,两款产品的主要参数如表 4.6 所示,外观如图 4.11 所示。

表 4.6 树莓派 Compute Module 4 和 4B 系统板主要参数

	Compute Module 4	**Raspberry Pi4 Model B**
CPU 型号	BCM2711	BCM2711
CPU 频率	1.5GHz/64 位/4 核	1.5GHz/64 位/4 核
RAM	1GB/2GB/4GB/8GB LPDDR4	2GB/4GB/8GB LPDDR4
Flash	0/8/16/32GB eMMC	外插 SD 卡
Wi-Fi	2.4/5GHz 802.11b/g/n/ac	2.4/5GHz 802.11b/g/n/ac
蓝牙	5.0BLE	5.0BLE
网口	—	Gigabit Ethernet,PoE
HDMI	—	2×micro-HDMI 4K60
USB	—	2×USB 2.0,2×USB 3.0

此外,树莓派 4B 型系列还支持 CSI 摄像头接口和 40 针外扩接口,并采用 $5V_{DC}$ 供电,支持 USB Type-C 供电。

树莓派通常采用 Linux 操作系统,支持通过使用 NOOBS(New Out Of Box Software)快速在树莓派系统板上部署 Raspbian 操作系统,此外,树莓派还支持运行 Ubuntu MATE、Snappy Ubuntu Core、OSMC、Windows 10 IoT Core、LibreELEC、PiNet、RISC OS 等多种操作系统。对于未部署操作系统的树莓派系统板,应先通过 NOOBS 等方式向 SD 卡中安

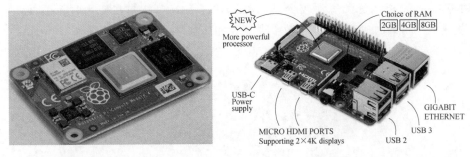

(a) 树莓派Compute Module 4　　　　　(b) 树莓派4B系统板外观

图 4.11　树莓派 Compute Module 4 和 4B 系统板外观

装系统,NOOBS 的基本操作步骤如下。

(1) 将不小于 8GB 容量的 MicroSD 卡格式化为 FAT 文件系统格式,如果卡容量超过 32GB 则应划分多个分区。

(2) 下载并解压缩 NOOBS。

(3) 将解压缩的文件直接复制到卡的根目录下。

(4) 将 MicroSD 卡插到树莓派卡槽中,系统会自动调整恢复分区至最小,并在屏幕上显示可以选择安装的各个操作系统,其安装过程如图 4.12 所示,详细的安装步骤可以参考网络的相关资料。

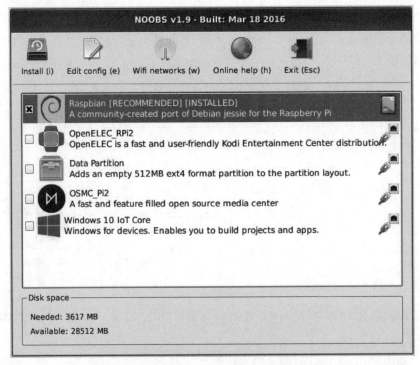

图 4.12　通过 NOOBS 安装和配置系统的过程

Raspbian 作为一种 Linux 发行版本,也包括 kernel 和 filesystem 两个主要部分:内核部分决定了系统的主要功能和性能,Raspbian 内核与 Linux 内核同步更新,用户可以通过

rpi-update 命令下载最新的内核版本并替换现有的内核,该命令下载的内核版本可能是 unstable 或 testing 内核,替换现有内核可能会导致系统功能丧失甚至系统崩溃,应谨慎升级系统内核,此外,用户也可以通过自行编译内核的方式升级系统内核。其文件系统继承了标准的 Linux 文件系统特性,包括 bin、boot、dev、etc、root 和 proc 等目录,其功能与其他 Linux 发行版本类似,由于 Raspbian 默认用户为 pi,因此用户的桌面和文档等都默认保存在/home/pi 目录下。使用 Raspbian 时,用户需要具备以下基础。

(1) 基本操作命令。Linux 基本操作命令包括:列出目录内容命令 ls、更改当前目录命令 cd、列出当前所在目录名命令 pwd、创建目录命令 mkdir、删除空目录命令 rmdir、删除文件和目录命令 rm、复制文件和目录命令 cp、移动文件和目录命令 mv、设置时间戳或创建文件命令 touch、列印文件内容命令 cat、列印文件头内容命令 head、列印文件尾内容命令 tail、更改文件和目录权限命令 chmod、更改文件和目录所有者和所属组命令 chown、远程加密连接命令 ssh、远程加密传输文件命令 scp、越权执行命令 sudo,此外还包括 dd、df、unzip、tar、pipes、tree、wget、curl、man、grep、awk、find、whereis、ping、ifconfig、nslookup 等。

(2) 文本编辑软件。包括基于命令行的编辑器 nano、vi/vim、emacs,基于图形界面的编辑器 leafpad、idle、gvim 等。

(3) 用户管理命令。Raspbian 的默认用户名为 pi、默认密码为 raspberry,命令方面包括创建用户命令 adduser、修改密码命令 passwd、删除用户命令 userdel 等。

(4) 脚本。系统支持基本的 Shell 脚本,用户也可以通过软件使系统支持 Python 脚本、Perl 脚本等。

(5) 计划任务。主要是计划任务命令 crontab,计划任务文件/etc/crontab。

(6) 用户配置文件。主要是保存在各个用户文件夹下的. bashrc 文件。

(7) 自定义服务。主要是将服务配置文件保存在/etc/systemd/system/,并使用 systemctl 命令控制服务的使能 systemctl enable、服务的启动 systemctl start 和服务的停止 systemctl stop。

(8) 自启动脚本。主要是配置系统的自动脚本文件/etc/rc. local。

此外,还应该具有系统软件管理和编程能力,主要是使用 apt 工具更新软件源列表包、搜索软件、安装软件、移除软件和更新软件。而且在使用树莓派系统时,还应该具备 Python 开发能力。

4.2 微控制器的控制接口

Arduino 的开发较为简单,可以直接调用丰富的各类函数库,树莓派的开发基于 Linux 实现,同样有各类丰富的函数库可供调用,提升了开发效率,但难以从底层解释微控制器的基本使用方法。因此,本节将基于 STM32 微处理器简要介绍相关基础电路、通信接口和控制接口。

4.2.1 时钟与复位系统

1. 晶振与时钟系统

晶体振荡器(简称晶振)是一种较为通用的用于在电路中产生振荡频率的器件,常见的晶振由石英片封装制成,并且具有多种封装形式。晶振一般具有一定的振荡频率,如图 4.13 所示,四款晶振标示正常的振荡频率分别为 11.059 200MHz、11.0592MHz、32.768kHz 和 156.26MHz。但晶振在工作的过程中,会因为温度、电压和老化等问题造成振荡频率的误差(称为频差),单位为 ppm(part per million,百万分率),如标称频率 10MHz 的晶振频差为 10Hz 时,即为 1ppm。晶振可以分为有源晶振和无源晶振两种,在一般民用的电气设备中,通常使用无源晶振。除了晶振之外,还有一类陶瓷振荡器也是常见的产生振荡频率的器件,其性价比较高、容易起振,但其频率稳定性远低于晶振。

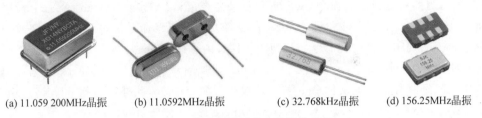

(a) 11.059 200MHz晶振   (b) 11.0592MHz晶振   (c) 32.768kHz晶振   (d) 156.25MHz晶振

图 4.13   微处理器系统中常见的晶振

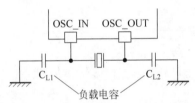

图 4.14   HSE 时钟的外部晶振电路

图 4.14 是 STM32 的 HSE(High-Speed External) 时钟的外部晶振电路,除了晶振之外,还连接了两个负载电容 CL1 和 CL2。晶振的负载电容值是指在电路中跨接晶体两端的总的外界有效电容,与晶振构成振荡电路。晶振的电路频率主要是由晶振自身决定,负载电容只能对频率起到微调作用,但负载电容值越小,振荡电路的振幅就越高。通常,在兆赫晶振电路中常用的负载电容为 6~30pF,千赫晶振电路中常用的负载电容在 6pF 以下,或者不使用负载电容,更详细的关于负载电容的选择可以参考技术文档 *AN2867 Oscillator design guide for STM8AF/AL/S and STM32 microcontrollers*。

图 4.15 是 STM32F103 内部时钟的部分组成结构,时钟系统在 STM32 中隶属于 RCC (Reset and Clock Control)功能,可以看出共有以下 4 个可以选择的时钟源。

(1) HSE(High-Speed External,高速外部时钟源),用于连接外部晶振或直接输入对应频率的信号,STM32 的常见电路中通常连接 8MHz 的晶振。HSE 经过 1 分频和 PLL 9 倍频后最高可达 72MHz,可以被选择作为系统时钟 SYSCLK 供给后续的各个功能模块使用,也可以经过分频后分别作为 USB OTG 时钟或 RTC 时钟。

(2) HSI(High-Speed Internal,高速内部时钟源),由内部的 RC 振荡器产生的一个 8MHz 的频率,可以直接被选择作为系统时钟 SYSCLK 供给后续的各个功能模块使用。

(3) LSE(Low-Speed External,低速外部时钟源),一般连接外部 32.768kHz 的时钟晶振,用于为 STM32 内部的 RTC 提供时钟。

(4) LSI(Low-Speed Internal,低速内部时钟源),由内部的 RC 振荡器产生的一个 40kHz 的频率,用于为 STM32 内部的 RTC 提供时钟或者看门狗系统时钟。

STM32 的各个内部功能模块都需要在时钟的驱动下才能正常工作,由图 4.15 可知,基本时钟源部分除了为微处理器内部的 RTC、USB OTG、IWDG、I^2S 功能模块提供时钟外,还要产生一路最高可达 72MHz 的系统时钟 SYSCLK,该时钟经过 AHB 分频后,再为内部的 AHB 总线、CPU、RAM、DMA、SDIO、FSMC 和 SysTick 等功能提供时钟,再经过 APB1

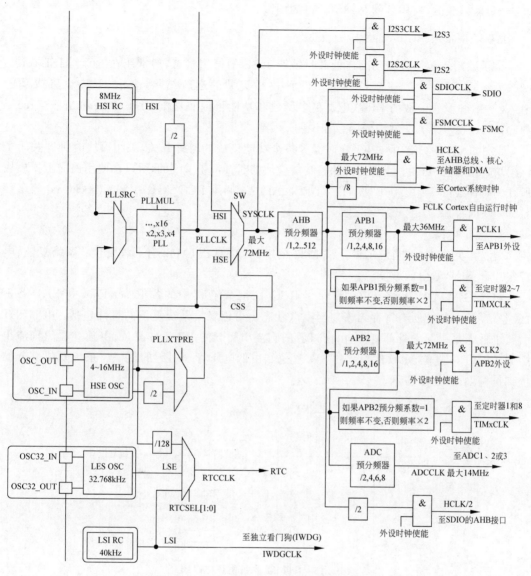

图 4.15　STM32F103 的部分时钟系统结构

或 APB2 分频后,分别为 GPIO、TIM、ADC、DAC 等功能模块提供时钟,完整的时钟内部结构图可以参考技术文档 *RM0008 Reference Manual* 中 RCC 相关章节。

　　STM32 共有 RCC_CR、RCC_CFGR 和 RCC_CIR 等 10 个 32 位寄存器用于设置或获取与时钟系统相关的功能和状态,具体寄存器功能可以参考上述技术文档。为了简化用户直接操作这些寄存器的难度,STM32 的 FWLIB(Firmware Library)中提供了大量可以直接设置相关功能的库函数,如函数:

```
void RCC_HSEConfig(uint8_t RCC_HSE);
```

　　该函数用于设置高速外部时钟源,即 HSE 的相关功能,其输入参数可以为枚举类型的 RCC_HSE_OFF、RCC_HSE_ON 或 RCC_HSE_Bypass,分别表示关闭 HSE 外部晶振、打开 HSE 外部晶振、使用外部时钟源。再如函数：

```
ErrorStatus RCC_WaitForHSEStartUp(void);
```

该函数用于等待并检测高速外部时钟源 HSE 的可用状态，通常用在 RCC_HSEConfig 函数后执行，函数执行完后可以返回两种枚举类型的运行结果，表示 HSE 设置成功的 SUCCESS 和设置失败的 ERROR。更多函数和功能可以查阅 FWLib 中 stm32f4xx_rcc.h 和 stm32f4xx_rcc.c 文件中的函数和说明。

此外，RCC 还决定了 GPIO、定时器等各个功能模块的时钟开关，关闭模块时钟即关闭了该模块，可以降低功耗。上电后默认各功能模块的时钟都是关闭的，所以在使用前应根据模块所在的时钟线（AHB1/AHB2/AHB3/APB1/APB2），调用 RCC_AHB1PeriphClockCmd 等函数打开模块时钟。

2. 复位电路

复位电路和时钟电路同属于 STM32 的 RCC 功能，STM32 有三种复位：系统复位、电源复位和 BKP 备份区域复位。

（1）系统复位。系统复位会将除了 RCC_CSR 寄存器中的各 Reset Flag 和 BKP 备份区域寄存器之外的所有寄存器恢复至默认状态。可以触发系统复位的事件包括：由 NRST 引脚上低电平引起的外部复位、由窗口看门狗溢出引起的 WWDG 复位、由独立看门狗溢出引起的 IWDG 复位、由软件引起的 SW 复位和由低电压管理引起的复位。系统复位部分的内部结构如图 4.16 所示。

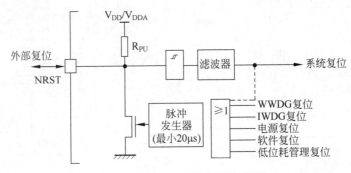

图 4.16　STM32 系统复位电路图

（2）电源复位。系统复位会将 BKP 备份区域寄存器之外的所有寄存器恢复至默认状态，可以触发电源复位的事件包括：上电复位 POR 和掉电复位 PDR、退出 Standby 模式。

（3）BKP 备份区域（Backup Domain）复位。该复位仅影响 BKP 备份区域寄存器，有两种事件会触发该复位：在 RCC_BDCR 寄存器中对 BDRST 置位产生的软件复位，由 VDD 和 VBAT 同时由掉电状态转变为任意一个上电状态。

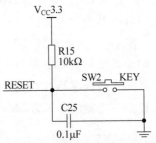

图 4.17　微处理器系统外部复位电路（低电平有效）

图 4.17 为 STM32 开发板的系统复位电路，实际中，还可以省去外部上拉电阻 R15，与按键并联的电容 C25 主要用于延长复位电平升高的时间，使微处理器在供电电压有一定时间得以稳定后再开始工作。

4.2.2　通用输入输出接口（GPIO）

稳定的供电、可用的时钟源和正常的复位是微处理器正常工作的必要条件,而微处理器所要实现的检测与控制功能则主要通过其内部的各个功能模块来实现,包括 GPIO、定时器、UART 和 I^2C 等。其中,GPIO 是应用最多、最广泛的功能模块,通过 GPIO 可以直接检测外部电平状态或者向外输出高低电平,也可以通过多个 GPIO 的组合实现基于时序的外部通信功能,这也是在缺乏内部功能模块时连接外部设备的唯一方法。

图 4.18 是 STM32 内部基本 GPIO 的内部结构图,除了与其他单片机类似的逻辑电平输入和推挽输出功能之外,还增加了上拉电阻和下拉电阻功能。由于大部分 GPIO 端口都设置了复用功能（Alternate Function）,使该引脚除了具备 GPIO 功能外,还可以连接微处理器内部其他功能模块,实现微处理器的其他功能,这些引脚在使用复用功能时被称为 AFIO。因此 GPIO/AFIO 可以被配置成以下模式:悬空输入、上拉输入、下拉输入、模拟输入、GPIO 开漏输出、GPIO 推挽输出、AFIO 开漏输出和 AFIO 推挽输出。

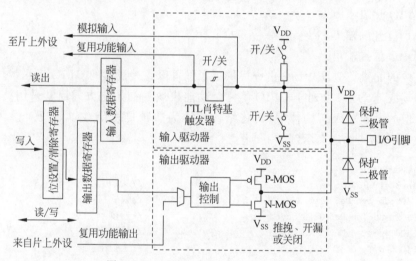

图 4.18　STM32 内部基本 GPIO 结构图

与其他单片机类似,STM32 也对 GPIO 进行了编组,每 16 个 GPIO 编为一组,标记为 Px0～Px15（x＝A…G）,如 PA0、PB9、PC15 等,每组端口有 2 个 32 位配置寄存器 GPIOx_CRL 和 GPIOx_CRH、2 个 32 位数据寄存器 GPIOx_IDR 和 GPIOx_ODR、1 个 32 位复位置位寄存器 GPIOx_BSRR、1 个 16 位复位寄存器 GPIOx_BRR 和 1 个 32 位锁定寄存器 GPIOx_LCKR。

以 GPIOA_CRH 寄存器为例,该寄存器用于配置 PA8～PA15 的输入输出模式和功能,其寄存器各个位的定义如图 4.19 所示。

31	30	29	28	27	26	25	24	23	22	21	20	19	18	17	16
CNF15[1:0]		MODE15[1:0]		CNF14[1:0]		MODE14[1:0]		CNF13[1:0]		MODE13[1:0]		CNF12[1:0]		MODE12[1:0]	
rw	rw	rw	rw	rw	rw	rw	rw	rw	rw	rw	rw	rw	rw	rw	rw

15	14	13	12	11	10	9	8	7	6	5	4	3	2	1	0
CNF11[1:0]		MODE11[1:0]		CNF10[1:0]		MODE10[1:0]		CNF9[1:0]		MODE9[1:0]		CNF8[1:0]		MODE8[1:0]	
rw	rw	rw	rw	rw	rw	rw	rw	rw	rw	rw	rw	rw	rw	rw	rw

图 4.19　GPIOx_CRH 寄存器各位功能定义

例如,CNF15[1:0]和MODE15[1:0]用于控制PA15的输入输出模式等配置,MODE15[1:0]的可选设置如下。

00：输入模式(上电复位后默认模式)。

01：输出模式,最大速度10MHz。

10：输出模式,最大速度2MHz。

11：输出模式,最大速度50MHz。

CNF15[1:0]在MODE15[1:0]设置为输入模式下的可选设置如下。

00：模拟信号输入。

01：信号悬空输入(上电复位后默认模式)。

10：带有上拉或者下拉的信号输入。

11：保留,不使用。

CNF15[1:0]在MODE15[1:0]设置为输出模式下的可选设置如下。

00：GPIO推挽输出。

01：GPIO开漏输出。

10：AFIO开漏输出。

11：AFIO推挽输出。

与RCC的配置类似,FWLIB也中提供了大量可以直接设置的GPIO库函数,包括初始化、设置和读取等,STM32对于GPIO等复杂功能模块的初始化方式通常采用结构体的方式,即将对应的设置写入结构体中,再将结构体作为参数传入函数以实现对模块的配置。GPIO的初始化结构体定义示例如下。

```
typedef struct {
    uint32_t GPIO_Pin;                          //GPIO 端口
    GPIOMode_TypeDef GPIO_Mode;                 //模式
    GPIOSpeed_TypeDef GPIO_Speed;               //速度
    GPIOOType_TypeDef GPIO_OType;               //输出模式
    GPIOPuPd_TypeDef GPIO_PuPd;                 //上拉下拉
} GPIO_InitTypeDef;
```

例如,需要设置PF9和PF10为推挽输出、最大速度2MHz,无上拉下拉时的部分设置如下。

```
GPIO_InitTypeDef GPIO_InitStructure;                        //初始化结构体
RCC_AHB1PeriphClockCmd(RCC_AHB1Periph_GPIOF, ENABLE);      //打开 RCC
GPIO_InitStructure.GPIO_Pin = GPIO_Pin_9 | GPIO_Pin_10;
GPIO_InitStructure.GPIO_Mode = GPIO_Mode_OUT;              //输出
GPIO_InitStructure.GPIO_OType = GPIO_OType_PP;             //推挽
GPIO_InitStructure.GPIO_Speed = GPIO_Speed_2MHz;          //速度 2MHz
GPIO_InitStructure.GPIO_PuPd = GPIO_PuPd_NOPULL;          //无上下拉
GPIO_Init(GPIOF, &GPIO_InitStructure);                     //初始化 PF9/PF10
GPIO_SetBits(GPIOF, GPIO_Pin_9 | GPIO_Pin_10);            //设置端口电平
```

在使用GPIO时,应注意以下几点：①在使用对应GPIO功能模块前必须打开其时钟；②设置端口为GPIO输出后,必须立刻设置端口的输出电平,以避免外部电路出现问题；③根据需求设置合理的GPIO输出速度,GPIO速度越快、噪声越大、功耗也越高；④合理规划GPIO外围电路电流需求,单个GPIO的最大输出电流不超过8mA,最大输

入电流不超过 20mA,整个芯片 GPIO 输出电流之和不超过 150mA,输入电流之和也不超过 150mA。

除了使用 FWLib 提供的函数库之外,部分情况下也可以使用直接访问寄存器的方式来直接控制 GPIO 输出或者读取 GPIO 的输入,例如,通过 GPIOA_ODR 寄存器直接控制 PA5 的输出状态的方法,定义相关的函数:

```
#define        BITBAND(addr,        bitnum)
((addr&0xF0000000) + 0x2000000 + ((addr&0xFFFFF)<< 5) + (bitnum << 2))
#define MEM_ADDR(addr)          * ((volatile unsigned long * )(addr))
#define BIT_ADDR(addr, bitnum)MEM_ADDR(BITBAND(addr, bitnum))
#define GPIOA_ODR_Addr          (GPIOA_BASE + 20)
#define GPIOA_IDR_Addr          (GPIOA_BASE + 16)
#define PAout(n)                BIT_ADDR(GPIOA_ODR_Addr, n)
#define PAin(n)                 BIT_ADDR(GPIOA_IDR_Addr, n)
```

这与 STM32 所使用的 Cortex-M3 CPU 核心有关,其允许对两个内存地址段进行位操作:0x2000_0000-0x200F_FFFF(SRAM 区中的最低 1MB)和 0x4000_0000-0x400F_FFFF(片上外设区中的最低 1MB),为了可以访问这两个内存地址段中的各个位,CPU 核心中进行了 bit_band 映射,映射公式为:

$$bit\_word\_addr = bit\_band\_base + (byte\_offset \times 32) + (bit\_number \times 4)$$

其中,bit_word_addr 是 bit_band 中的字的地址,被映射到某个寄存器位,bit_band_base 是 bit_band 的基准地址(SRAM 区为 0x22000000,片上外设区为 0x42000000),byte_offset 是寄存器的偏移数值,20 位长度,bit_number 是对应 bit 位的位置,例如,访问 SRAM 内的地址 0x20000300 的第 2 位,其别名地址为:

$$0x22000000 + (0x300 \times 32) + (2 \times 4) = 0x22006008$$

向地址 0x22006008 写入与向地址 0x20000300 的第 2 位写入效果相同,从地址 0x22006008 读取到的值(0x00 或 0x01)也表示地址 0x20000300 的第 2 位的状态(bit set 或 bit reset)。在函数 BITBAND(addr,bitnum) 中,(addr&0xF0000000)用于取得最高的四位,用以区分 SRAM 或片上外设区,+ 0x2000000 则用于得到 bit_band_base,((addr&0xFFFFF)<<5)用于取得 20 位 byte_offset 并乘以 32,最后的(bitnum<<2)则表示 bit_number 乘以 4。MEM_ADDR(addr)函数用于把地址 addr 转换成指针。GPIOA_BASE 的定义在 stm32f1xx.h 头文件中:

```
#define PERIPH_BASE           ((uint32_t)0x40000000)
#define APB1PERIPH_BASE       PERIPH_BASE
#define AHB1PERIPH_BASE       (PERIPH_BASE + 0x00020000)
#define GPIOA_BASE            (AHB1PERIPH_BASE + 0x0000)
```

4.2.3 定时器(Timer)

STM32 有三类定时器:高级定时器(TIM1 和 TIM8)、通用定时器(TIM2～TIM5)和基本定时器(TIM6 和 TIM7)。各定时器的性能对比如表 4.7 所示。

表 4.7　STM32 三种定时器主要功能和性能一览表

性 能 参 数	高级定时器	通用定时器	基本定时器
长度与模式	16 位，自动重载增、减、增减计数模式		16 位，自动重载增计数模式
预分频模式	16 位，在线调节		
独立通道	输入捕获、输出比较 PWM 输出、单脉冲模式		无
死区时间	可编程设定		无
中断/DMA	Update（计数器上溢/下溢、计数器初始化）、触发（计数器开始、停止、初始化、外部触发）、输入捕获、输出捕获、Break 输入	Update（计数器上溢/下溢、计数器初始化）、触发（计数器开始、停止、初始化、外部触发）、输入捕获、输出捕获	计数器上溢
编码器输入	增量（正交）编码器、霍尔传感器		无

　　STM32F103ZET6 内部包含两个高级定时器 TIM1&TIM8、四个通用定时器 TIM2～TIM5，本节以其中的通用定时器 TIM3 为例，介绍基本定时器的基本定时功能。

　　定时器的本质是通过对特定频率的信号进行计数来实现特定时间的计量，STM32F103 的 TIM3 的频率来源于 RCC 中 APB1 输出的时钟，经过一个自动选择的 2 倍频器处理后作为 TIM3CLK（TIM3 的时钟信号，最高为 72MHz），经过 TIM3 内部 Trigger Controller 后，作为 TIM3 的 CK_PSC 信号进入预分频器 PSC，分频后的 CK_CNT 信号进入计数器 CNT，该过程如图 4.20 所示。在计数器计数到达预设值之后的下一个 CK_CNT 信号的上升沿产生特定的事件或中断，以标识到达计时。

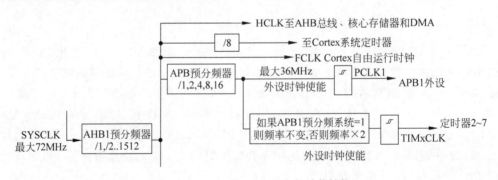

图 4.20　TIM3 的 RCC 和内部计数结构

　　TIM3 的计数模式包括增计数、减计数、增减计数三种模式：增计数从 0 开始计数，到达 Autoreload resigter 中的值（TIM3_ARR 寄存器），然后再重新从 0 开始增加计数并产生上溢事件；减计数则从 Autoreload resigter 中的值（TIM3_ARR 寄存器）开始计数，减少至 0 后重新从 Autoreload resigter 中的值开始计数并产生下溢事件。两种计数模式的工作原理如图 4.21 所示。特别需要注意的是，两种计数模式下每周期计数数目是 TIM3_ARR+1。

　　增减计数模式又称为中央对齐模式，该模式下计数器值从 0 开始增加，到达 Autoreload resigter 中的值（TIM3_ARR 寄存器）时，产生上溢事件并从该值（TIM3_ARR 寄存器）开始

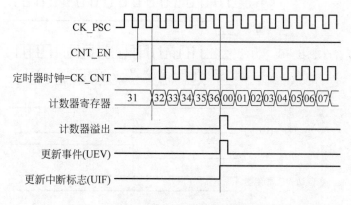

(a) 增计数模式下定时器定时原理

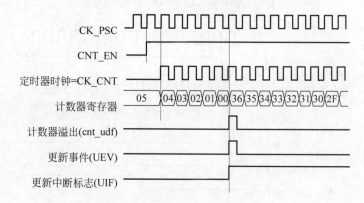

(b) 减计数模式下定时器定时原理

图 4.21　增计数和减计数模式下定时器定时原理与输出

进行减计数至 0 时,产生下溢事件,并重新进行增计数。增减计数下每周期计数数目为 $2 \times$ TIM3_ARR+1。

TIMx_ARR 寄存器支持在定时器工作过程中的实时修改(on the fly),但其生效机制则取决于 TIMx_CR1 寄存器中 ARPE(Auto-Reload Preload Enable)位的设置：0 则表示 TIMx_ARR 并没有缓存,即直接操作了 TIMx_ARR 的影子寄存器 Shadow Register,此时的修改会立刻生效；1 则表示 TIMx_ARR 的值还保存在了影子寄存器中,定时器实际使用的是影子寄存器,只有在下一个 Update event(UEV)时才会将 TIMx_ARR 的值复制到影子寄存器中并生效,该执行机制如图 4.22 所示。

定时周期短是 MCS-51 单片机最常见的问题,在使用 12MHz 的晶振时,其 16 位定时器最长定时周期仅有 65.535ms,如果程序要求的定时时间较长,则需要单片机频繁进入中断服务程序,严重影响程序的执行效率。STM32F103 微处理器内的定时器长度也仅为 16 位,提供给定时器的 TIMxCLK 高达 36MHz,若不进行预处理则定时器最长定时周期将更短,为此,STM32 定时器内增加了预分频器 PSC,可以对输入的信号进行预分频生成 CK_CNT 再进入计数器进行定时,以增计数为例,其 1 分频(不分频)和 2 分频的工作原理分别如图 4.21(a)和图 4.23 所示。

第 4 章

机器人的微控制系统

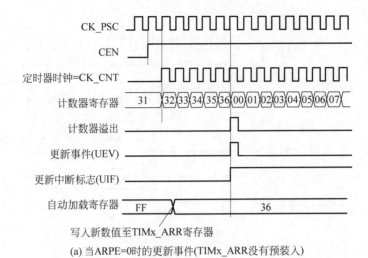

(a) 当ARPE=0时的更新事件(TIMx_ARR没有预装入)

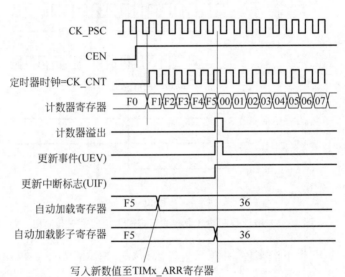

(b) 当ARPE=1时的更新事件(预装入了TIMx_ARR)

图 4.22　ARPE＝0 和 ARPE＝1 两种情况下 TIMx_ARR 更新机制

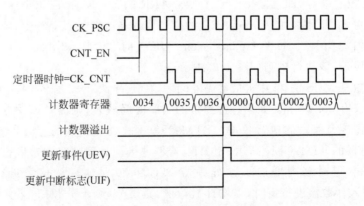

图 4.23　增减计数模式下 2 分频的定时器定时原理与输出

TIMx_PSC 寄存器的长度为 16 位,因此可以实现最长约 119s 的定时周期。特别注意两点:①PSC 的分频比可设置为 1~65 536,但写入 TIMx_PSC 寄存器时受长度限制应写入 0~65 535,即将设计的分频值-1 后写入 TIMx_PSC 寄存器;②TIMx_PSC 寄存器也支持在定时器工作过程中的实时修改(on the fly),但只能在下一个 Update event(UEV),即计数器上溢出 overflow 或者下溢出 underflow 后,才能使用新的 TIMx_PSC 寄存器的值。

例如,通过 STM32F103 实现周期为 1s 的定时,则可以通过如下部分代码实现。

```
TIM_TimeBaseInitTypeDef TIM_TimeBaseInitStructure;
RCC_APB1PeriphClockCmd(RCC_APB1Periph_TIM3, ENABLE);  //使能 TIM3
TIM_TimeBaseInitStructure.TIM_Prescaler = 36000 - 1;  //分频,36000
TIM_TimeBaseInitStructure.TIM_Period = 20000 - 1;     //自动重装载 20K
//增计数模式,时钟分割,1 分频
TIM_TimeBaseInitStructure.TIM_CounterMode = TIM_CounterMode_Up;
TIM_TimeBaseInitStructure.TIM_ClockDivision = TIM_CKD_DIV1;
TIM_TimeBaseInit(TIM3, &TIM_TimeBaseInitStructure);   //初始化 TIM3
TIM_Cmd(TIM3,ENABLE);                                 //使能 TIM3
```

TIM 基本定时功能的初始化流程与 GPIO 类似:打开 RCC,定义结构体并通过结构体初始化 TIM 设置,但最后需要设置定时器使能,以允许其工作。在配置中出现的 TIM_ClockDivision 参数与基本定时器无关,是设置捕获模式下数字滤波器的一个参数,在定时器模式时保持 TIM_CKD_DIV1 即可。

在没有使用中断的情况下,判断定时器是否到达定时时间可以通过查询判断定时器相关的标志位的方法实现。但查询的方式会大量占用主循环时间,建议使用中断的方式实现定时器的响应功能,中断的使用方法本书中不再具体说明。

4.2.4 脉冲宽度调制(PWM)输出

PWM(Pulse Width Modulation,脉冲宽度调制)是利用微处理器的数字输出对外部模拟电路进行控制的有效技术,广泛应用在测量、通信、功率控制与变换等很多领域,在机器人上可以使用 PWM 实现 LED 灯光亮度控制、舵机角度控制和电动机转速控制等功能。

STM32 微处理器内的 PWM 的产生通常是通过定时器来实现的:通过 TIMx_ARR 寄存器设定 PWM 的周期,通过 TIMx_CCRx 控制对应 CCRx 通道的占空比,以 TIMx 的通道 1 为例,如图 4.24 所示,其涉及的寄存器包括 TIMx_CCMR1 的 OC1M[2:0]位、计数器值 TIMx_CNT、TIMx_CCR1、TIMx_CCER 的 CC1P 位和 CC1E 位。

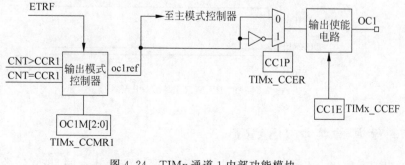

图 4.24 TIMx 通道 1 内部功能模块

机器人的微控制系统

TIMx_CCMR1 的 OC1M[2:0]位用来设置 TIMx 通道 1 的工作模式，110 和 111 时为 PWM 模式。

110：PWM 模式 1，在增计数模式下，TIMx_CNT＜TIMx_CCR1 时通道 1 为有效电平（OC1REF＝1），否则无效；在减计数模式下，TIMx_CNT＞TIMx_CCR1 时通道 1 为无效电平，否则有效。

111：PWM 模式 2，在增计数模式下，TIMx_CNT＜TIMx_CCR1 时通道 1 为无效电平（OC1REF＝0），否则有效；在减计数模式下，TIMx_CNT＞TIMx_CCR1 时通道 1 为有效电平，否则无效。

OC1REF 信号需要经过 TIMx_CCER 的 CC1P 位配置后传送给输出电路，该位定义如下。

0：OC1 高电平有效。

1：OC1 低电平有效。

TIMx_CCER 的 CC1E 位控制输出使能电路的输出状态，该位定义如下。

0：OC1 输出无效。

1：OC1 输出在指定引脚（AFIO）上。

如图 4.25 所示，增计数模式下设定 PWM 为模式 1、TIMx_ARR＝8 时，TIMx_CCRx 在多种情况下的 OCxREF 输出情况：0＜TIMx_CNT＜TIMx_CCRx 时，OCxREF 输出有效电平；TIMx_CCRx＞TIMx_ARR 时，OCxREF 始终输出有效电平；TIMx_CCRx＝0 时，OCxREF 始终输出无效电平。CCxIF 用于标识 TIMx_CNT 与 TIMx_CCRx 发生匹配，即 TIMx_CNT＝TIMx_CCRx 时该标志位置位，但需要通过软件将其复位。TIMx_ARR 寄存器支持在 PWM 工作过程中的实时修改（on the fly），其生效机制也取决于 TIMx_CR1 寄存器中 ARPE（Auto-Reload Preload Enable）位的设置，与定时器工作模式是相同的。

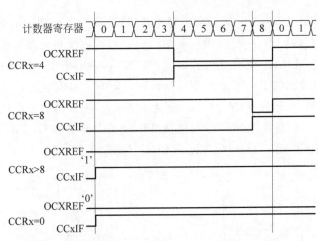

图 4.25　边缘对齐的 PWM 工作状态（PWM 模式 1）

4.2.5　串行通信接口 USART

UART 串行通信接口是微处理器与外界进行数据通信最基本的、最常用的接口，通过

UART，微处理器可以与其他微处理器或者外设实现全双工通信。STM32内部将采用串行方式通信的多种端口，如UART、LIN(Local Interconnection Network)、Smartcard Protocol和IrDA(Infrared Data Association)等，并将其设计为一个USART内部功能模块。本节主要介绍基本的UART功能。UART在机器人系统中可用于各类低速通信，这些通信都是通过UART或电平转换后的RS232/RS485接口交换数据和控制命令的。

　　基本的全双工UART接口除了需要共地外，还需要连接RX和TX两根通信线：RX用于接收对端传入的串行输入，TX用于向对端传输串行数据，如图4.26所示。UART与其他串行通信本质是一样的，即将需要发送的数据按位进行传输，但由于UART是异步通信，通信方在传输时缺乏必要的同步机制，所以UART通信方之间必须要使用相同的通信速率，即相同的波特率，目前常用的波特率包括1200b/s、2400b/s、4800b/s、9600b/s、19 200b/s、38 400b/s、57 600b/s、115 200b/s等。

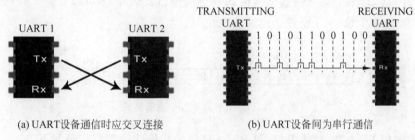

(a) UART设备通信时应交叉连接　　　　(b) UART设备间为串行通信

图4.26　UART通信方式示意图

　　波特率的生成需要微处理器内部时钟支持，早期的MCS-51单片机为了能够生成9600b/s的标准波特率，需要使用频率较为特殊的11.0592MHz晶振，以满足单片机对串口通信的要求。

　　但STM32等微处理器建议使用更加易于计算时钟和定时器时间的系统时钟频率，如8MHz、72MHz和168MHz等，但却很难精准地使用UART，为此，需要在生成波特率时使用分数波特率生成法。在其设置指南中列出了常见的波特率的误差，如表4.8所示。

表4.8　STM32的常用波特率误差计算

波特率 kb/s	FPCLK=36MHz			FPCLK=72MHz		
	实际波特率	寄存器值	误差/%	实际波特率	寄存器值	误差/%
2.4	2.400	937.5	0	2.400	1875	0
9.6	9.600	234.375	0	9.600	468.75	0
19.2	19.200	117.1875	0	19.200	234.375	0
57.6	57.600	39.0625	0	57.600	78.125	0
115.2	115.384	19.5	0.15	115.200	39.0625	0
230.4	230.769	9.75	0.16	230.769	19.5	0.16
460.8	461.538	4.875	0.16	461.538	0.95	0.16

　　波特率的计算方法为

$$\text{Baudrate} = \frac{f_{\text{CK}}}{16 \times \text{USARTDIV}} \tag{4.1}$$

其中,USARTDIV 用于表示串口对时钟源 f_{CK} 的分频比例,在确定时钟源频率和要求的波特率后,即可计算出 USARTDIV,但该值往往不是一个整数,而是带有小数部分的浮点数。设置 UART 波特率时,应将 DIV_Mantissa[11:0]写入寄存器 USART_BRR[15:4]位、DIV_Fraction[3:0]写入寄存器 USART_BRR[3:0]即可,超出 4 位的小数部分只能舍弃。例如:

计算得:USARTDIV=27.75

整数部分:DIV_Mantissa=27=0x1B

小数部分:DIV_Fraction=0.75=0x0C(0.75×16=12=0x0C)

写入 USART_BRR 寄存器的值即为 0x01BC。为了避免自行计算的方式来设置波特率的烦琐,FWLib 中简化了串口的设置流程,用户可自行查阅设置方法。

UART 最常用的通信格式被称为 8-N-1,即每个通信帧除了必要的起始位外,还包括 8 个数据位和 1 个停止位,且不包含 UART 自动生成的校验位,如图 4.27 所示。但对于 STM32 而言,其 UART 支持的数据帧格式要更加丰富:STM32 可以支持 8 位或 9 位的数据位,支持 0.5 位、1 位、1.5 位或 2 位的停止位等。

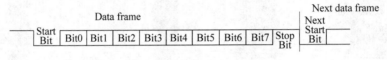

图 4.27   UART 的 8-N-1 通信格式

典型的使用 UART1 并将 PA9 和 PA10 复用的初始化的部分代码如下。

```
USART_InitTypeDef USART_InitStruct;                                  //定义结构体
GPIO_InitTypeDef GPIO_InitStruct;
RCC_PCLK2Config(RCC_HCLK_Div1);                                      //USART 时钟 72MHz
RCC_APB2PeriphClockCmd(RCC_APB2Periph_GPIOA,ENABLE);                //GPIO
RCC_APB2PeriphClockCmd(RCC_APB2Periph_USART1,ENABLE);              //USART1
GPIO_InitStruct.GPIO_Pin = GPIO_Pin_9;                              //PA9
GPIO_InitStruct.GPIO_Mode = GPIO_Mode_AF_PP;                        //TX
GPIO_InitStruct.GPIO_Speed = GPIO_Speed_50MHz;
GPIO_Init(GPIOA, &GPIO_InitStruct);                                 //初始化 PA9
GPIO_InitStruct.GPIO_Pin = GPIO_Pin_10;                            //PA10
GPIO_InitStruct.GPIO_Mode = GPIO_Mode_IN_FLOATING;                //RX
GPIO_InitStruct.GPIO_Speed = GPIO_Speed_50MHz;
GPIO_Init(GPIOA, &GPIO_InitStruct);                                //初始化 PA10
USART_InitStruct.USART_BaudRate = 9600;                            //设置波特率
USART_InitStruct.USART_WordLength = USART_WordLength_8b;           //8 位
USART_InitStruct.USART_StopBits = USART_StopBits_1;               //停止位
USART_InitStruct.USART_Parity = USART_Parity_No;                  //校验
USART_InitStruct.USART_HardwareFlowControl = USART_HardwareFlowControl_None;//禁用流控
USART_InitStruct.USART_Mode = USART_Mode_Tx | USART_Mode_Rx;
USART_Init(USART1, &USART_InitStruct);                            //初始化 USART1
USART_Cmd(USART1, ENABLE);                                        //使能 USART1
USART_ClearFlag(USART1, USART_FLAG_TC);                           //清除发送完成
```

需要注意的是,上述代码使用了 AFIO 功能将 PA9 和 PA10 作为 USART 的 TX 和 RX,但与 TIM3 输出 PWM 时的 AFIO 相比,上述代码并没有打开 AFIO 的时钟,这是由于

STM32 只有在对事件控制寄存器 AFIO_EVCR、复用重映射和调试 I/O 配置寄存器 AFIO_MAPR、外部中断配置寄存器 AFIO_EXTICRX1、AFIO_EXTICRX2、AFIO_EXTICRX3 和 AFIO_EXTICRX4 进行读写操作前才需要打开 AFIO 的时钟,而在常规的引脚复用功能时,是不需要打开 AFIO 时钟的。

UART 的数据发送可以在主循环中完成,通过 UART1 发送数据的典型代码为

```
USART_SendData(USART1, BYTE_TO_SEND);              //发送 1 字节
//等待发送完成
while(USART_GetFlagStatus(USART1, USART_FLAG_TXE) == RESET);
```

但 UART 接收数据时由于难以预知数据到达时间,因此一般需要配合中断完成,关于中断的内容将在后续介绍,UART1 的接收中断和配置的部分代码如下。

```
NVIC_InitTypeDef NVIC_InitStructure;
NVIC_PriorityGroupConfig(NVIC_PriorityGroup_1);      //中断分组
NVIC_InitStructure.NVIC_IRQChannel = USART1_IRQn;    //USART1 NVIC
//抢占优先级 0、响应优先级 0、使能 IRQ 通道
NVIC_InitStructure.NVIC_IRQChannelPreemptionPriority = 0;
NVIC_InitStructure.NVIC_IRQChannelSubPriority = 0;
NVIC_InitStructure.NVIC_IRQChannelCmd = ENABLE;
NVIC_Init(&NVIC_InitStructure);                      //初始化 NVIC
void USART1_IRQHandler(void) {                        //串口 1 中断服务程序
    u8 ReceivedData;
    if(USART_GetITStatus(USART1, USART_IT_RXNE) != RESET) {
        ReceivedData = USART_ReceiveData(USART1);    //读取接收数据
    }
}
```

4.2.6　STM32 的中断系统

定时器和 UART 部分都涉及了中断的内容,中断系统可以有效地提升微处理器的利用率,避免频繁查询和等待所带来的资源浪费问题,中断允许微处理器暂停执行当前正在处理的任务(主循环或其他中断所产生的任务),转而处理因新中断事件所产生的任务。STM32F103 支持 76 个中断,其中 16 个是与核心相关的内核中断/异常,60 个是可屏蔽可使用的中断。

STM32 微处理器通过 NVIC(Nested Vectored Interrupt Controller,嵌套向量中断控制器)管理和处理中断,NVIC 控制整个芯片中断的相关功能,负责处理中断优先级分组、中断优先级的配置、读中断请求标志、清除中断请求标志、使能中断、清除中断等。NVIC 控制了 STM32 中断向量表(参见 STM32 参考手册中 Table:Vector table for connectivity line devices)中的中断号为 0~59 的中断。

为了灵活地配置中断的抢占优先级和响应优先级,STM32 部分使用了 Cortex-M3 内核的中断优先级分组形式,将中断分为 5 组,分别用于配置中断的抢占优先级(NVIC_IRQChannelPreemptionPriority)和中断的响应优先级(NVIC_IRQChannelSubPriority)的分配,如表 4.9 所示。

机器人的微控制系统

表 4.9　STM32 的中断分组设置表

组　　别	AIRCR[10:8]	IPR[7:4]分配情况	分配说明
0	111	0 位＋4 位	0 位,1 个抢占优先级; 4 位,16 个响应优先级
1	110	1 位＋3 位	1 位,2 个抢占优先级; 3 位,8 个响应优先级
2	101	2 位＋2 位	2 位,4 个抢占优先级; 2 位,4 个响应优先级
3	100	3 位＋1 位	3 位,8 个抢占优先级; 1 位,2 个响应优先级
4	011	4 位＋0 位	4 位,16 个抢占优先级; 0 位,1 个响应优先级

程序可以在设置中断分组后,在组内配置各个中断的优先级:抢占优先级的级别高于响应优先级,数值越小的优先级越高,且有以下原则。

(1) 高优先级的抢占优先级可以打断正在进行的低抢占优先级中断服务程序。

(2) 抢占优先级相同的中断,高响应优先级不可以打断低响应优先级的中断。

(3) 抢占优先级相同的中断,当两个中断同时发生的情况下,优先执行响应优先级高的。

(4) 抢占优先级和响应优先级都一样的中断,先执行先发生的中断。

(5) 打断中断的情况只和抢占优先级有关,与响应优先级无关。

(6) 提前设计好系统中断需求,确定好中断分组设置,在系统执行过程中不修改中断分组。

4.2.7　模数(A/D)转换器

ADC 可以对模拟信号采样并转换为数字信号,在机器人系统中用于完成如电压和电流等模拟电压信号的监测工作。STM32F103 内置了 3 个 12 位的 ADC 模块 ADC1、ADC2 和 ADC3,每个模块支持最多 16 个外部输入通道和 2 个片内输入通道(片内温度传感器、片内参考电压)。

微处理器内置的 ADC 模块有多种模数转换方法,但其基本原理都是将输入的模拟电压与 ADC 选定的参考电压做比较,得出输入电压与参考电压的比值在 12 位 ADC 下,即

$$\text{ADC\_Result} = \frac{\text{ADC\_IN}}{2^{12}} \times V_{\text{ref}} \tag{4.2}$$

其中,V_{ref} 为 ADC 的参考电压,对于 STM32F103ZET6 而言,V_{ref} 可以是 ADC 的输入电压,也可以是外部输入的参考电压或者内部的参考电压。特别需要注意的是,STM32 的 ADC 设置较为复杂,在使用时应参考 STM32 参考手册相关说明,本书不再详细介绍。

4.3　外部传感器的数据读取

第 3 章介绍了机器人系统中应用的若干种数字传感器,包括距离位置传感器、姿态传感器和电路状态传感器等。本章将从软件层面对几种常见传感器进行介绍,包括 GNSS 定位

传感器、超声波测距模块、AB 相编码器、温湿度传感器、陀螺仪和加速度传感器以及电流传感器。

4.3.1 GNSS 定位模块 GT-U13

GT-U13 GNSS 模块的基本特性和相关参数已经在 3.2.1 节中进行了介绍,本节主要从使用角度介绍该模块的使用方法,该方法也可以扩展应用到其他类似功能模块上。

GT-U13 等各类 GNSS 模块主要以 UART 串行通信接口与微处理器进行通信,向微处理器发送定位信息、接收微处理器发来的指令,同时通过 VCC 和 GND 接收供电。GT-U13 的典型供电和 UART 接口电平都为 3.3V,可以直接与 STM32 或树莓派 UART 连接并通信,连接时 TX/RX 应交叉连接,与图 4.26(a)相似。

GNSS 等各类定位系统普遍采用的是 NMEA-0183 数据格式,一方面,输出数据包括 GGA(Global positioning system fixed data)、GLL(Geographic position-latitude/longitude)、GSA(GNSS DOP and active satellites)、GSV(GNSS satellites in view)、RMC(Recommended minimum specific GNSS data)、VTG(Course over ground and ground speed)、ZDA(Date and Time)和 DTM(Datum reference)等格式,不同模块可选择不同的数据格式,但一般都具备 GGA、GSA、GSV 和 RMC 四种格式数据;另一方面,基于不同类型的 GNSS 系统,会有不同的前缀标识,如 GP 表示 GPS、QZSS 和 SBAS; BD 或 GB 表示 BEIDOU,GL 表示 GLONASS,GA 表示 GALILEO,GN 则表示多套系统联合使用。

默认情况下,GT-U13 输出的一个完整数据包为如下形式。

```
$ GNGGA,130416.000,3906.74883,N,12148.77128,E,1,20,1.21,47.2,M, − 2.5,M,, ∗ 54
$ GPGSA,A,3,18,20,15,21,10,32,,,,,,,1.68,1.21,1.16,1 ∗ 18
$ GLGSA,A,3,81,65,66,,,,,,,,,,1.68,1.21,1.16,2 ∗ 01
$ GAGSA,A,3,309,336,305,,,,,,,,,,1.68,1.21,1.16,3 ∗ 3D
$ BDGSA,A,3,213,206,216,239,209,219,222,244,,,,,1.68,1.21,1.16,4 ∗ 08
$ GPGSV,3,1,11,18,72,252,37,193,64,38,,20,45,336,48,194,40,113,18 ∗ 4F
$ GPGSV,3,2,11,22,39,291,,15,33,39,31,21,31,312,44,10,17,316,46 ∗ 44
$ GPGSV,3,3,11,660,17,316,41,32,12,259,35,682,12,259,38 ∗ 4E
$ GLGSV,2,1,07,75,39,72,,76,38,142,25,81,32,298,39,65,30,37,28 ∗ 69
$ GLGSV,2,2,07,66,27,323,45,72,6,72,,84,,,24 ∗ 68
$ GAGSV,2,1,06,309,48,327,49,959,48,327,41,336,43,294,45,986,43,94,46 ∗ 68
$ GAGSV,2,2,06,305,17,277,39,955,17,277,39 ∗ 61
$ BDGSV,4,1,16,213,77,259,37,208,64,172,,206,63,338,40,216,61,327,44 ∗ 65
$ BDGSV,4,2,16,239,59,320,47,889,59,320,39,209,55,284,42,219,49,19,43 ∗ 5A
$ BDGSV,4,3,16,869,49,19,48,235,31,244,,222,28,313,42,872,28,313,43 ∗ 5C
$ BDGSV,4,4,16,205,25,257,30,207,16,166,,244,15,298,31,894,15,298,41 ∗ 6F
$ GNRMC,130416.000,A,2234.74883,N,11356.77128,E,0.001,306.28,090720,,,A ∗ 4F
$ GNTXT,01,01,02,ANT_OK,D2, ∗ 25
```

各字段的含义如下。

(1) GNGGA:多系统联合定位,输出 GGA 数据格式,包括接收机时间、位置和定位的基本相关数据。该格式定义和示例语句如下,具体数据项含义如表 4.10 所示。

Message ID, UTC Position, Latitude, N/S indicator, Longitude, E/W Indicator, Position Fix Indicator, Satellites Used, HDOP, MSL Altitude, AltUnit, GeoSep, GeoSepUnit, Age of Diff. Corr., Diff.Ref.Station, ID Checksum, EOL

$ GNGGA,130416.000,2234.74883,N,11356.77128,E,1,20,1.21,47.2,M,－2.5,M,,＊54

表 4.10　GT-U13 模块 GNGGA 输出数据项含义

字　段	符　号	示　例	含义与说明
1	Message ID	$ GNGGA	$：起始符；GN：多系统联合
2	UTC Position	130416.000	hhmmss.sss,13 时 04 分 16 秒
3	Latitude	2234.74883	ddmm.mmmmmm,取决于系统性能
4	N/S indicator	N	N：北纬；S：南纬
5	Longitude	11356.77128	dddmm.mmmmmm,取决于系统性能
6	E/W Indicator	E	E：东经；W：西经
7	Position Fix Indicator	1	状态指示,不同模块有所不同。 0：定位无效或定位不可用 1：GNSS 正常定位 2：差分 GNSS 定位 3：PPS 定位 4：RTK 定位 5：浮点 RTK 定位 6：航位推测 7：手动输入模式 8：模拟定位
8	Satellites Used	20	参与定位的卫星数量
9	HDOP	1.21	水平精度因子
10	MSL Altitude	47.2	天线大地高度
11	AltUnit	m	天线大地高度单位
12	GeoSep	－2.5	高程异常
13	GeoSepUnit	m	高程异常单位
14	Age of Diff. Corr.		差分数据龄期
15	Diff. Ref. Station ID		差分站台 ID 号
16	Checksum	＊54	校验和
17	EOL	<CR><LF>	CR 回车(\r)、LF 换行(\n)

（2）xxGSA：各系统定位,分别输出 GSA 数据格式,包括用于定位的卫星编号和 DOP 信息。该格式定义和示例语句如下,具体数据项含义如表 4.11 所示。

Message ID, Mode 1, Mode 2, ID of satellite used1,……, PDOP, HDOP, VDOP, x, Checksum, EOL

$ GPGSA,A,3,18,20,15,21,10,32,,,,,,,1.68,1.21,1.16,1＊18

$ GLGSA,A,3,81,65,66,,,,,,,,,,1.68,1.21,1.16,2＊01

$ GAGSA,A,3,309,336,305,,,,,,,,,,1.68,1.21,1.16,3＊3D

$ BDGSA,A,3,213,206,216,239,209,219,222,244,,,,,1.68,1.21,1.16,4＊08

表 4.11　GT-U13 模块 xxGSA 输出数据项含义

字　段	符　号	示　例	含义与说明
1	Message ID	$ GPGSA	GPGGA：GPS GSA
2	Mode 1	A	M：手动设置 2D 或 3D 模式 A：自动允许 2D 或 3D 模式
3	Mode 2	3	1：定位无效或定位不可用 2：2D 定位 3：3D 定位
4	ID of satellite used 1	18	
5	ID of satellite used 2	20	
6	ID of satellite used 3	15	12 颗用于定位的卫星 PRN 号
7	ID of satellite used 4	21	GPS：1~32
8	ID of satellite used 5	10	GPS SBAS：33~64
9	ID of satellite used 6	32	GLONASS：65~96
10	ID of satellite used 7		QZSS：193~199
11	ID of satellite used 8		BEIDOU：201~261
12	ID of satellite used 9		GALILEO：301~336
13	ID of satellite used 10		IRNSS：901~918
14	ID of satellite used 11		
15	ID of satellite used 12		
16	PDOP	1.68	PDOP
17	HDOP	1.21	HDOP
18	VDOP	1.16	VDOP
19		1	在 NMEA-0183 V4.10 中 1：GPS 2：GLONASS 3：GALILEO 4：BEIDOU 0：QZSS
20	Checksum	*18	校验和
21	EOL	<CR><LF>	CR 回车(\r)、LF 换行(\n)

（3）xxGSV：各系统定位，分别输出 GSV 数据格式，包括可见的卫星编号及其仰角、方位角和信噪比信息。该格式定义和示例语句如下，具体数据项含义如表 4.12 所示。

```
Message ID, Number of Message, Message Number, Satellites in View, Satellite ID, Elevation,
Azinmuth, SNR(C/NO), …… Checksum, EOL
$ GPGSV,3,1,11,18,72,252,37,193,64,38,,20,45,336,48,194,40,113,18 * 4F
$ GPGSV,3,2,11,22,39,291,,15,33,39,31,21,31,312,44,10,17,316,46 * 44
$ GPGSV,3,3,11,660,17,316,41,32,12,259,35,682,12,259,38 * 4E
$ GLGSV,2,1,07,75,39,72,,76,38,142,25,81,32,298,39,65,30,37,28 * 69
$ GLGSV,2,2,07,66,27,323,45,72,6,72,,84,,,24 * 68
$ GAGSV,2,1,06,309,48,327,49,959,48,327,41,336,43,294,45,986,43,94,46 * 68
$ GAGSV,2,2,06,305,17,277,39,955,17,277,39 * 61
$ BDGSV,4,1,16,213,77,259,37,208,64,172,,206,63,338,40,216,61,327,44 * 65
$ BDGSV,4,2,16,239,59,320,47,889,59,320,39,209,55,284,42,219,49,19,43 * 5A
```

151

$ BDGSV,4,3,16,869,49,19,48,235,31,244,,222,28,313,42,872,28,313,43 * 5C
$ BDGSV,4,4,16,205,25,257,30,207,16,166,,244,15,298,31,894,15,298,41 * 6F

表 4.12　GT-U13 模块 xxGSV 输出数据项含义

字　段	符　号	示　例	含义与说明
1	Message ID	$ BDGSV	BDGSV：BEIDOU GSA
2	Number of Message	4	GSV 语句总数,每条语句最多 4 条卫星信息,可分条目显示
3	Message Number	2	当前 GSV 语句序号
4	Satellites in View	16	视野内卫星个数
5	Satellite ID 1	239	当前条目序号 1：卫星编号
6	Elevation 1	59	当前条目序号 1：卫星仰角
7	Azinmuth 1	320	当前条目序号 1：卫星方位角
8	SNR(C/NO) 1	47	当前条目序号 1：卫星信噪比
9	Satellite ID 2	889	当前条目序号 2：卫星编号
10	Elevation 2	59	当前条目序号 2：卫星仰角
11	Azinmuth 2	320	当前条目序号 2：卫星方位角
12	SNR(C/NO) 2	39	当前条目序号 2：卫星信噪比
13	Satellite ID 3	209	当前条目序号 3：卫星编号
14	Elevation 3	55	当前条目序号 3：卫星仰角
15	Azinmuth 3	284	当前条目序号 3：卫星方位角
16	SNR(C/NO) 3	42	当前条目序号 3：卫星信噪比
17	Satellite ID 4	219	当前条目序号 4：卫星编号
18	Elevation 4	49	当前条目序号 4：卫星仰角
19	Azinmuth 4	19	当前条目序号 4：卫星方位角
20	SNR(C/NO) 4	43	当前条目序号 4：卫星信噪比
21	Checksum	* 5A	校验和
22	EOL	<CR><LF>	CR 回车(\r)、LF 换行(\n)

（4）GNRMC：多系统联合定位,输出 RMC 数据格式,包括推荐的最简导航信息。该格式定义和示例语句如下,具体数据项含义如表 4.13 所示。

Message ID, UTC Position, Status, Latitude, N/S indicator, Longitude, E/W Indicator, Speed Over Ground, Course Over Ground, Date(UTC), Magnetic variation, Magnetic Variation Direction, Fix Mode Checksum, EOL
$ GNRMC,130416.000,A,2234.74883,N,11356.77128,E,0.001,306.28,090720,,,A * 4F

表 4.13　GT-U13 模块 GNRMC 输出数据项含义

字　段	符　号	示　例	含义与说明
1	Message ID	$ GNRMC	GMRMC：联合 RMC
2	UTC Position	130416.000	hhmmss.sss,13 时 04 分 16 秒
3	Status	A	A：定位有效 V：定位无效
4	Latitude	2234.74883	ddmm.mmmmmm,取决于系统性能
5	N/S indicator	N	N：北纬；S：南纬

字　段	符　号	示　例	含义与说明
6	Longitude	11356.77128	dddmm.mmmmmm,取决于系统性能
7	E/W Indicator	E	E:东经;W:西经
8	Speed Over Ground	0.001	对地速度
9	Course Over Ground	306.28	对地航向,以真北为参考基准,沿顺时针方向至航向的角度
10	Date(UTC)	090121	DDMMYY,2021年1月9日
11	Magnetic variation		磁偏角
12	Magnetic Variation Direction		E:东 W:西
13	Fix Mode	A	A:自主模式 D:差分模式 R:RTK 实时定位模式 F:浮动 RTK P:精准 RTK S:模拟器模式
14	Checksum	*4F	校验和
15	EOL	<CR><LF>	CR 回车(\r)、LF 换行(\n)

　　GNSS 模块每个数据包中默认包含的信息较多,需要占用微处理器大量资源保存信息并处理信息,因此 GT-U13 等 GNSS 模块普遍提供了修改波特率和数据包输出信息等设置的方法,具体步骤不再介绍。

　　使用 STM32 接收并解析 GNSS 信息时,STM32 的 UART 底层需要完成 GNSS 信息的保存工作,以从 RMC 中提取 UTC 时间和经纬度信息为例,部分 UART1 中断服务程序 USART1_IRQHandler(void)中代码如下。

```
if(USART_GetITStatus(USART1, USART_IT_RXNE) != RESET) {
    Res = USART_ReceiveData(USART1);                         //读取接收到的数据
    if(Res == ' $ ') {
        point1 = 0;
    }
USART_RX_BUF[point1++] = Res;
//判定是否收到"GPRMC/GNRMC"这一帧数据
    if(USART_RX_BUF[0] == ' $ '&& USART_RX_BUF[4] == 'M'&& USART_RX_BUF[5] == 'C') {
        if(Res == '\n') {
            memset(Save_Data.GPS_Buffer,0,GPS_Buffer_Length); //清空
            memcpy(Save_Data.GPS_Buffer,USART_RX_BUF,point1); //保存
            Save_Data.isGetData = true;
            point1 = 0;
            memset(USART_RX_BUF, 0, USART_REC_LEN);          //清空
        }
    }
    if(point1 >= USART_REC_LEN) {
        point1 = USART_REC_LEN;
    }
}
```

机器人的微控制系统

　　设置好 STM32 微处理器的串口和中断后,每当 STM32 通过串口成功接收到一个字符就会进入中断服务程序 USART1_IRQHandler(void)。中断服务程序通过字符 '$ '、'M '、'C '和 '\n '判断数据的有效范围,并将数据保存到结构体 Save_Data 的 GPS_Buffer 元素中,然后在主循环中处理该数据,部分代码如下。

```
if (i == 0) {
    if ((subString = strstr(Save_Data.GPS_Buffer, ",")) == NULL)
        errorLog(1);                         //解析错误
} else {
    subString++;
    if ((subStringNext = strstr(subString, ",")) != NULL) {
        char usefullBuffer[2];
        switch(i) {
        case 1:                              //获取 UTC 时间
        memcpy(Save_Data.UTCTime, subString, subStringNext - subString);
        break;
        case 2:                              //获取 UTC 时间
        memcpy(usefullBuffer, subString, subStringNext - subString);
        break;
        case 3:                              //获取纬度信息
        memcpy(Save_Data.latitude, subString, subStringNext - subString);
        break;
        case 4:                              //获取 N/S
        memcpy(Save_Data.N_S, subString, subStringNext - subString);
        break;
        case 5:                              //获取经度信息
        memcpy(Save_Data.longitude, subString, subStringNext - subString);
        break;
        case 6:                              //获取 E/W
        memcpy(Save_Data.E_W, subString, subStringNext - subString);
        break;
        default:break;
        }
    subString = subStringNext;
    Save_Data.isParseData = true;
    if(usefullBuffer[0] == 'A')
        Save_Data.isUsefull = true;
    else if(usefullBuffer[0] == 'V')
        Save_Data.isUsefull = false;
    } else {
        errorLog(2);                         //解析错误
    }
}
```

　　上述代码中,需要提取的 UTC 时间和经纬度信息都位于前 7 个","之前,因此,只要上述代码循环执行 7 次,即可从正常的 RMC 数据条目中提取出有效信息,并保存在 Save_Data 结构体的对应元素中,而 usefullBuffer[0]中则保存了数据有效性标识。

4.3.2　AB 相编码器

图 3.12(a)介绍了增量式旋转编码器的组成结构、工作原理和输出信号特性,由于这类传感器一般具有 A、B 两个输出,且在编码器旋转方向不同时,A、B 输出的信号形式不同,也被称为 AB 相编码器或正交编码器,如图 4.28 所示。

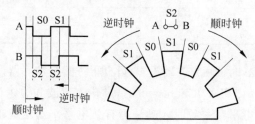

图 4.28　AB 相旋转编码器的输出规律

可以直接使用 STM32 的定时器来捕获 AB 相的输出信号,即设定 STM32 的某个定时器 TIMx 工作在编码器模式(TIM_EncoderMode_TI12,STM32 中只有通道 CH1 和 CH2 支持编码器模式),以使用该功能,该功能内部连接如图 4.29 所示。

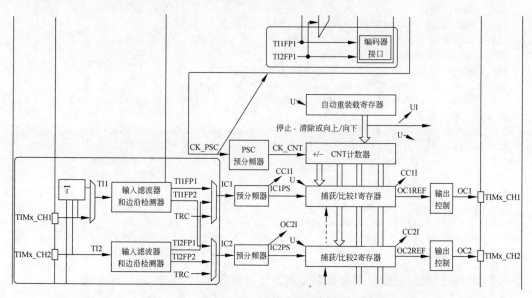

图 4.29　STM32 定时器的编码器模式内部连接

以使用 TIM3 进行编码器检测为例,在电压匹配的情况下,分别将编码器的 A 相和 B 相输出连接至 PA6 和 PA7,即 TIM3_CH1 和 TIM3_CH2,分别作为 TI1 和 TI2,经过输入滤波和边缘检测后,映射产生 TI1FP1 和 TI2FP2 两路信号,进入编码接口。

输入滤波和边缘检测功能可以有效地去除编码器信号中的抖动,通过在 ICxF[3:0]位设置采样频率和采样次数即可实现该功能,该功能在 FWLib 中表示为 TIM_ICInitStructure. TIM_ICFilter,如表 4.14 所示。

表 4.14　ICxF[3:0]功能说明

值	含　义	值	含　义
0	无滤波、$f_{sampling}=f_{DTS}$	8	$f_{sampling}=f_{DTS}/8,N=6$
1	$f_{sampling}=f_{CK\_INT},N=2$	9	$f_{sampling}=f_{DTS}/8,N=8$
2	$f_{sampling}=f_{CK\_INT},N=4$	10	$f_{sampling}=f_{DTS}/16,N=5$
3	$f_{sampling}=f_{CK\_INT},N=8$	11	$f_{sampling}=f_{DTS}/16,N=6$
4	$f_{sampling}=f_{DTS}/2,N=6$	12	$f_{sampling}=f_{DTS}/16,N=8$
5	$f_{sampling}=f_{DTS}/2,N=8$	13	$f_{sampling}=f_{DTS}/32,N=5$
6	$f_{sampling}=f_{DTS}/4,N=6$	14	$f_{sampling}=f_{DTS}/32,N=6$
7	$f_{sampling}=f_{DTS}/4,N=8$	15	$f_{sampling}=f_{DTS}/32,N=8$

其中,CK_INT 和 DTS 时钟由定时器设置,可自行查阅与定时器设置相关的资料。例如,当设置 TIM_ICInitStructure. TIM_ICFilter=6 时,则输入滤波和边缘检测功能以 $f_{DTS}/4$ 的频率进行采样,采样 6 次的电平都一致时才确认为有效电平。与定时器相关的部分关键代码如下。

```
GPIO_InitStructure.GPIO_Pin = GPIO_Pin_6 | GPIO_Pin_7;        //PA6、PA7 设置
GPIO_InitStructure.GPIO_Mode = GPIO_Mode_IN_FLOATING;         //浮空输入
GPIO_InitStructure.GPIO_Speed = GPIO_Speed_50MHz;
GPIO_Init(GPIOA, &GPIO_InitStructure);                        //初始化 GPIOA
TIM_DeInit(TIM3);                                            //定时器初始化
TIM_TimeBaseStructInit(&TIM_TimeBaseStructure);
TIM_TimeBaseStructure.TIM_Period = 65535;                    //预装载值
TIM_TimeBaseStructure.TIM_Prescaler = 0;                     //预分频
TIM_TimeBaseStructure.TIM_ClockDivision = TIM_CKD_DIV1;
TIM_TimeBaseStructure.TIM_CounterMode = TIM_CounterMode_Up;
TIM_TimeBaseInit(TIM3, &TIM_TimeBaseStructure);
//编码器模式配置
TIM_EncoderInterfaceConfig ( TIM3, TIM _ EncoderMode _ TI12, TIM _ ICPolarity _ Falling, TIM _
ICPolarity_Falling);                                         //TI1、TI2
TIM_ICStructInit(&TIM_ICInitStructure);
TIM_ICInitStructure.TIM_ICFilter = 6;                       //ICx_FILTER;
TIM_ICInit(TIM3, &TIM_ICInitStructure);
TIM_ClearFlag(TIM3, TIM_FLAG_Update);                       //清除中断标志
TIM_ITConfig(TIM3, TIM_IT_Update, ENABLE);                  //使能定时器中断
TIM_SetCounter(TIM3, 0x7FFF);                               //Reset counter
TIM_Cmd(TIM3, ENABLE);                                      //使能定时器
```

在读取编码器计数值时,直接读取定时器计数器即可,读取方法如下。

```
long EncoderCount = TIM_GetCounter(TIM3) - 0x7FFF;
```

4.3.3　温湿度传感器 DHT11

DHT11 是一种单总线式的温度传感器,其通信接口和协议不同于 UART、SPI 或 I^2C 等通用总线,STM32 等微处理器中都没有内置相应的硬件模块可以直接与之通信。因此,只能通过 GPIO 模拟协议与之进行通信,以 STM32 的 PB11 连接 DHT11 的 DATA 数据线为例,介绍部分主要功能代码。

当需要使用 GPIO 模拟通信协议时，GPIO 需要不断设置处于发送数据或者接收数据状态，即输出或者输入模式，定义切换输出输入模式的函数。

```c
void Dht11GPIOInput(void) {                                        //输入模式
    GPIO_InitTypeDef GPIO_InitStructure;
    RCC_APB2PeriphClockCmd(RCC_APB2Periph_GPIOB, ENABLE);
    GPIO_InitStructure.GPIO_Pin = GPIO_Pin_11;
    GPIO_InitStructure.GPIO_Speed = GPIO_Speed_50MHz;
    GPIO_InitStructure.GPIO_Mode = GPIO_Mode_IN_FLOATING; //浮空输入
    GPIO_Init(DHT11_GPIO_TYPE, &GPIO_InitStructure);
}
void Dht11GPIOOutput(void) {                                       //输出模式
    GPIO_InitTypeDef GPIO_InitStructure;
    RCC_APB2PeriphClockCmd(RCC_APB2Periph_GPIOB, ENABLE);
    GPIO_InitStructure.GPIO_Pin = GPIO_Pin_11;
    GPIO_InitStructure.GPIO_Speed = GPIO_Speed_50MHz;
    GPIO_InitStructure.GPIO_Mode = GPIO_Mode_Out_PP;      //推挽输出
    GPIO_Init(DHT11_GPIO_TYPE, &GPIO_InitStructure);
}
```

并进行宏定义：

```c
#define DHT11_OUT_H        GPIO_SetBits(DHT11_GPIO_TYPE, DHT11_GPIO_PIN)
#define DHT11_OUT_L        GPIO_ResetBits(DHT11_GPIO_TYPE, DHT11_GPIO_PIN)
#define DHT11_IN           GPIO_ReadInputDataBit(DHT11_GPIO_TYPE, DHT11_GPIO_PIN)
```

根据 DHT11 数据手册，定义与 DHT11 相关的部分功能函数如下。

```c
void Dht11Reset(void) {
    Dht11GPIOOutput ();
    DHT11_OUT_L;
    delay_us(19000);
    DHT11_OUT_H;
    delay_us(30);
    Dht11GPIOInput();
}
u16 Dht11ReadBit(void) {
    while(DHT11_IN == RESET);
    delay_us(40);
    if (DHT11_IN == SET) {
        while (DHT11_IN == SET);
        return 1;
    } else {
        return 0;
    }
}
u16 Dht11ReadByte(void) {
    u16 i, data = 0;
    for (i = 0; i < 8; i++) {
        data <<= 1;
        data |= dht11_read_bit();
    }
    return data;
}
```

```c
u16 dht11_read_data(u8 buffer[5]) {
    u16 i = 0;
    Dht11Reset();
    if(DHT11_IN == RESET) {
        //检测是否有 DHT11 响应
        while (DHT11_IN == RESET);
        while (DHT11_IN == SET);
        for(i = 0; i < 5; i++) {
            buffer[i] = Dht11ReadByte();
        }
        while(DHT11_IN == RESET);
        Dht11GPIOOutput();
        DHT11_OUT_H;
        //计算校验
        u8 checksum = buffer[0] + buffer[1] +
buffer[2] + buffer[3];
        if (checksum != buffer[4]) {
                return 1;
        }
    }
    return 0;
}
```

采集成功时,所采集的温度和湿度值分别为:

温度值: buffer[2]+buffer[3]/10.0;

湿度值: buffer[0]+buffer[1]/10.0;

通过上述代码可见,当微处理器不具备底层通信模块时,则需要使用GPIO自行模拟协议的时序状态、及时调整GPIO的输入输出状态、及时通过GPIO读写数据、整理数据,此外,代码还需要具有完善的逻辑和应急措施,上述示例代码中,就存在着逻辑缺陷,可能会导致程序的死锁。

4.3.4 陀螺仪和加速度传感器 MPU6050

相对于需要用户通过程序控制GPIO实现时序通信的DHT11而言,采用标准I^2C协议的MPU6050的通信显得非常简化。连接时,需要MPU6050提供3.3V供电,GND直接连接、SCL可连接STM32的PB6、SDA可连接STM32的PB7,本示例将使用STM32的内置I^2C功能实现通信,部分关键代码如下。

```
GPIO_InitTypeDef GPIO_InitStructure;
RCC_APB2PeriphClockCmd(RCC_APB2Periph_GPIOB, ENABLE);    //GPIOB
RCC_APB1PeriphClockCmd(RCC_APB1Periph_I2C1, ENABLE);     //I²C1
GPIO_InitStructure.GPIO_Pin = GPIO_Pin_6 | GPIO_Pin_7;   //PB6 + PB7
GPIO_InitStructure.GPIO_Speed = GPIO_Speed_50MHz;
GPIO_InitStructure.GPIO_Mode = GPIO_Mode_AF_OD;          //引脚外加上拉
GPIO_Init(GPIOB, &GPIO_InitStructure);
```

直接使用STM32内部的I^2C模块,只需要按照MPU6050的I^2C协议格式配置STM32对应寄存器即可,相关宏定义不再列出。

```
void I2C_Configuration(void) {
    I2C_InitTypeDef I2C_InitStructure;
    I2C_InitStructure.I2C_Mode = I2C_Mode_I2C;          //I²C模式
    I2C_InitStructure.I2C_DutyCycle = I2C_DutyCycle_2;
    I2C_InitStructure.I2C_OwnAddress1 = 0xc0;           //STM32自身地址
    I2C_InitStructure.I2C_Ack = I2C_Ack_Enable;
    I2C_InitStructure.I2C_AcknowledgedAddress = I2C_AcknowledgedAddress_7bit;
    I2C_InitStructure.I2C_ClockSpeed = 100000;
    I2C_Init(I2C1, &I2C_InitStructure);
    I2C_Cmd(I2C1, ENABLE);
}
```

通过I^2C向MPU写入数据时,可以直接调用FWLib中的相关功能函数。

```
void MPU6050_I2C_ByteWrite(u8 slaveAddr, u8 pBuffer, u8 writeAddr) {
    I2C_GenerateSTART(I2C1, ENABLE);                    //发送开始信号
    while(!I2C_CheckEvent(I2C1, I2C_EVENT_MASTER_MODE_SELECT));
    //发送MPU6050的地址和读写操作位(写)
    I2C_Send7bitAddress(I2C1, slaveAddr, I2C_Direction_Transmitter);
    while(!I2C_CheckEvent(I2C1,I2C_EVENT_MASTER_TRANSMITTER_MODE_SELECTED));
    I2C_SendData(I2C1, writeAddr);                      //发送待写地址
    while(!I2C_CheckEvent(I2C1, I2C_EVENT_MASTER_BYTE_TRANSMITTED));
    I2C_SendData(I2C1, pBuffer);                        //发送待写入内容
```

```
    while(!I2C_CheckEvent(I2C1, I2C_EVENT_MASTER_BYTE_TRANSMITTED));
    I2C_GenerateSTOP(I2C1, ENABLE);                          //发送结束信号
}
```

首先,初始化 MPU6050。

```
void MPU6050_Initialize() {
    //分别是:唤醒 MPU6050、陀螺仪采样频率 1kHz
    MPU6050_I2C_ByteWrite(0xd0, 0x00, MPU6050_RA_PWR_MGMT_1);
    MPU6050_I2C_ByteWrite(0xd0, 0x07, MPU6050_RA_SMPLRT_DIV);
    //低通滤波器截止频率 1kHz,带宽 5kHz
    MPU6050_I2C_ByteWrite(0xd0, 0x06, MPU6050_RA_CONFIG);
    //加速度量程 2g、不自检、角速度 2000°/s(度/秒)、不自检
    MPU6050_I2C_ByteWrite(0xd0, 0x01, MPU6050_RA_ACCEL_CONFIG);
    MPU6050_I2C_ByteWrite(0xd0, 0x18, MPU6050_RA_GYRO_CONFIG);
}
```

通过调用读取 MPU6050 寄存器的函数,获取加速度传感器和陀螺仪的数据。

```
void MPU6050_BufferRead(u8 slaveAddr,u8 * pBuff,u8 readAddr,u16 Bytes) {
    while(I2C_GetFlagStatus(I2C1, I2C_FLAG_BUSY));            //等待总线空闲
    I2C_GenerateSTART(I2C1, ENABLE);                         //发送开始信号
    while(!I2C_CheckEvent(I2C1, I2C_EVENT_MASTER_MODE_SELECT));
    I2C_Send7bitAddress(I2C1, slaveAddr, I2C_Direction_Transmitter);
    while(!I2C_CheckEvent(I2C1,I2C_EVENT_MASTER_TRANSMITTER_MODE_SELECTED));
    I2C_Cmd(I2C1, ENABLE);                                   //清除 EV6 标志位
    I2C_SendData(I2C1, readAddr);                            //发送待读地址
    while(!I2C_CheckEvent(I2C1, I2C_EVENT_MASTER_BYTE_TRANSMITTED));
    I2C_GenerateSTART(I2C1, ENABLE);                         //再发开始信号
    while(!I2C_CheckEvent(I2C1, I2C_EVENT_MASTER_MODE_SELECT));
    //发送 MPU6050 的地址和读写操作位(读)
    I2C_Send7bitAddress(I2C1, slaveAddr, I2C_Direction_Receiver);
    while(!I2C_CheckEvent(I2C1, I2C_EVENT_MASTER_RECEIVER_MODE_SELECTED));
    while(Bytes){                                            //需要读取数据
        if(Bytes == 1) {
            I2C_AcknowledgeConfig(I2C1, DISABLE);            //禁止 STM32 应答
            I2C_GenerateSTOP(I2C1, ENABLE);                 //发送结束信号
        }
        if(I2C_CheckEvent(I2C1, I2C_EVENT_MASTER_BYTE_RECEIVED)) {
            * pBuff = I2C_ReceiveData(I2C1);                //读 MPU6050
            pBuff++;                                         //连续读
            Bytes -- ;                                       //计数器
        }
    }
    I2C_AcknowledgeConfig(I2C1, ENABLE);                     //完成、确认
}
void MPU6050_GetRawAccelGyro(s16 * AccelGyro) {
    u8 tmpBuffer[14], i;
    MPU6050_I2C_BufferRead(0xd0, tmpBuffer, 0x3B, 14);       //0x3B 开始
    for(i = 0; i < 3; i++)                                   //加速度
        AccelGyro = ((s16)((u16)tmpBuffer[2 * i] << 8) + tmpBuffer[2 * i + 1]);
    for(i = 4; i < 7; i++)                                   //陀螺仪
```

```
        AccelGyro[i-1]=((s16)((u16)tmpBuffer[2*i]<<8)+tmpBuffer[2*i+1]);
    }
```

尽管与 MPU6050 通信的复杂度远高于与 DHT11 通信,但由于使用了硬件 I^2C 模块,发送起始信号、侦听总线等复杂时序的底层工作可以交由硬件模块自动完成,通过调用 FWLib 中 I2C_GenerateSTART 和 I2C_CheckEvent 等函数即可完成功能,大大简化了开发难度。可见,在微处理器内部有硬件接口和协议支持时,应优先使用内部硬件模块。

4.3.5 电流传感器 ACS714/ACS758

ACS7xx 系列霍尔电流传感器可以在与被测电路隔离的情况下完成电流测量功能,如图 4.30(b)所示。以 ACS714 为例,其具有 $\pm 5A(185mV/A)$、$\pm 20A(100mV/A)$、$\pm 30A$ $(66mV/A)$ 和 $\pm 50A(40mV/A)$ 四类量程和测量精度,因此在使用时应根据量程选择具体型号。

ACS714 供电电压为 5V,其典型工作电路如图 4.30(a)所示,当流过传感器的电流为 $I_P = 0A$ 时,$V_{IOUT} = 2.5V$。在选用 $\pm 5A$ 型号时:

(1) 若 $I_P = 4A$,$V_{IOUT} = 2.5V + 4A \times 0.185V/A = 3.24V$。

(2) 若 $I_P = -4A$,$V_{IOUT} = 2.5V - 4A \times 0.185V/A = 1.76V$。

反之,也可以根据采集到的 V_{IOUT} 值计算出流过传感器的电流值 I_P。

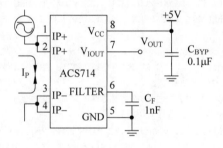

(a) ACS714的典型工作电路

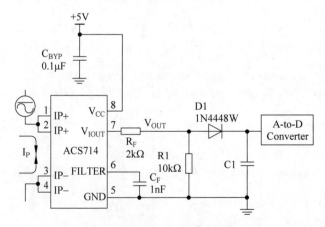

(b) ACS714输出变换为3.3V范围的电路

图 4.30 ACS714 电气连接示意图

在使用 STM32 捕获 ACS714 的模拟电压输出时,应进行适当的电压变换以避免 ACS714 输出电压超出 STM32 的 AD 最大工作电压,如图 4.30(b)所示。

STM32 的 AD 有三种工作模式:查询模式、中断模式和 DMA 模式。本节以查询模式为例介绍 AD 工作方法。使用 PA2 作为 AD 采集 AIN2 的输入端。

```
GPIO_InitTypeDef GPIO_InitStructure;                                //GPIO
RCC_APB2PeriphClockCmd(RCC_APB2Periph_ADC1|RCC_APB2Periph_GPIOA,ENABLE);
GPIO_InitStructure.GPIO_Pin = GPIO_Pin_2;                           //配置 PA2 引脚
GPIO_InitStructure.GPIO_Mode = GPIO_Mode_AIN;                       //模拟输入
GPIO_Init(GPIOA, &GPIO_InitStructure);                             //PA2
ADC_InitTypeDef ADC_InitStructure;                                 //ADC
ADC_InitStructure.ADC_Mode = ADC_Mode_Independent;                 //独立 ADC 模式
ADC_InitStructure.ADC_ScanConvMode = DISABLE;                      //禁止扫描模式
ADC_InitStructure.ADC_ContinuousConvMode = ENABLE;                 //连续转换模式
//不使用外部触发转换
ADC_InitStructure.ADC_ExternalTrigConv = ADC_ExternalTrigConv_None;
ADC_InitStructure.ADC_DataAlign = ADC_DataAlign_Right;             //数据右对齐
ADC_InitStructure.ADC_NbrOfChannel = 1;                            //通道数目 1
ADC_Init(ADC1,&ADC_InitStructure);
RCC_ADCCLKConfig(RCC_PCLK2_Div8);                                  //8 分频,9MHz
//配置 ADC1 的通道 2 位 55.5 个采集周期
ADC_RegularChannelConfig(ADC1,ADC_Channel_2, 1, ADC_SampleTime_55Cycles5);
ADC_Cmd(ADC1,ENABLE);
ADC_ResetCalibration(ADC1);                                        //复位校准
while(ADC_GetResetCalibrationStatus(ADC1));                        //等待复位完成
ADC_StartCalibration(ADC1);                                        //ADC 校准
while(ADC_GetCalibrationStatus(ADC1));                             //等待校准完成
ADC_SoftwareStartConvCmd(ADC1,ENABLE);                             //软件触发
```

上述初始化完毕后,ADC 将开始连续转换,当需要访问采集结果时,只需要调用 ADC_GetConversionValue(ADC1)并对采集结果进行转换。

```
ADC_ConvertedValue = ADC_GetConversionValue(ADC1);
ADC_ConvertedValueLocal = (float)ADC_ConvertedValue/4096 * 3.3;
```

最后,还需要对电压值 ADC_ConvertedValueLocal 进行变换,转换为 I_P 上的电流值即可。

4.4 机器人的数据通信

机器人内部部件之间的数据通信以有线为主,包括基于 UART 的 RS232 接口和 RS485 总线、CAN 总线、LIN 总线等,这些有线通信适用于机器人内部通信或固定机器人之间通信。由于这些技术比较成熟,因此本节不再介绍相关内容,而以各类移动机器人中所使用的各类无线通信和有缆机器人中常使用的高速通信为主介绍机器人的数据通信方式。

4.4.1 传统无线通信模块

传统无线通信模块一般指需要用户自行配置模块、设置模块工作方式、按照模块工作协议控制模块收发的模块,包括无协议无线通信模块和基于网络协议的无线通信。

1. 无协议无线通信模块

无协议模块的无线通信主要指无线通信模块内部仅集成无线收发的相关功能,如调制和解调、错误检测等基本功能和 SNR 检测等高级功能。但其内部不支持 IEEE 802.11 和 IEEE 802.15.4 等组网通信协议的一类无线通信功能模块,这类模块的接口简单、功能简单、使用简单,常见的包括 CC1101、nRF905b、SI4432 等短距离无线通信模块,几种模块的主要参数如表 4.15 所示。

表 4.15 三种短距离无线通信模块性能对比

模 块 型 号	CC1101	nRF905b	SI4432
工作频段	315/433/915MHz	433/868/915MHz	315/433/868/915MHz
接收灵敏度	-116dBm@433MHz、-112dBm@868MHz	-100dBm	-121dBm
发射功率	$+20$dBm@868MHz、$+27$dBm@915MHz	$+10$dBm	$+20$dBm
通信速率	$0.6\sim600$kb/s	100kb/s	$0.123\sim256$kb/s
载波检测	CS、CCA	CCA	CS、CCA、LBT
通信质量	PQI、LQI	—	RSSI
工作电压	$1.8\sim3.6$V	$1.9\sim3.6$V	$1.8\sim3.6$V
工作电流	最大 34mA	最大 12.5mA	最大 85mA
低功耗模式	200nA@Sleep mode	2.5uA@Power down	1uA@sleep mode
通信距离	小于 500m	小于 200m	小于 1000m
接口类型	SPI	SPI	SPI

以 SI4432 模块为例,根据 Silicon Labs 的推荐电路,除了 VCC 和 GND 之外,SI4432 需要与微处理器至少连接 SDI、SDO、SCK 和 nIRQ、nSEL,当需要使用 shutdown 功能时,还需要连接 SDN(若不使用 SDN 则应接 GND)。若使用 STM32 的 SPI2 和 GPIO 连接 SI4432,即有如下对应的连接 SDN-PB11、nIRQ-PB10、nSEL-PB12、SCLK-PB13、SDI-PB15、SDO-PB14。首先初始化 GPIO、设置 SPI2:

```
RCC -> APB2ENR | = 1 << 3;              //使能 PORTB 时钟
GPIOB -> CRH & = 0xFFF000FF;            //PA10 成上拉输入
GPIOB -> CRH | = 0x00033800;            //PA11 12 推挽输出 1
GPIOB -> ODR | = 0x07 << 10;            //PA10 上拉
RCC -> APB1ENR| = 1 << 14;              //SPI2 时钟使能
GPIOB -> CRH & = 0x000FFFFF;
GPIOB -> CRH | = 0xBBB00000;            //PB13 14 15 复用
GPIOB -> ODR | = 0x07 << 13;            //PB13 14 15 上拉
SPI2 -> CR1 | = 0 << 10;                //全双工模式
SPI2 -> CR1 | = 1 << 9;                 //软件 NSS
SPI2 -> CR1 | = 1 << 8;
SPI2 -> CR1 | = 1 << 2;                 //SPI 主机
SPI2 -> CR1 | = 0 << 11;                //8b 数据格式
SPI2 -> CR1 | = 1 << 1;                 //空闲 SCK = 1 CPOL = 1
SPI2 -> CR1 | = 1 << 0;                 //数据采样从第二个时间边沿开始,CPHA = 1
//对 SPI2 属于 APB1 的外设.时钟频率最大为 36MHz
SPI2 -> CR1 | = 3 << 3;                 //Fsck = Fpclk1/256
```

```
SPI2 - > CR1 | = 0 << 7;                        //MSB first
SPI2 - > CR1 | = 1 << 6;                        //SPI 设备使能
SPI2_ReadWriteByte(0xff);                        //启动传输
```

上述初始化方法与前述的直接调用 STM32 FWLib 的方法有所不同,一般称之为寄存器控制法,指在修改微处理器的功能时,直接访问处理器寄存器地址。这种设置方法在早期使用 ARM 处理器或 MSP430 处理器的代码中很常见。

SI4432 在工作过程中,需要通过 SPI 与用户自行完成信道侦听、切换模块的收发状态等工作,部分关键代码如下。

```
# define TX1_RX0SPI_RW_Reg(0x0e|0x80, 0x01)      //发射状态的天线开关
# define TX0_RX1SPI_RW_Reg(0x0e|0x80, 0x02)      //接收状态的天线开关
void SetRX_Mode(void) {                          //设置 SI4432 为接收模式
    SPI_RW_Reg(WRITEREG + 0x07, 0x01);           //进入 Ready 模式
    delay_ms(5);
    TX0_RX1;                                      //设置天线开关
    delay_ms(5);
    //清空接收 FIFO
    SPI_RW_Reg(WRITEREG + 0x08, SPI_RW_Reg(READREG + 0x08,0x00)|0x02);
    SPI_RW_Reg(WRITEREG + 0x08, SPI_RW_Reg(READREG + 0x08, 0x00)&0xFD);
    SPI_RW_Reg(READREG + 0x03, 0x00);            //清除现有中断标志
    SPI_RW_Reg(READREG + 0x04, 0x00);
    SPI_RW_Reg(WRITEREG + 0x05, 0x02);           //允许收整包数据中断
    SPI_RW_Reg(WRITEREG + 0x07, 0x05);           //进入接收模式
}
void SetTX_Mode(void) {                          //设置 SI4432 为发送模式
    SPI_RW_Reg(WRITEREG + 0x07, 0x01);           //模块进入 Ready 模式
    delay_ms(5);
    TX1_RX0;                                      //设置天线开关
    TX0_RX1;
    delay_ms(5);
    SPI_RW_Reg(WRITEREG + 0x08, SPI_RW_Reg(READREG + 0x08, 0x00)|0x01);
    SPI_RW_Reg(WRITEREG + 0x08, SPI_RW_Reg(READREG + 0x08, 0x00)&0xFE);
    SPI_RW_Reg(READREG + 0x03, 0x00);            //清除现有中断标志
    SPI_RW_Reg(WRITEREG + 0x05, 0x04);           //允许整包发射产生中断
    delay_ms(5);
}
```

在使用 SI4432 时,除了需要设置收发切换之外,还需要完成设置负载电容、设置 FIFO、设置 Preamble、设定同步字、设置发射头、设置发射功率、设置跳频功能和设置频偏等工作,其过程较为复杂,相关程序不再列出。这些复杂的过程通用性弱,影响了使用过程中的便利性,针对模块所定制协议也不利于机器人中无线通信系统的升级和换代。

2. 基于网络协议的无线通信模块

SI4432 等无协议模块除了使用不便之外,还不能实现多跳传输也限制了模块的通信距离和通信组网功能,而基于 IEEE 802.15.4 协议的 ZigBee 技术则可以实现上述功能。

ZigBee 是 TI 公司在 IEEE 802.15.4 所定义的物理层和 MAC 层基础之上开发出的自组网协议,目前运行 ZigBee 协议栈的芯片是 TI 公司的 CC2530 SoC。ZigBee 技术具有以下

特点：①低功耗，在低耗电待机模式下，两节 5 号干电池可支持一个节点工作 6～24 个月，甚至更长的工作时间，可以显著延长网络寿命；②低成本，ZigBee 免除了协议专利费，而 CC2530 芯片价格也仅为 20 元；③低速率，ZigBee 的最大传输速率仅为 250kb/s，并提供了 250kb/s、40kb/s 和 20kb/s 三种选择，满足低速率传输数据的应用需求；④近距离，ZigBee 的传输范围在 100m 以内，增加发射功率后其传输距离也小于 3km；⑤短时延，ZigBee 的响应速度较快，节点唤醒到接入网络可以在 30ms 内完成；⑥高容量，ZigBee 可采用星状、片状和网状网络结构，最多可组成 65 000 个节点的大型多跳网络。此外，ZigBee 还具有高安全等特性。但 ZigBee 低功耗等优势对于 ROV 领域应用显得并不重要，反而是其较高的载波频率（2.4GHz）、较低的发射功率（CC2530 为 0dBm）严重影响了信号在水面的传输距离，不建议在需要单节点远传的水面场合使用 ZigBee 技术。

用户在使用 CC2530 等 ZigBee 设备组网时，可以直接使用 Z-Stack 协议栈实现组网功能，而用户只需要设置网络标识和节点标识、定义 CC2530 所要执行的功能或要检测的数据、定义数据传输的目的节点即可，适合在大规模移动机器人领域使用。

3. 无线串口模块

严格意义上，无线串口模块或设备使用的依然是 SI4432 等无协议无线通信模块或 CC2530 等基于网络协议的无线通信模块。但无线串口在其基础之上进行了改进，增加了专门用于控制通信的微处理器和控制程序，简化了模块使用过程。用户在使用无线串口模块时，只需要预先进行简单的配置，如发射功率和通信信道等，即可直接利用模块组成"透明通信"，收发端之间完全可以忽略无线通信的存在，易于更新换代。

普通无线串口模块的通信距离与 SI4432 或 CC2530 相近，一般小于 1km。如亿佰特公司生产的 E61-433T17D 型 433MHz 频段无线数传模块，在设置为传输模式时，即可构成透明传输的无线串口，直接与微处理器的 UART 相连，支持 9600～57 600 等标准串口波特率，且支持加密传输，该模块的外观如图 4.31(a) 所示。

大功率的无线串口又称数传电台，但两者的界限比较模糊，一般将通信距离在 1km 以上或者采用工业外壳包装的无线数传模块称为数传电台，如亿佰特公司生产的 E22-400T30D 模块或 E70-DTU(433NW30) 无线数传电台，如图 4.31(b) 所示。该 DTU(Data Transfer Unit) 工作在 433MHz 频段，支持 RS232 或 RS485 接口，通信距离可达 6.5km，且支持协调器组网模式，可实现 1 个协调器与 200 个节点之间的通信，在透传模式下还可支持带有长/短地址的发送模式，具体使用方法可查阅模块数据手册，详细参数和使用方法不再列出。

(a) E61-433T17D型无线数传模块　　(b) E70-DTU(433NW30)无线数传电台

图 4.31　无线串口和数传电台外观

4.4.2 Wi-Fi 模块

Wi-Fi 模块包括各类使用 Wi-Fi 技术进行无线通信的模块,主要包括串口转 Wi-Fi、内置 MCU＋Wi-Fi、以太网＋Wi-Fi 设备三类。每一类设备中,又因为 Wi-Fi 设备在网络中的角色不同而可以分为 AP 和 Station(STA)两类。AP 指 Access Point,提供无线接入服务,允许其他无线设备接入,提供数据访问,一般的家用无线路由器即工作在 AP 模式下;Station 指无线终端,本身并不接受无线的接入,只能连接到 AP 后访问网络资源,一般笔记本电脑和手机中的无线网卡即工作在该模式下。此外还有 Mesh 模式,但目前应用不多。

ESP8266 是一款集成了微处理器的 Wi-Fi 模块,其内部集成有 Tensilica L106 超低功耗 32 位微处理器,支持 16 位精简模式,主频支持 80MHz 和 160MHz 两种模式,支持 RTOS,集成 Wi-Fi MAC/B/RF/PA/LNA,板载天线,模块支持标准的 IEEE 802.11b/g/n 协议和完整的 TCP/IP 协议栈。用户可以使用该模块为现有的设备添加联网功能,也可以构建独立的网络控制器。ESP8266 模块外观如图 4.32(a)所示。

ESP8266 的工作状态查询与设置需要使用 AT 指令完成,相关指令和反馈信息主要如表 4.16 所示。

表 4.16　ESP8266 在 Station 模式下的部分 AT 指令集

指　　令	返　回	解　　释
AT	OK	测试 UART 与 ESP8266 连接状态
AT＋RST	OK	复位 ESP8266(不清除配置)
AT＋GMR	OK	查询版本信息,返回内容形式如下: AT version:1.2.0.0(Jul 1 2016 20:04:45) SDK version:1.5.4.1(39cb9a32) Ai-Thinker Technology Co.,Ltd. Integrated AiCloud 2.0 v0.0.0.5 Build:1.5.4.1 Mar 24 2017 11:06:56
AT＋CIOBAUD＝BAUDRATE 如: AT＋CIOBAUD＝115200	OK	BAUDRATE 建议选择标准波特率,包括 1200、2400、4800、9600、14 400、19 200、38 400、43 000、57 600、76 800、115 200、128 000 和 230 400
AT＋CWMODE＝MODE 或保存为默认 AT＋CWMODE_DEF＝ MODE	OK	设置工作模式,MODE 可选 1、2 或 3。 1:Station 模式 2:AP 模式 3:Station＋AP 模式 注:重启(AT＋RST)后生效
AT＋CWJAP＝SSID,PWD 或保存为默认 AT＋CWJAP_DEF＝SSID,PWD	OK	SSID:待加入的 Wi-Fi 名称 PWD:该 Wi-Fi 的密码 例如: AT＋CWJAP="ssid","password"
AT＋CWQAP	OK	断开与当前 AP 的连接
AT＋CIFSR	OK	查询地址信息,返回内容形式如下: ＋CIFSR:STAIP,"192.168.1.102" ＋CIFSR:STAMAC,"68:c6:3a:f4:cf:dd"

机器人的微控制系统

指　　令	返　　回	解　　释
AT+CIPMUX=MODE	OK	设置连接模式,MODE 可选 0 或 1 0:单连接模式 1:多连接模式
AT+CIPMODE=MODE	OK	设置传输模式,MODE 可选 0 或 1 0:非透明传输模式 1:透明传输模式
AT+CIPSEND	OK	进入传输模式,模块返回">"后可开始发送数据,有如下使用方法。 ① 单连接:AT+CIPSEND=<LENGTH>,串口接收的数据长度达到<LENGTH>时,Wi-Fi 才执行一次发送。 ② 多连接:AT+CIPSEND=<ID>,<LENGTH>,同①,向指定 ID 发送。 ③ Station 模式+透明传输模式,串口随收 Wi-Fi 随发模式
AT+CIPSTART	OK	① 单连接:AT+CIPSTART=<TYPE>,<ADDR>,<PORT> ② 多连接: AT + CIPSTART = <ID>,<TYPE>,<ADDR>,<PORT>格式正确则返回 OK,格式错误则返回 CME. ERROR:invalid input value 连接成功,返回:CONNECT OK 或<ID> CONNECT OK 连接已经存在,返回:ALREADY CONNECT 连接失败,返回:CONNECT FAIL 或<ID> CONNECT FAIL

STM32 通过 UART 连接 ESP8266,使用 AT 指令即可完成与之的通信和控制功能,如图 4.32(b)所示。下面以 ESP8266 作为 Station 连接无线路由器,并与网络内的计算机进行数据透明传输为例,介绍其工作流程。

(1)连接并配置 STM32 串口。设定使用 STM32 的 USART2,ESP_TXD 连接 PA2、ESP_RXD 连接 PA3,设置 STM32 的对应功能的 RCC、GPIO 和 UART,其中,UART 设置为 115 200、8N1,具体步骤略去。

(2)设置接收缓冲区和串口中断。设置不小于 1KB 的循环队列作为接收数据缓冲区,并在 UART 接收中断服务程序中将数据存储到接收缓冲区中。

(3)使用 AT 指令控制 ESP8266 初始化,包括测试连接、复位、设置 Station 模式、设置连接 Wi-Fi 等工作,并查询 IP 地址信息,确认连接 AP 正常。

(4)计算机端开启通信服务器或使用网络调试助手,侦听 IP 地址,打开端口,假设端口为 8000。

(5)使用 AT 指令设置 ESP8266 为单连接模式和透明传输模式,连接计算机端,计算机的 IP 地址可以在操作系统设置中查到或在 Windows 中使用 ipconfig 命令查询,假设查到的 IP 地址为 192.168.1.90,则 AT+CIPSTART 指令为:

```
AT + CIPSTART = "TCP","192.168.1.90",8000
```

(6) 数据透明传输测试。通过 STM32 向 ESP8266 串口发送测试数据,在计算机网络调试助手软件中观察数据,反之在计算机网络调试助手软件中发送数据,在 STM32 端观察 ESP8266 串口输出的数据即可。具体的代码和调试过程不再详细列出。

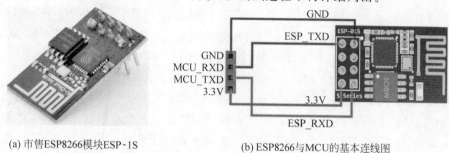

(a) 市售ESP8266模块ESP-1S　　　　(b) ESP8266与MCU的基本连线图

图 4.32　ESP8266 模块外观和连线

4.4.3　双绞线和电力线载波

通过双绞线进行的以太网等有线连接能够提供比无线网络更稳定的连接、更高的传输带宽和更强的抗干扰性,各类陆地机器人所使用的以太网非常常见,本节和主要以 ROV 水下机器人为主进行说明,所涉及的以太网、电力线载波和光纤都位于 ROV 的脐带缆中。

脐带缆通信是 ROV 最主要的通信方式,控制端(母船)既通过脐带缆向 ROV 供电,又通过脐带缆向 ROV 传输控制指令,同时也通过脐带缆接收 ROV 回传的图像和数据信息。以现有分辨率 1080P 使用 H264 编码 IP 摄像机为例,单路摄像机所使用的带宽可低至 1Mb/s 左右,控制信息可以忽略。目前,脐带缆在通信上主要通过三种方式:脐带缆自身的网络双绞线通信、脐带缆自身的光纤通信、脐带缆的电力线载波通信。三种方式的通信介质不同、通信设备不同,但由于目前摄像机等多数设备都采用 IP 通信,因此脐带缆通信的目的也大都是构建基于 IP 网络的通道,以传输计算机网络信号为主。

1. 基于网络双绞线传输

这种传输模式需要依靠 ROV 的脐带缆中内置的网线,该线缆与陆地使用的网线相同,内部包含 4 对屏蔽或非屏蔽双绞线,标准包括 CAT5E 或 CAT6 等。其使用方法与注意事项与陆地的网线一致:传输速度限制在 1Gb/s 以下、线缆长度限制在 100m 以下,可见,线缆长度严重限制了 ROV 的作业空间范围,线缆的重量也影响了 ROV 活动的灵活度。

另一方面,网络双绞线可以传输的电力功率是有限的,尽管目前广泛使用的 IEEE 802.3at PoE+技术可以提供连续的 30W 电力、最新定义的 IEEE 802.3bt Type3 可以提供 60W 电力、IEEE 802.3bt Type4 可以提供 100W 电力,但其功率仍较小,难以直接驱动 ROV。所以目前仍未见 PoE 技术应用在 ROV 上,但利用 PoE 技术和混合供电技术为观测型 ROV 提供电力仍具有一定可行性。

2. 基于电力线载波通信传输

电力线载波通信(Power Line Communication,PLC)技术可以使用家用的两相电力线传输数据,民用零售市场的高带宽电力线载波技术最早应用于家庭电力猫技术。TP-LINK 公司推出了 TL-PA201 型电力猫,用于在家庭内部通过电力线传输网络信号,以实现有线网络在家庭内的连通功能。该型号电力猫理论传输距离达到 300m,理论带宽达到

200Mb/s,但在家庭应用中由于电气设备开关电源的干扰,其实际传输带宽远低于理论带宽,甚至低至几百 kb/s,但是 ROV 中干扰较小,实际带宽可达 10Mb/s 以上,一般情况下可以满足通信、控制和视频的传输要求。

目前可查询的最早的使用电力线载波通信的民用 ROV 是 OpenROV,OpenROV 中的电路模块直接来源于国产腾达家用电力猫,在使用中将其电力线载波模块(图 4.33(a)圆圈标示)拆卸并安装至 OpenROV 内部使用。组装好的 OpenROV 电力线载波模块包括三个接口:用于为模块提供电力的 Micro-USB 接口(左下箭头)、用于连接网络的 10/100Mb/s 以太网接口(右下箭头)和用于连接电力线的接口(2P,右上箭头),如图 4.33(b)所示,但 OpenROV 的线缆并不承担电力传输,所以 OpenROV 的电力线载波仅承担数据传输。

BlueROV2 在传输方式上与 OpenROV 基本一致:线缆中只传输数据,不传输电力。该模块的供电电压为 5V,电力线信号为 7~28Vpp,实际传输速率可达 80Mb/s,最大线缆长度可达 2000m,如图 4.34 所示。目前,电力线载波通信产品主要有 IEEE 1901 和 HomePlug AV 两种标准:IEEE 1901 标准包括两个不同的物理层,基于 FFT 的正交频分复用(OFDM)调制和基于小波的 OFDM 调制,两种物理层都是可选的,FFT 物理层来源于 HomePlug-based AV 技术,部署在基于 HomePlug 的产品中,小波变换由 HD-PLC 技术衍生,应用于基于 HD-PLC 的产品中;HomePlug 技术规范是由家庭插座电力线联盟(Home Plug Power Line Alliance)所提出的用于在家庭领域实现信息化的通信技术,包括 HomePlug 1.0、HomePlug 1.0-Turbo、HomePlug AV 等。其中,最新的 HomePlug AV2 标准可以满足更高的带宽和更低的时延需求、支持同时并发的 HDTV 和 VoIP 流,支持 MIMO 技术,其 MAC 层可以实现 100Mb/s 以上的传输速率。

(a) 腾达家用电力猫中的PLC模块　　(b) 组装好的OpenROV电力线载波模块

图 4.33　OpenROV 中使用的电力线载波模块

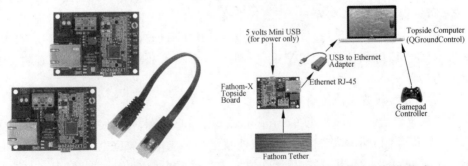

(a) Fathom-X电力线载波模块组成　　(b) Fathom-X电力线载波系统连接方式

图 4.34　BlueROV2 使用的 Fathom-X 电力线载波模块和连接方式

虽然 OpenROV 和 BlueROV2 使用了电力线载波通信技术,但是其线缆中并没有传输电力(两种 ROV 使用的线缆也难以传输电力),相当于只延长了传输距离。但对于脐带缆供电和混合供电的 ROV 而言,线缆中必须要传输直流电或交流电。因此在电路中需要对线路进行隔离,并注意电力线载波通信模块的限制参数,如上海航士公司的电力猫产品可以提供 500Mb/s 速率、300m 传输距离、模块自身工作电压 12V、工作电流 200mA,但其对于载波传输电力线有一定的要求,必须为 50Hz 或 60Hz 交流电,且电压在 85~265V。此外,至帆科技还推出了一款可提供串行通信接口(TTL 电平、RS232 或 RS485)和网络接口的 PLC 设备,最大传输速率可达 90Mb/s,载波传输电力线最高电压可达 1000V,如图 4.35 所示。

图 4.35　视频控制二合一型 PLC

相较于网络双绞线传输,电力线载波传输可以在满足数据和视频传输带宽的要求下,实现更远距离的传输,较网络双绞线也减少了线缆数量和重量。即便如此,在实际应用中电力线载波通信由于电力线干扰,会存在带宽波动大的问题,而且 300m 传输距离依然限制着 ROV 的工作深度。

3. 网络串口转换

以太网接口一般用于直接连接机器人所搭载的 IP 摄像机,但对于机器人中担任控制任务的微处理器而言,难以直接连接以太网接口,常规的方案是将以太网转换为串口之后再与微处理器通信,可以有效降低微处理器端的代码复杂度。

目前,网络-串口转换主要有两种可行方案,一种是比较经典的"微处理器+以太网 PHY"的组成形式,如图 4.36(a)所示,使用 NXP LPC1114F 32 位微处理器和 DM9000 以太网 PHY 共同构成转换模块,LPC1114F 内部可以运行嵌入式操作系统和网络协议栈以完成转换功能,这类模块通常支持 1200~115 200b/s 的串口波特率、支持 5~9 位的数据位、支持校验模式、支持流控等串口功能,以太网接口支持 DHCP、DNS、TCP/UDP Server 模式、TCP/UDP Client 模式等功能。另一种方案是新兴的单芯片解决方案,如上海卓岚的 ZLSN3003S,用其制成的模块如图 4.36(b)所示。除基本功能外,该芯片还支持 Modbus、多主机、心跳包和注册包,还支持直接使用 http GET 指令等高级功能。

在使用网络串口模块时,需要注意以下两点:①在使用前应配置好模块的 IP 地址、工作模式、串口模式等基本设置;②串口模块与微处理器接口的电平电压,目前大多数模块为 3.3V。

4.4.4　光纤传输

与电信号通信相比,光纤通信的传输衰减更慢、传输距离更长、传输带宽更大,其附加的线缆重量也更轻,而且不会被电力线和环境干扰。使用单模光纤的水下机器人的线缆长度可以超过 10km,并依然保持 100Mb/s 以上的带宽。脐带缆中所携带的光纤与陆地上所使

(a) 微处理器与PHY组成的转换模块　　　　(b) 基于ZLSN3003S的一体化转换模块

图 4.36　分离方案和集成方案的网络串口转换模块

用的光纤的线芯一致,常见的光纤中传输的光的波长有 850nm、1300nm 和 1550nm。常见的光纤传输模式有单模光纤和多模光纤,两种光纤在保护层上比较容易区分,如果尾纤(末端)外护套层具有颜色,则一般橙色代表多模光纤、黄色代表单模光纤,若无法从外保护套颜色上区分,则应咨询厂商,如图 4.37(a)所示。

常见的光纤接口分为 SC、FC、ST 和 LC 四种,如图 4.37(b)所示。根据我国国家标准和通信行业标准规定:SC 接口插头的典型特征是蓝色方口,方口大小为 7.2mm×6.6mm,采用插拔销闩式紧固,不能旋转,典型特征是方形插头上有一个长条形凸起。SC 接口价格低、拔插方便、介质波动小,目前主要应用在 GPON 和 EPON 光纤入户等民用领域;LC 接口是采用了闩锁机理方形接口,连接后需要比较稳定的工作环境,目前主要应用在 SFP、SFP＋等电信机房中连接密度较高的交换机和路由器设备上;FC 接口采用金属套加螺丝扣的紧固方式、ST 接口采用带键的卡扣式锁紧结构,可以确保连接时准确对中,具有较强的抗拉强度。这两种接口主要用于机房中设备与光缆连接时,光缆一端的跳线上使用。传统光纤通信时,需要一对光纤分别完成发送和接收,但目前大多数光纤模块和光纤设备(包括民用 GPON)已经支持基于波分复用单纤传输技术。

(a) 多模光纤和单模光纤　　　　　　　(b) SC和FC等光纤接口

图 4.37　多模、单模光纤尾纤和常见光纤接口

近年来,随着光纤价格的降低和技术手段的提高,尤其是光纤入户等民用市场的发展,单模光纤的熔接和使用已经变得极其简单,因此在 ROV 中使用光纤也相对简单,所使用的设备在满足体积、工作温度等条件下,与陆地设备基本通用。在光纤的母船端和 ROV 端,通常需要使用光纤收发器将光纤链路转换为以太网链路,如国产 TP-LINK 的 TL-FC111A 和 TL-FC114B 构成的一对收发器,如图 4.38 所示。A 型收发器的发送波长 1310nm、接收波长 1550nm;B 型收发器的发送波长 1550nm、接收波长 1310nm。收发器为 SC 接口,使用

单模光纤，FC111 具备一个 10/(100Mb/s)以太网接口，FC114 具备四个 10/(100Mb/s)以太网接口。在使用时只需要选用适当的收发器，确保一端为 A 型，另一端为 B 型即可。

(a) TL-FC111A光纤收发器　　　　　　(b) TL-FC114B光纤收发器

图 4.38　TL-FC111A 和 TL-FC114B 光纤收发器

光纤收发器通常作为一个独立工作的模块安装在 ROV 内部，但其设计时并未考虑体积问题，往往会占用较大的空间。对于部分内部空间紧凑的 ROV，则可以选择使用集成设计的方式连接光纤，将光纤收发模块焊接在 ROV 内部电路板上，并使用 IP113CLF 等光纤收发芯片转换出以太网接口，如图 4.39 所示，其具体使用方法可以参考数据手册。

图 4.39　可安装在 PCB 上的 SC 光纤收发模块

4.4.5　卫星链路通信

目前的民用卫星通信主要包括海事卫星通信系统、铱星系统、北斗短报文服务和天通一号卫星移动通信系统等。海事卫星通信系统由分布在大西洋、印度洋和太平洋上空的 3 颗卫星组成，目前终端数量近 15 万只，可以提供电话、电报、呼叫申请(船至岸)和呼叫分配(岸至船)服务，在数据通信方面，海事卫星通信系统可以提供 4.8kb/s 或 3.1kb/s 的低速率语音和数据服务，也提供共享最高 492kb/s 数据、256kb/s IP 流的高速率数据服务，并支持110km/h 高速移动下的数据和语音通信。铱星系统相较于海事卫星系统更加庞大，系统由66 颗低轨卫星组成，覆盖了全球的陆地、海洋以及南极和北极地区，铱星系统支持语音、短信和数据通信业务。

天通一号卫星移动通信则是我国研发并交由中国电信运营的民用卫星通信网络，其功能与海事卫星系统类似，为在沙漠、高原、戈壁、极地、海洋等人迹罕至的区域的特殊用户提供基本的语音与数据通信服务，解决应急卫星通信受制于国外的问题。天通一号已经于2019 年 3 月在厦门地区发射。

北斗短报文服务是基于北斗卫星定位系统(仅一代和部分二代卫星支持)的短报文服务，具有保密性好、覆盖中国全境和周边地区、设备简单、终端费用低等优点。北斗短报文服务在汶川地震抗震救灾中发挥了巨大的作用。北斗短报文服务又称北斗 RDSS，RDSS 裸板如图 4.40 所示。RDSS 可以向其他北斗终端一次发送 120 个字的消息,并且在终端之间通信免费,发送到境内手机的费用为 0.29 元/条。根据浙江省统计,仅 2011 年浙江渔民就通过 RDSS 实现了船与船通信超 600 万条、船与手机之间通信超 690 万条。RDSS 的商业化服务也在国内迅速发展,尤其是北斗海聊公司推出的低价的北斗户外宝产品,更是扩大了北斗定位和 RDSS 服务的民用范围。北斗户外宝除了可以实现北斗终端之间的短报文服务、与手机之间的短报文服务外,还可以实现微信互通、电子邮件互通、发微博、查天气、位置追踪、组队位置共享、轨迹记录、一键报平安、一键 SOS 等功能。

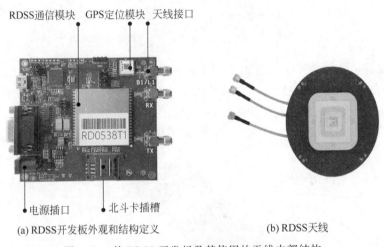

图 4.40　某 RDSS 开发板及其使用的天线内部结构

RDSS 通信一般通过 RS232 进行,通信采用 NMEA-0183 格式,这是一种美国国家海洋电子协会(National Marine Electronics Association)为海用电子设备制定的标准格式,具体格式含义已经在定位一节中介绍。RDSS 模块上电后会初始化约 0.5s,这段时间不可发送任何指令,初始化后 4s 内,RD 模块会完成锁定卫星的工作,而后微处理器一般应按照如下顺序查询 RDSS 状态并发送短报文。

(1) 读卡指令,读取 SIM 卡号和用户的使用频度信息。

发送读取卡号:$ CCICA,0,00 * 7B

返回卡号信息:$ BDICI,0242407,00242407,0000011,6,50,3,N,0 * 38

0242407 为本机地址,00242407 为序列号,0000011 是通波地址,即所归属的指挥机的地址。

(2) 读取信号强度,获取 RDSS 设备的信号强度,若信号强度较低,则需要调整天线位置直到信号强度恢复,若信号强度较高,则可以获取定位、获取时间和发送报文。

发送读取信号强度:$ CCRMO,BSI,2,0 * 26

返回信号强度信息:$ BDBSI,03,05,4,4,4,0,4,2,0,0,0,0 * 5A

北斗一代系统有 5 颗工作卫星,每颗卫星有两个波束,共计 10 个波束,信号值为 4 时最强、1 时最弱、0 时无信号,只要有一个波束的信号达到 2 即可使用 RDSS 发送短报文。

(3) 获取当前时间,从北斗卫星获取当前的时间信息。

发送获取时间:$ CCRMO,ZDA,2,0 * 21

返回时间信息:$ BDZDA,1,164511.00,08,09,2017,−8,00,0,0,Y * 09

时间为 16:45:11,日期为 2017 年 9 月 8 日。

（4）发送短报文：发送短报文之前需要向北斗卫星申请通信，在返回成功后，也会通知用户到达下一次通信频度需要等待的时间，其过程如下。

　　申请通信：$ CCTXA,0242407,1,2,0123456789ABCDEF * 7C

　　返回信息：$ BDFKI,TXA,Y,Y,0,0060 * 15

向地址 0242407 发送信息 0123456789ABCDEF，发送的报文形式为代码，发送的内容实际是 0x01 0x23 0x45 0x67 0x89 0xAB 0xCD 0xEF，共计 8B，通信申请成功，距离下次通信频度还需要等待 60s 时间。

（5）接收短报文：从 RDSS 模块的串口接收短报文。

　　接收信息：$ BDTXR,1,0242407,1,,0123456789ABCDEF * 45

发送方地址 0242407，通信内容为 0123456789ABCDEF，报文形式为代码，接收到的内容实际是 0x01 0x23 0x45 0x67 0x89 0xAB 0xCD 0xEF，共计 8B，其他发送和接收的报文形式和 RDSS 指令可以参考相关的 RDSS 软件开发手册。

目前，成规模的民用卫星系统除了上述之外，还有 SpaceX 公司的星链 Starlink 项目。该项目计划在高中低轨道上部署多达数万颗卫星，该项目已经逐步在美国、加拿大、新西兰和英国等地区投入使用，而在美国地区的速度已经可以达到 200Mb/s。

卫星链路通信相较于前两种水面通信形式，具有不受地点和距离限制的优点，只要天线可接收到卫星信号，即可进行卫星通信。但是卫星通信也有着费用高的弊端，但作为机器人在无其他信号覆盖区域的唯一手段，卫星链路通信具有不可替代性。

4.5　ROV 的水下无线通信

水下无线通信技术主要可以分为水下电磁波通信、水下光学通信和水下声学通信三种。

4.5.1　水下电磁波通信技术

电磁波通信技术已经被广泛地应用在大气和真空的无线通信领域，相比于水声通信，电磁波在水下短距离内的传输带宽更高，并且抗噪声能力更强，在较为复杂的自然水域中仍可保持较好的通信质量。相较于水下光通信，电磁波通信可以在非视距条件下工作，不受水中混浊物、盐分等物质的影响。但是海水中含有大量的钙离子、钾离子、镁离子和钠离子等阳离子以及氯离子等阴离子，使海水具备了较好的导电性，对电磁波形成了较强的屏蔽效果，导致电磁波衰减较大，例如，2.4GHz 信号在纯水中衰减为 190dB/m，而在海水中可达 1700dB/m。电磁波在海水中的传播常数 γ 可以表示为

$$\gamma = \omega \sqrt{j\omega\mu(\sigma + j\omega\varepsilon)} = \alpha + j\beta \tag{4.3}$$

其中，$\omega = 2\pi f$，f 是电磁波的传播频率，$\varepsilon = \varepsilon_0\varepsilon_r$ 是介电常数，$\varepsilon_0 = 1/\sqrt{c^2\mu_0}$ 是真空中的介电常数，ε_r 是相对介电常数，$\mu = \mu_0\mu_r$ 是磁导率，$\mu_0 = 1.26 \times 10^{-4} H/m$ 是真中空的磁导率，$\mu_r = 1$ 是非铁磁性媒介的相对电导率，σ 是电导率。传播常数 γ 可以分解为实部衰减常数 α 和虚部相位常数 β，且海水属于良电介质，电导率 $\sigma = 4mho/m$，介电常数 $\varepsilon = 81\varepsilon_0$，有：

$$\alpha = \beta = \sqrt{\pi f\mu\sigma} \tag{4.4}$$

可知电磁波在海水中的衰减常数和相位常数,不仅与电导率、磁导率和介电常数有关,还与信号的频率有关,频率越高的电磁波越不适合在海水中传播。

在传播速度方面,电磁波在海水中的传播速度为:

$$v_p = \frac{\omega}{\beta} = 1 \bigg/ \sqrt{\frac{\omega\varepsilon}{2}\left(\sqrt{1+\left(\frac{\sigma}{\omega\varepsilon}\right)^2}+1\right)} \approx 2\sqrt{\frac{\pi f}{\mu\sigma}} \tag{4.5}$$

电磁波在海水中的传播速度随着频率的增加而提高,而且传播速度远大于声波在水中的传播速度,可以有效减少传播延迟、提高通信的实时性。在波长方面,有:

$$\lambda = \frac{v_p}{f} = \frac{2\pi}{\sqrt{\pi f \mu\sigma}} \tag{4.6}$$

水下电磁波的波长远小于空气中的,同一频率下的水下天线的尺寸会远远小于空气中的,所以目前在空气中所使用的各类天线是无法在水中直接使用的。此外,目前水下电磁波通信还主要停留在低频和中频方面,极少出现 1MHz 以上的通信设备,而 Wi-Fi 和蓝牙设备、2G/3G/4G 网络所普遍使用的 2.4GHz/5.8GHz 频段、800MHz/900MHz 频段、1800MHz/1900MHz 和 2100MHz 等是难以在水中使用的。

4.5.2　水下无线光通信

水下无线光通信(Underwater Wireless Optical Communication,UWOC)技术以各类可见光作为通信载体,1968 年,美国首先论证了激光在水下测量的技术可行性,初步建立了海洋激光探测技术的相关理论基础并研制出世界首个海洋深度测量系统。20 世纪 70 年代,美国海军开始尝试利用蓝绿激光在水面舰艇和水下潜艇之间进行通信,并于 1980 年起进行了六次大规模的蓝绿激光对潜艇的通信实验,其中最有意义的一次是完成从 12 000m 高空对水下 300m 潜艇的单工激光通信实验。但激光器体积大、成本高、功率大,难以在水下工作,近年来随着 LED 的发展,其特性十分适合进行通信。目前已经研发成功的系统如下。

(1) Australian National University 的 Felix Schill 等研发的可见光谱无线通信及水下远距离传感应用。该系统采用了 IrDA 的物理层协议,使用 460nm 蓝光、490nm 蓝绿光和 520nm 绿光三种 LED,发光功率 3W。发射端通过串口连接数据来源,根据 IrDA 协议编码后通过 MOSFET 驱动大功率 LED 发光,IrDA 编码使用 MCP2120 实现,放大和滤波使用 MAX3120 实现,开发者在室内水池进行了实验,在该条件下,实现了绿光 1.49m、蓝绿光 2.02m 和蓝光 1.71m 的传输距离。

(2) MIT 的 I. Vasilescu 和 M. Dunbabin 等研发了基于水下无线传感器网络的数据采集、存储和恢复系统,该系统用于长时间检测珊瑚礁状态和渔业。其网络节点包含多种传感功能,包括相机、温度和压力等,系统运行在 TinyOS 上,通过高速光学通信系统实现点对点通信。

(3) University of Genova 的生物物理与电子工程学院 Davide Anguita 和 Davide Brizzolara 等搭建了一套模拟水下传感器网络光学通信的系统平台。该研究分析了水体对不同波长的吸收和散射衰减,并选定 420nm 紫罗兰光通信,在通信中也会根据水的浑浊度进行微调。实验使用有限的全向通信,并充分利用 LED 的宽散射角。该系统采用 5ms 的光脉冲实现了 1.8m 的通信距离,通信速率达到了 100kb/s。

综上,光在水下无线信道传播的性质是限制其水下无线通信能力的关键因素,目前相关研究已经证实波长 400~550nm 的光波是海水的透光窗口,其衰减要远小于其他波长的光波。此外,悬浮物、溶解物和生物也都会对光产生吸收和散射,造成能量的损耗。海水对于光所造成的衰减都是由于吸收和散射造成的,采用吸收系数和散射系数描述光传播的衰减,总衰减系数为:

$$K(\lambda) = a(\lambda) + b(\lambda) \tag{4.7}$$

其中,$K(\lambda)$ 为总衰减系数、$a(\lambda)$ 是总的吸收系数,$b(\lambda)$ 是总的散射系数,λ 是光的波长。设在海水中某处光强为 I_0,其传播距离为 D,衰减后的光强 I 为:

$$I = I_0^{-K(\lambda) \times D} \tag{4.8}$$

海水的吸收系数与纯水的吸收系数为 380~780nm,在计算中一般直接使用纯水的吸收系数计算,如 350nm 为 0.0204/m、400nm 为 0.0070/m、450nm 为 0.0110/m 等。

散射的作用主要表现在水分子以及溶解在水中的各种粒子对光的散射,纯海水(不包含杂质)的散射系数公式为:

$$B_w(\lambda) = B_i \left(\frac{\lambda}{\lambda_i} \right)^{-4.32} \tag{4.9}$$

其中,B_i 是一个与波长和盐度相关的系数,盐度一定时则只与波长有关:盐度为 0 时,$B_i = 0.001\ 11/m$,对于 35‰海水而言,$\lambda_i = 500nm$ 时,$B_i = 0.002\ 88/m$。

海水对于光信号的传播影响不仅在于海水自身,还包括海水中杂质的影响:浮游植物的吸收和散射、黄色物质(可溶性有机物)的吸收和散射、悬浮颗粒物的吸收和散射等。

数字光通信是光作为传输载体,将要传输的数字基带信号附加上去利用光强的强弱等信息代表不同的信息,这一过程称为调制。光通信中一般采用强度调制的方式,即发送端调制光载波的强度,接收机再采取光载波包络检测进行解调。目前光学通信中经常采用的调制方式有开关键控调制(OOK)、单脉冲相位调制(L-PPM)、单脉冲差分脉冲相位调制(L-DPPM)、可重叠脉冲相位调制(OPPM)、差分可重叠脉冲相位调制(DOPPM)等。

以调制二进制数 101 为例,图 4.41 为上述五种调制编码调制后的信号形式:OOK 调制是根据某个时隙光强的强弱来表示二进制数,如 LED 在某个时隙内点亮则表示二进制的 1,反之则表示 0,OOK 调制方式实现简单,但抗干扰能力极差,尤其是信道环境比较恶劣并且存在多径效应等影响时,通信质量难以保证;PPM 调制则是根据光脉冲所在不同的位置代表不同的信息,如调制 n 位数据时,PPM 数据帧需要包含 $M = 2^n$ 个时隙(调制数),光脉冲位于 M 个时隙的特定位置就表示了一种特定的二进制数,即一个 3 位的二进制数需要 8 个时隙来传输,其中只有 1 个时隙是占用状态,浪费了大量的传输时间;DPPM 则缩短了时隙的长度,DPPM 的最长数据帧长度为 $M = 2^n$ 个时隙,与 PPM 相同。但 DPPM 将 PPM 高电平之后的信号全部去掉;OPPM 与 PPM 类似、DOPPM 与 DPPM 类似,但增加了可重叠系数,图 4.42 中为可重叠系数设置为 3 的情况下 OPPM 和 DOPPM 的编码。此外,为了避免低频噪声的存在和相关电子元器件特性导致的接收信号基带漂移问题、无线信道存在多径效应使得脉冲波形延展至相邻码元间隔内所带来码间干扰的问题,一般要在每个数据帧的前部插入一个保护时隙以保证通信的可靠性。

水下无线光通信过程中,光信号衰减快,因此必须发射更强的光,可以使用大功率 LED 光源或者并联使用多个 LED 光源,并通过增加对应的驱动电路的方式获得。在检测方面,

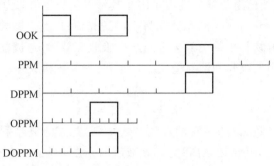

图 4.41　几种光学通信中常用的调制码型

可以采用 PIN 光电二极管、APD 雪崩光电二极管和 PMT 光电倍增管三种。实际电路中需要为光电二极管设计前置放大电路、主放大电路、滤波电路和整形电路等,具体电路不再详细介绍。

目前成熟水下光通信产品较少,其通信距离也限制在百米范围左右,如英国 Sonardyne 公司的 BlueComm 200 和 BlueComm 200UV,该系统最大支持 10Mb/s 的通信速率并采用以太网接口与 ROV 通信。该设备的外观图和性能参数分别如图 4.42 和表 4.17 所示,其性能指标已经在目前的同类产品(基于非激光的水下光通信)中处于领先优势。

图 4.42　Sonardyne BlueComm 200UV 的发射器和接收器

表 4.17　BlueComm 200 和 BlueComm 200UV 基本参数

型　　号	BlueComm 200	BlueComm 200UV
最大工作深度	4000m	4000m
最大通信距离	150m	75m
通信速率	2.5～10Mb/s	
工作电压	$V_{DC} 24\sim 36$	
接收角度	180°	
接收器功率	10W	
接收器重量	7.3kg(空气中)/3.1kg(水中)	
发射器角度	180°	
发射器功率	6W	
发射光波长	450/400～800nm	
发射器重量	3.6kg(空气中)/2.6kg(水中)	

4.5.3　水下声学通信

无论是水下电磁波通信还是水下光学通信,目前都只能在短距离内进行通信,而水下长距离无线通信领域,依然是水声通信的天下,低频声波在水中可以传输上百千米的距离,同样以英国 Sonardyne 公司的产品为例,其 8307 系列水声通信 Modem 产品可以提供高达 5km 的通信距离,使用中继可以实现超过 20km 的通信距离,通信速率在 200～9000b/s 之间自适应调整,该系列产品的主要参数如表 4.18 所示。

表 4.18　Sonardyne 8307 系列产品的基本参数

型　号	8307-3111	8307-3113	8307-3115	8307-5213
最大工作深度	3000m	3000m	3000m	5000m
通信频率	21～32.5kHz		14～19kHz	21～32.5kHz
换能器波形	全向	定向	全向	定向
发射声压	187～196dB	190～202dB	187～196dB	190～202dB
接收灵敏度	90～120dB	80～120dB	80～120dB	80～120dB
地址数	大于 500			
电池寿命	监听:碱性电池 833h,锂电池 1390h			
外部供电	24V			
重量	23.8kg(空气中)/11.8kg(水中)			

此外,水声通信产品还包括美国 LinkQuest 公司的 UWM10000 水声 Modem,最高通信速率可达 38.4kb/s,通信距离可达 7km;德国 Evologics 公司的 SCR 水声 Modem 可以在水下 3km 范围内实现定位和通信功能,最高通信速率可达 31.2kb/s。国内相关设备起步较晚,目前主要研发单位包括中国科学院声学所、哈尔滨工程大学和部分研究所等,也都取得了一定成果并研发出了相关产品。

从上述产品的数据中可以看出,水声通信的速率远远小于电磁波通信和光通信,主要是因为:①传输速度慢、延迟大:声波在水下的传输速度仅有 1500m/s 左右,远远低于电磁波的速度,如此低的信号传播速度会带来巨大的传输延迟,严重降低系统的吞吐量;②路径损耗大:电磁波在传输的过程中会发生衰减,声波在水中传输时衰减也会随着距离、频率的提高而增大;③噪声情况复杂:声波在水下传播时,会受到水流、地形和生物体等自然情况的影响,并且也会遭受到其他设备产生的声波的影响,如船舶等;④多径效应和多普勒效应严重:多径效应对于传输速度慢的声波信号的影响主要集中在码间串扰方面,因此需要物理层能够有效地进行检测和滤波,而多普勒效应在水中会显得尤为明显,频移所产生的邻频信号会在接收端造成干扰,也需要物理层能够有效地进行检测和滤波。

所以,设计水下机器人所使用的小型通信声呐系统时,一般可以按照功能结构划分为水声换能器、信号处理系统、电池系统和结构系统四部分。

水声换能器是利用晶体压电陶瓷的压电效应或铁镍合金的磁致伸缩效应工作。压电效应,就是把晶体按一定方向切成薄片,并在晶体薄片上施加压力,在它的两端面上会分别产生正电荷和负电荷。反之,在晶体薄片上施加拉伸力时,它的两个端面上就会产生与加压力时相反的电荷,而在晶体的两个端面上施加交变电压,晶体就会产生相应的机械变形,利用这种效应可以在电能和声波之间实现变换,构成水声换能器。水声换能器在选购时一般需要明确其工作频率、指向性、阻抗特性、发射功率、接收灵敏度等参数。

信号处理系统是水声通信中的重要组成部分,是对发送的信息进行调制、对接收到的信号进行解调的重要部分,包括信号处理子系统、前级接收信号处理调理模块、水声通信数据采集模块、发射声源前置放大发射模块等部分。信号处理子系统主要由微处理器(MCU)和数字信号处理器(DSP)构成,DSP需要负责接收外来数据、进行目标格式信号(如OFDM)的调制工作、对接收到的信号进行解调工作、发送解调之后的数据等。信号处理系统是信号处理、通信协议和差错控制的核心部件,多普勒补偿等核心算法也需要在DSP上运行;前级接收信号处理调理模块的主要功能是对接收到的微弱水声信号进行放大、滤波等处理,以保证水声信号强度满足DSP对信号解调的信噪比方面的要求,这部分电路通常由多级放大电路、多级滤波电路构成;水声通信数据采集模块主要由ADC构成,用于将模拟信号转换为数字信号,提供给DSP处理;发射声源前置放大发射模块主要由DAC构成,用于将DSP调制以后的数字信号转换为连续的模拟信号,以便换能器进行传输。此外,水声通信系统中还需要使用MCU与DSP共同工作,通常是由MCU处理与外界如水下机器人的数据接口,并完成通信协议的转换等功能,并承担电源管理、通信系统管理等功能。

小　结

微处理器系统是机器人的感知、处理、控制和通信核心。本章从常见的微处理器和系统板出发,介绍了其内部的常用功能模块以及模块的工作特性,并进一步介绍了微处理器与常见传感器的连接方式和工作方式。最后,介绍机器人常见的通信方式,说明了通信特点,列举了常见的通信设备,并就水下环境中常用的有线无线方式进行了补充说明。第5章将继续介绍微处理器的下游设备——执行结构和运动控制系统。

习　题

1. Arduino开发板通常使用哪两种微处理器?
2. 简述微处理器中定时器的工作原理。
3. 对比水下电磁波通信、可见光通信和声学通信的特点。
4. ROV与控制端的通信通常基于哪些通信进行。

第5章 机器人运动控制

第 2 章已经从机器人的结构方面简要地介绍了轮式运动机构和履带式运动结构的外观、减速器的作用等与机器人结构密切相关的部件特性,还简要介绍了直流有刷电动机和无刷电动机的内部结构。本章将继续介绍相关知识,从驱动结构、驱动方式、驱动电路和机器人基本控制算法上进行说明。

5.1 机器人的运动机构

机器人的运动机构指承载机器人运动的底盘中内置的减速器、驱动机器人运动和动作的电动机等执行机构,本节将在第 2 章简要介绍功能和结构的基础之上,更进一步介绍相关结构特点。

5.1.1 轮式运动机构

轮式运动机构是指各类采用车轮作为外在运动基础驱动结构的机构,主要指用于固定轮的车轴、提升驱动力的减速器和输出动力的各类电动机等。本节主要介绍轮式机器人所应用的减速器等机构,即机器人底盘之内的机构。由于底盘结构与机器人的工作形式和工作环境密切相关,因此,轮式运动结构也各不相同,如图 5.1 所示。

(a) 常见的四轮小车底盘

(b) 三轮小车底盘

(c) 独立悬挂小车底盘

(d) 直流电动机与塑料减速箱

(e) 带有编码器的直流减速电动机

(f) 无刷减速电动机

图 5.1　不同类型的轮式机器人底盘结构和减速电动机

　　图 5.1(a)是一款常见的简易四轮小车的底盘,该底盘采用有机玻璃装配,配置了四个如图 5.1(d)所示的直流减速电动机(电动机与减速器封装所构成的设备可简称为减速电动机)。该减速电动机由普通直流有刷电动机和塑料减速器组成,但其组装精度、结构精度和输出转矩都很低,仅适用于循迹小车等对运行机构要求不高的场合,且该减速电动机所使用的塑料轴承重有限,难以组成中大型运动平台和承重平台。

　　图 5.1(b)是一款使用麦克纳姆轮构成的三轮小车底盘,图 5.1(c)是一款可实现摄影摄像设备承载功能的、带有独立悬挂的小车底盘,这些底盘使用了由全金属齿轮和无刷电动机组成的行星减速电动机,如图 5.1(e)所示。这类电动机的减速器体积小、质量轻、承载能力高、使用寿命长、运转平稳且噪声低,即使配合一般直流有刷电动机,也能够输出较大的转矩。市售的行星减速电动机一般还可以方便地配合编码器使用,实现转角测量功能。这类电动机可很容易地实现千瓦以上的输出功率和较大的承载重量,适合制作中大型运动平台。图 5.1(f)的行星减速电动机中,使用了直流无刷电动机替代了直流有刷电动机,可实现更精准的电动机控制。

5.1.2　履带式运动结构

　　履带式运动结构相较于轮式运动机构,与地面接触面积增大,故摩擦力增大,能够提供更好的路面适应性,但由于结构复杂度增加,因而对动力的要求也有所增加。如图 5.2 所示为两种履带式底盘。

(a) 简易履带式小车底盘　　　　　　　　(b) 多支撑轮履带车底盘

图 5.2　不同类型的履带式机器人底盘结构

　　如图 5.2(a)所示结构采用了与图 5.1(a)相同的有机玻璃板作为支撑材料、相同的直流电动机和塑料减速器作为驱动结构,带动前方的主动轮旋转进而拖动履带滚动,实现驱动功能。但受到结构限制,其缺点和应用领域与简易四轮小车基本一致。如图 5.2(b)所示结构配置了略大的金属减速电动机和金属支撑结构,具有较大输出功率和较大的承载重量,适合制作中大型运动平台。

　　常规的中小型机器人的运动结构一般都不配置转向轮等独立的转向机构,因此机器人在运动过程中,只能通过左右两侧轮或履带的差速运动来实现转向。这种转向方法的优点在于可原地转向且转弯半径小,但有受左右两侧摩擦力的影响较大、无法通过两侧差速直接估算转向角度的明显缺点。因此,机器人在运动时,必须通过传感器检测转向状态,以达到实时矫正左右差速、调整机器人姿态的目的。

5.1.3　直流有刷电动机

直流有刷电动机和直流无刷电动机的相关特性在第 2 章中已经做过简要介绍,本节将就选型做简要补充,并着重介绍其驱动与控制方法。这里参考东方马达公司的技术文档,简要说明直流有刷电动机的选型计算。该计算方法对无刷电动机、步进电动机和交流电动机同样具有适用性。

(1) 确认电动机规格。根据装置的规格确认电动机的要求规格,其基本项目包括:运行功能的确认、驱动时间(运行模式)、分辨率、停止精度、保持位置、电源电压及频率、使用环境。

(2) 确定驱动机构。代表性的驱动机构包括简单的旋转体、滚珠螺杆、皮带轮和齿条齿轮等。由此来确定负载计算必需的尺寸、质量、系数等。其基本项目包括:搬运物的尺寸与质量(或密度)、各零件的尺寸与质量(或密度)、可动零件滑动部的摩擦系数等。

(3) 负载计算。计算电动机输出轴上的负载转矩及转动惯量两部分;滚珠螺杆、滑轮、皮带和齿条等驱动机构的负载转矩的计算方法如下。

① 螺杆驱动的负载转矩计算,如图 5.3(a)所示。

$$T_L = \left(\frac{FP_B}{2\pi\eta} + \frac{\mu_0 F_0 P_B}{2\pi} \right) \frac{1}{i} \tag{5.1}$$

$$F = F_A + mg(\sin\theta + \mu\cos\theta) \tag{5.2}$$

② 滑轮驱动的负载转矩计算,如图 5.3(b)所示。

$$T_L = \frac{\mu F_A + mg}{2\pi} \frac{\pi D}{i}$$

$$= \frac{(\mu F_A + mg)D}{2 \cdot i} \tag{5.3}$$

③ 皮带驱动和齿轮齿条驱动的负载转矩计算,如图 5.3(c)所示。

$$T_L = \frac{F}{2\pi\eta} \frac{\pi D}{i} = \frac{FD}{2\eta i} \tag{5.4}$$

$$F = F_A + mg(\sin\theta + \mu\cos\theta) \tag{5.5}$$

④ 实测法的负载转矩计算,如图 5.3(d)所示。

$$T_L = \frac{F_B D}{2} \tag{5.6}$$

公式中的相关参数定义如下。

F:运行方向负载。

F_0:预负载$\left(\approx \frac{1}{3}F \right)$。

μ_0:预压螺母的内部摩擦系数(0.1~0.3)。

η:效率(0.85~0.95)。

i:减速比(机构的减速比)。

P_B:滚珠螺杆的导程。

F_A:外力。

F_B:主轴开始旋转时的作用力(F_B=弹簧秤值×g)。

m:工作台及工作物的总质量。

μ：滑动面的摩擦系数。

θ：倾斜角度。

D：最终段滑轮直径。

g：重力加速度(一般取 9.807)。

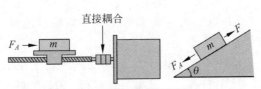

(a) 螺杆驱动负载转矩示意图

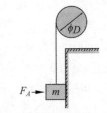

(b) 滑轮驱动的负载转矩示意图

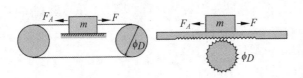

(c) 皮带驱动和齿轮齿条驱动示意图

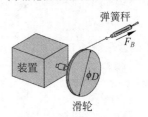

(d) 负载转矩实测法示意图

图 5.3　负载转矩的计算示意图

圆柱和角柱等不同形状的旋转物体的转动惯量计算如下。

① 圆柱的转动惯量计算,如图 5.4(a)所示。

$$J_x = \frac{1}{8}mD_1^2 = \frac{\pi}{32}\rho L D_1^4 \tag{5.7}$$

$$J_y = \frac{1}{4}m\left(\frac{D_1^2}{4} + \frac{L^2}{3}\right) \tag{5.8}$$

② 中空圆柱的转动惯量计算,如图 5.4(b)所示。

$$J_x = \frac{1}{8}m(D_1^2 + D_2^2) = \frac{\pi}{32}\rho L(D_1^4 - D_2^4) \tag{5.9}$$

$$J_y = \frac{1}{4}m\left(\frac{D_1^2 + D_2^2}{4} + \frac{L^2}{3}\right) \tag{5.10}$$

③ 不通过重心轴的长方体的转动惯量计算,其中,l 是 x 轴与 x_0 轴的距离,如图 5.4(c)所示。

$$J_x = Jx_0 + ml^2 = \frac{1}{12}m(A^2 + B^2 + 12l^2) \tag{5.11}$$

④ 角柱的转动惯量计算,如图 5.4(d)所示。

$$J_x = \frac{1}{12}m(A^2 + B^2) = \frac{1}{12}\rho ABC(A^2 + B^2) \tag{5.12}$$

$$J_y = \frac{1}{12}m(B^2 + C^2) = \frac{1}{12}\rho ABC(B^2 + C^2) \tag{5.13}$$

公式中的相关参数定义如下。

密度方面,铁：$\rho = 7.9 \times 10^3 \text{kg/m}^3$；不锈钢(SUS304)：$\rho = 8.0 \times 10^3 \text{kg/m}^3$；铝：$\rho =$

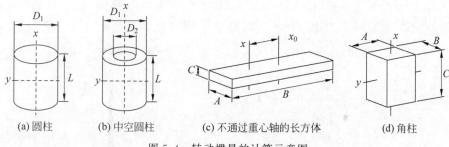

| (a)圆柱 | (b)中空圆柱 | (c)不通过重心轴的长方体 | (d)角柱 |

图 5.4　转动惯量的计算示意图

$2.8×10^3 kg/m^3$；黄铜：$\rho=8.5×10^3 kg/m^3$；尼龙：$\rho=1.1×10^3 kg/m^3$。

J_x：x 轴相关转动惯量。

J_y：y 轴相关转动惯量。

J_{x0}：x_0 轴(通过重心的轴)相关转动惯量。

m：质量。

D_1：外径。

D_2：内径。

ρ：密度。

L：长度。

（4）选择电动机类型。包括直流有刷电动机、直流无刷电动机、步进电动机等，或各类交流电动机，电动机类型主要由供电形式和驱动系统形式等因素决定。

（5）选用计算。从机械强度、加速时间、加速转矩等各方面，确认电动机和减速器的规格是否符合所有要求规格，然后再确定方案。例如，为了实现传送带运送某物品的工作流程，计算应选用的减速电动机的参数，示例如图 5.5 所示。

其中，传送带和物品的主要参数，即系统需求和现有参数如下。

皮带的速度：$v_L=0.05～1m/s$；

电动机的电源单相：100V。

滚筒直径：$D=0.1m$。

滚筒质量：$m_2=1kg$。

皮带及工作物的总质量：$m_1=7kg$。

外力：$F_A=0N$。

滑动面的摩擦系数 $\mu=0.3$。

皮带及滚筒的效率 $\eta=0.9$。

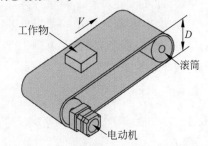

图 5.5　传送带运送某物品的工作流程

首先，计算减速器输出轴的转速，N_G 为减速机轴转速：

$$N_G=\frac{60V_L}{\pi D} \tag{5.14}$$

再根据皮带的速度计算出滚筒的转速范围：

$$0.05m/s\cdots\cdots\frac{60×0.05}{\pi×0.1}=9.55r/min（最低转速）$$

$$1m/s\cdots\cdots\frac{60×1}{\pi×0.1}=191r/min（最高转速）$$

可见,在选择减速电动机时,应首先划定其输出范围能够覆盖 9.55～191。再计算传送带系统的转动惯量,皮带与工作物的转动惯量 JM1、单个滚筒的转动惯量 JM2 分别为:

$$J_{m_1} = m_1 \left(\frac{\pi D}{2\pi}\right)^2$$
$$= 7 \times \left(\frac{\pi \times 0.1}{2\pi}\right)^2$$
$$= 175 \times 10^{-4}$$
$$J_{m_2} = \frac{1}{8} m_2 D^2$$
$$= \frac{1}{8} \times 1 \times 0.1^2 = 12.5 \times 10^{-4}$$

则转动惯量 J_G 为:

$$J_G = J_{m_1} + 2J_{m_2} = 175 \times 10^{-4} + 12.5 \times 10^{-4} \times 2 = 200 \times 10^{-4}$$

计算滑动面摩擦力:

$$F = F_A + mg(\sin\theta + \mu\cos\theta)$$
$$= 0 + 7 \times 9.807(\sin 0° + 0.3 \times \cos 0°) = 20.6$$

计算负载转矩:

$$T_L = \frac{FD}{2\eta} = \frac{20.6 \times 0.1}{2 \times 0.9} = 1.15$$

一般工业情况下,安全系数 T_M/T_L 应在 1.5 以上,T_M 应满足: $T_M > 1.725$。

综合考虑上述参数,所选用减速电动机应满足以下条件:

① 转速范围覆盖要求范围,至少覆盖 9.55～191r/min。

② 转子转动惯量应大于理论计算,至少大于 $200 \times 10^{-4}\text{kg} \cdot \text{m}^2$。

③ 容许转矩大于 T_M,至少大于 1.725N・m。

在选型时,除上述基本要求外,还应注意①和②一般选择超过覆盖范围区域 10% 左右的即可,如某型电动机速度范围为 5.3～200r/min、转动惯量为 $225 \times 10^{-4}\text{kg} \cdot \text{m}^2$ 即可,而容许转矩则可进一步选择扩大范围,如选择 5.2N・m(4.5 倍)也较为合适,具体选型可根据厂家参数适当妥协。

5.1.4 直流无刷电动机

第 2 章中已经介绍过三相直流无刷电动机的基本机构和工作特性,本节将在该基础之上,进一步介绍电动机的控制方法,具体的实现电路则在电调电路中介绍。

传统的直流无刷电动机内部一般会内置用于检测转子位置的光电或磁电检测元件,如霍尔传感器等,以实现向驱动器发送电动机转动的位置信号的功能。以三相星形接线为例,电动机的结构如图 5.6(a)所示,接线结构如图 5.6(b)所示,霍尔传感器的输出信号如图 5.6(c)所示,无刷电动机的驱动方法如图 5.7 所示。

电动机线圈与开关管(一般选用 MOSFET)相连接,电源电路部分由 6 个 MOSFET 组成变频器,MOSFET 按照一定顺序交互重复开关,转换线圈中电流的方向,该过程如表 5.1 所示。

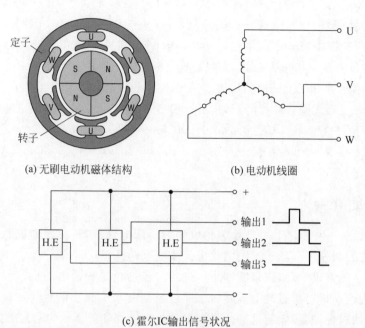

(a) 无刷电动机磁体结构　　　　　(b) 电动机线圈

(c) 霍尔IC输出信号状况

图 5.6　无刷电动机构造和工作原理

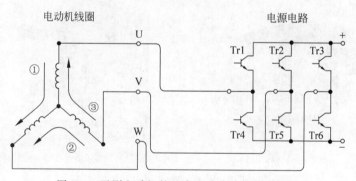

图 5.7　无刷电动机的基本驱动电路和部分步骤

表 5.1　晶体管的开关顺序（未标注为 OFF）

MOSFET\步骤	①	②	③	④	⑤	⑥	⑦	⑧	⑨	⑩	⑪	⑫	①
Tr1	ON					ON	ON					ON	ON
Tr2		ON	ON					ON	ON				
Tr3				ON	ON					ON	ON		
Tr4			ON	ON					ON	ON			
Tr5					ON	ON					ON	ON	
Tr6	ON	ON					ON	ON					ON
U 相	N	—	S	S	—	N	N	—	S	S	—	N	N
V 相	—	N	N	—	S	S	—	N	N	—	S	S	—
W 相	S	S	—	N	N	—	S	S	—	N	N	—	S

如图 5.7 所示,以步骤①为例,此时 MOSFET Tr1 和 Tr6 为 ON 的导通状态,而其他 MOSFET 处于关闭状态,电流从"+"流经 Tr1、U 点、U 相线圈、W 相线圈、W 点,再经过 Tr6 到"−"。该过程中,U 相被励磁成 N 极,而 W 相则被励磁成 S 极,因此,转子将旋转 30°。类似动作按照表 5.1 重复 12 次,即可以连续驱动转子旋转。可见,无刷电动机与有刷电动机相比,因为前者采用了电子换相技术,避免了电刷的机械磨损问题,也提升了控制精度。

更多的关于直流无刷电动机的资料,可以参考 Microchip 公司文档《AN885:无刷直流(BLDC)电动机基础》和 *AN857:Brushless DC Motor Control Made Easy*、NXP 公司文档 *AZ104:Hands-on Workshop:Motor Control Part 4-Brushless DC Motors Made Easy* 等,本书中不再赘述。

5.1.5 步进电动机

步进电动机是一种将电脉冲转换为角位移的特殊电动机,其旋转的控制精度远高于无刷电动机,但其旋转速度远低于无刷电动机。步进电动机转动时,其驱动器一般按照每次旋转一个固定角度的方式驱动,该角度称为步进角。步进角是步进电动机在设计上的最小旋转角度,体现为电动机以步进的形式旋转。通过控制电动机驱动信号的相位来控制电动机转动的速度和加速度,实现调速目的。步进电动机的外观和内部结构示意图如图 5.8 所示。

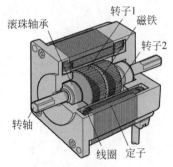

(a) 步进电动机的外观   (b) 步进电动机的转轴平行方向的断面图

图 5.8   步进电动机的外观和内部结构示意图

步进电动机主要具有以下特性。

(1)高精度。相比于无刷电动机或有刷电动机,步进电动机最大的特征是能够简单地实现高精度的定位控制。普通的永磁式步进电动机即可以实现 7.5°步进角,而五相步进电动机的分辨率则可以达到 0.72°(全步进)和 0.36°(半步级),且无累积误差,可以实现很高精度的定位。

(2)定位保持。步进电动机在停止的状态下,仍具有励磁保持力,即使不依靠机械制动,依然可以保持停止的状态。

(3)动作灵敏。步进电动机加速性能优越,可以做到瞬时启动、停止和正反转转换等动作。

(4)不依赖传感器定位。步进电动机可以实现开环控制,不需要码盘和位置传感器,仅依靠输入的控制信号就可以实现速度和位置的精准控制,适合在短距离、高精度、高频度的控制场合中使用。

(5)低速高转矩。步进电动机在低速和中速工作时,能够输出较大的转矩,高于同级别的其他类型电动机。

（6）高可靠。步进电动机故障率低、误动作少，使用步进电动机的系统的可靠性要高于其他"电动机＋减速器＋检测装置"的系统。

（7）高输出功率。步进电动机可以在较小的体积下实现高转矩输出，优于同等体积的其他类型电动机。

（8）无累积误差。步进电动机的精度一般是步距角的 3‰～5‰，且由于其内部结构的关系，每一步所产生的误差不会累积到下一步中，不会产生累积误差。

（9）较耐高温。步进电动机的温度过高会使电动机内部的磁性材料发生退磁问题，导致力矩下降甚至无法工作，因此不同类型的步进电动机的最高工作温度取决于其内部的磁性材料，一般磁性材料的退磁温度都高于 130℃，部分甚至高于 200℃。因此，步进电动机的工作温度普遍可以达到 80℃，甚至更高。

（10）高转速低转矩。步进电动机的转矩会随着转速的升高而降低，电动机各相绕组会形成反向电动势，电动机转速越快、频率越高，反向电动势越大，使相电流减小，导致力矩下降。

（11）低转速。步进电动机只能工作在较低的转速，当转速超过一定程度时，会出现无法起动的问题。当电动机空载时，输入信号频率低于空载起动频率即可起动，但随着负载的增加，信号频率应降低方能使电动机起动。

常见的步进电动机主要有以下三种构造。

1. 永磁式步进电动机

永磁式步进电动机（Permanent Magnet Stepper Motor）一般为两相或者四相，转矩和体积较小，步进角一般为 7.5°或 15°，其具有成本低廉的特点。这种电动机定子采用冲压方式加工成爪形齿极，转子采用径向多极充磁的永磁磁钢。一般定子是线圈，转子是永磁铁。当定子线圈不加励磁电压时，保持转矩（Holding Torque，指步进电动机通电但没有转动时，定子锁住转子的力矩）为 0，因此其转子惯性小、动态性好、响应快，且输出力矩大。

永磁步进电动机的定子和转子的轴向均分为两段，中间由隔磁片隔开，两段互相间叉开一个步距角，每段均由定子、转子以及套在定子上的一个环形绕组所组成。每段定子内孔圆周上的极片呈爪形作环形对称排列，外面并绕两套反向串联的环形绕组，定子两段环形磁钢同向同轴连接径向充磁，其结构如图 5.9（a）所示。图 5.9（b）绕组内部的白色爪片即为极片，用于将磁极延伸到定子环的内部。由于永磁式步进电动机主要用于计算机外设阀门控制、数控机床和自动绕线机等领域，无法应用在高精度角度输出控制领域，因此其具体工作过程不再详细介绍。

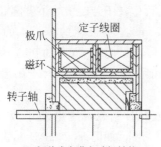

(a) 永磁式步进电动机结构

(b) 永磁式步进电动机实物拆解图

图 5.9 永磁式步进电动机结构和实物拆解图

2. 反应式步进电动机

反应式步进电动机(Reactive Stepper Motor)在步进电动机里属于比较传统的一类,步进角一般为 $1.5°$。在电动机的转子上均匀分布着许多小齿,定子齿有三个励磁绕阻,其几何轴线分别是与转子齿轴线错开的。电动机的位置和速度由导电次数(脉冲数)和频率成一一对应关系,而方向则是由导电顺序决定的。在市场上,一般以二、三、四、五相的反应式步进电动机为主。

3. 混合式步进电动机

混合式步进电动机(Hybrid Stepper Motor)结合了永磁式和反应式的优点,根据相数可以分为两相、三相和五相。其中,两相的步进角一般为 $1.8°$,三相的步进角一般为 $1.2°$,而五相的步进角一般为 $0.72°$。

由于混合式步进电动机的转子本身具有磁性,在同样的定子电流下产生的转矩要大于反应式步进电动机,且其步进角通常也较小。因此,经济型数控机床等设备上大都是用混合式步进电动机进行驱动。但混合转子的结构较为复杂、转子惯量大,其快速性要低于反应式步进电动机。

混合式步进电动机的内部结构如图 5.8(b)所示,其转子由转子 1、转子 2 和永磁体构成。转子被轴向磁化,如转子 1 为 N 极时,转子 2 则为 S 极,转子的外圈一般由 50 个小齿构成,转子 1 和转子 2 的小齿于构造上互相错开了 1/2 螺距。定子上拥有小齿状的磁极,磁极绕有线圈,线圈与对角位置磁极连通。通电后,磁极与对角线位置的磁极向转子方向产生相同的极性,称为一个相,即有 A 相和 B 相两个相位的步进电动机称为两相步进电动机,有 A 相、B 相、C 相、D 相和 E 相五个相位的步进电动机称为五相步进电动机,如图 5.10 所示。

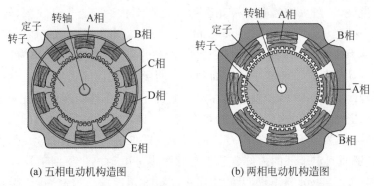

(a) 五相电动机构造图　　　　　(b) 两相电动机构造图

图 5.10　步进电动机的内部构造图(与转轴垂直方向的断面图)

以有 50 齿转子的五相步进电动机为例,其工作过程中转子与定子的小齿位置关系如下。

(1) 将 A 相励磁。若磁极磁化成 S 极,则将与带有 N 极极性的转子 1 的小齿互相吸引,并与带有 S 极极性的转子 2 的小齿相斥,平衡后停止。此时,没有励磁的 B 相磁极的小齿和带有 S 极极性的转子 2 的小齿偏离 $0.72°$。A 相励磁时的定子和转子小齿的位置关系如图 5.11(a)所示。

(2) 将 B 相励磁。由 A 相励磁转换为 B 相励磁时,B 相磁极磁化成 N 极,与拥有 S 极极性的转子 2 互相吸引,而与拥有 N 极极性的转子 1 相斥,如图 5.11(b)所示。

可见,将励磁相从 A 相励磁转换至 B 相励磁时,转子将旋转 $0.72°$。随着励磁相位按照

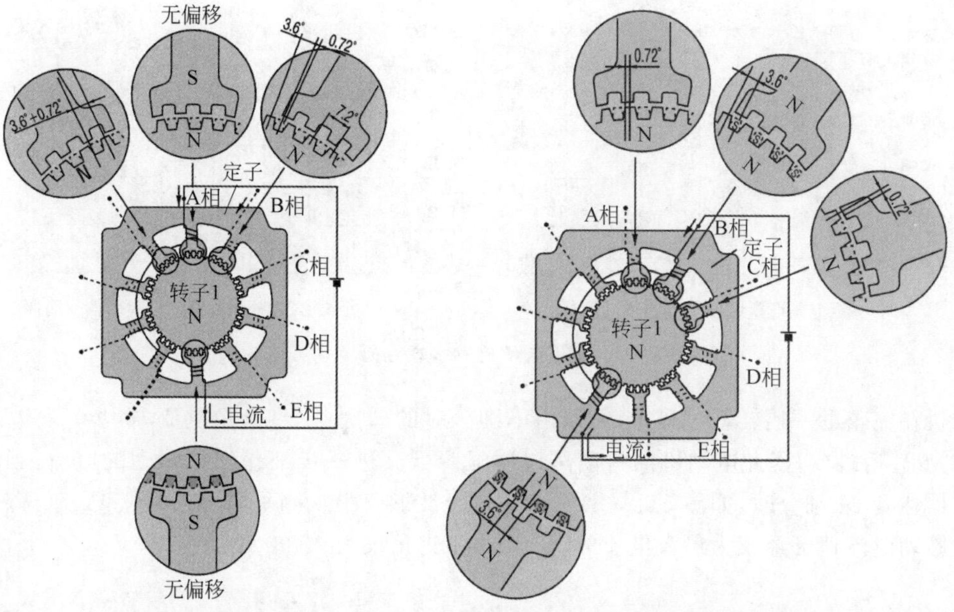

(a) A相励磁状态示意图　　　　　　　　　　(b) B相励磁状态示意图

图 5.11　步进电动机的工作过程

A 相→B 相→C 相→D 相→E 相→A 相依次转换时,步进电动机会以每次 0.72°的角度进行旋转。此外,希望做反方向旋转时,只需将励磁顺序倒转,依照 A 相→E 相→D 相→C 相→B 相→A 相励磁即可。0.72°的分辨率取决于定子和转子构造上的机械偏移量,所以不需要编码器等传感器即可正确定位。此外,就停止精度而言,只与定子与转子的加工精度、组装精度及线圈的直流电阻的不同等因素有关,可得±3′(空载时,0.05°)的高停止精度。

步进电动机工作时,是由驱动控制器来进行励磁相转换的,而励磁相的转换定时则是由输入驱动器的脉冲信号所决定的。如图 5.12 所示的驱动方式是单相励磁的整步驱动方式,即步进电动机工作时只有一相处于通电励磁状态,其余相不工作。在实际运转时,为了有效利用线圈通常采用多相励磁的工作方式,如两相励磁甚至四相或五相同时励磁。以五角形接线的四相励磁的整步工作方式为例,采用与图 5.7 类似的五相桥式驱动电路驱动步进电动机,电路示意图略,各相的驱动信号如图 5.12(a)所示,每个周期的驱动信号共有 10 个节拍。而采用四-五相励磁方式则可以实现半步工作,其各相的驱动信号如图 5.12(b)所示。其中,每相的"＋"表示连接电源,"0"表示该相悬空,"－"表示连接 GND。

多相励磁较单相励磁可以有效降低振动,提升电动机运行的平稳性,产生更大的转矩,不易产生失步,但多相励磁也会提升电动机的输入功率且提升了驱动信号的复杂度。

步进电动机的驱动信号周而复始变化,即可以驱动电动机转动,但步与步之间的转换受到供电的影响,以瞬变形式切换依然会产生抖动。为了保证电动机输出转矩均匀、平滑电动机转动,驱动控制上可以使用细分技术,即在转动的过程中,通过调整线圈中电流的大小,使各相产生的合力适应更精细的旋转角度。为了简化说明,以如图 5.13(a)所示的单转子两相步进电动机的 4 细分为例,如图 5.13(b)所示。其中,$\theta_1=22.5°$、$\theta_2=45°$、$\theta_3=67.5°$,以此类推,如图 5.14(a)所示的是 B 相在 4 细分工作时的理论电流波形。可见随着电流的变化,

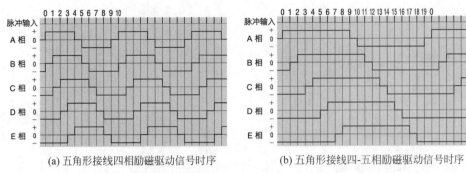

(a) 五角形接线四相励磁驱动信号时序   (b) 五角形接线四-五相励磁驱动信号时序

图 5.12　步进电动机的多相励磁驱动方法

电动机在完整的一周转动过程中,可以由不细分时的 8 次 45°步进角跳变(半步)变为 16 次 22.5°步进角跳变,因此电动机的抖动可以明显降低。进一步细化细分驱动的电流,当驱动控制器达到 64 细分时,如图 5.14(b)所示的电流波形肉眼观测平滑,难以观测到阶梯变化,最大脉动电流值已经仅为最大电流的 2.45%,步进角仅为 0.88°。

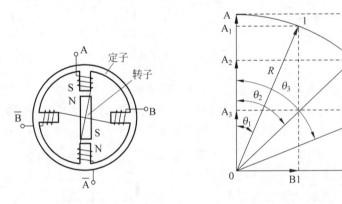

(a) 单转子两相步进电动机示意图   (b) 4细分时AB线圈电流的分配比例

图 5.13　单转子两相步进电动机的 4 细分驱动方法

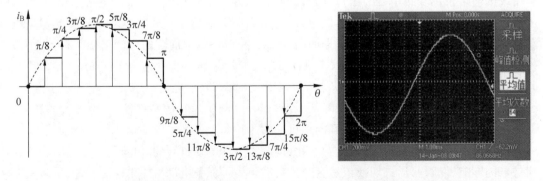

(a) 4细分时B相理论电流波形   (b) 64细分时步进电动机相电流实测

图 5.14　使用控制步进电动机时的电流波形

可见,细分技术一定程度上实现了与多相励磁类似的功能:提高了步进电动机的分辨率,减小了步进电动机的振荡且提高了输出转矩,但细分技术也有明显的缺点,细分越多,所要计算的细分数据量就越大,占用处理器资源越多。

由上述步进电动机的工作原理,可以总结步进电动机的主要参数如下。

(1) 步距角。又称步进角,指控制系统每发出一个步进控制信号,步进电动机所转动的角度。步进角一般在步进电动机设计时就已经确定好的,属于步进电动机固有的步进角。如 86BYG350-98 型步进电动机的标定步进角为 $0.6°/1.2°$,表示全步工作时为 $1.2°$、半步工作时为 $0.6°$。特别需要注意的是,由于细分等控制驱动技术的使用,步进电动机往往可以以更为精细的步进角度进行作业。因此,步进电动机工作时的步进角和控制驱动设备密切相关,实际工作的步进角 θ_s 为:

$$\theta_s = \frac{360°}{Z_r N} \tag{5.15}$$

其中,Z_r 为转子齿数,N 为一个周期的运行拍数。

(2) 相数。指电动机内部的线圈组数。目前常用的有两相、三相、四相和五相,电动机的相数不同,步进角也不同。通常相数越高、步进角越小,例如,两相步进电动机的步进角为 $0.9°/1.8°$、三相步进角为 $0.75°/1.5°$,而五相的步进角则可以达到 $0.36°/0.72°$。可见,通过步进电动机自身的结构就可以实现很高的控制精度,而当使用了具有细分功能的驱动控制器之后,则可以突破固有线圈对于步进角的限制。

(3) 保持转矩。指步进电动机通电但没有转动时定子锁住转子的力矩,是步进电动机的重要参数之一,而且步进电动机在低速转动时的转矩也接近保持转矩。但步进电动机会随着转速的升高而导致转矩的下降,功率也会发生变化,导致转矩难以衡量。因此厂商一般将步进电动机的保持转矩作为一项基本参数,人们提及步进电动机的转矩时一般也指保持转矩。

在命名方面,步进电动机主要有 28、42、57、86、110 和 130 等型号,其数字代表电动机底座直径。传统的步进电动机命名包括五部分:①机座号(电动机底直径);②电动机类型(BYG:混合式,BC:反应式,部分资料也有 H:混合式、S 步进电动机的组合命名法);③相数;④电动机转子齿数;⑤形状与序号。例如,42BYG250FA 表示电动机底直径 42mm、混合式步进电动机、2 相、50 齿、方形,再如 57HS7630A4 表示电动机机身底座直径 57mm、混合式步进电动机、机身长度 76mm、3.0A 两相四线。但上述命名方法只能从外观和结构上表征步进电动机的参数,具体的工作参数,如相电流、保持转矩等依然需要查询其数据手册。

5.1.6 舵机

舵机是一种以输出特定角度为主的电动机,可以通过程序连续控制其转角。因此目前广泛地使用在航模、智能小车、机器人关节等需要精确控制角度且角度转动范围有一定限定的场合,比如控制航模飞机的各个舵面的角度等,这也是舵机一词的由来。舵机一般具有以下特点。

(1) 集成度高、体积紧凑。舵机将相关部件进行了高度集成和定制开发,其内部的减速器和控制、检测电路都经过了特殊的优化设计,相比于分立机构,大大减小了整体体积和重量。

(2) 外形标准、便于安装。常见的舵机外形比较标准,规格相同或规格相近的舵机在外观尺寸上往往相同,很容易进行互换,如某品牌的"高压 20kg 大扭力金属齿数字舵机"与另一品牌的"60kg 金属大扭力防水数字舵机"以及其他诸多数字舵机的尺寸几乎完全相同,在使用中可以直接替换安装,无须调整机械机构。

(3) 输出力矩大、稳定性好。舵机内部将直流电动机输出的动力经过减速器后,可以有效提升输出力矩,实现数"百牛顿厘米"的扭力,舵机型号和参数中所标识的扭矩或扭力即为舵机在堵转时的输出力矩。

(4) 控制简单、便于和微处理器连接。舵机一般使用 PWM/PPM 信号进行控制,NE555 等常规电路和微处理器都可以简单地输出满足舵机控制要求的信号。

从结构方面分析,舵机可以看作一种直流电动机,但是该电动机与减速器、控制器和角度检测元件等部件进行了集成封装,成为一体化的机电设备。在使用时,只需要向舵机提供供电和控制信号就可以精确地实现角度的闭环控制功能。一般舵机的可旋转角度范围有 0°~180°、0°~270°或 0°~360°等多种。与直流电动机不同的是,直流电动机可以实现无限制的转动,而舵机只能在规定范围内转动,但舵机可以保持特定的转动角度。图 5.15 是舵机实物和剥离外壳后的内部结构照片。

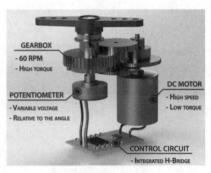

(a) 两款数字舵机外观   (b) 数字舵机内部结构示意图

图 5.15　舵机的外观图和内部结构示意图

舵机内部的角度检测元件通常是电位器,其优势在于可以直接根据转轴的角度输出确定的电压值,避免了计数所导致的累积误差问题。舵机在工作时,内部集成的控制器接收外界控制信号,并检测电位器输出的电压值,计算当前转轴的输出角度,控制电动机转动,调整转轴输出角度至外界控制信号的要求值,并实时检测外界负载对转轴角度的影响,回调并保持转轴输出角度。

如图 5.15(a)所示为两款舵机,除了 SG90 型 9g 舵机等微型舵机的内部减速器为塑料结构之外,大多数舵机内部都采用金属减速器。塑料减速器成本低、噪声小,但强度低,金属减速器强度高、噪声较大,但成本较高、重量较大。实现高强度、大扭力还需要外壳支撑结构的支持,舵机的外壳也分为塑料和金属材料两种,塑料外壳轻便,而金属外壳则能够为大扭力输出提供更强的支持、为内部电动机和电路提供更好的散热功能。市场上,一般将使用塑料减速器和外壳的舵机简称为塑料舵机,使用金属减速器和外壳的舵机简称为金属舵机。

塑料舵机的齿轮和外壳在超出极限负载的条件下可能会出现崩齿、转轴发生断裂等问题,而金属舵机的齿轮和外壳则可以有效避免这些问题,但是却将超载负载转嫁到了电动机上,导致电动机发生损坏。可见,无论哪种结构都应为舵机预留足够的负载余量,以免舵机故障损坏。

舵机一般具有三根连线,分别是 VCC 和 GND,以及一根控制信号线。舵机的控制器根据控制信号控制电动机转动,检测电位器输出,实现闭环控制和稳定输出功能。传统舵机一般使用 PWM 作为控制信号,信号周期为 20ms,正脉宽为 $0.5\sim2.5$ms,线性对应舵机转动角度的 $0°$ 至最大角度。例如,使用 $0°\sim180°$ 舵机时,0.5ms 正脉宽控制信号对应舵机输出角度 $0°$、1.0ms→$45°$、1.5ms→$90°$、2.0ms→$135°$、2.5ms→$180°$。可见,舵机在正常供电时,外界只要通过控制信号线给舵机一个正确的 PWM 信号,舵机就能够按照该信号输出并保持相应的角度。但 20ms(50Hz)的更新速率过低,难以适应高性能的高速舵机。因此,目前部分高速舵机已经可以支持更高频率的 PWM 信号,如可以支持到 400Hz PWM 信号,其控制脉宽为 $500\sim2500\mu$s,具体使用时应遵循舵机的数据手册。

由上述舵机结构和工作原理可知,舵机的主要参数如下。

(1) 转速。舵机内部的电动机在额定电压下转速固定,经过减速器后的转轴转速也固定。舵机所标注的转速通常指舵机在无负载情况下转过 $60°$ 所需要的时间,一般舵机转速为 0.11s/$60°\sim0.21$s/$60°$。

(2) 转矩。部分舵机也标称为扭矩、扭力,其单位是 N·cm,测量方法为在舵盘上距舵机轴中心水平距离 1cm 处,舵机能够带动的物体重量。

(3) 额定电压。舵机厂商提供的转速和转矩等参数均与工作电压有关,如 Futaba S-9001 在 4.8V 时转矩为 38.22N·cm、速度为 0.22s/$60°$,在 6.0V 时转矩为 50.96N·cm、速度为 0.18s/$60°$。因此,在使用舵机时,应充分考虑舵机的供电电压,以及电压与转速和转矩的关系:适当提高电压可以提高舵机的转速和转矩,而电压不足时,舵机的转速和转矩则会有所降低。

(4) 尺寸、重量和材质。舵机的功率(速度×转矩)与舵机的尺寸比值可以理解为该舵机的功率密度,一般舵机的功率密度越大价格越高,因此舵机的外观重量等参数对于选择舵机也尤为重要。

市售如图 5.15(a)所示外观的舵机的转矩通常在 980N·cm 以下,更大转矩的舵机一般由分立的电动机、金属减速器和控制检测电路构成,外观可自行搜索。其使用方式与普通舵机相同,不再介绍。

5.2 机器人的驱动控制

5.2.1 PWM 驱动原理

前述内容已经多次提及 PWM 信号的产生和使用问题,本节将详细说明 PWM 的电动机控制原理。PWM(Pulse Width Modulation,脉冲宽度调制)是通过改变电动机电枢电压的接通与断开的时间占空比来实现转速控制的方法,其可以视为一种对模拟信号电平进行数字编码的方法。通过高分辨率计数器的使用,方波的占空比被调制用来对一个具体模拟信号的电平进行编码,使该电平仅在有(ON)和无(OFF)之间切换,而不存在其他电平状态,因此 PWM 信号仍是一种数字信号。

PWM 信号控制的电压或电流是以一种通(ON)或断(OFF)的重复脉冲序列被加到模拟负载上,接通时直流供电被加到负载上,断开时直流供电被断开。因此,可以将 PWM 看作一种控制能量运输的开关控制信号,以 PWM 对纯阻性负载的灯泡控制为例,来理解控制能量运输、调节设备工作功率更为简单。

假定某 PWM 信号的正脉冲宽度为 50%，且正脉冲为接通，即通与断信号的时间为 50% 和 50%，电源电压为 $U(V)$，负载电阻为 $R(\Omega)$。忽略负载电阻与温度的关系，有如下情况：①若 PWM 开关控制信号的周期为 3600s，则一个周期内灯泡点亮 1800s，熄灭 1800s，消耗的总的电能为：$\dfrac{1800 \times U^2}{R}$(J)；②保持整体工作时间仍为 3600s，将 PWM 周期改为 1s，则 3600s 消耗的电能为：$\left(\dfrac{U^2}{R} \times 0.5 + 0 \times 0.5\right) \times 3600 = \dfrac{1800 \times U^2}{R}$(J)，灯泡则表现出肉眼可见的亮灭变化，但 3600s 内所消耗的总的电能相等；③保持 3600s 的工作时间，调整 PWM 周期为 1ms，由计算可知，其消耗的电能与①和②完全相同，但从肉眼上已经观察不到亮灭变化，反而是其亮度比正常工作时有所降低，即功率有所降低，但实现了连续工作。

可见，当 PWM 信号频率足够高时，受控设备则可以实现降低功率的工作模式，工作功率则取决于 PWM 信号的接通时间。控制电动机的转速和转矩也可以使用 PWM，改变电动机电枢电压接通和断开的时间比(占空比)来控制电动机的特性，按照一定的规律改变通、断电的时间，即可使电动机的转速达到并保持一稳定值。对于直流电动机调速系统，使用 PWM 进行调速是非常方便的。

最简单的 PWM 驱动装置是利用大功率晶体管的开关特性来调制固定电压的直流电源，按一个固定的频率来控制大功率晶体管的接通和断开，并根据需要改变一个周期内"接通"与"断开"时间的长短，即通过改变直流伺服电动机电枢上电压的"占空比"来改变平均电压的高低，从而控制电动机的转速。因此，这种装置又称为"开关驱动装置"，如图 5.16(a) 所示是 PWM 控制直流有刷电动机电路的示意图。

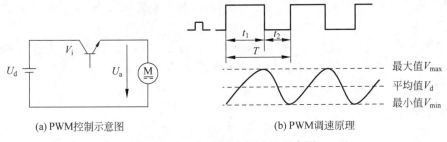

(a) PWM控制示意图　　　　　　　　　(b) PWM调速原理

图 5.16　PWM 调速控制方法示意图

图 5.16(a)中，三极管 Vi 以一定的频率重复地接通(导通)和断开(截止)：当三极管 Vi 导通时，供电电源 U_d 通过三极管 Vi 施加到电动机两端，电源向电动机提供能量。当三极管 Vi 截止时，供电电源 U_d 停止向电动机提供能量。电动机的供电电压平均值 U_a 为

$$U_a = t_{on} U_S / T = \alpha U_d \tag{5.16}$$

其中，t_{on} 为 Vi 每次接通的时间，T 为 Vi 通断的工作周期，$\alpha = t_{on}/T$ 为占空比。可见，改变占空比就相当于改变了电动机两端的电压平均值，进而控制了电动机的转速。PWM 调速原理即面积等效原理如图 5.16(b) 所示。

设电动机在电源电压 U_d 下的转速为 V_s，在 PWM 信号的控制下，与控制灯泡类似，电动机的平均转速 V_d 为

$$V_d = V_s \alpha \tag{5.17}$$

因此，可以将电动机的转速看作与电枢电压呈线性关系。但实际中并非线性关系，会呈

现出正比曲线关系,且与供电电压、PWM频率、电动机类型、负载大小有密切关系。因此,在使用PWM控制直流有刷电动机、直流无刷电动机、交流电动机等各类电动机时,应使用编码器或定位装置以构成闭环控制系统,才能实现对电动机运动状态的精准控制。

5.2.2　H桥驱动电路

如图5.16(a)所示的电路尽管可以实现对直流有刷电动机的转速的控制,但该电路只能控制电动机向一个方向旋转的速度,无法通过换相的方式改变供电极性进而改变电动机的旋转方向,导致该电路在实际中难以应用在机器人领域。本节以使用PWM控制机器人底盘驱动电动机(带动车轮)为例,介绍最简单的H桥式驱动电路。

图5.17(a)的示意图是在图5.16(a)的非换相电路基础上进行的改进,在电路中增加了由四个可控的三极管构成的开关电路。对该电路进行定性分析可知,电路中Q1和Q3称为上桥臂,低电平时导通、高电平时关断;Q2和Q4称为下桥臂,高电平时导通、低电平时关断,该电路有如下通用的组合状态:①电动机静止状态下,单独开启任何一个三极管都不产生任何效果;②当Q1和Q3同时导通、Q2和Q4同时关断时,电动机M两端供电电压相同、不会发生旋转;③Q1和Q3同时关断、Q2和Q4同时导通时,电动机M也不会旋转;④Q1和Q2同时导通会导致电源短路,Q3和Q4同时导通也会导致电源短路,是禁止发生的异常状态。其中,组合状态3和4与特定的续流二极管(D1、D2、D3或D4)配合还能够实现对电动机M的短路制动功能。

由图5.17(a)的工作特性可知,通过PWM信号控制H桥进而控制电动机有多种连接方式。如要求电动机电流由左流向右,则需要在Q2和Q3关断的同时,在Q1和Q4同时施加相位相反的PWM信号,或者Q1导通同时控制Q4施加PWM信号,或者控制Q1施加PWM信号同时Q4导通。但是在实际应用过程中,通过达林顿管(如TIP122/127)或MOSFET等分立元件构建H桥电路,还应该增加逻辑控制、保护电路和功率器件驱动电路,以防止短路问题的发生。而使用L298、DRV8838等H桥集成芯片则可以解决逻辑控制和保护问题,图5.17(b)为DRV8838内部功能结构图。

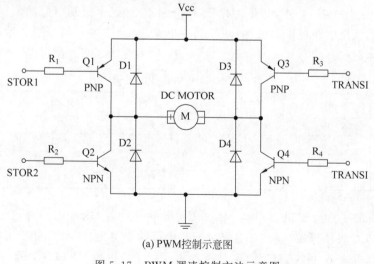

(a) PWM控制示意图

图5.17　PWM调速控制方法示意图

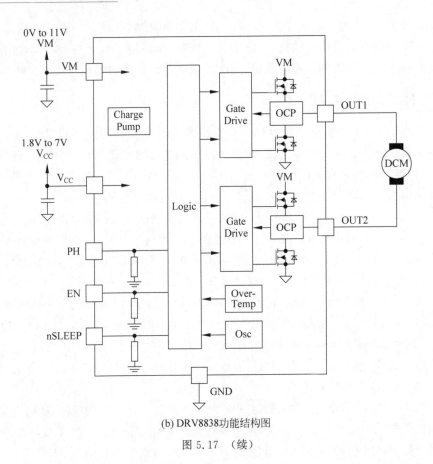

(b) DRV8838功能结构图

图 5.17 (续)

　　DRV8838 是 TI 公司生产的,用于摄像机、消费类产品、玩具和其他低电压或者电池供电的运动控制类产品的集成电动机驱动器。其内部的 H 桥由四个 N 沟道 MOSFET 构成,内阻仅 280mΩ,最大输出电流为 1.8A,电动机驱动电压为 0~11V,逻辑控制工作电压 1.8~7V。由图 5.17(b)可知,该集成驱动芯片除驱动供电 VM、逻辑供电 VCC 和共用的 GND、电动机输出 OUT1/OUT2 外,仅有 PH、EN 和 nSLEEP 三个控制信号输入。其中,PH 为相位输入控制,切换电动机供电极性;EN 为使能端,也是 PWM 信号输入端;nSLEEP 是休眠端,进入休眠状态后芯片工作电流最大仅 95nA。DRV8838 的控制逻辑如表 5.2 所示。

表 5.2　DRV8838 的控制逻辑

nSLEEP	PH	EN	OUT1	OUT2	电动机执行功能
0	X	X	Z	Z	休眠
1	X	0	L	L	制动
1	1	1	L	H	反转
1	0	1	H	L	正转

　　DRV8838 除了具有逻辑控制和 MOSFET 驱动功能外,内部还具有电压电流保护功能,包括:①VCC 欠压锁定功能,一旦逻辑控制电路的供电电压 VCC 低于阈值 UVLO(下降至 1.7V),H 桥中所有的 MOSFET 将关断锁定,VCC 达到 UVLO(上升至 1.8V)后,恢复正常工作;②过电流保护功能,芯片监控内部所有 MOSFET 的电流。当电流超过 I_{OCP}

（最低 1.9A，最高 3.5A）的时间达到 t_{DEG}（1μs）后，H 桥中所有的 MOSFET 将关断锁定，芯片将自动重试测试电流，当电流小于 I_{OCP} 的时间达到 t_{RETRY}（1ms）后，恢复正常工作；③过温保护功能，当芯片内核温度高于 T_J 时，H 桥中所有的 MOSFET 将关断锁定，内核温度低于 T_J 时恢复正常工作。

而 L298 内部由于采用了大功率三极管作为开关器件，因此发热也相对严重。此外，L298 内置了两个 H 桥电路，还具有最大供电电压 46V，最大工作大电流 4A，支持外接采样电阻设置过电流保护点等特性，但是 L298 内部没有设置续流二极管，用户在使用时应自行添加，以免烧毁功率器件。

L298 除了基本的驱动供电 VS、逻辑供电 VSS 和共用的 GND 之外，还包括控制 A 端 H 桥的 IN1、IN2 和 ENA（INH1）、电动机输出 OUT1 和 OUT2，控制 B 端 H 桥的 IN3、IN4 和 ENB（INH2）、电动机输出 OUT3 和 OUT4。参考 L298 数据手册中结构图，以其中的 A 端 H 桥为例，IN1 和 IN2 同为高电平时，上桥臂导通，OUT1 和 OUT2 两端无电压差，电动机不工作；IN1 和 IN2 同为低电平时，下桥臂导通，OUT1 和 OUT2 两端无电压差，电动机也不工作；只有在 IN1 和 IN2 输入不同电平时，OUT1 和 OUT2 两端才会出现电压差 VS，电动机才能旋转。

使用 L298 控制电动机调速时，与 DRV8838 相似，通过在 ENA 或者 ENB 端输入 PWM 信号，即可同步控制对向的两个三极管的开关。

在使用 PWM 信号控制各类 H 桥电路时，除了电平匹配之外，还应注意 H 桥中的功率器件的工作频率范围。在不考虑电动机型号的情况下，使用三极管作为功率器件的 H 桥的 PWM 频率可以选择几百赫至几十千赫，而使用 MOSFET 作为功率器件的 H 桥的 PWM 频率则可以最高至几兆赫。

5.2.3　电调电路

直流无刷电动机驱动过程较为复杂，需要实时检测转子的位置并快速切换 MOSFET 的开关状态。如果由机器人系统中的微处理器执行该工作，会产生非常频繁的中断事件，影响机器人系统其他任务的实时性，也会增大系统的程序的复杂度。因此，在航模和机器人领域往往不会使用系统的微处理器直接控制直流无刷电动机，而是增加一个新的微处理器，与用于直流无刷电动机驱动的 MOSFET 功率器件、检测电路、驱动电路、电源处理电路和其他电路封装在同一个小模块内，对外只保留电源和控制信号的输入端和与电动机连接的输出端，这一类模块被称为电调（Electronic Speed Control，ESC）。

图 5.18(a) 为航模中直流无刷电动机和电调的连接方式，可见电调仅连接了电源（电池）、电动机、编程卡（调整电调参数，非必须使用）和接收机（接收遥控器信号，输出 PWM 信号）。图 5.18(b) 为某品牌的电调实物，其最高工作电压为 50V，最大持续工作电流可达 100A，瞬间电流（10s）可达 140A。可见，电调所实现的模块化集成设计，简化了直流无刷电动机的驱动流程，也提升了系统性能。

经典航模领域的 PPM 信号标准电平为 5V，周期时间是 20ms，即信号的频率是 50Hz，Arduino 的 Servo 库中默认的电调频率同为 50Hz。根据应用领域的不同，电调可以分为单向电调和双向电调两种。使用微处理器直接驱动电调时，只需要向两种电调发送正脉宽为 0.5~2.5ms 或 1~2ms 的 PWM 信号即可，以 1~2ms 信号电调为例，两种电调的区别如下。

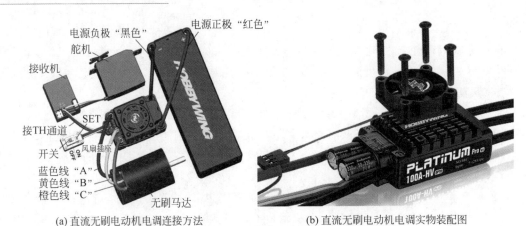

图 5.18　直流无刷电动机电调连接方法及实物照片

（1）单向电调。一般应用在无人机等电动机只向一个方向旋转的领域，在传输给电调的 PWM 信号中，1ms 正脉宽表示 0% 油门（指传输给电动机的功率），2ms 正脉宽表示 100% 油门。

（2）双向电调。包括正转、反转和制动功能，应用在船模和车模等领域。在传输给电调的 PWM 信号中，1ms 正脉宽表示 100% 反转油门，2ms 正脉宽表示 100% 正转油门，1.5ms 正脉宽表示 0% 油门。

但是实质上，无论是 PWM 信号还是航模领域中广泛使用的 PPM（Pulse Position Modulation，脉冲位置调制），由于其每一个脉冲直接表征了控制含义，而没有传输数字信息，因而其本质上仍属于一种模拟信号。而且 PWM 信号很容易产生因为传输或检测精度不足所导致的误差，因而部分领域已经开始采用数字电调解决这种误差问题。

目前，数字电调协议以 Dshot 为主，包括 DShot150、Dshot300、Dshot600 和 Dshot1200 等。Dshot 协议的数据帧由三部分组成：①油门值（Throttle），11 位长度，可以表示的数字范围为 0～2047；②请求数据回传标识位（Telemetry Request），1 位长度，0 表示不向电调请求数据回传、1 为向数字电调请求数据回传，具有数据回传功能的电调则会回传电调的状态信息；③校验（CRC），4 位长度，用于验证该帧数据是否有效合法，是对前面 11 个油门值 +1 个回传标志共 12 个位进行分组，每组 4 位、分 3 组，即对 3 组 4 位数据进行异或计算，取计算结果的低 4 位作为校验码插入。

Dshot 协议的数据传输方式与 DS18B20 和 DHT11 的单总线数据传输方式类似，利用脉冲序列中的高电平的时间表征数据位 0 或 1。Dshot 协议名字中所标注的数字代表通信速率，例如，Dshot600 表示每秒传输 600Kb，每个 bit 时间为 1667ns，正脉宽 625ns 表示数据位 0、正脉宽 1250ns 表示数据位 1。可见 Dshot600 每 26.7μs 即可更新一次电调状态，其速率远快于 PWM 控制的 20ms。此外，Dshot 还具有以下明显优点：①无须校准电调油门行程；②电调信号精准，无须考虑信号干扰造成的脉宽误差影响；③油门分辨率高；④更新速度快于传统的 PWM/PPM。但从价格上，相同输出电流的 DShot 电调要高于 PWM 电调。

市售电调产品非常丰富，穿越机等高端航模应选用使用 Dshot 协议的电调，以获得更快的反应速度，而智能小车、普通无人机、机器人和水下机器人使用普通 PWM 电调即可选用电调时应主要从工作电压和电流方面考虑。电调额定电压应略高于输入峰值电压，电调最大电流应高于甚至数倍于电动机正常工作电流，此外，还应考虑电调的体积和散热等问题。

5.2.4 步进电动机驱动电路

步进电动机的驱动电路与图 5.17(a)所示 H 桥驱动电路原理相似,只是每相都需要一个 H 桥驱动,因此驱动系统重复度较高、控制时序复杂度高,但电路结构简单。如图 5.19 所示,以最简单的 2 相 4 线步进电动机的非细分驱动系统为例进行说明。右半部分是 L298 标准驱动电路,A 端 H 桥和 B 端 H 桥分别驱动步进电动机的 2 相绕组,L6210 为续流二极管,A 端和 B 端防过电流采样电阻均为 0.5Ω。

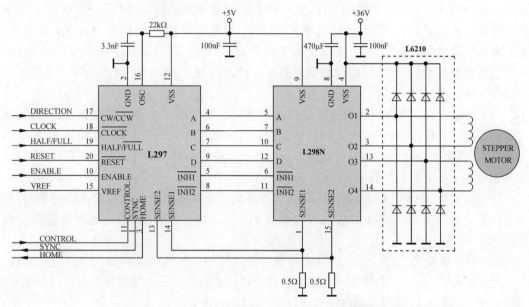

图 5.19　L297 和 L298 构成的 2 相 4 线步进电动机驱动系统

图 5.19 电路左半部分是 L297 步进电动机控制电路,内部内置了逻辑控制电路、电流控制电路、时钟电路和电流采样电路等,可以直接连接微处理器接收控制信号,并根据信号生成步进电动机的驱动信号:包括半步模式(Half Step)以及单极性(One Phase On)和双极性(Two Phase On)等。其中,半步模式下的步进角为整步的一半。L297 在顺时针驱动时 ABCD 输出流程为 0101→0001→1001→1000→1010→0010→0110→0100→0101→…,共计 8 拍,具体过程可参考 L297 数据手册。L297 输入端的主要功能如下。

(1) SYNC。PWM(L297 数据手册中称之为 Inhibit Chopper,斩波器)输出端,使用多个 L297 同步控制多相电动机时,应将所有 L297 的 SYNC 连接,并只在一个 L297 上使用振荡元件(OSC),而使用外部时钟时,则应连接至此引脚。

(2) HOME。复位 L297 的输出至初始状态(ABCD=0101),且立刻输出执行。

(3) $\overline{\text{INH1}}$ 和 $\overline{\text{INH2}}$。禁用 L298 的 A 端(O1 和 O2)或 B 端(O3 和 O4)的 H 桥输出;当 CONTROL 端为低电平时,该引脚输出 PWM 信号调节驱动电流,防止过电流。

(4) ENABLE。使能端,低电平时则 A、B、C、D、$\overline{\text{INH1}}$ 和 $\overline{\text{INH2}}$ 输出低电平。

(5) CONTROL。PWM(斩波器)信号输出端选择,高电平时 PWM 从 A、B、C 和 D 输出,低电平时 PWM 从 $\overline{\text{INH1}}$ 和 $\overline{\text{INH2}}$ 输出。

(6) OSC。RC 网络输入端,用于产生 PWM 信号,其频率为 $f \approx 1/0.69RC$,连接方式

如图 5.19 所示。

(7) CW/$\overline{\text{CCW}}$。步进电动机旋转方向控制端。

(8) $\overline{\text{CLOCK}}$。步进时钟输入端。

(9) HALF/FULL。半步整步选择端。

(10) $\overline{\text{RESET}}$。复位输入端,输入负脉冲时,复位 L297 的输出至初始状态(ABCD＝0101)。

L297＋L298 的控制方式只能满足步进电动机的基本控制要求,包括整步半步控制等非细分驱动功能。而更高的控制精度、更小的步进抖动等功能则需要精细的 PWM 控制信号才能够完成,L297 中的逻辑电路显然无法胜任。若要实现如图 5.14 所示的正弦波电流,则需要在驱动端加载满足产生正弦波电流需求的 SPWM(Sinusoidal Pulse Width Modulation,正弦脉宽调制)信号。该信号的脉冲宽度按照正弦规律变化,SPWM 技术的实现方法主要有以下 3 种。

(1) 等面积法。等面积法利用数量相同的等幅不等宽的脉冲等效代替正弦波,其实现过程为在一个采样周期内 SPWM 的脉冲面积应与正弦波片的面积相等,以计算 SPWM 的占空比,再将数据存储。使用时可通过查表的方式生成控制开关器件通断的 PWM 信号,以达到和通入正弦波相同的效果。

该方法基于 SPWM 的控制基本原理,事先准确地计算出各开关器件的通断时刻,得出与正弦波接近的波形。这种方法也存在明显的缺陷,如占用内存大、无法调整正弦波周期等。

(2) 硬件调制法。硬件调制法是把所期望等效代替的波形作为调制信号,把接受调制的信号作为载波,通过对载波信号的调制生成所期望的波形。一般用等腰三角形作为载波,正弦信号作为调制信号,最后得到的波形就是 SPWM 信号。

这种控制方法的优点明显,采用 SG3525、TL494 和 EG8010 等纯硬件电路实现的电路具有极高的可靠性和极高的抗干扰性,不会出现微处理器程序跑飞问题。但其电路结构比较复杂,很难有精确的数字控制。

(3) 软件生成法。软件生成法就是利用软件算法的方式来实现信号的调制。随着微处理器性能的提升,使用软件可以很容易地生成 SPWM 信号。因此,通过软件生成 SPWM 的方法目前也被广泛采用。软件生成法有两种基本算法:自然采样法和规则采样法。自然采样法由于计算烦琐,很难实现实时控制,很少采用,故不做详细介绍。规则采样法是一种比较常用的工程实用方法,其原理就是用等腰三角形波为载波对正弦波进行采样,从而得到阶梯波,然后在阶梯波与等腰三角波的交点时刻,通过软件法控制开关器件的通断,即用软件方法达到硬件调制的效果。其效果与自然采样法接近,但计算量却比自然采样法小。如图 5.20 所示为利用规则采样法计算 SPWM 信号的工作原理示意图。

L298 内置了比较全面的限流保护电路和同步电路,但 L298 无法产生也无法传递 SPWM 信号。若依然使用 L298 作为驱动电路,则应选择其他电流控制芯片,如 L6506 等,具体电路连接和电阻选择应详细参考 L6506 数据手册。由控制系统产生的 SPWM 信号分别控制 2 相的电流输出即可,但电路中还应设计电流采样和检测电路,以便进行限幅和偏置工作。

采用细分功能控制步进电动机除了使用上述方法之外,还可以使用集成芯片完成,如

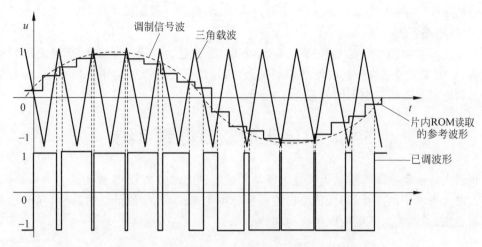

图 5.20　规则采样法计算 SPWM 信号的工作原理

TMC22xx 系列细分步进电动机控制芯片。该系列中的 TMC2208 工作电压为 4.75~36V，峰值输出电流 2A，通过 Microplay 技术可补偿实现 256 级细分效果、低速静音模式（stealthChop）和高速防抖模式（spreadCycle）切换，以及较为全面的保护等功能等。还可以通过上位机软件 ScriptCommunicatorSetup 与 TMC2208 的 UART 接口通信，配置芯片的工作参数。TMC2208 的引脚主要功能如下。

（1）电源系统。包括用于数字通信接口的电源 VCC_IO、用于电动机驱动的电源 VS 和共用的电源地 GND。此外，还有一个 5V 电源输出 5V$_{OUT}$，最大输出电流可达 25mA。

（2）电动机驱动。包括用于驱动电动机 A 相的 OA1 和 OA2，用于驱动电动机 B 相的 OB1 和 OB2。

（3）电流检测。包括用于检测 A 相电流的采样电阻连接引脚 BRA、用于检测 B 相电流的采样电阻连接引脚 BRB。

（4）控制信号。包括芯片使能控制 ENN、步进电动机控制 STEP 和 DIR，其中，STEP 既可以默认在上升沿触发一次整步步进，又可以通过 DEDGE 位设置为上升沿和下降沿皆可触发一次半步步进。在每次 STEP 的有效触发时，都将检测 DIR 输入以决定电动机的转向。

（5）辅助输入。包括与内部电荷泵相关的 VCP、CPI 和 CPO，用于内部各功能模块的时钟控制或时钟输入 CLK，可选的用于过电流保护的参考电压输入 VREF。

（6）辅助输出。用于内部错误输出的 DIAG 信号，该信号输出包括电荷泵欠电压、过温、AB 相 H 桥段路和过温，用于输出细分 0 点位置的 INDEX 信号。

（7）细分设置。用于设置细分模式的引脚 MS1 和 MS2，MS2 和 MS1 组合与细分对应关系为：00 为 8 细分、01 为 2 细分、10 为 4 细分、11 为 16 细分。

（8）通信接口。用于设置芯片内部寄存器值的 PDN_UART 接口，采用 UART 与微处理器通信，波特率最低 9600b/s，最高可达 500kb/s，且具有自适应和回复功能，采用双向通信时，TMC2208 会以相同波特率回复微处理器。

TMC22xx 系列芯片除了最大 16 细分的 TMC2208 之外，还有最大 32 细分的 TMC2224、TMC2225 和 TMC2220 等。国产芯片方面，也可以选择微芯的 TC1005 系列步进电动机控制驱动芯片。TC1005 能够为外接 MOSFET 提供高达 8A 的驱动电流，此外还支持最高40V工作电压、256细分,并带有过电流、短路和过温保护等功能,且支持SPI通信接口,具体电路不再详述。

在使用步进电动机时,必须需要注意其特征:步进电动机是一种低速、大转矩的精确驱动设备,适用于需要连续转动的精准控制场合,通过细分还可以实现更平滑的运动,与直流电动机和舵机呈现出完全不同的特性。

5.3 机器人的驱动电源系统

机器人的驱动电源系统是为机器人驱动系统提供能源的部分,也称为动力电源系统,是机器人电源系统中的重要部分,也是机器人系统中电压最高、电流最大的部分,同时也是电流变化最快、最容易对系统造成干扰的部分。

5.3.1 功率开关电源系统

固定式机器人以及移动型有缆机器人通常使用线缆进行供电,电力设备提供的2相220V$_{AC}$或3相380V$_{AC}$或高压直流等电力通过线缆传输到机器人本体中的电源系统,将这部分系统称为机器人的外部供电系统。严格意义上,这类设备不完全属于机器人本体,但却是本体工作时不可或缺的组成部分,如工业机器人工作过程中所依赖的配电系统、各类远程移动有缆机器人的远程供电系统等。

外部供电系统是机器人运行的必要条件,是非内置电池型机器人,尤其是水下机器人、管道机器人等有缆远程作业机器人的重要动力来源。外部供电系统根据其对供电电压的处理可以分为简单传输型、类型变换型和电压变换型三种,在第2章中已经进行了介绍。

传输至机器人本体供电系统的电能一般无法直接使用(极少数高压大功率电动机除外),需要降压至机器人动力系统所需要的电压和足够的输出功率,尤其需要适配驱动系统的要求,包括H桥、电调和步进电动机驱动器等。

例如,经典的2相混合式步进电动机驱动器EZM552,该驱动器最大支持512细分并具有全面保护功能,其驱动电压支持20~36V、最高不超过50V,最大工作电流5.2A,因此该驱动器只能驱动42、57和86HS22等在该电压和功率范围内的步进电动机。对于86HS120等工作电压较高(40~60V)的步进电动机,则应选择EZM872等驱动器,驱动器的最大工作电流一般应在步进电动机最大工作电流的1.1倍以上。根据经验,驱动器电源除了电压必须满足要求外,若使用线性电源,电源的输出电流应取驱动器最大电流的1.1~1.3倍,若使用开关电源,则电流应在1.5~2.0倍。电源功率过大会带来体积和成本的升高,而电源功率不足则可能会导致系统无法工作等故障的发生。

外部供电系统的类型不同,机器人本体的电源设计方法也不同。使用简单传输型外部供电的机器人电源可以直接使用各类满足电压、功率、体积和安全需求的开关电源系统。

类型变换型外部供电则应使用厂商所推荐的变换模块,以便在更小体积的基础上获得更高的变换效率。如图5.21所示是VICOR公司的VI-HAM使用示意图,VI-HAM通过+OUT和−OUT输出整流后直流供电,E/O为控制输出端,用以控制DC-DC模块工作,A/S端为特定的电压输出,使用时按照图5.21方法连接即可。

VI-HAM可以与多种DC-DC模块连接工作,经过电缆传输的直流电与E/O控制信号

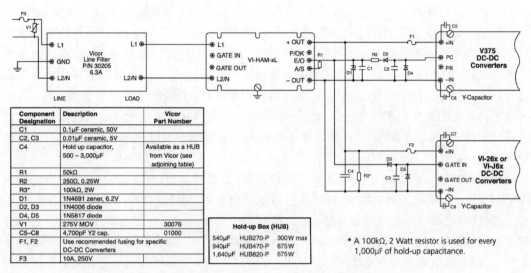

Component Designation	Description	Vicor Part Number
C1	0.1μF ceramic, 50V	
C2, C3	0.01μF ceramic, 5V	
C4	Hold up capacitor, 500 – 3,000μF	Available as a HUB from Vicor (see adjoining table)
R1	50kΩ	
R2	250Ω, 0.25W	
R3*	100kΩ, 2W	
D1	1N4691 zener, 6.2V	
D2, D3	1N4006 diode	
D4, D5	1N5817 diode	
V1	275V MOV	30076
C5–C8	4,700pF Y2 cap.	01000
F1, F2	Use recommended fusing for specific DC-DC Converters	
F3	10A, 250V	

Hold-up Box (HUB)		
540μF	HUB270-P	300W max
940μF	HUB470-P	675W
1,640μF	HUB820-P	675W

* A 100kΩ, 2 Watt resistor is used for every 1,000μF of hold-up capacitance.

图 5.21　由 VI-HAM 模块和 DC-DC 转换器构成的电源系统

传输至机器人本体端 DC-DC 模块后,控制模块输出。可选用的 DC-DC 模块包括 VICOR 公司 MAXI、MINI 和 MICRO 系列的 DC-DC 模块、VI/VE-200 系列和 VI/VE-J00 系列模块等,如 V375A12T600BL2 模块具有高转换效率、输出电压 12V、工作温度 −40∼100℃、输出功率 600W 等特性,具体各类 DC-DC 可参考其选型手册。

电压变换型外部供电的特点是在线缆中传输的电压远高于直接整流滤波后的电压,一般在 600V 以上。因此机器人本体中无法直接使用市售的民用开关电源进行 DC-DC 降压变换,必须使用高压输入模块实现该过程。以金升阳公司的 PV200-29Bxx 系列开关电源模块为例,该系列模块具有 300∼1500V$_{DC}$ 的超宽输入电压范围、最大 200W 输出功率、4000V$_{DC}$ 隔离、−40∼70℃ 工作温度,并具有欠电压保护、输出短路保护、过电流保护等功能,PV200-29Bxx 有 24V、36V 和 48V 三种输出电压型号,在 850V$_{DC}$ 输入时可达 87% 的转换效率,体积为 215mm×125mm×50mm,重量为 1.55kg,且该模块价格高于普通 200W 开关电源,导致系统成本升高,但高压传输可以有效减小传输电流,减少线缆损耗,机器人则可以使用更轻便、更纤细、更柔软的线缆,有效减少线缆对机器人的影响,并降低线缆的成本。

除了各类开关电源和 DC-DC 模块之外,机器人系统的驱动电源也可能会包含针对小型和微型电动机所设置的小功率电源系统,其电路和原理较为通用,本节不再介绍。

5.3.2　动力电池系统

第 2 章中已经介绍了机器人所必需装备的电池管理系统,以及 BlueROV2 水下机器人中装载使用的锂电池。本节将继续介绍机器人系统中各类电池的功能作用、组成结构和应用范围,也包括超级电容等短期(缓存)储能设备的相关知识。

电池是一种将化学能和原子能等形式的能量直接转化为电能的方式,电池包括生活中常用的干电池、碱性电池、蓄电池、锂电池,以及超级电容和少见的燃料电池等。根据电池的储能-恢复特性,可以将电池分为一次性电池和多次电池(可充电或可补充能量)。电池是自主无缆机器人的唯一动力来源形式,包括物流仓库搬运机器人、物流派送机器人、无人机、

机器人运动控制

AUV、家用扫地机器人和纯电动汽车等，具有不可替代性。受电池能量密度的限制，这类机器人中的电池重量会随工作时间的要求而增大，例如，大疆的悟 INSPIRE2 无人机整体重量 3440g，其中电池的重量就达到了 1030g，但其飞行时间仍不足 30min。再如特斯拉纯电动汽车 Model3 的整备重量 1745kg，其中电池包的重量就达到了 478kg，覆盖了大部分汽车底盘区域，但其 EPA 测定行驶距离也只有 520km。可见，在电池驱动的各类机器人中，电池占据了机器人的大量体积和重量。该问题主要是由于现有化学电池的储能密度远低于燃油所导致的，能量密度最高的 4680 型三元锂电池的能量密度仅能达到 300Wh/kg，而汽油能量密度则可以达到 12 000Wh/kg 以上。

因此，在现有的常规电池能量密度条件限制下，需要科学地计算机器人搭载的电池的各项限制条件：①机器人负荷限制，机器人在移动和作业时，能够预留给电池系统的空间大小和重量限制，电池系统必须满足该要求；②机器人的作业功率与电量需求，统计机器人在携带了电池和载荷的情况下，完成作业时的最大功率以及总电量，所使用电池系统必须满足输出电压、最大输出电流和容量要求。此外，还应根据机器人工作场合的温度、湿度、气压等环境信息设计电池系统电芯和电路，根据电池充电或换电时间需求设计充换电系统，根据机器人的工作周期计算充电和保障系统数量。一旦市售电池系统和定制电池系统都无法满足上述要求，则需要调整机器人的设计或作业要求。

根据电池成分，机器人常用的电池主要包括以下 4 类。

1. 干电池和碱性电池

干电池就是生活中的常见电池，广泛应用于闹钟、温度计、体重秤、收音机、遥控器和万用表等耗电量极低、待机周期较长的小型设备。干电池属于原电池类型，放电流不大、内阻较大、不能充电，且长期使用容易发生腐蚀漏液等问题。

目前，干电池已经有 100 多种类型，包括普通的锌-锰干电池、镁-锰干电池、锌-氧化汞电池和锌-氧化银电池等，以及碱性电池（碱性锌-锰干电池）。以普通锌-锰干电池为例，该电池从组成结构上又可以分为糊式锌-锰干电池、纸板式锌-锰干电池、薄膜式锌-锰干电池、氯化锌锌-锰干电池、四级并联锌-锰干电池和叠层式锌-锰干电池（多节微型锌-锰干电池串联叠放）等。普通干电池的化学构成和化学反应过程如下。

正极材料：MnO_2、石墨棒。

负极材料：Zn，且 NH_4Cl 淀粉糊状物作为主要电解液。

正极反应：$2NH_4^+ + 2e^- = 2NH_3 \uparrow + H_2 \uparrow$；氨气和氢气分别被 Zn^{2+} 和 MnO_2 吸收：$4NH_3 + Zn^{2+} = Zn(NH_3)_4^{2+}$、$H^2 + 2MnO^2 = 2MnO(OH)$。

因此正极可写为：$2MnO_2 + 2NH_4^+ + 2e^- = Mn_2O_3 + H_2O + 2NH_3 \uparrow$。

负极反应：$Zn - 2e^- = Zn^{2+}$。

总反应：$2Zn + 4MnO_2 + 4NH_4^+ = 2MnO(OH) + Zn(NH_3)_4^{2+} + Zn^{2+}$。

单节普通锌-锰干电池和碱性电池的电动势为 1.5V，但普通干电池由于产生的氨气会被石墨所吸附，引起电动势快速下降，导致电池放电能力变差。此外，作为电池外壳的锌筒也会参与化学反应，会导致电池外皮腐蚀变薄，导致电解液外流漏，对设备造成损害。而碱性电池则可以有效避免这种问题：碱性电池使用 KOH 替代 NH_4Cl 作为主要电解液，正极材料改为钢筒，MnO_2 层紧靠钢筒。碱性电池的化学反应过程如下。

正极反应：$MnO_2 + H_2O + e^- = MnO(OH) + OH^-$。

$MnO(OH)$在碱性溶液中有一定的溶解度：$MnO(OH)+H_2O+OH^-=Mn(OH)_4^-$，且有：$Mn(OH)_4^-+e^-=Mn(OH)_4^{2-}$。

负极反应：$Zn+2OH^-=Zn(OH)_2+2e^-$、$Zn(OH)_2+2OH^-=Zn(OH)_4^{2-}$。

总反应：$Zn+MnO_2+2H_2O+4OH^-=Mn(OH)_4^{2-}+Zn(OH)_4^{2-}$。

可见，碱性电池的化学反应过程中不会产生气体，其内阻也相对较低，但碱性电池的最大放电电流一般只有 1C（C 为电池容量，如 2000mAh 容量的电池的 1C 放电电流为 2000mA），依然难以作为动力电池为机器人提供长期的、稳定的电流输出。结构上，市售碱性电池为了避免普通锌-锰干电池外壳锌筒腐蚀变薄的问题，采用了与普通锌-锰干电池相反的结构，电池内芯为负极、电池的不锈钢外壳和顶帽为正极。常用的碱性电池的能量密度一般在 40Wh/kg 左右。

特别地，20 世纪的锌-锰干电池以锌筒作为负极，并经汞齐化处理，使表面性质更为均匀，以减少锌的腐蚀，提高电池的储能性能，电池中会含有微量汞。但自 2001 年 1 月 1 日起，我国已经规定凡进入国内市场销售的国内、外电池产品，在单体电池上均需标注汞含量，未标注汞含量的电池不准进入市场销售。自 2002 年起，禁止在国内市场经销汞含量大于电池重量 0.025% 的电池。目前现有的干电池和碱性电池绝大部分是无汞的，使用后的废旧电池是不会造成汞污染的。

2. 镍镉电池和镍氢电池

镍镉电池、镍氢电池和干电池在外观型号的命名方式上基本一致，常见型号包括 1 号、2 号、5 号和 7 号，这种命名方式源于 GB/T 8897.1—2021 原电池标准，该标准将干电池分为以下型号。

（1）1 号电池，国标型号 R20，英文代号 D，直径 34.2mm，高度 61.5mm。

（2）2 号电池，国标型号 R14，英文代号 C，直径 26.2mm，高度 50.0mm。

（3）5 号电池，国标型号 R6，英文代号 AA，直径 14.5mm，高度 50.5mm。

（4）7 号电池，国标型号 R03，英文代号 AAA，直径 10.5mm，高度 44.5mm。

与干电池不同，镍镉电池和镍氢电池属于可充电的多次电池，早期的各类充电设备使用的都是镍镉电池，其单体电压 1.2V，具有大电流放电、维护简单等优点，能量密度为 40～60Wh/kg，高于碱性电池。

镍镉电池的正极材料为球形氢氧化镍，充电时为 $NiOOH$，放电时为 $Ni(OH)_2$。镍镉电池（Nickel-Cadmium Battery，Ni-Cd）因其碱性氢氧化物中含有金属镍和镉而得名。

镍镉电池可实现 500 次以上充放电循环，经济耐用。但镍镉电池的缺点也很明显，若充放电过程对电量掌控不当，则会出现严重的记忆效应，导致电池容量和寿命大打折扣。记忆效应指电池在充电前，电池的电量没有被完全放尽，久而久之将会引起电池容量降低的现象。记忆效应会导致在电池充放电的过程中，在电池极板上产生小气泡，小气泡的堆积会减少电池极板的面积，也间接影响了电池的容量。因此，高级镍镉电池充电器普遍带有放电功能，以便在充电前先对电池放电，如 SONY 的 BCG-34HRMD 等。

此外，镍镉电池中的镉是一种有毒元素，不利于生态环境的保护。能量密度不足、记忆效应和污染环境等诸多缺点使得镍镉电池应用受限严重，尤其是在镍氢电池发明之后，镍镉电池已经基本被淘汰出各类应用领域，取而代之的是镍氢电池和锂电池。

镍氢电池中不再使用有毒的重金属元素镉，既可以避免环保问题，又可以提升能量密度。由于其输出电压等多方面特性与镍镉电池相似,因此可以直接替代镍镉电池使用。镍氢电池的正极材料为氢氧化镍 $Ni(OH)_2$、负极材料为储氢合金。

民用镍氢电池的能量密度为 $60\sim80Wh/kg$,高于镍镉电池,在相同的体积下具有更大的容量。现有市售 5 号镍氢电池的容量可达到 $2500mAh$ 以上并具有 $1000+$ 次的循环充放电能力。尤为重要的是,镍氢电池的记忆效应远小于镍镉电池,几乎可以做到随充随用,更适合在移动设备和太阳能供电设备中使用。此外,镍氢电池还具有一定的耐过充过放能力,这一点是镍镉电池甚至锂电池所不具有的。

镍氢电池无毒、安全、耐过充过放的能力,以及良好的高温和低温工作特性,使镍氢电池在有较高安全需求的领域依然难以被替代,如 2020 年一汽丰田的双擎系列混合动力汽车中装配的仍然是镍氢电池组。但镍氢电池仍存在诸多不足,除了能量密度仍然较低外,镍氢电池的充电效率也仅为 66% 左右,即只有 66% 的电量被电池吸收,远低于锂电池。且镍氢电池的自放电率较高,长期不使用时,镍氢电池的电量也会出现明显消耗;镍氢电池的最大放电电流较小,目前镍氢动力电池只能达到 $15C$ 左右,也远低于锂电池。镍氢电池的快速充电能力极低,一般只能达到 $1C$ 左右。实际上,镍氢电池引以为自豪的安全性也正在逐渐被新型电池所替代,如比亚迪公司所研发的刀片电池,其内部使用的磷酸铁锂电池组,在电池组破损的情况下仍能够保持表面 $30\sim60℃$ 的较低温度,且无烟无明火。

3. 锂电池

锂电池是锂离子电池、锂聚合物电池这两类电池在通俗意义上的总称(以金属锂直接作为负极的锂电池是原电池的一种,属于一次电池)。锂电池彻底解决了前述各类电池能量密度低、放电电流小的问题,而且既具有快速充电能力,又具有极低的自放电率。上至玩具无人机、民航客货机和国际空间站,下至手机等民用移动设备、各类移动机器人、电动汽车、水下机器人,以及军事船只、军事潜艇等,都采用锂电池作为储能设备。锂电池已经成为目前各类电子设备中所使用得最广泛的、现阶段难以被替代的电池类型,已经深入到日常生活中。

锂电池工作时,主要依靠锂离子在正极和负极之间移动来工作。在充放电过程中,Li^+ 在两个电极之间往返嵌入和脱嵌。充电时,Li^+ 从正极脱嵌,经过电解质嵌入负极,负极处于富锂状态;放电时则相反。

锂离子电池中,通常使用石墨或石油焦炭构成负极,用 Li_xCoO_2、Li_xNiO_2 或 Li_xMnO_4 材料构成正极,由 $LiPF_6$ 和碳酸酯类溶剂(二乙烯碳酸酯或二甲基碳酸酯)构成电解液,由有微孔结构的耐电解液的高分子薄膜构成隔膜,由钢壳、铝壳、镀镍铁壳(圆柱电池使用)、铝塑膜等材料构成电池外壳。以使用 $LiCoO_2$ 作为正极材料为例,锂离子电池在充电时发生的反应为:

正极反应:$LiCoO_2 = Li_{(1-x)}CoO_2 + XLi^+ + Xe^-$。

负极反应:$6C + XLi^+ + Xe^- = Li_xC_6$。

总反应:$LiCoO_2 + 6C = Li_{(1-x)}CoO_2 + Li_xC_6$。

电池中,隔膜是关键的内层组件,允许锂离子自由通过,阻止电子通过。隔膜一般应具有如下特性:①具有绝对的电子绝缘性,保证正负极的机械隔离;②有一定的孔径和孔隙率,保证低电阻和高锂离子电导率,对锂离子有极好的透过性;③由于电解质的溶剂为强极性的有机化合物,隔膜必须耐电解液腐蚀,有足够的化学和电化学稳定性;④对电解液的浸润性好并具有足够的吸液保湿能力;⑤具有足够的力学性能,包括穿刺强度、拉伸强度等,但厚度尽可能小;⑥空间稳定性和平整性好;⑦热稳定性和自动关断保护性能好;⑧隔膜受热收缩要小,否则隔离失效易引起短路、引发电池热失控。

常见的钴酸锂、三元锂、磷酸铁锂和钛酸锂都属于锂离子电池,这四类电池的主要特性如下。

(1) 钴酸锂电池。钴酸锂是第一代商业化的正极材料。钴酸锂电池具有能量密度高、循环性好和工艺简单等优点,但是其材料中的钴的毒性较大且价格昂贵。因此,钴酸锂一般用于对重量和体积较为敏感的小型设备中,如手机等智能移动设备中。钴酸锂电池的能量密度可达 200Wh/kg。

钴酸锂电池的标称电压为 3.7V,过充保护电压为 (4.28 ± 0.025)V,过放保护电压为 (2.4 ± 0.1)V,持续放电电流为 0.2C,最大放电电流为 0.5C,最大充电电流为 1C,过充会导致钴将溶解在电解液中并产生氧气,并产生树枝状的金属锂晶体,容易刺穿隔膜,导致电池短路,加热沸点和闪点都很低的碳酸酯电解液,导致电池燃烧甚至爆炸。

(2) 三元锂电池和多元锂电池。三元锂电池是指正极采用了镍、钴、锰(称为 NCM 电池)或镍、钴、铝(称为 NCA 电池)三种金属元素,电解液主要为六氟磷酸锂的一种电池。正极材料中的镍是一种活性金属,用来提升电池能量密度,带来更高的设备续航能力。钴也是一种活性金属,可以抑制阳离子的混排,从而提高电池的稳定性和使用寿命,也决定了电池的充放电速度和效率;锰或铝的主要作用是提高电池的安全性和稳定性。

根据三元锂电池中三种材料的比例,NCM 电池可以分为 NCM111、NCM523、NCM622、NCM811。NCA 电池中三种材料的比例一般为 8∶1.5∶0.5。目前,LG 等公司已经推出了使用镍、铜、锰、铝四种金属作为正极材料的 NCMA 四元锂电池,电池中的镍含量占 90%。相关论文显示,NCMA 电池在容量、电池寿命和内阻方面均优于 NCA 电池和 NCM 电池,但 NCMA 四元锂电池在 2021 年下半年量产,目前资料较少。

目前,三元锂电池的标称电压已经达到了 3.7V,在能量密度、容量上已经超过了钴酸锂电池。普通三元锂电池的循环次数可达 1000 次。如图 5.22(a)所示的 18650 型(直径 18mm、高度 65mm,圆柱形)三元锂电池的能量密度达到 250Wh/kg、21700 型(直径 21mm、高度 70mm,圆柱形)的能量密度则接近 300Wh/kg,其循环次数甚至达到了 1500 次,充电电流可达 1C、放电电流可达 1~2C。因此,三元锂电池是目前动力电池的常见选择之一。此外,三元锂电池还有良好的耐低温特性,可以在 -10℃ 条件下保持较好的容量。

但三元锂电池中镍材料的使用,尤其是 NCM811 等高镍电池中,由于镍的活性大,在提升了能量密度的同时,也带来了一定的安全隐患,导致了一些安全事故。高镍电池在高温下结构不稳定、300℃ 左右开始分解,并释放氧气,使电解液迅速燃烧,发生热失控问题。一般而言,镍含量越高,稳定性越差。近年来,我国发生了多起纯电动车自燃事件,包括充电自燃、行驶中自燃或静置自燃,绝大多数车辆所采用的都是各类三元锂电池。

尽管高镍三元锂电池有诸多缺点,但单单是能量密度高的这一优点就已经使其在诸多领域成为极具竞争力的产品。这一优点促使厂商为了保证电池安全,不仅增加了各种电池本体的保护措施,还在过充保护、过放保护、过温保护和过电流保护等方面增加了研发投入,以减少高镍三元锂电池的不稳定因素。另一方面,钴价过高也使得电池厂商不得不降钴升镍,使镍钴锰比例从 532 到 622 再到 811,甚至再到尚未推向市场的无钴电池 NMx。

目前，三元锂电池主要用在各类续航敏感型移动设备上，如无人机、物流机器人和电动汽车等，常见的大疆无人机、扫地机器人、大部分电动汽车、部分超大容量移动电源中使用的都是三元锂电池。

（3）磷酸铁锂电池（$LiFePO_4$，LFP）。三元锂电池和磷酸铁锂是目前的"明星电池"，特斯拉和比亚迪两种电动汽车的畅销给两类电池都带来了巨大的市场份额。但高镍三元锂的热失控问题使其安全性备受争议，磷酸铁锂电池则在市场上主打安全性：在高温钢针穿刺实验中，电池不起火、未冒烟，电池的自燃温度可达 800℃。磷酸铁锂电池除圆柱形外，还可以制成更容易匹配机器人空间的方形，如图 5.22(b)所示。

虽然磷酸铁锂高温特性稳定，但其缺点明显：①低温特性不佳，在 −20℃ 时，电池容量只能达到常温的 1/3，锂离子扩散系数较常温情况下降两个数量级，当温度下降到 −40℃ 时，磷酸铁锂只能保持常温容量的 20%；②标称电压仅为 3.2V，若要实现高压电池包则需要更多单体电池串联；③能量密度低，目前磷酸铁锂电池能量密度最大只有 160Wh/kg。

但磷酸铁锂电池中并没有使用高价金属钴和活泼金属镍，其所使用的磷和铁均储量丰富且提取简单，使得其原材料成本大大降低。同时，磷酸铁锂电池还具有循环寿命长的优点，一般循环次数可以达到 2000 次。而且，从使用的角度出发，现有的三元锂动力电池组都不建议充满至 100%，而是建议充电到 80%~90% 即停止充电，而磷酸铁锂电池可每次都充满至 100%。对比三元锂电池和磷酸锂两种市场主流动力电池的特性，如表 5.3 所示。

表 5.3　三元锂和磷酸铁锂电池的主要性能对比

对 比 特 性	三元锂电池	磷酸铁锂电池
成本	高	低
低温性能	强	差
外观形状	圆柱	圆柱、方形
高温安全性	差（300℃）	好（800℃）
循环寿命	短（<1000 次）	2000 次
能量密度	高（300Wh/kg）	低（160Wh/kg）
快充性能	好（大于 1C）	差（大于 0.5C）

因此，移动机器人在选用动力电池时，也比较容易区分选择：对体积重量敏感、对续航能力敏感的机器人，如无人机等，一般应选择三元锂电池；对环境要求敏感、对安全性要求较高的机器人，如各类服务机器人、扫地机器人等，一般应选择磷酸铁锂电池；工作温度低（0℃ 左右）的场合选择三元锂、工作温度较好（25℃）的场合选择磷酸铁锂。由于装配有三元锂电池的电动汽车有自燃事故风险，目前小型货车和轿车通常采用三元锂电池，以提供更高的续航里程，而客车通常选择磷酸铁锂电池，以提高行车的安全性。

（4）钛酸锂电池。钛酸锂既可以作为电池的负极，与三元锂或磷酸铁锂等正极材料组成 2.4V 或 1.9V 的锂离子二次电池，又可以作为电池的正极，构成 1.5V 的锂离子电池。动力电池领域的钛酸锂电池属于前者。

钛酸锂作为一种零应变材料，在使用时，锂离子在充电和放电期间的嵌入和脱嵌对钛酸锂材料的结构几乎没有影响、晶体结构几乎没有变化、容量几乎没有衰减、具有更高的锂嵌入潜能,可以有效防止金属锂的析出和锂枝晶的形成。其理论充放电循环次数可达 3 万次以上。

钛酸锂还具有比石墨高的热力学稳定性,不容易引起电池的热失控,具有较高的安全性。另外,钛酸锂还具有优异的低温性能,快速充电能力和高性价比,因此在大规模储能等领域具有良好的应用前景。

钛酸锂电池负极材料具有体积小、重量轻、能量密度高、密封性能好、无泄漏,无记忆效应、自放电率低、充放电快、循环寿命长、工作环境温度范围宽等优点。安全、稳定、绿色环保,在通信电源领域具有非常广阔的应用前景。钛酸锂电池还可以在高温和低温环境中安全使用,在 $-50\sim+60$℃均可正常充放电,既适用于寒冷的北方地区,也适用于炎热的南方地区。

但是钛酸锂电池在制造和使用中,也有着不可忽视的缺点:①钛的价格极高,导致电池成本是磷酸铁锂电池的 3 倍以上;②钛酸锂电池能量密度低,目前只有 $100\mathrm{W\cdot h/kg}$ 左右;③电解液会与负极发生反应,持续产生气态,使电池内部压力增大,发生鼓包问题,限制了电池的使用场合、循环次数和快充性能。

综上,目前钛酸锂电池综合性能优势十分不明显,其所自豪的耐低温特性也被三元锂和磷酸铁锂电池采用"电池加热"的方式所弥补。三元锂和磷酸铁锂电池凭借自身的能量密度优势,在我国华北和东北南部地区的冬季即使消耗一部分能量用于加热,仍能取得好于钛酸锂电池的表现。

锂聚合物电池的正极、负极材料与锂离子电池无异,区别主要在于电解质的不同。锂离子电池为电解液,而锂聚合物电池多使用胶态或固态电解质。由此,锂聚合物电池具有不易漏液、形状定制灵活、可弯曲、可制成单块高压电池等优点,尤其是其能量密度,甚至可达锂离子电池的一倍。

在安全性方面,锂聚合物电池所使用的铝塑外包装可以直接反映出电池内部的状态,一旦发生安全隐患,电池一般只会鼓包、不易爆炸。使用便利性方面,锂聚合物电池可以制作成比较节约空间的方形,可以方便地与机器人本体结合,节约系统空间,常见的手机电池、智能手表和手环电池,无人机和无人船的航模电池采用的都是锂聚合物电池,如图 5.22(c)所示。

(a) 18650型锂离子电池　　　(b) 方形磷酸铁锂电池　　　(c) 锂聚合物航模电池

图 5.22　不同类型的锂电池外观

锂聚合物航模电池具有极好的放电性能,放电电流普遍在 10C 以上,部分电池可达 60C以上,瞬间放电电流可达 100C 以上,可以很好地应对机器人的瞬间大电流工作需求。

锂离子电池或锂聚合物电池组成电池组时,通常采用"串(S)并(P)+容量+最大放电电流"的命名方法。如某锂聚合物电池组标称为 6S1P-12000mAh-15C,则表示该电池组由 6 组单体构成,每组单体的容量为 12 000mAh,最大放电电流 15C,可推算电池组额定电压为 $6\times3.7V=22.2V$,满电 25.2V,放电极限 16.8V,最大放电电流 180A。串并联接对电池组的特性影响不同:串联只能提升电池组电压,并联只能提升电池组的容量,串联并联共同作用才能提升电池组的储能能力。目前,锂离子电池单体容量有限(18650 型三元锂电池单体最多仅 3000mAh 左右),因此只能采用并联方式提升容量。如 BlueROV2 所采用的电池组就是由 24 节电池以 4S6P 形式组成,其额定电压为 $4\times3.7V=14.8V$,额定容量为 $6\times3000mAh=18\ 000mAh$。而磷酸铁锂电池和锂聚合物电池由于单体容量无上限,一般直接采用串联方式提升电压,如市售某款额定电压 25.6V、容量 270Ah 的磷酸铁锂电池组(满电约 29.4V、放电截止电压约 20V)中就是由 8 块单体容量 270Ah 的磷酸铁锂电池串联构成,并增加了平衡充电控制板、大功率保护板、电压表和电流表等电路。

4. 铅酸蓄电池

铅酸蓄电池历史悠久、技术成熟。目前广泛使用的免维护型铅酸蓄电池具有 20C 以上的大放电电流、对过充电耐受强、可靠性高、没有记忆效应、充放电控制简单、生命周期内维护简单等优点,但铅酸蓄电池重量大、充放电次数少相对较少。12V/100AH 的铅酸蓄电池重约 28kg,而 12V/100AH 的锂电池仅重约 3.1kg,且铅酸蓄电池的循环次数只有 500 次。

铅酸蓄电池以内含氧化铅活性物质的铅-锑-钙合金栏板作为正极,内含海绵状铅的铅-锑-钙合金栏板作为负极,以硫酸作为电解液。单格铅酸蓄电池的标称电压为 2.0V,使用时放电极限截止电压 1.5V,充电极限截止电压 2.4V。实际应用中,经常用 6 个单格铅酸电池串联组成标称电压 12V 的铅酸电池产品,其放电安全截止电压一般为 10V,充电安全截止电压 14V。市售产品除 12V 外,还有 24V、36V、48V 等。

镍氢电池、锂电池和铅酸蓄电池这三种电池在放电、充电和存储方面都有各自的特点,在使用时应特别注意,以免损伤电池或机器人。在放电方面,三种电池都必须遵守电池或电池组的放电电流限制和放电安全截止电压限制,保证电池的工作温度在容许范围内,电池的线缆等级满足绝缘要求和电流传输要求。此外,由于电池内阻的存在,在大电流放电时会导致电池电压瞬时降低,电池电压检测电路应避免误判问题的发生。

在充电方面,三种电池除了必须遵守电池或电池组的充电电流限制和充电安全截止电压限制,保证电池的工作温度在容许范围内,电池的线缆等级满足绝缘要求和电流传输要求之外,还必须要注意充电方式。目前三种电池使用的都是先恒流再恒压的方式,但镍氢电池组和锂电池组会由于单体之间的差异,导致整体容量的短板效应,因此应采用平衡充电器对串联电池组中的单体进行充电或定期对电池组中的单体进行容量平衡,以保持电池整体组容量充足。如果对于充电时间无要求,应尽量使用小电流充电(镍氢电池和铅酸蓄电池 0.1C 以下、锂电池 0.5C 以下),以避免电池过热等问题。

在存储方面,镍氢电池的自放电较大,长时间不充电会导致电池的永久损坏。因此,长期存储前应充满电,最长存储时间不应超过 6 个月,恢复使用时应先以低于 0.2C 的电流慢充充满以恢复电池容量;铅酸蓄电池在存储之前也应充至满电量,最长存储时间不应超过 12 个月;锂电池长期存放时充入约 80% 电量即可,最长存储时间不应超过 3 个月。三种电池存储时均应注意存储的温度、湿度和绝缘性能要求,避免电池受到挤压或碰撞。

机器人系统中的开关电源可以较为容易地达到不同的输出电压和最大输出电流,甚至是双路输出电源或多路输出电源。如鸿海的 MD120－2405 型开关电源则具有＋24V 和＋5V 两组稳压输出,＋24V 最大输出电流 4.8A、＋5V 最大输出电流 1A,其中,＋24V 可用于驱动电动机等较高电压的功率设备,＋5V 可用于微处理器和继电器等较低电压的控制设备。而每个电池组通常只有一组输出电压,且该电压会随电池放电过程逐渐降低、随着电池充电过程逐渐升高,还会随着放电电流的变化而波动,这就对机器人的各部分系统提出了一定的适应性需求。如使用 6S1P 锂聚合物电池时,则动力驱动电路和各类动力部件(直流电动机或步进电动机等)必须能够完全适应电池输出电压的变化(16.8～25.2V),并适应电池电压的不规则波动。为舵机和微处理器等设备提供低电压的降压电路也需满足输入电压要求,尤其是电压变化时降压电路适应性。

可见,电源是机器人运动控制中的最基础部分,电源系统尤其是电池在机器人中占了较大部分重量、是机器人中唯一的动力来源。在实际设计实施过程中,机器人中预留给电源系统的体积和重量,机器人所要求的电源电压、最大功率、电源形式、散热形式和工作环境,机器人系统所要求的最短工作时间等诸多限制因素相互制约,影响着机器人的电池、电动机和控制驱动系统的选型和设计。因此,在设计实施机器人之前,必须明确上述参数,计算并合理选择电源类型、电源电压、电池容量和构型。部分情况下,除了本节所述的单一电池组集中供电方式外,还可以采用以下方式灵活地构建机器人的电源系统。

(1) 单体分布式。指电池的单体在机器人内部不封装成统一的电池包,以独立的单体或小电池包的形式分布在机器人的各结构中,再以导线连接成为电气上统一的电池组来提升供电电压和电池容量,这种方式适用于体积敏感、无集中电池存放空间的机器人,如管道机器人、蛇形机器人等。其缺点是分布式电池之间的连线和预留的平衡充线缆增加了系统的复杂度和重量。单体分布式电池依然是一个电池组,分布式存放仅仅是为了满足由于机器人体积和重量方面的需求。

(2) 电池组分散式供电。针对机器人本体的各个电力驱动模块,包括各类电动机和驱动器、舵机和驱动器、处理器和传感器等,采用独立的电池组分别供电的方法,即电池组 A 为电动机和驱动器 1 供电、电池组 B 为电动机和驱动器 2 供电、电池组 X 为模块 n 供电……各电池组之间仅共地或完全隔离、各模块之间仅通信或隔离通信。某电池组失效仅影响其所供电的模块工作,电池组之间不进行能量交换,其缺点也正在于此,难以平衡电池达到机器人的最长工作时间,容易出现供电导致的功能短板问题。

(3) 电池组分布式冗余。针对电池组分散式供电所产生的能量不均衡问题,分布式冗余系统增加了能量调度功能,允许电能在电池组之间流动,最大程度上延长了机器人的工作周期。但是,该模式需要在机器人系统中增加具有电能调度功能的 BMS 系统,系统复杂度较高,不适用于小型机器人系统。

5.4 运动控制基础算法

机器人系统中的传感器负责检测外界状态,通信系统负责接收外界指令并向外传输信息,电源系统负责为机器人提供能源,电动机等执行机构将电能转换为机械能驱动机器人的移动和动作。从感知结果分析外界状态,计算出机器人的目标运动方式,则是机器人的"脑部"所需要完成的工作。

随着现代机器人技术的发展，尤其是应用在机器人内部的人工智能技术的发展以及微处理技术的发展，机器人的数据处理能力越来越强、数据处理量越来越大、人工智能程度越来越高，机器人的"脑功能"也越来越强大。一定程度上，机器人也出现了与人脑类似的多层次脑结构。机器人的"大脑"位于最高层，负责处理与图像识别和语音识别等人机交互工作、运行实时操作系统或神经网络，根据外界变化进行复杂的计算，得出机器人的应对策略，这部分通常由高性能处理器(CPU)、图形处理器(GPU)、神经网络处理器(NPU)、数字信号处理器(DSP)或可编程逻辑阵列(FPGA)等构成，并可带有 Wi-Fi 或蓝牙等通信系统。机器人的"小脑"负责将上层的应对策略进行分解，分解为各个执行结构的动作类型和动作参数、执行底层的用于控制的算法，通常由高性能微处理器构成，其功能也可以由上层的高性能处理器代为完成。"脑干"和"神经"位于控制系统最底层，负责下行控制指令、上行状态数据，包括控制末端执行结构的工作、检测末端执行结构状态、采集末端传感器数据，通常由分布在各个部位的微处理器构成，所有微处理器均通过总线与"脑干连接"。

不同层次的处理机构处理能力不同、处理事务不同，但是在实际的机器人系统中，硬件上三个层次的划分又比较模糊，通常会出现高层处理器直接替代低层处理器完成对应功能的现象。机器人的"小脑"解读输出的直接指令一般难以直接控制机器人本体的动作，这是由于机器人在运动过程中，其数学模型除了受到重力的影响之外，还会因为本体构形的改变而发生改变。因此难以建立机器人的精确的数学模型，这就导致无法准确计算每一个动作的执行过程，进而要求机器人所执行的控制指令必须通过先进的控制算法的处理，使其能够适应无精确数学模型或无法通过有效测量手段获取系统参数的控制系统。因此，无精确模型的控制算法设计也是智能机器人的重要内容之一。

机器人的主要控制方法有：各类 PID 控制方法、自适应控制方法、滑模控制方法、模糊控制方法和神经网络控制方法等。上述各类控制方法都采用了闭环控制技术，即利用测量值与期望值比较，来纠正系统响应。测量值来源于其内部的各类传感器，包括加速度传感器、陀螺仪和电子罗盘等，其纠正系统响应的机构以轮等执行机构为主。

5.4.1 PID 控制

1. 传统 PID 控制方法

PID 控制方法由比例单元 P、积分单元 I 和微分单元 D 组成，其控制基础是比例控制，通过积分控制消除稳态误差，通过微分控制加快惯性系统响应速度以及减弱超调趋势。PID 控制算法简单，可靠性高，在工业领域得到了大量应用，也是各类机器人的常用基本控制方法。

PID 控制将当前状态的实际值 $c(t)$ 与期望值 $r(t)$ 的偏差作为系统输入，算法根据所输入的偏差进行比例 P、积分 I 和微分 D 的线性组合运算，并将计算结果应用到被控对象。其原理如图 5.23 所示。

PID 控制器的输入输出关系为

$$u(t) = K_P \left[e(t) + \frac{1}{T_I} \int_0^t e(t) \mathrm{d}t + \frac{T_D \mathrm{d}e(t)}{\mathrm{d}t} \right] \tag{5.18}$$

拉普拉斯变换后得到传递函数为

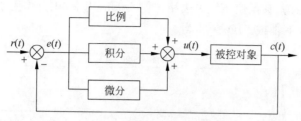

图 5.23　PID 控制系统原理图

$$G(s) = \frac{U(s)}{E(s)} = K_P \left(1 + \frac{1}{T_I S} + T_D S \right) \tag{5.19}$$

其中，$e(t)$ 是偏差值，K_P 是比例系数，T_I 是积分时间常数，T_D 是微分时间常数。

利用积分系数 $K_I = K_P / T_I$、微分系数 $K_D = K_P T_D$ 表示 PID 控制器输入输出关系，有：

$$u(t) = K_P e(t) + K_I \int_0^t e(t)\,\mathrm{d}t + K_D \frac{\mathrm{d}e(t)}{\mathrm{d}t}$$

$$G(s) = \frac{U(s)}{E(s)} = K_P + \frac{K_I}{S} + K_D S \tag{5.20}$$

PID 控制器的控制效果与比例系数、积分系数和微分系数密切相关，这里以被控对象传递函数 $G(s) = 1/(s+1)^3$ 来说明各参数的作用结果。

（1）比例系数 K_P。比例系数 K_P 用于将偏差值 $e(t)$ 成比例地传输到控制系统，以增大控制系统输出的控制信号，加速偏差值变小的趋势，使系统快速达到目标值。如果比例系数 K_P 过小，会导致系统达到稳定的速度过慢，导致比例环节失效，而 K_P 过大会使得较小的偏差引起过大的输出，导致系统超调和振荡。如图 5.24 所示，随着比例系数 K_P 的增大，稳态误差减小，但动态性能变差，振荡比较严重、超调量增大。

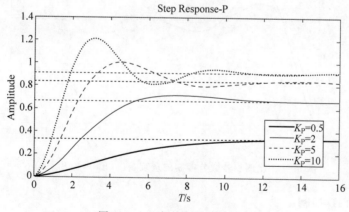

图 5.24　比例控制的系统响应

（2）积分系数 K_I。积分时间常数 K_I 是将控制过程中部分时间段所产生的偏差值 $e(t)$ 累积，持续改变控制器输出的控制量大小。积分在 PID 控制器中用于消除系统达到稳定时的稳态误差，从而提高系统的稳态精度，稳态误差通常由外界的持续干扰产生。需要注意的是，在系统初始状态偏差较大时，积分容易在调解过程中出现积分饱和，使系统出现过大的超调和持续振荡问题。如图 5.25 所示，随着积分时间常数 T_I 减小，静差也在减小，但是 T_I

213

过小会加剧系统的振荡,甚至使系统失去稳定。实际应用中,积分作用常与另外两种调节规律相结合,组成 PI 控制器或 PID 控制器。

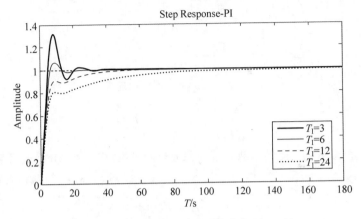

图 5.25　比例积分控制的系统响应($K_P = 1$)

(3) 微分系数 K_D。微分系数 K_D 根据偏差的变化速率来改变 PID 控制器的输出,当被控量向着预设值变化时,系统偏差趋于变小,偏差变化率为负数,在比例系数 K_P 和微分系数 K_D 的共同作用下降低系统的输出,从而降低调节速度以便系统趋于稳定,实现类似制动的效果。微分系数过小会降低系统趋于稳定的速度,而过大则会导致系统对偏差过于敏感,造成系统振荡。如图 5.26 所示,随着微分时间常数 T_D 的增加,超调量减小。

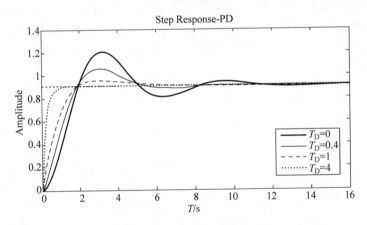

图 5.26　比例积分微分控制的系统响应($K_P = 1$、$T_I = 1$)

2. 数字式 PID 控制

在以微处理器为核心的数字控制系统中,各传感器以数字形式采集离散的信号,在这种情况下,需要将连续的模拟 PID 算法变成离散的 PID 算法,主要有位置式 PID 和增量式 PID 两种方法。

(1) 位置式 PID 将积分项近似为各时刻的偏差与周期乘积的求和运算,微分项近似为连续两次采样的差值与周期的求商运算,即:

$$\begin{cases} \int_0^t e(t)\mathrm{d}t \approx \sum_{i=0}^{k} T \times e(i) \\ \dfrac{\mathrm{d}e(t)}{\mathrm{d}t} \approx \dfrac{e(k)-e(k-1)}{T} \end{cases} \tag{5.21}$$

其中，$e(k)$是第k次采样的偏差值，T是采样周期，令积分系数$K_I = K_P T / T_I$、微分系数$K_D = K_P T_D / T$，得到离散化处理后的位置式PID控制关系：

$$\begin{aligned} u(k) &= K_P \left[e(tk) + \frac{T}{T_i} \sum_{i=0}^{k} e(i) + T_D \frac{e(k)-e(k-1)}{T} \right] \\ &= K_P e(k) + K_I \sum_{i=0}^{k} e(i) + K_D (e(k)-e(k-1)) \end{aligned} \tag{5.22}$$

可见，位置式PID的每次输出都需要之前的所有的偏差值$e(i)$，$(i=1,2,3,\cdots,k)$，即该算法是一种全量的算法，需要存储大量的历史数据并进行运算。一旦PID控制器的输入出现故障，就会导致输出量发生大幅度变化，造成系统故障。

（2）增量式PID控制不进行全量输出，仅计算增量部分，即当前所需的输出为前一时刻的输出加上增量部分，即连续两个周期的输出值之差：

$$\Delta u(k) = u(k) - u(k-1) \tag{5.23}$$

由递推原理，有：

$$u(k-1) = K_P e(k-1) + K_I \sum_{i=0}^{k} e(i) + K_D (e(k-1)-e(k-2))$$

$$\Delta u(k) = K_P (e(k)-e(k-1)) + K_I e(k) + K_D (e(k)-2e(k-1)+e(k-2)) \tag{5.24}$$

可见，增量式PID相对于位置式PID，其控制计算简单，无须每次都将所有历史数据做累加，就可以避免累积误差所导致的积分饱和问题。增量式PID的最终控制信号是控制增量，而不是全量，系统异常情况下产生的错误影响很小。

PID控制器的参数确定，通常可以使用临界比例系数法、响应曲线法、Ziegler-Nichols参数设定法等。此外，PID控制器的K_P、K_I和K_D的调节还应遵循如下原则。

比例系数K_P：当系统偏差e正向增加时，则需要增大K_P，而当e负向增加时，系统会产生超调，则应当减小K_P。当系统偏差e为0时，若偏差变化率$\dot{e}$为正向，则需要增大K_P以减小偏差，若$\dot{e}$为负向，则需要减小K_P以减小超调。

积分系数K_I：与K_P的调节方法类似，但应注意积分饱和问题，并且在增大K_P的同时减小K_I。

微分系数K_D：当系统偏差e正向增加，且K_P增大的情况下，可能导致微分溢出的问题，则应当适当减小K_D。

增量式PID的控制算法流程图如图5.27所示。

3. 串级PID控制

串级PID控制是将两个PID控制器串联在一起，第一个PID控制器的输出作为第二个控制器的输入，串级PID分为内环控制回路和外环控制回路，其结构如图5.28所示。

串级PID控制器中两个控制器串联工作，以外环控制器为主导，以保证外环主变量稳定为目的，两个控制器协调一致，互相配合，内环控制器首先进行粗调，外环控制器再进一步

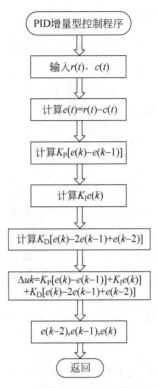

图 5.27 增量式 PID 控制算法流程图

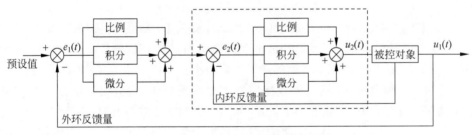

图 5.28 串级 PID 控制算法流程图

细调。串级 PID 与传统 PID 相比较,其控制效果与抗干扰能力均显著提高。

5.4.2 模糊控制

1. 模糊数学基础问题

传统的数学在相对较模糊的自然语言概念上是难以描述的,如"高、矮""胖、瘦"等,类似的自然语言具有相当的不确定性,尤其是模糊性,而计算机语言则要求对含义具有严密的、清晰的解释,这时就需要模糊语言来解决类似的问题。语言变量能够使模糊语言在计算机中表示,使计算机能够模拟人类的思维去推理和判断,语言变量的值称为语言值,通常使用模糊集合来表示。一个完整的语言变量可以定义为一个五元体$(X, T(X), U, G, M)$,分别表示语言变量的名称、语言值、论域、语法规则和语义规则。若存在 $a, b, c \in \{0, 1\}$,在布尔代数中有以下性质。

(1) 基本定律：$a \vee 1 = 1, a \vee 0 = 0, a \wedge 1 = a, a \wedge 0 = 0$。

(2) 幂等律：$a \wedge a = a, a \vee a = a$。

(3) 交换律：$a \wedge b = b \wedge a, a \vee b = b \vee a$。

(4) 结合律：$(a \wedge b) \wedge c = a \wedge (b \wedge c), (a \vee b) \vee c = a \vee (b \vee c)$。

(5) 吸收率：$(a \vee b) \wedge b = b, (a \wedge b) \vee b = b$。

(6) 分配律：$(\alpha \vee \beta) \wedge \gamma = (\alpha \wedge \gamma) \vee (\beta \wedge \gamma), (\alpha \wedge \beta) \vee \gamma = (\alpha \vee \gamma) \wedge (\beta \vee \gamma)$。

(7) 复原率：$(\alpha^c)^c = \alpha$。

(8) 补余律：$\alpha \vee \alpha^c = 1, \alpha \wedge \alpha^c = 0$，不适用于模糊逻辑运算。

模糊逻辑对应于模糊集合论，模糊逻辑运算满足除了补余律之外的布尔代数性质，此外还满足 De Morgan 对偶律：

$$(\alpha \vee \beta)^c = \alpha^c \wedge \beta^c$$
$$(\alpha \wedge \beta)^c = \alpha^c \vee \beta^c \tag{5.25}$$

对于补余运算，有：

$$\alpha \vee \alpha^c \neq 1, \quad 而 \quad \alpha \vee \alpha^c = \max(\alpha, 1-\alpha)$$
$$\alpha \wedge \alpha^c \neq 0, \quad 而 \quad \alpha \vee \alpha^c = \min(\alpha, 1-\alpha) \tag{5.26}$$

在模糊集合中，论域 U 上的一个模糊集合 A 指对于论域 U 中的任意元素 $u \in U$，都指定了闭合区间 $[0,1]$ 中的一个数 $u_A(u) \in [0,1]$ 与之对应，称为 u 对 A 的隶属关系，即定义了一个映射 u_A：

$$u_A : U \rightarrow [0,1]$$
$$u \mapsto u_A(u) \tag{5.27}$$

该映射称为模糊集合 A 的隶属函数，模糊集合完全由其隶属函数刻画。例如，描述成年人年龄的"青年、中年、老年"，将这三个年龄特征使用模糊集合 A、B 和 C 表示，其论域都为 $U = [1, \infty)$，年龄 u 是该论域中的元素，按照基本认知可以建立隶属函数，如图 5.29 所示。

如果有 $u_1 = 30$，u_1 对 A 的隶属度 $u_A(u_1) = 0.75$，表示 30 岁属于"青年"的程度是 0.75，如果 $u_2 = 40$，u_2 对 A 的隶属度 $u_A(u_2) = 0.25$，u_2 对 B 的隶属度 $u_B(u_2) = 0.5$，表示 40 岁已经不太属于"青年"了，比较接近中年，但属于中年的程度又只有 0.5，显然这种表述能够更准确地表述人们的认知。模糊数学基础主要包括模糊集合、隶属函数、模糊关系和模糊推理四方面。

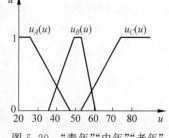

图 5.29　"青年""中年""老年"的隶属函数

（1）模糊集合的表示方法。主要分为连续和离散两种情况。对于连续域的论域，通常采用 Zadeh 表示法：

$$\widetilde{A} = \int_U \widetilde{A}(u)/u \tag{5.28}$$

其中，积分并非常规积分运算，而是用来表示各元素与隶属度对应关系的总和，即论域中的每个元素 u 都定义了相应的隶属度函数 $\widetilde{A}(u)$。

对于离散有限集 $\{u_1, u_2, \cdots, u_n\}$ 的论域 U，有 Zadeh 表示法和向量表示法，Zadeh 表示法有：

$$\widetilde{A} = \frac{u_A(u_1)}{u_1} + \frac{u_A(u_2)}{u_2} + \cdots + \frac{u_A(u_n)}{u_n} \tag{5.29}$$

其中，加法也非常规求和运算，而是用来表明每个元素 u_i 都定义了相应的隶属度函数 $u_A(u_i)$。向量表示法则是给论域中元素一定的表达顺序，如：

$$\widetilde{A} = \{u_A(u_1), u_A(u_2), \cdots, u_A(u_n)\} \tag{5.30}$$

（2）隶属函数。常见的隶属函数有三角形和正态型两种，三角形隶属函数如下。

$$u_F(x) = \begin{cases} \dfrac{x-b}{a-b}, & b \leqslant x \leqslant a \\[2mm] \dfrac{c-x}{c-a}, & a < x \leqslant c \\[2mm] 0, & x < b \text{ 或 } x > c \end{cases} \tag{5.31}$$

正态型隶属函数如下：

$$u_F(x) = e^{-\left(\frac{x-a}{b}\right)^2} \tag{5.32}$$

（3）模糊关系。设 $A \times B$ 是集合 A 和集合 B 的直积，以 $A \times B$ 为论域定义的模糊集合 R 称为 A 和 B 的模糊关系，即对于 $A \times B$ 中的任一元素 (a,b) 都指定了其对 R 的隶属度 $u_R(a,b)$，R 的隶属度 u_R 可以看作如下映射：

$$u_R : A \times B \rightarrow [0,1]$$
$$(a,b) \mapsto u_R(a,b) \tag{5.33}$$

模糊关系可以用模糊矩阵、模糊图和模糊集三种形式表示，通常用模糊矩阵表示二元模糊关系，即 $A \times B$ 的模糊关系 R 可以用下列 $m \times n$ 阶矩阵表示：

$$\boldsymbol{R}_{A \times B} = (r_{ij})_{m \times n} = (u_R(a_i, b_j))_{m \times n} \tag{5.34}$$

其中，$i = 1, 2, \cdots, m, j = 1, 2, \cdots, n$。

（4）模糊推理。又称模糊逻辑推理，是指在确定的模糊规则下，由已知的模糊命题推出新的模糊命题作为结论的过程。模糊推理是一种近似推理，典型的模糊推理方法包括 Mamdani 模糊推理法、Larsen 推理法、Zadeh 推理法、Takagi-Sugeno 模糊推理法。

Mamdani 模糊推理法是最常用的一种，其模糊蕴涵关系 $R_M(X,Y)$ 定义简单，可以通过模糊集合 A 和 B 的笛卡儿积（最小）求得，即

$$u_{\widetilde{R}_M} = u_{\widetilde{A}}(x) \wedge u_{\widetilde{B}}(y) \tag{5.35}$$

Larsen 模糊推理法又称为乘积推理法，与 Mamdani 模糊推理法相似，但在激励强度的求取与推理合成时，用乘积运算取代了取小运算。

Zadeh 推理法与 Mamdani 模糊推理法相比，同样采用取小合成运算原则，但其模糊关系的定义是不同的。Takagi-Sugeno 模糊推理法便于建立动态系统的模糊模型，在模糊控制中得到了广泛应用，其典型的模糊规则形式为：

$$\text{IF } x \text{ is } A \text{ AND } y \text{ is } B \text{ THEN } z = f(x,y) \tag{5.36}$$

其中，A 和 B 是前件中的模糊集合，$z = f(x,y)$ 是后件中的精确函数。可见，该模型以"IF…THEN…"的规则形式将非线性系统表示成为一系列局部线性子系统的线性组合，通过隶属度函数将线性子系统连接起来，从而达到通过线性控制理论对模糊系统进行分析和控制的目标。

2. 模糊控制器

模糊控制(Fuzzy Control)是一种模拟人类推理与决策的智能化控制策略,在无法准确建立数学模型的复杂非线性运动控制系统中有着巨大的优势。其本质是根据经验数据将系统中一些精确参数值按照一定规律模糊化为模糊量,如大、中、小等,由计算机对模糊量进行模糊推理之后分析出合适的控制策略并完成模糊化控制量的输出,最终经过反模糊化后形成准确的控制量并执行,其结构如图 5.30 所示。

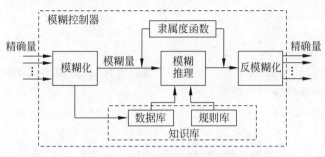

图 5.30　模糊控制器的基本结构

模糊控制器主要包括模糊化、知识库、模糊推理和反模糊化四部分,各部分功能如下。

(1) 模糊化。其主要作用是将输入的模糊控制器的精确量转换为模糊控制器所需要的模糊量,模糊语言变量值是一个模糊集合,所以模糊化方法应给出从精确量到模糊集合的转变方法,模糊化的结果是模糊论域上输出。模糊化的关键在于模糊量化的划分,划分过少会导致系统认知误差或认知错误,而划分过细会增加模糊控制的运算量,偏离模糊控制的意义。一般的 PID 控制可以将模糊量划分为 7 级。

(2) 知识库。包括数据库和规则库两部分。数据库用于向模糊推理过程提供模糊数据,规则库是根据研究人员和工程人员的长期经验总结出来的模糊语言规则。规则库使得模糊控制器具有一定人类的逻辑,通常使用一系列"IF…THEN…"语句表示输入和输出的关系。例如:

R1:IF E is A1 AND(or) EC is B1 THEN U is C1
R2:IF E is A2 AND(or) EC is B2 THEN U is C2
…
Rn:IF E is An AND(or) EC is Bn THEN U is Cn

其中,E 和 EC 是输入变量,Ax 和 Bx 是规则,U 是输出变量。

(3) 模糊推理。模糊推理首先在已经总结出的模糊语言规则中找出与当前输入相匹配的规则,然后根据寻找到的规则进行推理,即完成寻找匹配和规则推理两个过程。常见的模糊推理方法有通过模糊推理得到输出值所属模糊论域的 Mamdani 方法和通过模糊推理得到该规则对应的函数或常数的 T-S 推理方法等。

(4) 反模糊化。又称解模糊过程,其主要目的是能反映控制量的精确值。反模糊化主要有最大隶属度法,重力中心法和加权平均法等。常用的重力中心法又称代数法,其连续积分计算表达式为

$$y_0 = \frac{\int_y \mu(y) y \, \mathrm{d}y}{\int_y \mu(y) \, \mathrm{d}y} \tag{5.37}$$

对于具有 n 个输出量化的离散情况表达式为：

$$y_0 = \frac{\sum_{i=1}^{n} \mu(y_i) y_i}{\sum_{i=1}^{n} \mu(y_i)} \tag{5.38}$$

3. 模糊控制器设计方法

模糊控制器的设计就是控制器各个部分准则的设计,主要包括控制量的选取、模糊化过程、模糊规则设计和解模糊四个过程。

(1) 控制量的选择。模糊控制器的作用是根据人类的控制经验,模仿人工进行控制,而人类进行控制时,是有选择地观察被控对象的当前状态和变化趋势,凭借经验对被控对象进行控制。所以在常规的模糊控制器中,选取被控对象输出变量的偏差值 e_i 和偏差变化率 $\dot{e}_i$ 为输入,而把被控制量定为模糊控制器的输出变量。

对于 ROV 的运动控制器而言,其所控制的 ROV 本体运动速度较低,各种运动状态之间彼此独立,耦合不严重。因此,在设计模糊控制器时,可以认为 ROV 的各种运动之间是独立的,并对 ROV 的各种运动设计模糊控制器,包括纵向运动控制器、横向运动控制器和垂向运动控制器等,并将在对应控制方向与目标点的偏差值 e_i 和偏差变化率 $\dot{e}_i$ 作为输入,将推进器需要输出的推力作为控制器的输出变量 F。

(2) 模糊化过程。模糊化过程使用偏差值 e_i 和偏差变化率 $\dot{e}_i$ 作为输入,其主要功能是将非模糊数据转换为模糊数据。该过程需要实现论域变化和定义模糊集合与隶属函数两个功能。

e_i 和 $\dot{e}_i$ 都是通过传感器采集和计算过的非模糊变量,其论域属于实数域上的一个连续闭区间,需要将其转换到模糊控制器的内部论域 $[-1,1]$ 上,实现输入变量的正则化。例如,ROV 纵向运动时可设定最远目标点为 5m,最大运动速度 0.6m/s,即 $x_m = 5\mathrm{m}$,$v_m = 0.6\mathrm{m/s}$,将 e_i 和 $\dot{e}_i$ 的实际值除以 x_m 和 v_m,得到正则化的输入变量：

$$e_i^* = e_i / x_m$$

$$\dot{e}_i^* = \dot{e}_i / v_m$$

其中,$e_i^* \in [-1,1]$,$\dot{e}_i^* \in [-1,1]$,同理可以得到输出变量的论域变换值 F^*。

论域变换后,e_i 和 $\dot{e}_i$ 仍是非模糊的普通变量,需要通过定义模糊集合和隶属函数将其模糊化。对其定义若干模糊集合,并在其内部论域上规定各个模糊集合的隶属函数,得出 e_i^* 和 $\dot{e}_i^*$ 对各个隶属函数的隶属度,即可实现把普通变量变为模糊变量的过程。一般可以将正则化的输入输出变量,将 e_i^*、$\dot{e}^*$ 和 F^* 定义为 9 个模糊集合(常规情况下可以简化为 7 个或 5 个模糊集合)：NL(也写作 NB,负大)、NM(负中)、NS(负小)、NZ(负零)、Z(也写作 ZO,零)、PZ(正零)、PS(正小)、PM(正中)、PL(也写作 PB,正大)。而变量的模糊集合的隶属函数可以选择 Sigmoid 函数、高斯函数、或三角形函数。

图 5.31 的对称、均匀分布的全交迭三角函数是一种最常用的隶属函数。其对称性指正

负两边的图形对称,均匀分布性指每个三角形的中心点在论域上均匀分布,分别分布在-1、-0.75、-0.5、-0.25、0、0.25、0.5、0.75 和 1 上,全交迭则指每个三角形的底边的端点恰好在相邻两个三角形的中心点处。

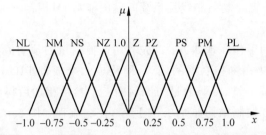

图 5.31 对称、均匀分布、全交迭的三角形隶属函数

(3) 模糊规则设计。根据输入的模糊集合的数量即可确定模糊规则的数量,e_i^* 和 $\dot{e}_i^*$ 各有 9 个模糊集合,因此共有 81 条模糊规则,如表 5.4 所示。

表 5.4 设计的模糊规则

z		e_i^*								
		NL	NM	NS	NZ	Z	PZ	PS	PM	PL
$\dot{e}_i^*$	NL	1.0	1.0	1.0	1.0	0.8	0.6	0.3	0.0	0.0
	NM	1.0	1.0	1.0	1.0	0.7	0.4	0.1	0.0	-0.1
	NS	1.0	1.0	1.0	0.7	0.5	0.2	0.0	-0.2	-0.4
	NZ	1.0	1.0	0.7	0.4	0.2	0.0	-0.2	-0.4	-0.6
	Z	1.0	0.7	0.4	0.2	0.0	-0.2	-0.4	-0.7	-0.8
	PZ	0.6	0.4	0.2	0.0	-0.1	-0.4	-0.6	-0.8	-1.0
	PS	0.3	0.1	0.0	-0.2	-0.4	-0.6	-0.8	-1.0	-1.0
	PM	0.0	0.0	-0.2	-0.4	-0.7	-0.8	-1.0	-1.0	-1.0
	PL	0.0	-0.1	-0.4	-0.6	-0.8	-1.0	-1.0	-1.0	-1.0

(4) 解模糊。常用的解模糊方法有最大隶属度平均法、重心法和加权法。以加权法为例,将语言变量 z 各模糊集合的隶属函数定义为单点,模糊规则变为

$$R_i: \text{IF } x = A_i \text{ and } y = B_i, \text{then } z = z_i$$

其中,$z_i (i = 1, \cdots, n)$ 是论域 $Z = [-1, 1]$ 上的实数,若规则的激活度为 α_i,则解模糊结果 z_0 为

$$z_0 = \frac{\sum_i^n \alpha_i z_i}{\sum_i^n \alpha_i} \tag{5.39}$$

5.4.3 模糊 PID 控制

模糊 PID 控制是将传统的 PID 控制技术与模糊控制相结合,利用模糊控制器作为 PID 参数调节器的一种复合型智能控制方法。传统 PID 控制器的控制效果受其自身参数的影响和制约,固定的参数使 PID 的调节能力受到限制。而模糊控制器单独控制系统时,又不

具备积分能力,无法在系统遇到持续干扰时消除稳态误差。因此将 PID 控制和模糊控制相结合,构成模糊 PID 控制器,结合两种控制方法的优点,既保留 PID 的快速调节能力,又使得其在模糊控制作用下具备了自我调节参数的自适应能力。模糊 PID 控制器能够在不同环境下准确输出并具备解决复杂非线性系统问题的能力,且模糊控制器具备智能型较高、输出平缓等优良特性。

模糊 PID 控制器的工作原理如下:首先利用被控制量的预期值与当前反馈值之间的偏差,以及偏差的导数作为模糊控制器的输入,即构成二维模糊 PID 控制器。而后通过模糊控制器输出 PID 参数调节量,将调节量与原始的三个参数相加后得到当前系统调节所需要的控制参数。模糊 PID 控制结构如图 5.32 所示,控制流程如图 5.33 所示。

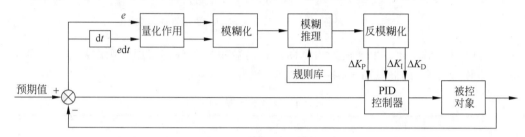

图 5.32　模糊 PID 结构图

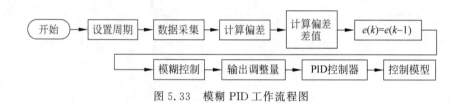

图 5.33　模糊 PID 工作流程图

1. 模糊 PID 控制器的设计实例

MATLAB 中的模糊逻辑工具箱提供了建立模糊控制器的方法,实现确定语言变量、编辑隶属度函数和模糊规则等功能,还可以将参数保存为.FIS 文件并导入到 simulink 模块中模糊 PID 控制器进行仿真分析。

(1)确定语言变量。在 MATLAB 的命令行窗口内输入"fuzzy"即可打开逻辑设计器(Fuzzy Logic Designer),通过菜单 Edit→Add Variable 增加 Input:E 和 EC,即 e 和 $\dot{e}$,增加 Output:delta-Kp、delta-Ki 和 delta-Kd,即 PID 的三个参数的调节量 ΔK_{P}、ΔK_{I} 和 ΔK_{D},如图 5.34 所示。

(2)编辑输入和输出变量的隶属度函数。通过菜单 Edit→Membership Function Editor 打开隶属函数编辑器,对 Input 和 Output 的隶属度进行编辑。首先是模糊化过程,对 ROV 的输入量 E 和 EC 进行离散化处理。转变为论域上所需要的模糊语言,假设其论域为

$$E,EC=[-3,-2,-1,0,1,2,3]$$

同样假设 delta-Kp、delta-Ki 和 delta-Kd 在模糊集上的论域:

$$\Delta K_{\mathrm{P}},\Delta K_{\mathrm{I}}=[-0.3,-0.2,-0.1,0,0.1,0.2,0.3]$$

$$\Delta K_{\mathrm{D}}=[-0.03,-0.02,-0.01,0,0.01,0.02,0.03]$$

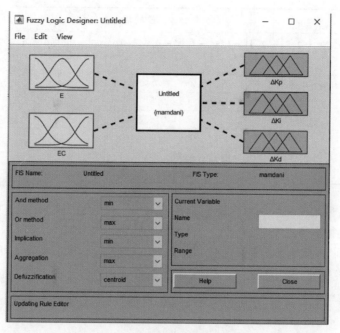

图 5.34 模糊变量界面

为了简化运算复杂度,选用对称三角形(Trimf)函数作为模糊语言变量的隶属函数,其隶属值只与直线斜率的运算有关,分为 7 个等级(NB、NM、NS、ZO、PS、PM、PB),分别设置 5 个变量,以 E 为例,如图 5.35 所示。

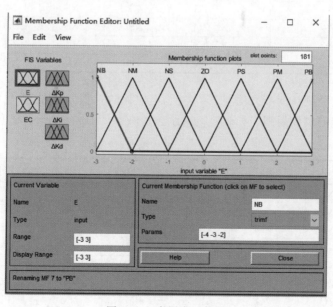

图 5.35 隶属度函数图

故有 E 的隶属度如表 5.5 所示。

表 5.5　E 的隶属度

隶　属　度		E 的输入量												
		−3.0	−2.5	−2.0	−1.5	−1.0	−0.5	0	0.5	1.0	1.5	2.0	2.5	3.0
模糊语言值	NB	1.0	0.5	0	0	0	0	0	0	0	0	0	0	0
	NM	0	0.5	1.0	0.5	0	0	0	0	0	0	0	0	0
	NS	0	0	0	0.5	1.0	0.5	0	0	0	0	0	0	0
	ZO	0	0	0	0	0	0.5	1.0	0.5	0	0	0	0	0
	PS	0	0	0	0	0	0	0	0.5	1.0	0.5	0	0	0
	PM	0	0	0	0	0	0	0	0	0	0.5	1.0	0.5	0
	PB	0	0	0	0	0	0	0	0	0	0	0	0.5	1.0

模糊控制器采用模糊规则对传统 PID 控制的三个参数进行模糊推理并调整参数,在调整过程中应当遵循以下三个原则。

① ΔK_P 整定原则。当偏差 e 正向增加时,ΔK_P 为正向,则需要增大 K_P 的值。当偏差 e 负向增加时,系统处于超调状态。此时,应该降低 K_P 的值。而当偏差 e 为零时,若 $\dot{e}$ 为负向,则系统超调过大,应降低 K_P 的值。若 $\dot{e}$ 为正向,为了降低偏差,应增加 K_P 的值,如表 5.6 所示。

表 5.6　ΔK_P 模糊控制规则表

$E\backslash EC$	NB	NM	NS	ZO	PS	PM	PB
NB	PB	PB	PM	PM	PS	ZO	ZO
NM	PB	PB	PM	PS	PS	ZO	NS
NS	PM	PM	PM	PS	ZO	NS	NS
ZO	PM	PM	PS	ZO	NS	NM	NM
PS	PS	PS	ZO	NS	NS	NM	NM
PM	PS	ZO	NS	NM	NM	NM	NB
PB	ZO	ZO	NM	NM	NM	NB	NB

② ΔK_I 整定原则。调节方法与 K_P 类似,但应该防止积分饱和,并在增大 K_P 的值时,减小 K_I。其整定的模糊规则表如表 5.7 所示。

表 5.7　ΔK_I 模糊控制规则表

$E\backslash EC$	NB	NM	NS	ZO	PS	PM	PB
NB	NB	NB	NM	NM	NS	ZO	ZO
NM	NB	NB	NM	NS	NS	ZO	NS
NS	NB	NM	NS	NS	ZO	PS	PS
ZO	NM	NM	NS	ZO	PS	PM	PM
PS	NM	NS	ZO	PS	PS	PM	PB
PM	ZO	ZO	PS	PS	NM	PB	PB
PB	ZO	ZO	PS	PM	NM	PB	PB

③ ΔK_D 整定原则。当偏差 e 正向增大时,K_P 的增加可能会引起微分溢出,因此在增大 K_P 时,应当减小 ΔK_D 的值。其整定的模糊规则表如表 5.8 所示。

表 5.8 ΔK_D 模糊控制规则表

$E\backslash EC$	NB	NM	NS	ZO	PS	PM	PB
NB	PS	NS	NB	NB	NB	NM	PS
NM	PS	NS	NB	NM	NM	NS	ZO
NS	ZO	NS	NM	NM	NS	NS	ZO
ZO	ZO	NS	NS	NS	NS	NS	ZO
PS	ZO	ZO	ZO	ZO	ZO	ZO	ZO
PM	PB	PS	PS	PS	PS	PS	PB
PB	PB	PM	PM	PM	PS	PS	PB

（3）通过菜单 Edit→Rule Editor 打开模糊规则编辑器，创建模糊控制规则表，如图 5.36 所示。

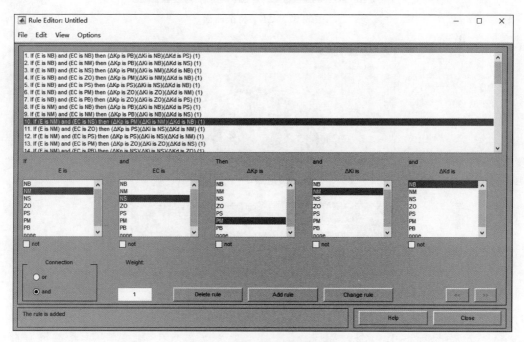

图 5.36　编辑模糊控制规则表

（4）调试模糊推理系统。可以通过 MATLAB 对创建好的模糊控制器进行调试，打开模糊推理输入输出曲面视图（Surface View）和模糊规则观测器（Rule Viewer），以审核模糊控制器的完整性，如图 5.37～图 5.40 所示。

2. 模糊 PID 控制算法流程

模糊 PID 控制器的目标就是运用模糊推理的方法，对系统的偏差和偏差变化率进行处理、查表和运算，通过模糊控制器动态寻找合适的 PID 参数值，使得机器人处于最佳运动状态。需要特别注意，这个寻找过程是动态的、持续执行的，以达到一直保持机器人最佳状态的目的。下面选取可以在三维空间中自由移动的 ROV，并以控制 ROV 到达特定的位置为例，说明模糊 PID 控制算法基本流程，如图 5.41 所示。

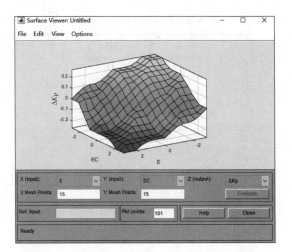

图 5.37 ΔK_P 特征曲面

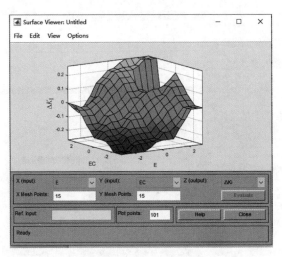

图 5.38 ΔK_I 特征曲面

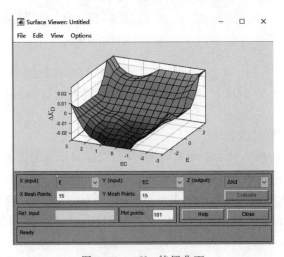

图 5.39 ΔK_D 特征曲面

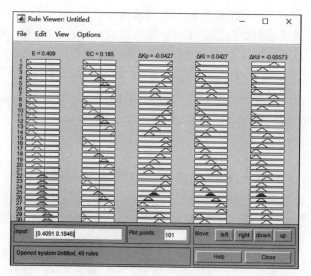

图 5.40　输入输出曲面视图

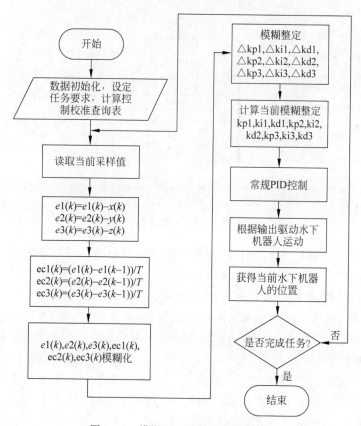

图 5.41　模糊 PID 控制程序流程图

3. 模糊 PID 控制仿真

继续以 ROV 在水中的运动为例,介绍模糊 PID 控制仿真方法。ROV 在水下作业时,其各种运动通常都在操作员的控制下执行。但 ROV 中常用的定深(保持 ROV 深度)和定向(保持 ROV 艏向)是 ROV 常用的两种需要自动执行的作业,也是考察 ROV 性能的重要指标,通过各类方法实现这两个功能是 ROV 的基本要求。这里主要针对定深和定向两个功能进行模拟仿真,在进行模糊 PID 仿真同时,也进行传统数字 PID 的仿真作为对比。

(1) 定深仿真。在仿真前应先确定 ROV 的深度传递函数,ROV 的原地定深运动是指 ROV 利用垂向推进器来实现的深度保持功能,对垂向运动的水动力方程进行简化,可得到深度对垂向运动的传递函数:

$$H_z(s) = \frac{1}{Ns} \tag{5.40}$$

其中,N 是由相关水动力实验测量并计算得到的常数,例如,某重型 ROV 的 N 为 112.4。

通过 Simulink 构建 ROV 的运动控制仿真结构,设定其中的 $K_P = 35$,$K_I = 0.4$,$K_D = 5$,$\Delta K_P = 15$,$\Delta K_I = 5$,$\Delta K_D = 20$,在 ROV 运动到特定深度的过程中,假设 ROV 艏向不发生改变、形态等方面也不发生改变,选用简化后的传递函数,如图 5.42 所示。

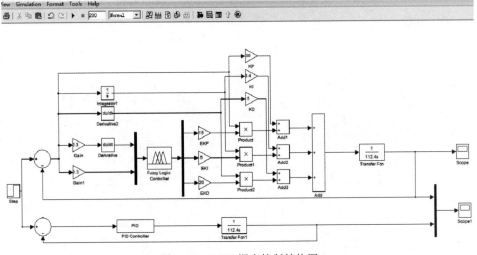

图 5.42　ROV 深度控制结构图

取阶跃函数作为输入,模糊 PID 控制和传统 PID 控制的仿真结果如图 5.43～图 5.46 所示。

仿真结果表明,如果机器人艏向不变,深度变化 1m 后,采用模糊 PID 控制的黄线明显调节的时间比采用传统 PID 控制的红线时间短,响应速度快。虽然未消除超调量,但已经基本接近 0 超调量。同时随着时间延长,黄线更加平稳,波动小,控制效果比较平滑,仿真效果如图 5.43 所示。

如果机器人艏向不变,深度变化 2m 后,与 1m 的波形图变化不大,采用模糊 PID 控制效果好于采用传统的 PID 控制。仿真结果充分体现出了模糊 PID 控制的优越性,改善了动态性能,使系统更加稳定,仿真效果如图 5.44 所示。

如果机器人艏向不变,深度变 5m 后,采用模糊 PID 控制的黄线明显调节的时间比采用传统 PID 控制的红线时间短,响应速度快。同时随着时间延长,黄线更加平稳,波动小,控制效果比较平滑。但同时两种控制方式均出现超调量增大的趋势,采用模糊 PID 控制的黄线的变化速度和幅度明显小于传统 PID 控制,仿真效果如图 5.45 所示。

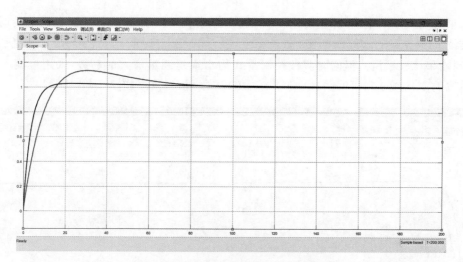

图 5.43　定艏向深度变化 1m 的仿真图

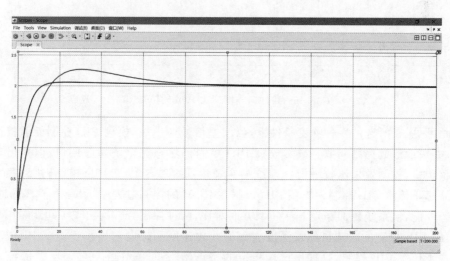

图 5.44　定艏向深度变化 2m 的仿真图

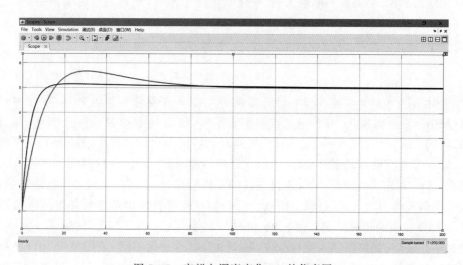

图 5.45　定艏向深度变化 5m 的仿真图

机器人运动控制

如果机器人艏向不变,深度变化 10m 后,采用模糊 PID 控制的黄线明显调节的时间比采用传统 PID 控制的红线时间短,响应速度快。同时随着时间延长,黄线更加平稳、波动小,控制效果比较平滑。但同时两种控制方式均出现超调量增大的趋势,采用模糊 PID 控制的黄线的变化速度和幅度明显小于传统 PID 控制,仿真效果如图 5.46 所示。

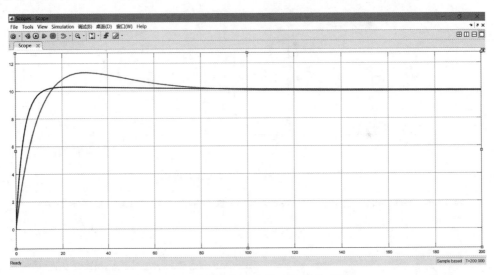

图 5.46　定艏向深度变化 10m 的仿真图

由此可见,在所选的 4 种深度条件下,当偏差信号产生后,模糊 PID 控制能够提高系统的增益,更快地形成控制调节。虽然模糊 PID 控制仍然未完全消除超调量,但是已经基本接近 0 超调量,控制效果比较平滑。系统响应速度明显快于传统 PID 控制,达到稳定所需时间明显短于传统 PID 控制。模糊 PID 控制在 ROV 的控制过程中,表现出了其优越性,改善了动态性能,使系统更加稳定。从超调方面对比,两种控制方式均出现了超调量增大的趋势,但模糊 PID 控制的超调量随着深度加深的变化速度和幅度明显小于传统 PID 控制,自适应性强于传统 PID 控制,呈现出比较稳定的特点,装备可操作性更强。反观传统 PID 控制,随着深度的加深,超调量不断增大,且变化幅度越来越大,回调响应时间滞后,呈现出不稳定性。

(2) 定向仿真。同样,确定简化后的 ROV 艏向对侧推力矩的传递函数为:

$$H_{\phi}(s) = \frac{1}{Ns} \tag{5.41}$$

其中,N 是由相关水动力实验测量并计算得到的常数,对于某重型机器人 N 为 65.39。

通过 Simulink 构建 ROV 的运动控制仿真结构,设定其中的 $K_P = 40$,$K_I = 0.4$,$K_D = 10$,$\Delta K_P = 15$,$\Delta K_I = 5$,$\Delta K_D = 30$。在 ROV 运动到特定方向的过程中,假设 ROV 深度不发生改变,形态等方面也不发生改变,选用简化后的传递函数,如图 5.47 所示。

设置 ROV 在定深 8m 条件下,通过左右的螺旋桨控制,实现向左或者向右旋转的情形。同样取阶跃信号作为输入,通过调节阶跃信号的幅度值进行模拟角度的变化。模糊 PID 控制和传统 PID 控制的仿真结果如图 5.48 和图 5.49 所示。

仿真结果表明,如果机器人保持深度 8m 不变,艏向变化 1°后,采用模糊 PID 控制的黄线表明更快地形成控制调节,能够提高系统的增益,且基本接近 0 超调量,控制效果比较平

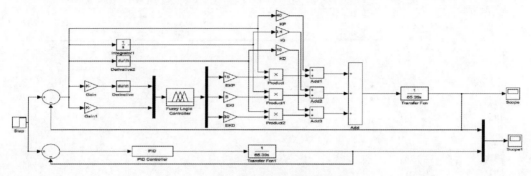

图 5.47　ROV 艏向控制结构图

滑。系统响应速度明显快于传统 PID 控制,达到稳定所需时间明显短于传统 PID 控制。同时随着时间延长,模糊 PID 控制更加平稳,波动小,控制效果比较平滑,仿真效果如图 5.48 所示。

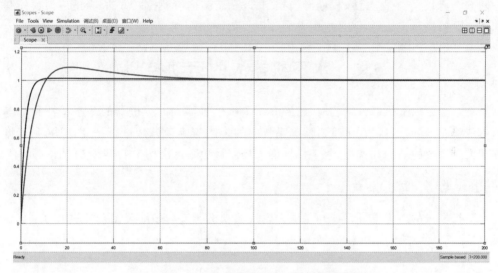

图 5.48　定深艏向变化 1°的波形图

如果机器人保持深度 8m 不变,艏向变化 5°后,与 1°的波形图变化不大,还是采用模糊 PID 控制效果好于采用传统的 PID 控制。充分体现出了模糊 PID 控制的优越性,改善了动态性能,使系统更加稳定,仿真效果如图 5.49 所示。

类似地,继续进行了 10°、20°、45°和 90°的仿真,结果显示,模糊 PID 控制效果普遍好于采用传统的 PID 控制,尽管依然存在超调现象,但模糊 PID 控制效果比较平滑、系统响应速度明显快于传统 PID 控制,达到稳定所需时间明显短于传统 PID 控制。模糊 PID 在控制该 ROV 过程中,改善了动态性能,使系统更加稳定。

模糊 PID 控制不仅继承了传统 PID 控制系统的简单实用、易于操作、精确高效、较好鲁棒性等优点,同时模糊控制还具有适应性强、相符度高等优势。但模糊 PID 控制的控制能力有限,难以应对不确定性的动力学系统。因此更复杂的机器人系统应选用性能更加优越

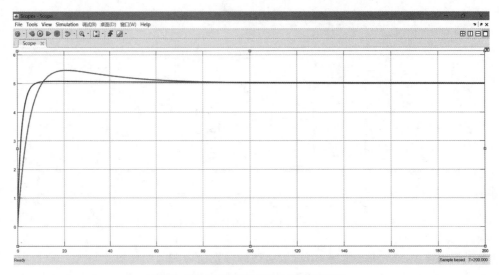

图 5.49　定深艏向变化 5 度的波形图

的控制方法,如滑模控制方法、模糊滑模控制方法、变结构滑模控制方法、自适应滑模控制方法和反步滑模控制方法等,但是这些方法过于复杂,本书不再介绍。

5.5　水下机器人的运动控制

第 2 章介绍水下机器人结构时,已经介绍了水下机器人的推进器的基本特性和基本结构。本节将对两种推进器在水下机器人系统中的控制与驱动方法进行补充论述,尤其将介绍液压推进系统的结构和特性,水下机器的人控制算法则可沿用 PID 或模糊 PID 等算法。

5.5.1　电力推进系统

水下机器人的电力推进系统与常见的轮式移动机器人和多旋翼无人机的电力系统结构非常接近,其基本结构如图 5.50 所示。

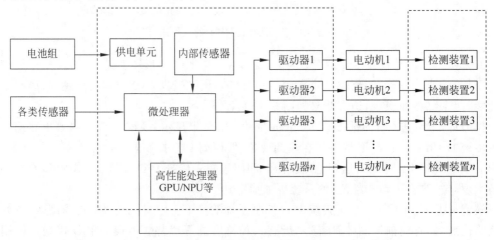

图 5.50　水下机器人电力推进系统结构

水下机器人、轮式机器人和多旋翼无人机三种移动机器人的电力推进系统结构类似,主要包括:用于向电动机供电和其他低电压设备供电的电池组和供电系统、用于检测外界状态和机器人自身状态的传感器、用于完成指令解析和基本控制的微处理器、用于执行高级人工智能算法的 GPU 等、用于将控制信号转换为电力输出的驱动器、用于将电能转换为机械能的电动机,此外还有可以不使用的电动机检测装置,上述各部分已经在前序章节中分别做出了介绍,本节不再阐述。三类移动机器人在推进系统上,最大的差别在于驱动器和电动机形式,如表 5.9 所示。

表 5.9 三种移动机器人推进系统对比

结 构 对 比	水下机器人	轮式机器人	多旋翼无人机
电动机形式	直流无刷电动机	直流有刷电动机	直流无刷电动机
最高电动机转速	<4000rev/min	<1000rev/min	>5000rev/min
驱动电路	电调	H 电桥	电调
驱动设备	推进器	减速电动机+轮	螺旋桨
电动机检测	无必要	可选	无必要

5.5.2 液压推进系统

液压推进系统较多应用于大功率 ROV,系统主要由液压源、控制阀组和液压推进器(由液压马达驱动)组成。ROV 由于节能需要及发热限制要求,一般采用恒压变量系,恒压变量控制方式主要有以下两种:Triton 型 ROV 采用的 C 型半桥控制液压泵的变量机构、ISE 公司生产的海狮号等 ROV 采用 B 型半桥来控制变量机构,另外,为保护电动机不超载还增加了恒功率控制。而海沟号 ROV 则采用了溢流阀控系统,同时为了减小噪声使用了特殊形式的螺杆泵。阀控系统具有响应较快、结构简单、成本低的优点,但由于液压泵不能调节输出流量、溢流损失大,系统效率、低发热量大,为此,海沟号安装了冷却系统,以保证液压油工作在正常温度。具体液压系统泵的原理不再详细介绍。

液压推进器由液压马达驱动,与电动机推进器相比,具有较高的力矩惯量比,且加速性能强,可实现高频正反转。推进器根据液压马达种类,可分为定量马达式和变量马达式。变量马达结构较为复杂,内部不仅装有变量控制机构来改变斜盘的倾斜角度,而且集成了高精度位置传感器以方便构成闭环控制。在 ROV 推进系统中,液压马达大多由伺服阀控制,然而随着比例技术的发展,比例阀应用到推进系统控制也逐渐增多。

液压推进系统与电动机式相比,主要有以下特点:可实现无级调速,调速范围大,操纵性能好,传动平稳,不易受外界负载的影响,液足马达产生的扭矩大,系统响应快,换向迅速,重量功率比大,质量轻,结构紧凑;容易实现过载保护和水深补偿、可靠性高;液压油的流动性和润滑性利于系统散热性和延长元件寿命。此外,由于目前水下作业型机械手一般采用液压驱动,液压推进型 ROV 则不需要额外增加动力源。虽然液压控制系统有其固有的优势,但它是一个非常典型的非线性系统,控制性能相对较差。不仅存在死区、磁滞、液动力、油液泄漏和阀芯摩擦等非线性因素,而且液压特征参数会随外界温度和压力波动而变化,对推进系统稳定性和控制算法提出了更高的要求。本节仅以海马号 4500m 深海 ROV 为例介绍其液压推进系统结构。

深海 ROV 液压推进系统主要包括液压泵站、补偿系统、控制阀箱、螺旋桨推进器和电气控制系统等,其推进系统各部分参数如表 5.10 和图 5.51 所示。

表 5.10　深海 ROV 液压推进系统参数

参　数	性 能 指 标	说　明
额定功率	100kW	为系统提供大功率输出
工作水深	4500m	满足 ROV 的水深工作要求
水平最大推力	880kgf	满足 ROV 水平运动速度要求
垂直最大推力	780kgf	满足 ROV 垂直运动速度要求
压力传感器	检测充油压力	提供水深压力补偿
控制方式	闭环控制	实现较高的控制精度
液压泵站	双机双泵	有高压和低压切换功能
推进器阀箱	8 功能控制	使用易维护的比例阀
自补偿油箱	12L 补偿容积	使液压系统内压力高于海水环境压力
材料种类	6061T6、316L、FR	满足海水防腐蚀要求

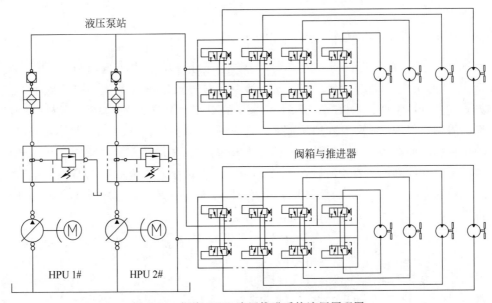

图 5.51　深海 ROV 液压推进系统液压原理图

深海 ROV 的双泵排量不同:小排量主泵为 45mL/r、大排量泵为 71mL/r,小排量主泵的控制压力比大排量泵略高 0.5MPa。当 ROV 推进系统所需流量不到一个泵的全流量时,只有限压高的小泵自动适应负载流量、系统压力稍高,而限压低的大泵基本处于零流量输出状态。当 ROV 所需流量超过一个泵的全流量时,系统压力降至大泵设定值,小泵全流量输出,大泵自动适应负载流量。此外,为保证系统安全,在泵的出口位置和合流单向阀之间各串联了一个安全阀。

为了使水下液压系统适应不同水深下的作业要求,一般都会在系统中设置压力补偿器,使系统回油压力或是静态充油设备内部压力与海水压力相等,并随水深变化自动调节。ROV 液压推进系统压力补偿系统主要由压力补偿器和自补偿油壳构成,实现对因温度等因素造成的容积变化进行实时补偿。压力补偿器主要由弹簧、滚动膜片、有机玻璃或金属外壁、放气螺塞和位移传感器等组成。油液的补偿量不仅与深度有关,还与温度密切相关。水深越大,压力越高,补偿量越大;温度越高,油液体积膨胀量越大,补偿量会明显减小。为适应海洋水深及温度的大范围变化,压力补偿系统需设计足够的补偿容量才能保证系统正常工作。

液压推进器是液压推进系统的重要组成部分,其性能直接影响 ROV 的运动和作业能力。与电推进器的组成类似,液压推进器主要由定量液压马达、桨叶和导流罩组成。液压马达不仅内含转速齿轮可供测速,而且在马达前部专口设计了推力轴承,不仅可使推进器结构更紧凑,而且不需要增加额外的充油补偿结构。此外,定制的液压马达还将常规的油封结构改为机械密封结构,可显著增加工作可靠性,延长使用寿命。

小　　结

机器人必须依靠运动机构实现自身的移动。本章介绍了机器人的运动机构,尤其是相关的电动机特性、电动机工作原理、电动机控制方式、电动机驱动电路和机器人的供电系统等。从软件角度,本章介绍了电动机常见的驱动方式、PID 和模糊 PID 控制算法,并以水下机器人的控制为例,进行了控制算法的仿真。最后,本章总体介绍了水下机器人的运动控制系统结构。

至此,本书已经介绍了机器人系统的基本软硬件结构和控制算法,这些系统已经能够构成一台机器人,但如何让机器人具有更高级的智能性,将在第 6、7 章中介绍。

习　　题

1. 对比轮式运动机构和履带式运动机构的优缺点。
2. 直流无刷电动机相较于有刷电动机,有哪些显著的优势?
3. 步进电动机主要具有哪些特性?
4. 对比三元锂电池和磷酸铁锂电池的主要性能。
5. 模糊 PID 控制具有哪些特点?

机器人运动控制

第6章 机器人的视觉感知识别

机器人的视觉感知识别主要是依靠各类机器视觉系统实现的。目前,视觉感知识别技术已经得到了广泛的应用,包括身份认证、移动支付和安防领域的人脸识别和目标追踪等,其应用覆盖了军用、民用和航空航天等各个领域,结合人工智能技术,极大程度地提升了设备的智能化程度。机器视觉的主要功能是用机器替代人眼进行测量和判别。引入机器视觉系统,可以有效地节约成本、提升生产率,减轻人员劳动强度,且机器视觉在诸多方面有着人眼难以达到的优势。两者性能对比如表 6.1 所示。

表 6.1 人眼视觉与机器视觉的性能对比

指 标	人眼视觉系统	机器视觉系统
环境适应性	强,可在复杂环境中识别目标	差,易受环境变化影响
识别智能性	强,逻辑分析和推理能力强,并能根据规律提升识别能力	差,现有人工智能和神经网络技术距离人脑仍有很大的差距
灰度分辨度	差,一般只有 64 级灰度	强,一般 256 级灰度以上
空间分辨度	差,不能分辨微小目标和广角场景	强,可以实现过亿像素和微距、望远和广角等功能
色彩识别度	强,但难以量化	强,可量化,但受硬件制约
识别速度	弱,无法识别高速移动目标	强,快门时间可达 $10\mu s$,帧率可达 1000fps 以上
环境要求	极高	一般,可增加各类防护装置
光谱范围	窄,$400\sim750nm$	种类丰富,可见光、红外光、紫外光、X 射线等

6.1 机器视觉的技术基础

6.1.1 机器视觉技术设备基础

一个完整的机器视觉系统至少应包括视觉传感器、图像采集系统、图像处理系统和供电系统等。现有的机器视觉系统的视觉传感器(包括各类图像采集系统)主要包括激光扫描器和摄像机两种,但随着二维码的兴起,只能扫描一维条码的传统激光条码扫描仪也逐渐淡出人们视野,被使用图像传感器的扫描仪和带有摄像头的智能手机等智能设备所替代。传统激光编码图像扫描仪如图 6.1 所示。

机器视觉系统中所使用的摄像机与第 2 章中介绍的摄像机基本相同,包括模拟机芯、

(a) 一维条码扫描仪　　　(b) 二维码扫描仪

图 6.1　传统激光编码图像扫描仪

USB 数字机芯和网络数字机芯,接口包括同轴电缆、USB 和网络接口等,也可以根据摄像机的数量分为单目视觉系统、双目视觉系统和多目视觉系统。

机器视觉系统中的图像处理系统用于处理接收到的图像信号,传统的复杂系统可以增加专用集成芯片(ASIC)、现场可编程门阵列(FPGA)或数字信号处理器(DSP)等。这些硬件器件可以在更高速、更稳定、更低功耗状态下实现图像处理算法,但是其开发成本较高,且一旦开发完成难以更新处理算法,因而更适合在智能摄像机等成熟产品或者是对速度和功耗有严格要求的场合中使用。随着技术的发展,尤其是 FPGA 中软 IP 核的应用,大大增强了 FPGA 灵活性。相对简化的系统则可以只由计算机系统构成,计算机系统可以进行相对灵活的算法设计和修改,传统计算机在处理图像时仅依赖 x86 CPU,难以实现高速并发处理,但 GPU 在计算机系统中的应用大大提升了计算机系统的图像处理能力,部分功耗和体积敏感的场合还可以采用 ARM+GPU 的解决方案,如 Nvidia Jetson NX 等。

6.1.2　机器视觉技术光学基础

机器视觉的前端采集需要依靠摄像机完成,摄像机采集的图像的一些固有参数直接影响机器视觉的性能,主要包括以下几方面。

(1) 视频图像分辨率(Resolution)。对于目前主流的数字相机而言,摄像机输出的图像分辨率常用"水平像素数×垂直像素数"的方法表示,常见分辨率如 VGA(640×480)、SVGA(800×600)、720P(1280×720)、FHD(1920×1080)、4K(3840×2160)和 8K(7680×4320)等,图像分辨率反映了摄像机参与成像的有效像素的数量。

图像分辨率反映的是摄像机输出图像的像素点的多少,但并不等于图像的质量。摄像机内部图像传感器的尺寸也很大程度影响图像质量,相同技术条件下更大的传感器靶面尺寸可以具有更好的成像灵敏度、更快的电子快门和更好的色彩还原度等。另一方面,高分辨率图像会带来更精细的图像,但会对图像处理系统提出更高的性能需求。

(2) 视频帧率(Frame Rate)。摄像机视频帧率指摄像机每秒传输的图片数量,通常用 FPS(Frames Per Second)表示,快速且连续的图像组成了运动的视频,以还原物体的运动过程。可见,摄像机的帧率越高,对物体运动过程的还原精度就越高,这对于高速、高精度图像采集至关重要。

(3) 视频码流(Data Rate)。视频码流指视频经过编码后的数据流量,也是视频中画面质量的重要部分,在相同分辨率下,码流越低、压缩比越大、视频质量越差,即高码率视频会带来更低的视频压缩比。

除了上述与摄像机数字部分相关的参数之外,摄像机还有以下关键的光学参数。

(4)焦距(f,Focus)。焦距决定了摄取图像中景物的大小,摄像机用不同焦距拍摄同一个物体,焦距越长被拍摄物体占的像素越多、视场角越小,焦距越短被拍摄物体占的像素越少、视场角越大。

(5)视场角(Field Of View,FOV)。视场角指被测目标的物像可通过镜头的最大范围的两条边缘构成的夹角,分为水平视场角、垂直视场角和对角线视场角,如无特殊说明一般指对角线视场角。

如图6.2所示,视场角的计算方法为

$$\alpha = 2\arctan\frac{L}{2f} \tag{6.1}$$

其中,L 是图像传感器靶面规格,根据计算的视场角,L 可以是靶面的长度、宽度或对角线长度。

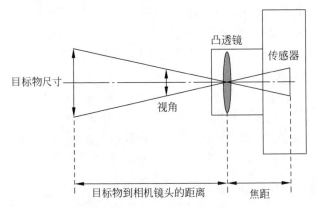

图 6.2   图像传感器的视场角示意图

常见的小型摄像头的传感器靶面规格如表 6.2 所示。

表 6.2   常见小型摄像机传感器靶面规格

靶 面 型 号	靶面宽度/mm	靶面高度/mm	对角线长度/mm
1/3.2″(iPhone 5 等)	4.54	3.42	5.68
1/3.0″(iPhone 5S~iPhone 8 等)	4.80	3.60	6.00
1/2.6″(Samsung Galaxy S6~S9 等)	5.50	4.10	6.86
1/2.5″	5.76	4.29	7.18
1/2.3″(Canon Powershot SX280HS 等)	6.17	4.56	7.66
2/3″(Nokia Lumia 1020 等)	8.80	6.60	11.00
1″(SONY RX100 等)	13.20	8.80	15.86
APS-C(Nikon DX 等)	23.6~23.7	15.60	28.2~28.4
35mm Full-Frame	36	23.9~24.3	43.2~43.3
IMAX File-Frame	70.41	52.63	87.91

以某 1/2.5″$F=2.8$mm 的小型摄像机为例。其靶面规格为 5.76mm×4.29mm,对角线长度为 7.18mm,在无限远对焦时,$f=F$,水平、垂直和对角线的视场角分为

$$\alpha_H = 2\arctan\frac{L_W}{2f} = 2\arctan\frac{5.76}{2 \times 2.8} = 91.6°$$

$$\alpha_V = 2\arctan\frac{L_H}{2f} = 2\arctan\frac{4.29}{2 \times 2.8} = 74.9°$$

$$\alpha_D = 2\arctan\frac{L_D}{2f} = 2\arctan\frac{7.18}{2 \times 2.8} = 104.1°$$

(6) 电子快门(Electronic Shutter)。电子快门用于控制传感器感光时间,其速度越低,感光时间越长,图像的灵敏度越高,但是容易出现慢动作和拖尾问题。电子快门一般为自动模式,无须人工干预。

(7) 最低照度。最低照度是当被摄物体的光亮度降低到一定程度,使得传感器输出的电平信号降低到标准值的 $1/3 \sim 1/2$ 时的光亮度值。现有各种条件下的光照情况如表 6.3 所示。

表 6.3　常见环境下的参考照度

参考环境	参考照度/Lux	参考环境	参考照度/Lux
夏季日光下	100 000	室内日光灯	100
阴天室外	10 000	室内昏暗	10
电视台演播厅	1000	近处烛光	10
台灯桌面	300	夜间路灯路面	0.1

(8) 宽动态(Wide Dynamic Range,WDR)。摄像机拍摄的自然光线可以从阳光下的 100 000Lux 分布到星光的 0.01Lux 甚至更低。即使同一幅照片也存在光照强度差距过大的问题,例如,夏季阳光下 100 000Lux 是室内光照 100Lux 的 1000 倍,如果人在室内而室外背景光又极强,则会造成人像黑暗模糊的问题。这是由于传统相机的动态范围只能达到 3:1。为了解决这种问题,传统摄像机提出了背光补偿(Back Light Compensation,BLC)功能,整体提升画面的亮度,但这也会导致室外背景亮度过高,而影响室外背景的成像质量。

宽动态和超宽动态是软硬件相结合的技术,单位是 dB,其公式为

$$N(\mathrm{dB}) = 20\log\frac{V_2}{V_1} \tag{6.2}$$

其中,V_2 和 V_1 是可以调整的最大动态范围,例如传统摄像机的 3:1,有:

$$N(\mathrm{dB}) = 20\log3 = 10\mathrm{dB} \tag{6.3}$$

常见的宽动态相机一般应达到 80dB 以上,超宽动态应达到 100dB 以上。超宽动态相机在极端光照条件时,仍然可以保持较好的还原度。背光补偿、宽动态和一般相机的成像对比如图 6.3 所示。

此外,摄像机光学部分还有曝光模式、曝光补偿、自动增益、白平衡等功能,都可以从不同的方面提升影像效果,其功能不再叙述。

6.1.3　空间几何变换基础

空间几何变换与机器视觉有着密切的关系,是研究机器视觉的重要数学基础。空间几何变换技术指的是空间几何从一种状态按照一定的原则转换到另一种状态的方法,主要有

(a) 背光补偿图像　　　　　(b) 宽动态图像　　　　　(c) 一般相机图像

图 6.3　背光补偿、宽动态和一般相机的成像对比

以下几种方法。

(1) 齐次坐标表示法。齐次坐标表示法指由 $n+1$ 维矢量表示 n 维矢量，n 维空间中点的位置矢量用非齐次坐标表示时，具有 n 个坐标分量$(P_1, P_2, \cdots, P_n)$，且是唯一的。若用齐次坐标表示时，此矢量有 $n+1$ 个坐标矢量$(hP_1, hP_2, \cdots, hP_n, h)$，且是不唯一的。常规的坐标与齐次坐标为一对多的关系，如坐标(x, y)的齐次坐标为(hx, hy, h)，则$(h_1x, h_1y, h_1), (h_2x, h_2y, h_2), \cdots, (h_mx, h_my, h_m)$都表示该点的齐次坐标。

一方面，齐次坐标系提供了通过矩阵运算将二维、三维甚至高维空间中的一个点集从一个坐标系变换到另一个坐标系的有效方法。例如，二维齐次坐标变换矩阵的形式是：

$$\boldsymbol{T}_{2D} = \begin{bmatrix} a & d & g \\ b & e & h \\ c & f & i \end{bmatrix} \tag{6.4}$$

三维齐次坐标变换矩阵的形式是：

$$\boldsymbol{T}_{3D} = \begin{bmatrix} a_{11} & a_{12} & a_{13} & a_{14} \\ a_{21} & a_{22} & a_{23} & a_{24} \\ a_{31} & a_{32} & a_{33} & a_{34} \\ a_{41} & a_{42} & a_{43} & a_{44} \end{bmatrix} \tag{6.5}$$

另一方面，齐次坐标可以表示无穷远点。例如，$n+1$ 维中，$h=0$ 的齐次坐标实际上表示的是一个 n 维的无穷远点。对二维齐次坐标 $[a, b, h]$，当 $h \to 0$ 时，表示 $ax+by=0$ 的直线，即在 $y=-(a/b)x$ 上的连续点 $[x, y]$ 逐渐趋近于无穷远，但其斜率不变。在三维的情况下，利用齐次坐标表示点在原点时的投影变换，其几何意义是很清晰的。

(2) 射影变换(Projective Transformation)。射影变换是一种最广义的、相对复杂的线性变换，又称单应(Homography)。一维射影变换如图 6.4 所示，过 O 点的直线束分别交直线 L_1 和 L_2 于 A、B、C、D 和 A'、B'、C'、D'。对于 L_1 上的任意一点，例如，A 对应 A'，这种几何对应关系给出了 L_1 和 L_2 之间的一种一一对应变换，称之为一维中心射影变换。特别地，若 OA 与 L_2 平行，则补充定义 A' 点在 L_2 上的无穷远处。

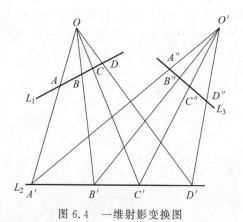

图 6.4　一维射影变换图

同样，L_2 上的点 A'、B'、C'、D' 也可以以另外一点 O' 为中心的一维中心射影变换至 L_3 上的点 A''、B''、C''、D''，即两次射影变换的积表示了 L_1 到 L_3 之间的变换关系。将这种由有限次中心射影变换的积所定义的两条直线间一一对应的变换称为一维射影变换。

n 维射影空间的射影变换可以表示为 $\rho \boldsymbol{y} = \boldsymbol{T}_P \boldsymbol{x}$，$\rho$ 是比例因子，$\boldsymbol{x}$ 与 $\boldsymbol{y}$ 分别表示变换前后空间点的齐次坐标，$\boldsymbol{x} = (x_1, x_2, \cdots, x_{n+1})^{\mathrm{T}}$，$\boldsymbol{y} = (y_1, y_2, \cdots, y_{n+1})^{\mathrm{T}}$，$\boldsymbol{T}_P$ 为满秩的 $(n+1) \times (n+1)$ 矩阵。射影变换由 $\boldsymbol{T}_P$ 矩阵决定，$\boldsymbol{T}_P$ 有 $(n+1)^2$ 个参数，但等式两边都是齐次坐标，所以 $\boldsymbol{T}_P$ 和 $k\boldsymbol{T}_P$ 表示的是同一变换，故而 $\boldsymbol{T}_P$ 的独立参数个数为 $(n+1)^2 - 1$。以一维射影变换为例：

$$\rho \begin{bmatrix} y_1 \\ y_2 \end{bmatrix} = \begin{bmatrix} m_{11} & m_{12} \\ m_{21} & m_{22} \end{bmatrix} \begin{bmatrix} x_1 \\ x_2 \end{bmatrix} \tag{6.6}$$

有：

$$\begin{cases} \rho y_1 = m_{11} x_1 + m_{12} x_2 \\ \rho y_2 = m_{21} x_1 + m_{22} x_2 \end{cases} \tag{6.7}$$

将两式相除，取 $\bar{y} = y_1 / y_2$，$\bar{x} = x_1 / x_2$，得到变换后点的非齐次坐标关系：

$$\bar{y} = \frac{m_{11} \bar{x} + m_{12}}{m_{21} \bar{x} + m_{22}} \tag{6.8}$$

可见，射影变换中用非齐次坐标表示的变化是非线性的。n 维射影变换的矩阵等式中包含 $n+1$ 个方程，取消 ρ 后，得到变换前后的非齐次坐标的 n 个方程。类似地，三维射影空间的射影变换矩阵 $\boldsymbol{T}_P$ 可表示为：

$$\boldsymbol{T}_P = \begin{bmatrix} p_{11} & p_{12} & p_{13} & p_{14} \\ p_{21} & p_{22} & p_{23} & p_{24} \\ p_{31} & p_{32} & p_{33} & p_{34} \\ a_{41} & p_{42} & p_{43} & p_{44} \end{bmatrix} \tag{6.9}$$

该矩阵又称为单应矩阵，$\boldsymbol{T}_P$ 为 4×4 的 16 个参数的可逆矩阵，但可以用一个非零比例因子进行归一化操作。三维射影变换相当于有 15 个自由度，二维则有 8 个自由度。在三维射影空间的射影变换如图 6.5 所示。

射影空间中全体射影变换所构成的变换群称为射影变换群，其中包含仿射群子群，仿射群又包含欧氏变换子群，欧氏变换又包含旋转、平移等变换。

（3）仿射变换（Affine Transformation）。仿射变换是一类重要的几何变换，如图 6.6 所示，当射影中心平面变为无限远时，射影变换就成为仿射变换。

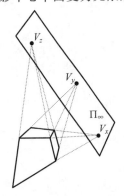
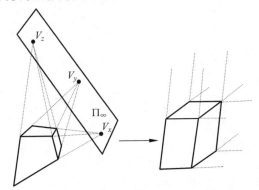

图 6.5　三维射影空间的摄影变换　　　　图 6.6　射影变换与仿射变换的关系

以一维仿射变换为例：

$$\rho \begin{bmatrix} y_1 \\ y_2 \end{bmatrix} = \begin{bmatrix} m_{11} & m_{12} \\ 0 & m_{22} \end{bmatrix} \begin{bmatrix} x_1 \\ x_2 \end{bmatrix} \tag{6.10}$$

有：

$$\begin{cases} \rho y_1 = m_{11} x_1 + m_{12} x_2 \\ \rho y_2 = m_{22} x_2 \end{cases} \tag{6.11}$$

变换后点的非齐次坐标关系为

$$\bar{y} = \frac{m_{11}\bar{x} + m_{12}}{m_{22}} \tag{6.12}$$

可见，在非齐次坐标下的仿射变换是一种线性变换。仿射关系可以表示为

$$\rho \boldsymbol{y} = \boldsymbol{T}_A \boldsymbol{x} \tag{6.13}$$

三维仿射空间的仿射变换矩阵 $\boldsymbol{T}_A$ 为

$$\boldsymbol{T}_A = \begin{bmatrix} a_{11} & a_{12} & a_{13} & a_{14} \\ a_{21} & a_{22} & a_{23} & a_{24} \\ a_{31} & a_{32} & a_{33} & a_{34} \\ 0 & 0 & 0 & 1 \end{bmatrix} \tag{6.14}$$

则有：

$$\begin{bmatrix} y_1 \\ y_2 \\ y_3 \end{bmatrix} = \begin{bmatrix} a_{11} & a_{12} & a_{13} \\ a_{21} & a_{22} & a_{23} \\ a_{31} & a_{32} & a_{33} \end{bmatrix} \begin{bmatrix} x_1 \\ x_2 \\ x_3 \end{bmatrix} + \begin{bmatrix} a_{14} \\ a_{24} \\ a_{34} \end{bmatrix} \tag{6.15}$$

三维仿射变换相当于有 12 个自由度，二维则有 6 个自由度。

（4）比例变换。比例变换（Metric Transformation）又称相似变换（Similarity Transformation），是一种带有比例因子的欧氏变换（Scaled Euclidean），在齐次坐标下表示为

$$\rho \boldsymbol{y} = \boldsymbol{T}_M \boldsymbol{x} \tag{6.16}$$

比例变换矩阵 T_M 为

$$T_M = \begin{bmatrix} \delta r_{11} & \delta r_{12} & \delta r_{13} & t_{11} \\ \delta r_{21} & \delta r_{22} & \delta r_{23} & t_{21} \\ \delta r_{31} & \delta r_{32} & \delta r_{33} & t_{31} \\ 0 & 0 & 0 & 1 \end{bmatrix} \tag{6.17}$$

其中,δ 是比例因子,有:

$$\begin{bmatrix} y_1 \\ y_2 \\ y_3 \end{bmatrix} = \rho \begin{bmatrix} r_{11} & r_{12} & r_{13} \\ r_{21} & r_{22} & r_{23} \\ r_{31} & r_{32} & r_{33} \end{bmatrix} \begin{bmatrix} x_1 \\ x_2 \\ x_3 \end{bmatrix} + \begin{bmatrix} t_{11} \\ t_{21} \\ t_{31} \end{bmatrix} \tag{6.18}$$

三维比例变换有 7 个自由度:3 个旋转、3 个平移和 1 个比例因子。比例变换不改变物体在空间的形状,只是改变大小。

(5) 欧氏变换(Euclidean Transformation)。欧氏变换是指在欧氏空间中进行的变换,与比例变换类似,只是比例因子为 1。在齐次坐标下表示为

$$\rho y = T_E x \tag{6.19}$$

比例变换矩阵 T_E 为

$$T_E = \begin{bmatrix} r_{11} & r_{12} & r_{13} & t_{11} \\ r_{21} & r_{22} & r_{23} & t_{21} \\ r_{31} & r_{32} & r_{33} & t_{31} \\ 0 & 0 & 0 & 1 \end{bmatrix} \tag{6.20}$$

有:

$$\begin{bmatrix} y_1 \\ y_2 \\ y_3 \end{bmatrix} = \begin{bmatrix} r_{11} & r_{12} & r_{13} \\ r_{21} & r_{22} & r_{23} \\ r_{31} & r_{32} & r_{33} \end{bmatrix} \begin{bmatrix} x_1 \\ x_2 \\ x_3 \end{bmatrix} + \begin{bmatrix} t_{11} \\ t_{21} \\ t_{31} \end{bmatrix} \tag{6.21}$$

由 r_{ij} 组成了一个正交矩阵,该旋转矩阵有 3 个自由度。三维欧氏变换有 6 个自由度:3 个旋转和 3 个平移,因此,欧氏变换表示的是欧氏空间中刚体运动。

除此之外,空间变换中还存在着一些基本的变换形式:平移变换、缩放变换和旋转变换。换言之,由平移和旋转构成了欧氏变换,由平移、旋转和缩放构成了比例变换,由平移和旋转加上尺度和方向变换构成仿射变换,而平移、旋转、尺度、方向以及尺度比变换构成射影变换。图 6.7 以更为直观的二维空间方式说明了各种变换。

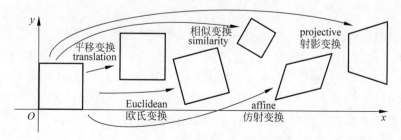

图 6.7 二维空间中部分变换的关系

机器人的视觉感知识别

6.1.4　空间几何变换不变量

在上述空间变换过程中，某些几何特性在变换前后是不变的，这些特征称为不变量。不变量在机器视觉的特征点提取和模式识别中起着重要作用。如图 6.7 所示的二维变换中，平移变换不改变形状的长度、面积和空间中的角度，欧氏变换不改变几何形状的长度、面积和形状自身，而射影变换不改变形状的共点、共线和交比。

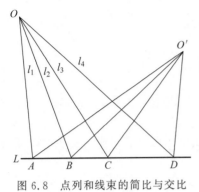

图 6.8　点列和线束的简比与交比

如图 6.8 所示，直线 L 上的三个点 A、B、C，以 A、B 为基础点，C 为分点（外分点），由分点与基础点所确定的两个有向线段之比称为简比（Simple Ratio，SR），记为：

$$SR(A,B;C)=AC/BC \tag{6.22}$$

一条直线上四个点的两个简比的比值称为交比（Cross Ratio，CR），如直线 L 上的 A、B、C、D 四个点的交比为

$$CR(A,B;C,D)=\frac{SR(A,B;C)}{SR(A,B;D)}=\frac{AC/BC}{AD/BD} \tag{6.23}$$

定义两条直线的交角 (l_1,l_2) 为从 l_1 到 l_2 的逆时针方向的夹角，以 O 点为交点的任意四条直线的交比称为线束交比，即

$$CR(l_1,l_2;l_3,l_4)=\frac{\sin(l_1,l_3)/\sin(l_2,l_3)}{\sin(l_1,l_4)/\sin(l_2,l_4)} \tag{6.24}$$

不同空间的几种变换具有不同的变换特性和不变量。其中，射影变换的不变性和不变量包括以下几方面。

① 几何元素的点、线、面等变换后，仍保持原先的类型，几何元素的点、线、面等变换后，仍保持原先的连接关系，即同素性和接合性。

② 直线上的交比不变。

③ 原形和射影的线束的交比不变。

④ 如果平面内有一线束的四条直线被任意直线所截，则截点列的交比和线束的交比相等。

点列交比是射影变换的基本不变量，是射影变换的充要条件，且共线四点交比有如下特性。

① $CR(A,B;C,D)=CR(C,D;A,B)$。

② $CR(A,B;C,D)=CR(B,A;D,C)$。

③ $CR(A,B;C,D)=1/CR(A,B;D,C)=1/CR(B,A;C,D)$。

④ $CR(A,B;C,D)=1-CR(A,C;B,D)=1-CR(D,B;C,A)$。

仿射变换除了具有射影变换的不变性外，还具有以下特性。

① 两直线的平行性是仿射不变换。

② 共线三点的简比是仿射不变量。

③ 两个三角形的面积之比是仿射不变量。

④ 两条封闭曲线所围成的面积之比是仿射不变量。

不变量在机器视觉中有着重要的作用,例如,将交比应用于空间平面多边形识别。

图 6.9(a)显示了一种空间平面多边形的射影关系,图 6.9(b)是空间中平面多边形 $ABCDEF$,图 6.9(c)是射影多边形 $A'B'C'D'E'F'$。平面多边形点 A 对应投影图中 A',过 A 点依次作多边形顶点的连线 AB、AC、AD、AE、AF,对应投影图中的 $A'B'$、$A'C'$、$A'D'$、$A'E'$、$A'F'$。在空间平面中,直线 L 交过连线 AB、AC、AD、AE 于点 P_1、P_2、P_3、P_4,直线 L 在投影平面中的投影为 L',交过连线 $A'B'$、$A'C'$、$A'D'$、$A'E'$ 于 P_1'、P_2'、P_3'、P_4',即 P_1'、P_2'、P_3'、P_4' 是 P_1、P_2、P_3、P_4 的投影点。

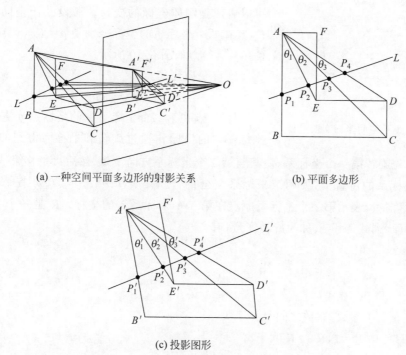

(a) 一种空间平面多边形的射影关系　　　(b) 平面多边形

(c) 投影图形

图 6.9　交比在不同类型多边形上的射影关系

由图 6.9(a),$OP_1'P_1$、$OP_2'P_2$、$OP_3'P_3$、$OP_4'P_4$ 是过 O 的投影线,由射影的线束交比不变性:

$$\mathrm{CR}(P_1,P_2;P_3,P_4)=\mathrm{CR}(P_1',P_2';P_3',P_4') \tag{6.25}$$

在空间平面中,有:

$$\mathrm{CR}(P_1,P_2;P_3,P_4)=\mathrm{CR}(AB,AE;AC,AD) \tag{6.26}$$

在投影平面中,有:

$$\mathrm{CR}(P_1',P_2';P_3',P_4')=\mathrm{CR}(A'B',A'E';A'C',A'D') \tag{6.27}$$

对于点 A 和 A',有:

$$\mathrm{CR}(AB,AE;AC,AD)=\mathrm{CR}(A'B',A'E';A'C',A'D') \tag{6.28}$$

可见,由顶点和四个相邻顶点连线的交比是射影不变的,同理,其他顶点也可以进行类似交比计算,可以得到一个交比序列。对于平面多边形的顶点 A、B、C、D、E 和 F,得到交比序列:

机器人的视觉感知识别

$$CR = (CR_A, CR_B, CR_C, CR_D, CR_E, CR_F) \tag{6.29}$$

该序列的维数是多边形的顶点数。将各顶点的凸凹性加入到序列中，凸顶点为正值、凹顶点为负值，则构成该平面多边形的一个特征矢量 **CR**，反映了空间平面多边形的结构和形状，并可以通过投影图像精准地间接反映，甚至可以定量地区分两个形状。

6.1.5 欧氏空间的刚体变换

欧氏空间中的物体被看作是理想刚体时，无论该物体的位置和方向发生变化，或者是在

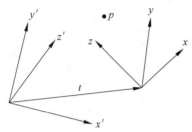

图 6.10 欧氏空间坐标变换过程

不同坐标系被观察时，物体的长度、角度都保持不变，都可以看成是刚体坐标的变换。假设欧氏空间中有一点 P，其在两个坐标系的坐标分别是 $\boldsymbol{p} = (x, y, t)^{\mathrm{T}}$ 和 $\boldsymbol{p}' = (x', y', t')^{\mathrm{T}}$，如图 6.10 所示。

则有变换公式：

$$\boldsymbol{p}' = \boldsymbol{R}\boldsymbol{p} + \boldsymbol{t} \tag{6.30}$$

即 P 点在第二个坐标系中的坐标点 $\boldsymbol{p}'$ 是在第一个坐标系中的坐标 $\boldsymbol{p}$ 通过旋转和平移而得到的。变换步骤可以视为先旋转第一个坐标系，使其与第二个坐标系方向一致，然后再平移第一个坐标系到第二个坐标系的位置上，使两个坐标系完全重合。其中，$\boldsymbol{t} = (t_x, t_y, t_z)^{\mathrm{T}}$ 是一个三维向量，称为平移向量，表示第一个坐标系原点在第二个坐标系上的坐标。$\boldsymbol{R}$ 是一个 3×3 的正交矩阵，且其行列式等于 1，称为旋转变量，有：

$$\boldsymbol{R} = \begin{bmatrix} r_{11} & r_{12} & r_{13} \\ r_{21} & r_{22} & r_{23} \\ r_{31} & r_{32} & r_{33} \end{bmatrix} \tag{6.31}$$

该矩阵有 9 个参数，参数之间有如下关系。

(1) $\boldsymbol{R}\boldsymbol{R}^{\mathrm{T}} = \boldsymbol{R}^{\mathrm{T}}\boldsymbol{R} = \boldsymbol{I}, \boldsymbol{R}^{\mathrm{T}} = \boldsymbol{R}^{-1}$。

(2) $|\boldsymbol{R}\boldsymbol{U}| = |\boldsymbol{U}|$。

(3) $\boldsymbol{R}\boldsymbol{U} \cdot \boldsymbol{R}\boldsymbol{V} = \boldsymbol{U} \cdot \boldsymbol{V}$。

(4) $\boldsymbol{R}\boldsymbol{U} \times \boldsymbol{R}\boldsymbol{V} = \boldsymbol{R}(\boldsymbol{U} \times \boldsymbol{V})$。

其中，$\boldsymbol{U}$ 和 $\boldsymbol{V}$ 是两个任意三维向量，因此 $\boldsymbol{R}$ 的 9 个元素满足以下的 6 个约束条件。

$$r_{11}^2 + r_{12}^2 + r_{13}^2 = 1$$
$$r_{21}^2 + r_{22}^2 + r_{23}^2 = 1$$
$$r_{31}^2 + r_{32}^2 + r_{33}^2 = 1$$
$$r_{11}r_{21} + r_{12}r_{22} + r_{13}r_{23} = 0$$
$$r_{21}r_{31} + r_{22}r_{32} + r_{23}r_{33} = 0$$
$$r_{31}r_{11} + r_{32}r_{12} + r_{33}r_{13} = 0$$

可见，$\boldsymbol{R}$ 的 9 个元素只有 3 个独立的参数。目前，比较常用的旋转矩阵的表示方法有三种：欧拉角表示法、旋转轴表示法和四元数表示法。

1. 欧拉角表示法

相比于使用 9 个元素的旋转矩阵表示刚体旋转变换，欧拉角使用三个角度 ψ、θ 和 ϕ 就

可以简单地描述刚体的旋转变换：绕 x 轴旋转 ψ、绕 y 轴旋转 θ、绕 z 轴旋转 ϕ，如图 6.11 所示。

定义从坐标系原点沿各轴正方向观察时逆时针的旋转方向，以此定义表示旋转矩阵 $\boldsymbol{R}$ 的元素：

$$\begin{cases} r_{11}=\cos\phi\cos\theta \\ r_{12}=\cos\phi\sin\theta\sin\psi-\sin\phi\cos\psi \\ r_{13}=\cos\phi\sin\theta\cos\psi-\sin\phi\sin\psi \\ r_{21}=\sin\phi\cos\theta \\ r_{22}=\sin\phi\sin\theta\sin\psi+\cos\phi\cos\psi \\ r_{23}=\sin\phi\sin\theta\cos\psi+\cos\phi\sin\psi \\ r_{31}=-\sin\theta \\ r_{32}=\cos\theta\sin\psi \\ r_{32}=\cos\theta\cos\psi \end{cases} \tag{6.32}$$

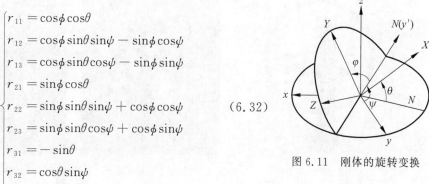

图 6.11 刚体的旋转变换

有：

$$\boldsymbol{R}_z(\phi)=\begin{bmatrix} \cos\phi & -\sin\phi & 0 \\ \sin\phi & \cos\phi & 0 \\ 0 & 0 & 1 \end{bmatrix} \tag{6.33}$$

$$\boldsymbol{R}_y(\theta)=\begin{bmatrix} \cos\theta & 0 & \sin\theta \\ 0 & 1 & 0 \\ -\sin\theta & 0 & \cos\theta \end{bmatrix} \tag{6.34}$$

$$\boldsymbol{R}_x(\psi)=\begin{bmatrix} 1 & 0 & 0 \\ 0 & \cos\psi & -\sin\psi \\ 0 & \sin\psi & \cos\psi \end{bmatrix} \tag{6.35}$$

将旋转矩阵变换为欧拉角，有：

$$\begin{cases} \theta=\operatorname{atan2}\left(-r_{31},\sqrt{r_{11}^2+r_{21}^2}\right) \\ \phi=\operatorname{atan2}(r_{21},r_{11}) & \theta\in[-\pi/2,\pi/2] \\ \psi=\operatorname{atan2}(r_{32},r_{33}) & \theta\in[-\pi/2,\pi/2] \end{cases} \tag{6.36}$$

或者：

$$\begin{cases} \theta=\operatorname{atan2}\left(-r_{31},\sqrt{r_{11}^2+r_{21}^2}\right) \\ \phi=\operatorname{atan2}(r_{21},r_{11}) & \theta\in[\pi/2,3\pi/2] \\ \psi=\operatorname{atan2}(r_{32},r_{33}) & \theta\in[\pi/2,3\pi/2] \end{cases} \tag{6.37}$$

但是欧拉角方法会出现万向节死锁（Gimbal Lock）问题，这是由于旋转规则所导致的，欧拉在依次执行 $z-x-y$ 旋转的过程中，相对轴始终是运算开始之前的轴向所造成的。例如，如果 x 轴旋转 $\psi=90°$，那么任意的 $(\phi,90,y)$ 与 $(\phi-\theta,90,0)$ 的结果都是相同的，即 z 轴失去了自由度，这种情况与陀螺仪是类似的。

现实情况中，陀螺仪用于确定被控对象姿态，广泛应用于各类飞行器、船只和潜航器中。陀螺仪的组成结构如图 6.12(a) 所示。

陀螺仪内层圆环安装一根竖轴，穿过一个金属圆盘。金属圆盘称为转子，竖轴称为旋转轴。转子通常用金属制成,通过增加质量的方法增大惯性。竖轴外侧是三层嵌套的圆环,它们互相交叉,带来了三个方向自由度的旋转。用红色、绿色和蓝色分别标记三个环架,并定义空间坐标系,简化后的陀螺仪如图 6.12(b)所示。

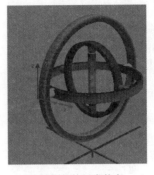

(a)陀螺仪的组成结构　　　　(b)陀螺仪的正常状态　　　　(c)陀螺仪的死锁状态

图 6.12　陀螺仪结构及死锁问题

但是在特定的情况下,欧拉旋转的 $z-x-y$ 执行过程会受到限制:陀螺仪沿着 y 轴发生旋转 $90°$,达到如图 6.12(c)所示状态,此时再沿着 x 轴发生旋转,即会产生由于不存在可以相对旋转的连接导致转子无法达到平衡状态。欧拉角的万向节死锁问题是由于欧拉表示法旋转本身所造成的,这种围绕着旋转前固定轴的旋转操作,与预期结果并非一对一的映射,甚至会造成旋转自由度的缺失,即死锁。

2. 旋转轴表示法

旋转轴表示法的参数由一个单位矢量和一个标量构成,单位矢量用于表示方向,标量用于表示绕矢量旋转的角度,即 $[x,y,z,\theta]$,其中,x,y,z 表示矢量 $\vec{r}$,θ 表示角度,如图 6.13 所示。将旋转轴转换为旋转矩阵,有:

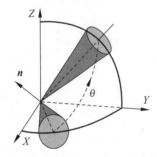

图 6.13　旋转轴表示法示意图

$$\begin{cases} r_{11} = x^2(1-\cos\theta) + \cos\theta \\ r_{12} = xy(1-\cos\theta) - z\sin\theta \\ r_{13} = xz(1-\cos\theta) + y\sin\theta \\ r_{21} = xy(1-\cos\theta) + z\sin\theta \\ r_{22} = y^2(1-\cos\theta) + \cos\theta \\ r_{23} = yz(1-\cos\theta) + x\sin\theta \\ r_{31} = xz(1-\cos\theta) - y\sin\theta \\ r_{32} = yz(1-\theta) + x\sin\theta \\ r_{32} = z^2(1-\cos\theta) + \cos\theta \end{cases} \quad (6.38)$$

将旋转矩阵变换为欧拉角的关系,有:

$$\theta = a\cos\left(\frac{r_{11} + r_{22} + r_{33} - 1}{2}\right)$$

$$\vec{r} = \frac{1}{2\sin\theta}\begin{bmatrix} r_{32} - r_{23} \\ r_{13} - r_{31} \\ r_{21} - r_{12} \end{bmatrix} \quad (6.39)$$

3. 四元数表示法

四元数表示法通过一个四元矢量来描述坐标旋转,该方法对于旋转与定位求解问题可以给出很好的数值解。换言之,四元数是定义一个旋转轴和绕轴旋转的角度。四元数可以看作复数的扩展,复数中定义了 $i^2=-1$,四元数中则定义了 $i^2=j^2=k^2=ijk=-1$,但四元数乘法不满足交换律。且有:

$$ij=k, \quad jk=i, \quad ki=j$$
$$ji=-k, \quad kj=-i, \quad ik=-j$$

四元数可以表示为:

$$\boldsymbol{q}=[\omega,\boldsymbol{v}]^{\mathrm{T}} \omega \in \mathbb{R}, \quad \boldsymbol{v} \in \mathbb{R}^3 \tag{6.40}$$

或

$$\boldsymbol{q}=[\omega,x,y,z]^{\mathrm{T}}, \quad \omega,x,y,z \in \mathbb{R} \tag{6.41}$$

因此

$$|\boldsymbol{q}|=\omega^2+x^2+y^2+z^2=1$$

通过旋转轴和绕轴旋转的角度可以构造四元数参数:

$$\begin{cases} \omega=\cos(\alpha/2) \\ x=\sin(\alpha/2)\cos(\beta_x) \\ y=\sin(\alpha/2)\cos(\beta_y) \\ z=\sin(\alpha/2)\cos(\beta_z) \end{cases} \tag{6.42}$$

其中,α 是绕旋转轴旋转的角度,$\cos(\beta_x)$、$\cos(\beta_y)$ 和 $\cos(\beta_z)$ 分别是旋转轴在 x、y 和 z 方向的分量,也是确定旋转轴的方法。

将四元数转换为欧拉角,有:

$$\begin{bmatrix} \psi \\ \theta \\ \phi \end{bmatrix}=\begin{bmatrix} \mathrm{atan2}(2(\omega x+yz),1-2(x^2+y^2)) \\ \arcsin(2(\omega y-zx)) \\ \mathrm{atan2}(2(\omega z+xy),1-2(y^2+z^2)) \end{bmatrix} \tag{6.43}$$

将欧拉角转换为四元数,有:

$$\boldsymbol{q}=\begin{bmatrix} \omega \\ x \\ y \\ z \end{bmatrix}=\begin{bmatrix} \cos\left(\dfrac{\psi}{2}\right)\cos\left(\dfrac{\theta}{2}\right)\cos\left(\dfrac{\phi}{2}\right)+\sin\left(\dfrac{\psi}{2}\right)\sin\left(\dfrac{\theta}{2}\right)\sin\left(\dfrac{\phi}{2}\right) \\ \sin\left(\dfrac{\psi}{2}\right)\cos\left(\dfrac{\theta}{2}\right)\cos\left(\dfrac{\phi}{2}\right)-\cos\left(\dfrac{\psi}{2}\right)\sin\left(\dfrac{\theta}{2}\right)\sin\left(\dfrac{\phi}{2}\right) \\ \cos\left(\dfrac{\psi}{2}\right)\sin\left(\dfrac{\theta}{2}\right)\cos\left(\dfrac{\phi}{2}\right)+\sin\left(\dfrac{\psi}{2}\right)\cos\left(\dfrac{\theta}{2}\right)\sin\left(\dfrac{\phi}{2}\right) \\ \cos\left(\dfrac{\psi}{2}\right)\cos\left(\dfrac{\theta}{2}\right)\sin\left(\dfrac{\phi}{2}\right)-\sin\left(\dfrac{\psi}{2}\right)\sin\left(\dfrac{\theta}{2}\right)\cos\left(\dfrac{\phi}{2}\right) \end{bmatrix} \tag{6.44}$$

通过四元数和平移的坐标量的组合,可以方便地表达空间中的刚体变换:

$$\boldsymbol{p}'=\boldsymbol{R}(\boldsymbol{q})\boldsymbol{p}+(x',y',z')^{\mathrm{T}} \tag{6.45}$$

其中,$\boldsymbol{R}(\boldsymbol{q})$ 是对应四元数的旋转矩阵。

6.1.6 摄像机透视投影模型

1. 摄像机的常见坐标系

单目摄像机拍摄所产生的图像是二维平面的,成像过程是一种三维场景投影的变换过程，称为摄像机成像模型。摄像机采集的数字图像以数组的形式存储，一个未压缩的 M 行 N 列图像可以表示为一个 $M \times N$ 的数组，数组中的每一个元素表示图像中的一个像素（pixel）的灰度信息（或颜色信息）。

如图 6.14 所示，在图像中定义直角坐标系，每一个像素的坐标用来表示该像素在数组中的列数和行数，即 (u, v) 是以像素为单位的坐标。再以坐标系中的某一个点 O_1 为原点，x 轴和 y 轴分别与 u 轴和 v 轴平行，O_1 点一般位于图像的中心处，即摄像机传感器的光学中心，简称光心。穿过光心与传感器垂直的直线称为光轴，设其坐标为 (u_0, v_0)。设每一个像素在 x 轴和 y 轴方向上的物理尺寸为 $\mathrm{d}x$ 和 $\mathrm{d}y$，则图像中任意一个像素在两个坐标系下的关系有：

$$\begin{cases} u = x/\mathrm{d}x + u_0 \\ v = y/\mathrm{d}y + v_0 \end{cases} \tag{6.46}$$

该式可以用齐次坐标表示为

$$\begin{bmatrix} u \\ v \\ 1 \end{bmatrix} = \begin{bmatrix} \dfrac{1}{\mathrm{d}x} & 0 & u_0 \\ 0 & \dfrac{1}{\mathrm{d}y} & v_0 \\ 0 & 0 & 1 \end{bmatrix} \begin{bmatrix} x \\ y \\ 1 \end{bmatrix} \tag{6.47}$$

摄像机成像的几何关系如图 6.15 所示，其中，O 点是摄像机的光心，X_c 轴和 y 轴与目标图像的 X 轴和 Y 轴平行，z 轴为摄像机光轴，$O\text{-}X_c Y_c Z_c$ 坐标系称为摄像机坐标系。但摄像机相对于环境而言是可以自由移动的，对目标图像也是可以自由移动的，因此还需要在环境中建立一个坐标系来描述摄像机的位置，即世界坐标系。摄像机坐标系与世界坐标系的关系可以用旋转矩阵 $\boldsymbol{R}$ 和平移向量 $\boldsymbol{t}$ 来表示。空间中某一点 P 在世界坐标系下的齐次坐标为

$$\boldsymbol{P}_w = (X_w, Y_w, Z_w, 1)^\mathrm{T} \tag{6.48}$$

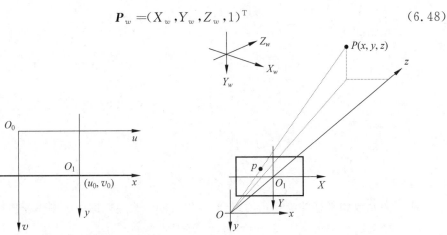

图 6.14　图像坐标系与像素坐标系的关系　　图 6.15　摄像机坐标系与世界坐标系

在摄像机坐标系下的齐次坐标为

$$\boldsymbol{p} = (X_c, Y_c, Z_c, 1)^\mathrm{T} \tag{6.49}$$

相机坐标系与世界坐标系有如下关系：

$$\begin{bmatrix} X_c \\ Y_c \\ Z_c \\ 1 \end{bmatrix} = \begin{bmatrix} \boldsymbol{R} & \boldsymbol{t} \\ 0_3^{\mathrm{T}} & 1 \end{bmatrix} \begin{bmatrix} X_w \\ Y_w \\ Z_w \\ 1 \end{bmatrix}$$

(6.50)

其中，$\boldsymbol{R}$ 为 3×3 的正交单位矩阵，$\boldsymbol{t}$ 为三维平移向量。

或表示为：

$$\begin{bmatrix} X_c \\ Y_c \\ Z_c \end{bmatrix} = \boldsymbol{R} \begin{bmatrix} X_W \\ Y_W \\ Z_W \end{bmatrix} + \boldsymbol{t}$$

(6.51)

2. 小孔成像模型

相机模型是光学成像模型的简化，目前有线性模型和非线性模型两种。小孔成像模型又称为线性摄像机模型，但是实际的成像系统是透镜成像系统的非线性摄像模型，透镜成像系统的成像原理如图 6.16 所示。

其中，u 为物距、f 为焦距、v 为相距。

摄像机的镜头是一组透镜，当平行于主光轴的光线穿过透镜时，会聚到一点上，该点称为焦点，焦点到透镜中心的距离称为焦距 f。摄像机镜头相当于一个凸透镜，感光元件位于该凸透镜的焦点附近，将焦距近似为凸透镜中心到感光元件的距离时就成为小孔成像模型。小孔成像模型如图 6.17 所示。物距、焦距和相距满足关系：

$$\frac{1}{f} = \frac{1}{u} + \frac{1}{v}$$

(6.52)

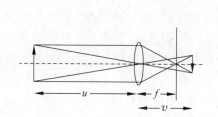

图 6.16　透镜成像原理示意图

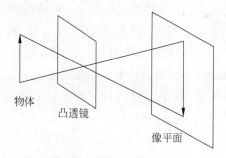

图 6.17　小孔成像模型

小孔成像模型是相机成像采用最多的模型。在该模型下，物体的空间坐标和图像坐标之间是线性的关系，因而对相机参数的求解就可以归结为线性方程组求解问题。图像坐标系与摄像机坐标系的转换关系为

$$\begin{cases} x = fX_c/Z_c \\ y = fY_c/Z_c \end{cases}$$

(6.53)

使用齐次坐标系和矩阵表示上述关系为

$$Z_c \begin{bmatrix} x \\ y \\ 1 \end{bmatrix} = \begin{bmatrix} f & 0 & 0 & 0 \\ 0 & f & 0 & 0 \\ 0 & 0 & 1 & 0 \end{bmatrix} \begin{bmatrix} X_c \\ Y_c \\ Z_c \\ 1 \end{bmatrix}$$

(6.54)

相机坐标系与世界坐标系的变换关系与公式(6.50)相同,综合上述公式,有:

$$
Z_c \begin{bmatrix} u \\ v \\ 1 \end{bmatrix} = \begin{bmatrix} \dfrac{1}{\mathrm{d}x} & 0 & u_0 \\ 0 & \dfrac{1}{\mathrm{d}y} & v_0 \\ 0 & 0 & 1 \end{bmatrix} \begin{bmatrix} f & 0 & 0 & 0 \\ 0 & f & 0 & 0 \\ 0 & 0 & 1 & 0 \end{bmatrix} \begin{bmatrix} \boldsymbol{R} & \boldsymbol{t} \\ 0_3^{\mathrm{T}} & 1 \end{bmatrix} \begin{bmatrix} X_w \\ Y_w \\ Z_w \\ 1 \end{bmatrix}
$$

$$
= \begin{bmatrix} \alpha_x & 0 & u_0 & 0 \\ 0 & \alpha_y & v_0 & 0 \\ 0 & 0 & 1 & 0 \end{bmatrix} \begin{bmatrix} \boldsymbol{R} & \boldsymbol{t} \\ 0_3^{\mathrm{T}} & 1 \end{bmatrix} \begin{bmatrix} X_w \\ Y_w \\ Z_w \\ 1 \end{bmatrix} = K M_1 \begin{bmatrix} X_w \\ Y_w \\ Z_w \\ 1 \end{bmatrix} = M \begin{bmatrix} X_w \\ Y_w \\ Z_w \\ 1 \end{bmatrix} \tag{6.55}
$$

其中:

$$
\alpha_x = \frac{f}{\mathrm{d}x}
$$

$$
\alpha_y = \frac{f}{\mathrm{d}y}
$$

$$
\boldsymbol{K} = \begin{bmatrix} \alpha_x & 0 & u_0 & 0 \\ 0 & \alpha_y & v_0 & 0 \\ 0 & 0 & 1 & 0 \end{bmatrix}
$$

$$
\boldsymbol{M}_1 = \begin{bmatrix} \boldsymbol{R} & \boldsymbol{t} \\ 0_3^{\mathrm{T}} & 1 \end{bmatrix}
$$

该公式中,α_x 是图像水平轴 u 上的尺度因子或称 u 轴上归一化焦距,α_y 是图像垂直轴 v 上的尺度因子或称 v 轴上归一化焦距。K 由 α_x、α_y、u_0 和 v_0 决定,而这些参数只包含焦距、主坐标点等摄像机的内部参量,因此,K 称为相机的内部参数。而 M_1 中包含的旋转矩阵和平移向量是由摄像机坐标系相对于世界坐标系的位置决定的,故 M_1 被称为摄像机的外部参数矩阵,或摄像机的投影矩阵。确定摄像机的内外部参数的过程,称为摄像机的定标。

由公式(6.55)可知,如果已知摄像机的内外部参数,则可知投影矩阵 M,对于任意空间点 $P_w = (X_w, Y_w, Z_w, 1)^{\mathrm{T}}$,则可以求出其在像素点的位置 (u, v)。反之,如果已知像素点的位置 (u, v),即使已知摄像机的内外部参数 M,也无法唯一确定空间点 P_w 的位置。但公式(6.55)中已知 M 和 (u, v) 时,可以消去 z,得到关于 X_w、Y_w、Z_w 的两个线性方程,即射线 OP 的方程,意味着投影位置为像素点 (u, v) 的所有的点都在该射线上,但其空间位置不是唯一的。可见,固定位置的单目摄像机是无法确定目标位置的。

3. 实际成像模型(非线性模型)

理想的透视模型是针孔成像模型,物和像会满足相似三角形的关系。但是实际上由于相机光学系统存在各类误差,常规光学摄像机的透镜系统很难满足物和像成相似三角形的关系(只有超高精度的摄像机,如太空望远镜和光刻机等能够达到近似理想的成像效果),所以相机图像平面上实际所成的像与理想成像之间会存在畸变。

畸变是由于焦平面上不同区域对图像的放大率不同形成的画面扭曲变形的现象,这种变形的程度从画面中心至画面边缘依次递增。一般在画面边缘反映最为明显,是一种难以消除的几何失真。为了减小畸变,拍摄图片时应尽量避免用镜头焦距的最广角端或最远端拍摄。实际的相机成像模型如图 6.18 所示。

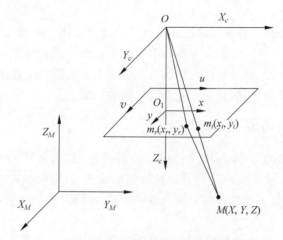

图 6.18　实际的摄像机成像模型

图中,$m_r(x_r,y_r)$ 表示实际投影点在图像平面坐标系下的坐标,$m_i(x_i,y_i)$ 表示理想投影点的图像平面坐标系下的坐标,则镜头畸变模型可以表示为

$$\begin{cases} x_i = x_r + \delta_x \\ y_i = y_r + \delta_y \end{cases} \tag{6.56}$$

其中,δ_x 和 δ_y 是非线性畸变值,包括径向畸变、偏心畸变和薄棱镜畸变等,与图像点在图像中的位置有关。

理论上,镜头会同时存在径向畸变和切向畸变,但是通常径向畸变较大,切向畸变较小。径向畸变的模型可由下面的模型来表示:

$$\begin{cases} \delta_X = x_r(k_1 r^2 + k_2 r^4 + \cdots) \\ \delta_Y = y_r(k_1 r^2 + k_2 r^4 + \cdots) \end{cases} \tag{6.57}$$

其中,$k_1,k_2,\cdots$ 表示径向畸变系数,$r = \sqrt{x_r^2 + y_r^2}$,通常情况下,径向畸变系数只需考虑到一阶或二阶即可满足精度需求,k_1 和 k_2 与 K 共同构成了摄像机的非线性模型的内部参数。

偏心畸变模型是由于多个光学镜头的光轴不能完全共线产生的,这种畸变是由径向和切向畸变共同构成的。薄棱镜畸变是由于镜头设计制造缺陷和加工安装所造成的,如镜头与相机成像平面有一个很小的倾角等。但这两种畸变较小,因此不做考虑。

但从机器人工作的角度出发,一方面,摄像机所采集的图像,包含现实世界的多种信息。机器人在根据图像进行判断和识别时,必须要把其中具有鲜明特征的信息,如边缘、角点或圆心等图像特征信息进行提取。图像特征提取是标定机器视觉系统模型参数、进行机器视觉实际应用的前提和基础。另一方面,摄像机所采集的图像必须能够与外部场景相对应,建立摄像机图像像素位置与场景点位置之间的关系,由已知特征点的图像坐标和世界坐标求解摄像机的模型参数,包括内部参数和外部参数。特征提取和相机标定是进行机器视觉识别前的必要工作。

机器人的视觉感知识别

6.2 机器视觉发展现状

人类所具有的通过视觉感知周围的三维世界的能力依赖于经历了数万年的进化而形成的复杂的脑神经，相比之下，机器人在实现视觉识别过程中所依赖的计算机以及所依赖的CPU、GPU、DSP或FPGA的处理能力则远没有到达人类大脑的能力。因此，让机器能够像人类那样理解和解释图像，仍然是一个复杂而遥远的问题。

6.2.1 机器视觉的历史成就

视觉是人类等大多数动物感知外部信息的最重要来源，现代科学研究表明，人类有80%以上的学习和认知活动是通过视觉完成的。也就是说，视觉是人类感知和理解外部世界的最主要手段，也是各类机器人在复杂环境中感知环境、适应环境和执行作业的最重要手段之一。

各类初代机器人可以通过触觉传感器等方法获取外部的状态，如最原始的扫地机器人，在不具有距离传感器、激光雷达和摄像机的情况下，只能通过碰撞的形式感知障碍物状态，感知范围和感知类型极其有限。后续的机器人逐渐使用了超声波测距、红外感知障碍物和红外测距等非接触式的外部感知功能，但是只能感知特定方向的障碍物距离，依然无法实现立体感知功能。而随着摄像机技术和计算机技术的发展，计算机系统可以通过摄像头获取清晰度更高的数字图像、更快的速度解析图像，构建外部状态。在当前机器学习成为热门学科的背景下，人工智能领域自然也少不了视觉的相关研究，即计算机视觉（Computer Vision）。

传统的观点认为，机器视觉（Machine Vision）侧重于工业领域的实际应用，即广义图像信号与自动化控制方面的应用，而计算机视觉侧重于理论算法的研究以及与图像相关的交叉学科研究。但是，随着计算机处理能力的增强以及高性能处理器的不断迭代推出，计算机视觉技术越来越多地被应用在各类消费级应用场景和工业应用场景中，包括应用在目标识别、目标检测和目标测量等功能中。

目前，二者从技术上和应用领域上已经几乎没有差别，也不必过度纠结二者在概念上的差别，可以将机器视觉技术理解为计算机视觉技术在工程中的应用方法。结合现有智能机器人的发展趋势，除特殊说明外，本书将以基于神经网络的计算机视觉技术作为主要内容。

6.2.2 机器视觉的技术历史

计算机视觉、自然语言处理（Natural Language Process，NLP）和语音识别（Speech Recognition）同为实现计算机与人类交互的重要技术，也是目前机器学习方向三大热点。

1963年，Lawrence G. Roberts 在研究了 David Hubel 和 Torsten Wiesel 在猫视觉皮层和计算机模式识别研究的基础之上，完成了博士论文 *Machine perception of three-dimensional solids*，标志着计算机视觉技术研究的开始。Lawrence 的论文中通过对图像进行梯度操作、提取边缘，在 3D 模型中提取简单形状结构，并利用这些结构以搭积木的方法去描述场景中物体的关系，最后获得该物体的另一个角度的渲染图。该论文中所进行的从二维图像恢复三维模型的尝试也正是计算机视觉技术与传统图像处理技术的最大不同——

计算机视觉技术更注重于让计算机理解图像的构成和内容。

20 世纪 70 年代,计算机视觉技术的相关研究逐渐展开,期间的研究点偏向于图像内容的建模,如三维建模和立体视觉等,著名的弹簧模型(Pictorial Structure)和广义圆柱模型(Generalized Cylinder)都是该时期的成果。同期主流技术将计算机视觉信息处理分成了三个层次:计算理论、表达和算法、硬件实现。在今天看来,这种层次划分过于宽泛,包含计算机视觉技术之外的依赖技术,如并行计算技术和多核计算机技术,尽管没有推动视觉模型的发展,但却指明了计算机视觉所需硬件体系的发展方向。

20 世纪 80 年代起,计算机视觉技术开始侧重于计算和数学方法,业界学者提出了主动视觉理论和定性视觉等理论,图像分割和立体视觉技术以及模式识别和人工神经网络也逐渐兴起。随后,各类机器学习算法全面开花,逐渐成为计算机视觉,尤其是识别、检测和分类等应用中的重要工具,著名的 SIFT(Scale Invariant Feature Transform,尺度不变特征变换)就是该时期的代表算法。

进入 21 世纪,CVPR(IEEE Conference on Computer Vision and Pattern Recognition,国际计算机视觉与模式识别会议)和 ICCV(IEEE International Conference on Computer Vision,国际计算机视觉大会)等盛会的举办、ImageNet 大型图像数据库的建立和 Kaggle 的 ILSVRC(ImageNet Large Scale Visual Recognition Challenge)竞赛的举办,极大程度地促进了计算机视觉技术的发展。截至 2021 年 3 月,ImageNet 已经包含 21 841 个类别、超过 1419 万张图片,成为世界上最大的图像数据集。

历史上,传统计算机视觉技术主要以"手工设计特征＋编码"的方式进行实现,包括 HOG(Histogram of Oriented Gradients,方向梯度直方图,2005 年提出)、SIFT 和 SURF(Speeded Up Robust Features,加速稳健特征)等。

(1) SIFT 是一种计算机视觉的算法,用来侦测与描述影像中的局部性特征。其基本原理是在空间尺度中寻找极值点,并提取出其位置、尺度和旋转不变量。SIFT 特征通常与 SIFT 检测器得到的兴趣点共同使用,这些兴趣点与一个特定的方向和尺度相关联,通常在对一个图像中的方形区域通过相应的方向和尺度变换后,再计算该区域的 SIFT 特征,该过程首先计算梯度方向和幅值(使用 Canny 边缘算子在感兴趣点的周围 16×16px 点区域计算),对得到的方向在 $0° \sim 360°$ 范围内分成 8 个区间。然后将 16×16 大小的区域分成不重合的 4×4 个单元,在每个单元内计算梯度方向直方图(8 个区间),共可以得到 16 个单元的直方图。将这些直方图连接起来得到长度为 128×1 的向量,然后将该向量归一化,完成尺度空间极值检测、关键点定位、方向确定和关键点描述 4 个基本过程。

由于 SIFT 特征是图像的局部特征,因此对旋转、尺度缩放、亮度变化都可以保持不变性,对视角变化、仿射变换、噪声也保持一定程度的稳定性;SIFT 适用于在海量特征数据库中进行快速、准确的匹配,具有较好的独特性;此外,还具有高速、可扩展和多量性等优点。

SIFT 算法的实质是在不同的尺度空间上查找关键点(特征点),并计算出关键点的方向,SIFT 所查找到的关键点是一些十分突出、不会因光照、仿射变换和噪声等因素而变化的点,如角点、边缘点、暗区的亮点及亮区的暗点等。

(2) HOG 特征是一种在计算机视觉和图像处理中,用来进行物体检测的特征描述算子,它通过计算和统计图像局部区域的梯度方向直方图来构成特征。HOG 特征结合 SVM 分类器已经被广泛应用于图像识别中,尤其在行人检测中获得了极大的成功。其主要思想

机器人的视觉感知识别

是在一幅图像中,局部目标的表象和形状(Appearance and Shape)能够被梯度或边缘的方向密度分布很好地描述。

HOG首先将图像分成小的连通区域(细胞单元),然后采集细胞单元中各像素点的梯度的或边缘的方向直方图,最后把这些直方图组合起来就可以构成特征描述器。

与其他的特征描述方法相比,HOG有很多优点。首先,由于HOG是在图像的局部方格单元上操作,所以它对图像几何的和光学的形变都能保持很好的不变性,这两种形变只会出现在更大的空间领域上。其次,在粗的空域抽样、精细的方向抽样以及较强的局部光学归一化等条件下,只要行人大体上能够保持直立的姿势,可以容许行人有一些细微的肢体动作,这些细微的动作可以被忽略而不影响检测效果。因此HOG特征是特别适合做图像中的人体检测的。

6.2.3　机器视觉的当前现状

2012年的ILSVRC大赛是计算机视觉技术发展的分水岭:Hinton小组的研究生Alex Krizhevsky在大赛中使用了一个具有5个卷积层和2个全连接层的卷积神经网络,相比于传统计算机视觉技术框架所能达到的25.7%的错误率,该卷积神经网络将错误率降低到了15.3%,强烈冲击了传统的计算机视觉方法,也开拓了新的发展思路。在图像处理中,可以使用更深的网络结构、使用修正线性单元(Rectified Linear Unit,ReLU)、使用Dropout方法、使用GPU训练网络等,将计算机视觉技术带入了一个全新发展阶段。2012年之后,该赛事的参赛者几乎全都使用了基于卷积神经网络技术的深度学习算法,基于深度学习的检测识别、图像分割、立体视觉等技术如雨后春笋开始快速发展和规模化应用,解决了大量传统计算机视觉难以处理的问题。目前,计算机视觉已经形成了传统技术+神经网络技术互相融合、互相推动的发展趋势,共同构成了当前的应用现状。计算机视觉技术主要应用在以下几个领域。

1. 安防

安防是计算机视觉技术的最早应用的领域之一,人脸、指纹和静脉等具有唯一性的生物特征通常都可以表述为图像,再通过计算机视觉技术提取特征并进行识别和判别。

基于计算机视觉技术进行生物特征识别不仅用于日常生活中的门禁系统,更多的是通过对海量图像数据的处理而实现的搜索功能。公共安全部门利用计算机视觉技术将目标人脸数据库与公共摄像头所采集的海量图像进行对比,锁定重点关注目标、追踪目标轨迹并采取行动,类似的功能在各类影视作品中都频繁出现过。

2. 交通

交通同样是计算机视觉技术广泛应用的领域之一,除了常见的违章拍照、超速拍照、智慧停车等基于车牌进行识别应用之外,还广泛用于交通拥堵情况分析、车流量统计和行人违规抓拍等。

近年来,自动驾驶技术发展迅速,计算机视觉技术也成为自动驾驶的热点研究方向之一。自动驾驶技术中的行人识别、路标识别、车辆识别、车距识别、车道识别都可以依靠计算机视觉技术实现(目前以特斯拉为代表的视觉派完全依靠视觉技术,其他厂商大多使用视觉+激光雷达)。

3. 工业生产

工业生产是计算机视觉技术重要应用,如利用摄像机拍摄的工件照片进行尺寸测量和缺陷检测,检测不合格产品等。

传统机器视觉技术在处理工业图像时,与其他传统机器视觉技术应用相似。以工件检测为例,首先需要根据工件特征人工设定好目标特征,机器视觉负责在图像中找到人为定义的边、角等目标特征,再基于目标特征在图像中存在状态、多个目标特征之间的距离进行逻辑判断来完成视觉任务。传统机器视觉技术需要由视觉工程师基于视觉任务的特定需求,进行目标特征的定义以及数值判断的阈值定义,设计好之后形成程序,再由机器执行。可见这种方法的所有逻辑功能都依赖预先设定,无法适用于随机性强、特征复杂的工作任务。

4. 互联网信息处理

互联网信息处理是计算机视觉技术目前最广泛的应用领域,仅在二维码识别技术一项上的应用就远超过了其他应用。根据互联网资料统计,2018 年中国的二维码扫描次数超过了5000 亿次,2020 年第三季度因二维码产生的交易额超过了 10 万亿。此外,互联网图片分类、有害违规图片识别、图片去重和文字识别等互联网信息处理和传播过程中重要环节,也依赖计算机视觉技术的处理,而诸多互联网公司开发的图片搜索功能则完全依赖计算机视觉技术。

除了上述较为典型的应用领域之外,计算机视觉技术还广泛地应用在游戏娱乐、摄影摄像、体育竞技和医疗等领域。这一点,从 Kaggle 和天池等在线计算平台就可见一斑。如Kaggle 平台的 Plant Pathology 2021 赛要求通过图像鉴别苹果树的疾病、iWildcam 2021 赛要求按图像序列计算每个野生动物物种的动物数量,以及如图 6.19(a)所示的天池平台的Spark"数字人体"AI 挑战赛则要求根据腰椎位置的核磁共振图像分析出病变的位置、如图 6.19(b)所示的全国水下机器人大赛中的水下目标检测算法赛(声学图像赛项)则要求参赛者通过机器学习方法,从给定的水下侧扫声呐或前视声呐图像中检测由特殊地形地貌、人造物等构成的特征目标,并标注目标区域的位置和范围等。

可见,通过传统方法和机器学习、深度学习方法所实现的计算机视觉技术已经逐渐进入到生活的方方面面,可以用图像形式表达的数据大多数都可以借助计算机视觉技术进行分析和处理,实现识别和分类等功能。

类似如图 6.19 所示的比赛,当图像数据量较小时,往往传统方法可以通过人工提取特征的方式达到较好的算法性能。随着数据量的逐渐增大,机器学习尤其是深度学习算法的优势会逐渐体现,性能会逐渐提升,但这种提升不仅需要有大容量存储设备的支持,更需要高速并行计算设备的支撑。在 GPU 技术广泛应用之前,利用 CPU 构建的大规模并行计算系统体积庞大、造价高、功耗高,限制了深度学习的发展。

1999 年,NVIDIA 发布 GeForce256 显卡,正式提出了 GPU 的概念,但当时的 GPU 仅被用来处理图像运算,尤其是各类游戏动画中的渲染。但人们很快意识到,图像的渲染实际上是一种大规模并行处理运算,随后,ATI(已经被 AMD 收购)正式提出 GPGPU(General Purpose computing on GPU)概念,并专门提供了一套开发工具包(SDK)给程序员,用以调用 GPU 来参与计算。不过由于各种限制和 AMD 收购 ATI 后产生的混乱,这套 SDK 在与NVIDIA CUDA(Compute Unified Device Architecture)的竞争中处于下风,后来因为AMD 官方转向支持 OpenCL,这套 SDK 最终停止了开发。CUDA 是 NVIDIA 在 G80 显卡时代推出的一项技术。从 G80 核心开始,NVIDIA 率先采用了一种统一设计的架构,将原

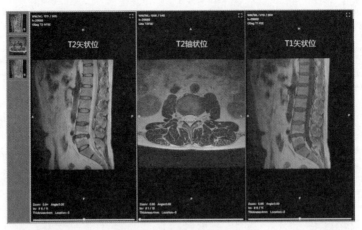

(a) SparkAI挑战赛的腰椎数据

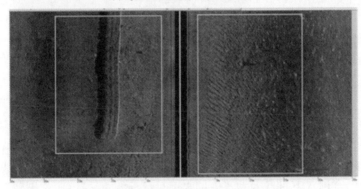

(b) 水下目标检测算法赛的声学图像

图 6.19　两项基于图像数据集的比赛图像数据

本的管线分工式设计转变为统一化的处理器设计。CUDA 也随着 G80 核心的发布一起公之于众，使程序员可以用 C 和 C++来编写用 GPU 运行的程序，而不再需要面向 GPU 的内部结构进行编程。CUDA 和 G80 核心的发布，使当时 GPU 的运算能力达到了同期 CPU 运算能力的 10 倍以上。CUDA 已经成为目前应用最为广泛的一种 GPGPU 实现，而 NVIDIA 的各种显卡（面向游戏的 GeForce、面向 3D 设计的 Quadro 和面向计算的 Tesla 等）也成为机器学习的最佳选择，具体情况可以登录 NVIDIA 官网了解详情。

6.2.4　基于卷积神经网络的计算机视觉技术

6.2.3 节中所介绍的计算机视觉的各类应用并非深度学习技术的优势领域，而在一些特定的细分领域，如图像分类和人脸识别等，深度学习技术已经成为目前最重要的技术路线。

计算机视觉技术对图片的处理过程主要包括以下四个关联任务，如图 6.20 所示。

（1）语义分割（Semantic Segmentation）。对图像进行像素级分类，预测每个像素隶属于的类别。语义分割任务需要对图像中所有像素点进行分类，将相同类别的像素归为相同的标签（常常采用相同类别的像素点表示）。需要特别注意的是，语义分割是在像素级别进行的。图 6.20 中的语义分割将草、猫、树和天空采用不同的颜色进行标注，即进行了语义级别

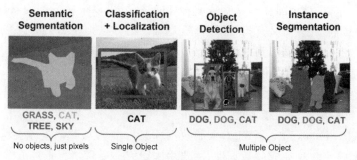

图 6.20　部分计算机视觉技术的任务

的分割,图 6.20 中语义级别的分割图中,上部分为天空、中部为树、下部为草,中间部分为猫。

(2) 图像分类(Image Classification)和定位(Localization)。图像分类是指判别图中物体是什么,比如是猫或是狗。基本的图像分类并不包含目标的位置,而进一步的定位功能,则可以以方框的形式标识出物体检测结果。

(3) 目标检测(Object Detection)。寻找图像中的多个目标物体并进行定位,与图像分类＋定位类似,但目标检测一般指多目标。基于深度学习的目标检测算法主要分为单阶段和两阶段两种,总体上,单阶段算法的速度较快,两阶段算法的精度较高。

(4) 实例分割(Instance Segmentation)。定位图中每个物体,并进行像素级标注,区分不同个体。相比于语义分割,实例分割不仅需要将图像中所有像素进行分类,还需要区分相同类别中的不同个体。如图 6.20 所示,语义分割只需要将图中的所有猫的像素进行归类,而实例分割需要将猫这一类中单独的个体进行像素分类。

从以上关联任务所实现的功能出发,计算机视觉技术的主要应用领域如下。

(1) 图像分类。图像分类指对输入图像进行内容分类描述的问题,是计算机视觉技术的核心和最广泛的应用,从最基本的 MINST 数字手写识别到 ImageNet 数据集、各类生物数据集、URPC 水下目标识别数据集都属于图像分类问题。目前,深度学习在特定任务上的分类能力早已超过了人类的水平。

如图 6.21 所示的猫狗分类图像数据,在计算机中,图片被表示成一个三维矩阵,图像分类的最终目标是将该矩阵转换为一个单独的标签,如"猫"或"狗"等。图像分类的传统实现方法是特征描述检测法,该方法适用于图像较为规则的简单图像分类场合,如停车场的车牌识别、高速公路超速拍照等。识别算法可以较容易地从背景中识别出车牌的特征信息,提取出车牌号码等关键数据。而猫狗分类这类图像,通常都具有形状多样、形态多样、角度多样和颜色多样等复杂的信息,传统的特征描述方法将不堪重负,而机器学习方法则可以应对高复杂度问题。

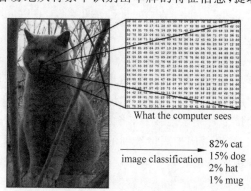

(2) 物体检测。物体检测的复杂度要高于图像分类。作为计算机视觉中的另一项最基础的研究方向,物体检测不仅关注出现的目标类别,还要关注目标在图像中的位置和相关属性,表达了关于目标的更丰富的信息。

图 6.21　图像分类示例图

259

第6章

机器人的视觉感知识别

如猫狗图片分类,对于图片中只有猫或者狗的情况,可以很容易地为图片增加猫或者狗的标签。图片中如果既有猫又有狗,通过标签是难以区分猫狗在图中的位置的,而使用物体检测则可以进一步标注出猫和狗的位置。

(3) 人脸检测。人脸检测包括两方面的应用:①检测图像中是否存在人脸,该应用与物体检测类似,主要用于安防系统或照相机中的面部提取等;②检测并匹配,即人脸匹配功能,计算需要对比的人脸之间相似度。

LFW(Labeled Faces in the Wild)人脸数据库是由美国马萨诸塞州立大学阿默斯特分校计算机视觉实验室整理完成的数据库,主要用来研究非受限情况下的人脸识别问题,也是目前最流行的人脸检测领域的数据集。该数据库中包含来源于互联网的 13 233 张来自 5749 人的人脸图片,其中 1680 人至少有两张图片。在该数据集上,人类的识别能力达到了 99.2% 的准确率。但该水平已经被各类深度学习算法所超越,且各类算法也更易于生产和推广使用。目前,人脸识别相关的商业应用已经遍地开花。

传统机器学习方法中的人脸识别通常是通过度量学习(Metric Learning)来实现的。度量学习又称距离度量学习(Distance Metric Learning,DML),其目标在于通过计算两张图片之间的相似度、度量图片之间的相似度,使得不同类别的图片相似度小而相同类别的图片相似度大,经典的方法包括监督学习的 LDA(Linear Discriminative Analysis)、Fisher 线性判别、Local LDA、相关成分分析(Relevant Component Analysis,RCA)、局部保留投影(Locality Preserving Projection,LPP)和大间隔最近邻(Large-Margin Nearest Neighbors,LMNN)等,以及非监督学习的主成分分析(Principal Components Analysis,PCA)和多维尺度变换(Multi-dimensional Scaling,MDS)等。

(4) 图像搜索。图像搜索包含图像算法、搜索算法和海量数据存储和处理等技术。其中,图像算法与人脸识别算法类似,即在海量图像数据中找到与被搜索图像的某种度量相近的图片。目前常见的图像搜索引擎包括百度识图、谷歌 Reverse Image Search 以及京东等在线购物网站的拍照购物功能等。

(5) 图像分割。图像分割即实现语义分割或实例分割的功能,以像素为单位将图像划分为不同部分,分别代表不同的兴趣区域。分割后的图像中,不同的物体在图像中的像素会被单独标识,与背景或其他物体有所区分。

传统的图像分割算法包括基于梯度和动态规划路径的智力套索(Intelligent Scissors)、利用高一维空间的超曲面解决当前空间轮廓的水平集(Level Set)方法、直接聚类的 K-means 方法、基于能量最小化的 GraphCut/GrabCut 和条件随机场(Conditional Random Fields,CRF)方法等。

与传统方法相比,深度学习方法能够通过大量图像样本的训练获得更接近于人类理解方式的图像分割输出,这也是深度学习的优势之一。目前,常见的基于深度学习的图像分割手段是全卷积神经网络(Fully Convolutional Network,FCN)。通常 CNN 网络在卷积之后会接上若干全连接层,将卷积层产生的特征图映射成为一个固定长度的特征向量。一般 CNN 更适用于图像级别的分类和回归任务,得到输入图像的分类的概率。而 FCN 采用反卷积层对最后一个卷积层的特征图进行上采样,使其恢复到输入图像相同的尺寸,从而对每一个像素都产生一个预测,同时保留了原始输入图像中的空间信息,最后在上采样的特征图进行像素的分类。FCN 是从抽象的特征中恢复出每个像素所属的类别,即从图像级别的分类延伸到像素级别的分类。因此,可以将图像分割理解为物体检测的进一步的信息表达。

(6)视频分类。近年来,互联网视频的数量急速增长,使得根据内容检索视频逐渐成为人们的需求。视频分类(Video Classification)算法基于视频的语义内容如人类行为和复杂事件等,将视频片段自动分类至单个或多个类别。视频分类不仅是要理解视频中的每一帧图像,更要识别出能够描述视频的少数几个最佳关键主题。视频分类的研究内容主要包括多标签的通用视频分类和人类行为识别等。

传统视频分类方法采用的是基于人工设计的特征+典型的机器学习方法研究行为识别和事件检测。通过对局部时空区域的运动信息和表观(Appearance)信息编码的方式获取视频描述符,然后利用词袋模型(Bag of Words)等方式生成视频编码,最后利用视频编码来训练分类器(如 SVM),区分视频类别。视频的描述符依赖人工设计的特征,例如,使用能够获取局部时空特征的梯度直方图(Histogram of Oriented Gradients,HOG),使用能够获取不同类型轨迹的光流直方图(Histogram of Optical Flow,HOF)和能够获取运动边界的直方图(Motion Boundary Histogram,MBH)等。

深度学习网络为解决大规模视频分类问题提供了新的思路和方法。近年来得益于深度学习研究的巨大进展,特别是卷积神经网络(Convolutional Neural Networks,CNN),其作为一种理解图像内容的有效模型,在图像识别、分割、检测和检索等方面取得了最高水平的研究成果。卷积神经网络(CNN)在静态图像识别问题中取得了空前的成功,其中包括MNIST、CIFAR 和 ImageNet 大规模视觉识别挑战问题。CNN 采用卷积与池化操作,可以自动学习图像中包含的复杂特征,在视觉对象识别任务中表现出很好的性能,基于 CNN 这些研究成果,国内外开始研究将 CNN 等深度学习方法应用到视频和行为分类任务中。

与图像识别相比,视频分类任务中视频比静态图像可以提供更多的信息,包括随时间演化的复杂运动信息等。视频中包含成百上千帧的图像,但并不是所有图像都有用,处理这些帧图像需要大量的计算。最简单的方法是将这些视频帧视为一张张静态图像,应用 CNN 识别每一帧,然后对预测结果进行平均处理来作为该视频的最终结果。然而,这个方法使用了不完整的视频信息,因此使得分类器可能容易发生混乱。

近年来为推动视频分类的研究,也陆续发布了相关的视频数据集。小型标注良好的数据集如 KTH、Hollywood2 和 Weizmann 等;中型的数据集如 UCF101、Thumos14 和HMDB51 等,这些数据集超过了 50 类的行为类别;大型数据集如 Sports-1M、YFCC-100M、FCVID 数据集、ActivityNet 数据集和 YouTube-8M 数据集等。

(7)图像描述。图像描述(Image Caption)是一种结合了自然语言处理的更高阶的计算机视觉任务。该功能的输入是一幅图片,要求模型能够识别其中的物体和物体之间的关系,并采用自然语言进行表达。类似的任务还包括视频描述,即对输入的视频进行描述。

除了上述领域的应用之外,深度学习技术也逐渐进入了传统机器视觉的工业应用领域,如 6.2.2 节和 6.2.3 节中所介绍的传统工业中机器视觉的无法适用于随机性强、特征复杂的问题,这却恰恰是深度学习技术最擅长解决的问题。

6.3 机器人视觉系统结构

机器人是一套由传感器、控制器以及执行器组成的系统,它能够根据预先设定的程序或人工智能等先进的控制算法和决策方法,结合传感器提供的丰富的环境信息及自身的信息,执行适当的行为。

机器人视觉传感器是现代机器人系统的重要组成部分，在机器人研究领域中扮演着重要的角色。通过视觉传感器提供的二维或三维图像信息，机器人可以清楚、直观地感知自身所处环境，再经过数据处理、数据分析等处理方法，对环境或者物体做出识别，最终做出相应的决策和动作。

6.3.1 机器人视觉系统组成

机器人视觉与计算机视觉有着一脉相承的关系，大量机器人视觉算法来源于计算机视觉的研究成果。在过去的半个世纪中，机器人视觉传感技术和系统有了新的发展，并展现出蓬勃发展的势头，在移动机器人定位导航、工业机器人视觉伺服控制、无人机视觉导航控制等研究领域取得了大量的科研成果。但现存的机器人视觉系统依旧存在着许多问题，大大限制了机器人视觉系统的应用范围。

计算机图像处理算法日新月异，近些年取得了大量进展，但大量高级图像处理算法都需要高性能的计算平台，且这类算法的运算耗时长，几乎无法实现实时处理。而机器人视觉系统却恰恰对于视觉算法的实时性有着极高的要求，因此如何解决算法性能与实时性之间的矛盾已经成为制约机器人视觉系统发展的重要问题。其次，机器人种类繁多，不同类型的机器人对于视觉系统的需求也有着巨大的差别，而针对性地设计各类不同的视觉传感器需要耗费大量精力，也需要一些通用性高、兼容性强的实时视觉处理平台以满足不同机器人视觉处理的需求。现有的机器人视觉系统主要有以下三种构成形式。

（1）传统机器人视觉系统。以工业相机和 PCI/PCI-Express 采集卡作为图像捕获设备，以通用计算机平台作为主要的数据处理平台，这类平台主要用于工业机器人和部分智能机器人平台，如 RoboCup 足球机器人竞赛的小型组（Small Size League，SSL）等。图 6.22 是日本 NHK 对 RoboCup 小型组的系统结构的报道图，可见该系统通过由多台摄像机和计算机构成的 SSL-Vision 设备采集赛场上小球和机器人的状态，经过计算机计算后生成控制指令，再通过无线的方式传输至队伍中的机器人执行该指令。

图 6.22　日本 NHK 对 RoboCup 小型组的系统结构的报道

但由于计算机操作系统并非针对图像处理设计，导致了大量的无效计算，这就大大增加了计算机处理图像的功耗，也影响了图像处理的实时性。即便在这类系统中使用高性能 GPU 提升图像处理能力，也会存在系统体积大、功耗高等问题。

（2）GPU 视觉处理平台。包括各类基于 GPU 的小型化平台，如通用的英伟达 Jetson TX2、Xavier NX 和 AGX Xavier 平台、专用的特斯拉汽车的 HW3.0 平台和蔚来汽车的 ADAM 控制器（内置 4 颗 NVIDIA DRIVE Orin 芯片）等。这类平台的特点是 CPU＋GPU 结构，如表 6.4 所示。

表 6.4　各类 GPU 视觉处理平台的硬件构成

平　台	CPU	GPU	存　储
Jetson TX2	2 核 NVIDIA Denver2 64 位处理器、4 核 64 位 ARM Cortex-A57 处理器	256 核 NVIDIA Pascal GPU	8GB 128 位 LPDDR4、32GB eMMC
Xavier NX	6 核 NVIDIA Carmel ARMv8.2 64 位处理器	384CUDA 核＋48Tensor 核的 Volta GPU	8GB 128 位 LPDDR4、16GB eMMC
AGX Xavier	8 核 NVIDIA Carmel ARMv8.2 64 位处理器	搭载 Tensor 核心的 512 核 Volta GPU	32GB 128 位 LPDDR4、32GB eMMC
Tesla HW3.0	2×12 核 64 位 ARM Cortex-A72 处理器	2×Tesla FSD GPU/NPU	4GB DDR4、2 × 8GB DDR4、64GB Flash
NIO ADAM	48 个 CPU 内核	4×2024 核 CUDA GPU	未知

这类 GPU 视觉平台的前端图像采集设备也是各类摄像机，平台上的 CPU 主要负责人机交互、系统联网等功能，其内部可以运行 Android 等嵌入式操作系统，实现更灵活的交互和控制功能，尤为重要的是，可以实现对 GPU 程序功能的调整和远程升级，实现系统的远程更新。

（3）专用视觉处理平台。这类平台主要指以 DSP 或 FPGA 作为主要图像处理单元的平台，前端图像采集设备为各类摄像机，这类平台既可以运行传统的特征检测算法，又可以将现有的运行在 GPU 上的模型进行移植，构成专用的图像处理平台。

尤其是基于 FPGA 的机器人视觉处理应用，充分证明了其运行复杂图像处理算法以及高级逻辑计算的能力，与计算机平台的图像处理相比，通过在 FPGA 平台对图像处理算法进行并行化设计可以实现更低的时间延时。基于流水线图像处理技术更加大幅降低了采用 FPGA 处理器进行图像处理的时间消耗。FPGA 具备小尺寸、低功耗、低重量的特点以及与计算机相当的计算能力，尤其是内部不存在线程限制，数据吞吐量大、速率快，可以容易地达到 $10\mu s$ 级别延迟，甚至 100ns 级的延迟，这些优势使基于 FPGA 的视觉处理平台具备了在无人机、移动机器人等机器人系统上应用的可能性。

当前大部分图像处理算法往往都是基于计算机处理器编写，将算法移植到 FPGA 平台是一个挑战巨大且耗时的工作，而且 FPGA 的算法设计需要考虑软硬件的配合、逻辑电路的严格时序关系。目前，已经有企业和高校研发出了较为成熟的移植工具，可以方便地将运行在 GPU 上的模型移植到 FPGA 上，构成成熟的产品。但是，在 FPGA 上部署的算法难以实现远程自升级功能，其灵活性仍然不如 GPU 视觉处理平台。

6.3.2　单目视觉系统

单目视觉指仅使用一台摄像机对被测目标进行观测，该系统结构简单、方便灵活。目前,世界上绝大多数图像数据集和视频数据集都是由单目视觉系统产生的,单目视觉系统所生成的各类数据也是目前计算机视觉技术主要热点。

目前,从被测目标的受控性或合作性方面进行分类,可以将单目视觉系统分为两类:①基于合作目标的单目视觉系统,指在目标上通过布设安装用于视觉识别特殊标识,且标识与目标之间的关系已知,视觉系统只需要通过识别特殊标识位置和姿态就可以确定目标的位置和姿态。标识的运用在简化了特征提取难度的同时,也提高了特征提取的精度。②基于非合作目标的单目视觉系统,指目标上没有绑定用于协作的标识,不能主动提供位置和姿态信息,需要视觉系统充分利用目标的结构或其固有的特征进行识别。由于非合作目标上的特征并不固定,在实际应用中需要依据不同的特征以及特征分布,具体进行分析并设计相应的识别算法。

目前,如 RoboCup 足球机器人竞赛小型组之类的基于合作标识性运动目标的位姿跟踪技术相对成熟,跟踪的结果可靠性高,测量精度高且受光照环境的影响小。而基于非合作目标的识别由于不具备易于提取识别的合作标识,受到特征提取识别等影响,精度通常低于合作目标的识别结果。

但是在实际应用中,除了 RoboCup 和基于传统计算机视觉的车牌识别、工厂工件识别等应用场合外,大多数识别与测量目标都是非合作的。尤其是 ImageNet 和 URPC 等现有的各类图像数据集,都是在被拍摄目标的非合作模式下采集的。非合作目标的单目视觉系统往往无法进行精准测量功能,在没有合作目标作为参照物的情况下,难以精确测量目标的位置或测量目标的尺寸,但仍可以用来进行目标识别等工作。如 6.2.4 节中所介绍的内容,基本都是基于单目视觉系统进行的。

传统计算机视觉算法会将单目视觉系统所采集的图像进行相关处理,使得目标物在图像中更加凸显,以便基于特征点的模板匹配算法能得到更佳的效果,识别目标物在图像中的位置,例如,基于 SURF 的处理流程如图 6.23 所示。

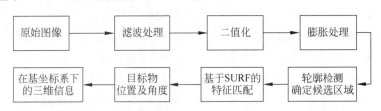

图 6.23　基于 SURF 模板匹配的目标物定位算法整体流程

该过程的主要步骤如下。

(1) 滤波处理。视觉系统在采集图像时,通常会受到噪声的影响,影响成像质量,因此需要对图像进行滤波处理,在尽量保留图像细节的前提下,对图像噪声进行抑制或消除。常用的滤波器有两类,分别是基于频域的滤波器和基于空域的滤波器。基于频域的滤波器采用傅里叶变换或者小波变换将图像转换到频域空间,对高频信息进行处理后再将其还原为空域图像,而基于空域的滤波器是在二维空间中进行处理。

(2) 二值化处理。图像的二值化处理指将图像上的点的灰度值设为 0 或 255,从而使图像呈现出明显的黑白区域。图像的二值化处理能将图像变得简单、数据量减小、凸显出感兴趣区域的轮廓,有利于图像的进一步处理。

经典的全局二值化,仅仅是将整幅图像的二值划分依靠于某个固定阈值。但实际情况下,图像的质量受光照等因素影响,这种方式往往得不到好的效果,所以会选择使用对图像亮度和对比度变化有着一定鲁棒性的最大类间方差法。最大类间方差法又名大津法,其主要依据是根据图像灰度信息将图像分为前景与背景两部分,取前景与背景的类间方差最大时的值为划分阈值。

(3)膨胀和轮廓检测。轮廓查找通常被认为是边缘检测的接续操作。边缘检测算法可以检测出轮廓边界的像素,再将这些边缘像素整合起来组装成轮廓。物体轮廓实现的原理是扫描图像上的像素点,直至遇见连通区域的一个点,然后以它为起点,跟踪它的轮廓,标记下边界上的点。如果继续扫描能够回到起点,则表示该区域是一个完整闭合的区域,而后继续寻找新的轮廓。

尽管二值化之后的图像趋于区域化、易于辨别,但由于光线不均匀等影响,区域的外轮廓会存在不连续的情况,增大了轮廓查找的难度。因此,可在对图像进行轮廓查找前进行膨胀处理,使得兴趣区域趋于饱和和连续,简化并加快轮廓查找的过程。

(4)SURF 特征检测。得到了兴趣区域后,应对目标物模板与采集的图像进行特征提取,然后进行特征匹配,确定目标物在图像中的位置。SURF 算法是在 2006 年由 Bay 等在 SIFT 算法的基础上提出的,是一种 SIFT 算法的改进。同 SIFT 算法一样,SURF 也是基于尺度不变特征变换算法的,对旋转、亮度、尺度变换和噪声等有较好的鲁棒性。

SURF 算法采用了 Haar 特征以及积分图像,加速了特征提取的时间,能够满足目标物识别与抓取的实时性要求。SURF 算法主要由特征点检测、特征点描述和特征点匹配这三部分组成。SURF 算法的具体实现过程以及后续的目标位置识别等工作不在本节做更多介绍。

6.3.3 多目视觉系统

单目视觉难以准确测量目标位置或尺寸的这一问题可以通过增加摄像机的数量,构成多目视觉的方法来解决。例如,双目立体视觉使用两个相机同时对物体进行拍摄,以实现基于图像的对物体的空间三维重建功能。双目视觉系统测量目标空间坐标的常规算法流程如图 6.24 所示,该过程主要包括如下步骤。

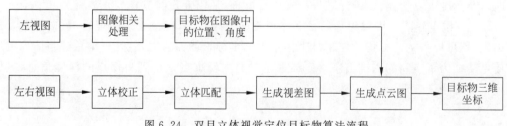

图 6.24　双目立体视觉定位目标物算法流程

(1)立体匹配。立体匹配能够将空间内的某点映射在不同视角下的图像中的投影点对应起来。在双目立体视觉中,立体匹配就是在立体校正后的左右视图中按选取的匹配基元进行搜索,生成视差图,进而根据三角测量原理得到目标物在相机坐标系下的三维坐标。常用的立体匹配算法分为以下三类。

① 基于区域的立体匹配算法。该算法的主要思路是将左或右视图上某一像素点的灰

度邻域作为模板窗口，并在另一视图中搜索一邻域灰度分布与其相近或相同的像素点，以寻找到两幅图像的对应点。计算两窗口的相似程度的度量函数主要有绝对误差和 SAD、误差平方和 SSD 和归一化积相关 NCC 等。基于区域的立体匹配算法非常容易实现，是最常用的一种立体匹配方法，能获得稠密的视差图。

② 基于特征的立体匹配算法。该算法的思路是选取特定几何特征为匹配基元，对左右视图进行特征匹配，得到视差图与深度图。由于作为匹配基元的图像特征是稀疏的，因此，基于特征的立体匹配算法得到的视差图与深度图都是不连续并且分散的，如果想得到稠密的视差图，则只能通过对视差图进行插值来实现。

③ 基于相位的立体匹配算法。该算法的主要思路是假设左右视图中对应像素点在频率范围内其局部相位是相等的，然后在频率范围内进行处理，获得匹配点之间的视差。但基于相位的立体匹配算法存在一定的缺陷，当相位相等的局部结构存在的假设不成立时，相位匹配算法将失效。另外，还存在着相位卷绕问题，当视差范围增大时，相位匹配的精确度也会下降。

（2）极线约束与立体校正。立体匹配是三维重建中最重要的一环，匹配结果的好坏决定了重构出的目标三维信息的准确性。立体匹配是根据匹配基元在左右视图中搜索匹配点，由于图像是二维平面的，若是直接在整个平面中搜索，计算量繁重、难以达到实时效果。

因此，可以使用一些固有的或人为设计的约束来降低匹配的搜索难度，提高立体匹配的效率。常规的双目相机都是准平行状态安装的，其所处环境也基本相同，仅仅是在水平方向存在一定的平移以及竖直方向微小的角度差，在进行立体校正后，就可以利用极线约束原理将立体匹配的搜索难度从二维降到一维。

由极线约束的原理可知，在水平安装的双目立体视觉系统中，空间中一点在左右视图中的投影仅仅在水平方向存在偏差，这样使得立体匹配的难度大大降低。但在实际环境中，这样的水平双目立体视觉系统很难满足，在安装时会存在一些偏差，从而使得拍摄得到的左右视图不在同一平面上。此时，就需要通过立体校正将两幅图像平面调整到同一平面上，构造虚拟的平行双目立体视觉系统，减少立体匹配的复杂程度。

立体校正使得左右视图的对应极线处于同一水平线上。再由极线约束原理，可以极大地减小立体匹配的搜索难度，更加准确快速地寻找到对应的匹配点。由于左右相机在水平方向以及角度上有所偏差，因此在进行立体匹配前，还需要进行立体校正。

（3）三维重建。三维重建是双目立体视觉的最终目的，经过立体匹配后，再根据双目标定结果，就可以得到目标物在左相机坐标系下的坐标。简而言之，就是三维重建将图像的二维信息转换为了空间的三维信息。三维重建中的主要难点是得到目标点的深度信息，具体过程不再说明。

6.4 图像增强技术

6.4.1 图像增强的分类

图像增强是图像处理中最重要、最具吸引力的领域之一，其主要目的是通过对图像进行加工处理，改善图像的观感，使之比原始图像能够更适合被人类观察、识别和判断，或更适用于计算机进行处理。

可见,图像处理的本质是对图像中的信息进行调整,有选择地增强图像中的特定信息、抑制图像中的其他信息,以提高特定信息在图像中的辨识度和图像的可用性。由于图像增强技术修改了图像中的信息。因此,图像增强技术会影响图像的保真度、引起图像失真的问题,但图像增强技术所引起的失真是一种选择性失真,是根据需求所进行的一种选择性改善方法。人们对图像中兴趣点的不一致也导致了图像增强的目标不一致,因此,不同目标的图像增强会有不同的增强方法和算法。例如,一种针对 X 射线图像进行有效增强的算法不一定适用于射电望远镜的图像处理,即使同为 X 射线图像,CT 图像增强算法也会不同于传统 X 光图像。再如手机中图像增强功能,一般包括人像模式、风景模式、夜景模式、微距模式和逆光模式等,不同模式也会针对不同的目标进行增强。

可见,现有的图像增强技术是面向特定问题的,而并不存在具有普适性的通用理论。特别需要注意的是,尽管图像增强可以辅助人类或计算机增加对图像的辨识度,但单幅图像增强并不叠加外部信息。因此,图像增强并不能够给原始图像增加任何信息,相反,由于图像增强中往往会削弱部分无关信息,可能会带来图像信息的损失。

图像增强根据处理方法进行分类可以分为两类:空域处理法和频域处理法。

(1) 空域处理法,即在图像空间表示中直接对像素进行处理,一般表示为:

$$g(x,y) = T[f(x,y)] \tag{6.58}$$

其中,$f(x,y)$ 和 $g(x,y)$ 分别表示增强前的原始图像和增强后的输出图像,$T[\cdot]$ 表示某种增强操作或增强算法,$T[\cdot]$ 决定了图像增强的目标和图像增强的效果,即决定了输出图像与原始图像之间的关系。$T[\cdot]$ 的作用范围可以是单一像素点,或者是区域像素点,或者是整幅图像,也可以是图像数据集。

(2) 频域处理法是对图像进行频域分析之后再进行处理,一般以卷积定理为基础。首先将原始图像通过傅里叶变换变换到频域,再对频域分量进行调整,然后通过傅里叶逆变换再变换到空域,得到增强之后的图像,该过程如下:

$$g(x,y) = h(x,y) * f(x,y) \tag{6.59}$$

由卷积定理可知:

$$G(u,v) = H(u,v)F(u,v) \tag{6.60}$$

其中,$f(x,y)$ 和 $g(x,y)$ 分别表示增强前的原始图像和增强后的输出图像,$h(x,y)$ 是增强处理的冲击响应,$G(u,v)$、$H(u,v)$ 和 $F(u,v)$ 分别表示 $g(x,y)$、$h(x,y)$ 和 $f(x,y)$ 的傅里叶变换。

对于图像增强,只需要选择合适的 $H(u,v)$,使得:

$$g(x,y) = \mathcal{F}^{-1}[H(u,v)F(u,v)] \tag{6.61}$$

能够实现比原始图像 $f(x,y)$ 更加突出目标、更加易于识别和辨识的结果。

与传统图像处理相似,传统图像增强方法受限于处理器能力的限制,往往处理目标都是灰度图像,舍弃了大量图像特征。但随着人们对于彩色图像处理要求的增长,近年来在工业等领域的图像处理也逐渐增多,从该角度也可以把图像增强划分为灰度图像增强和彩色图像增强两大类。

6.4.2 点处理和邻域处理

图像增强是一种重要的图像预处理技术。实际应用中,人们通常通过图像增强技术对

机器人的视觉感知识别

图像进行加工处理,以获取对于人类或机器的、关于特定目标的更容易识别的图像,强化"有用"的信息、弱化"无用"的信息。

在图像处理技术中,空域指由像素点组成的空间,空域点处理增强指直接作用于像素的增强方法。最易于实现的 T 操作是正方形邻域、最简单的 T 操作则是 1×1 大小的邻域(即点操作)。在点操作的情况下,g 仅依赖于 $f(x,y)$ 点的值,若 T 操作为灰度传递函数,以 r 和 s 分别表示 f 和 g 在点(x,y)处的灰度值,则式(6.58)可以写成:

$$s = T(r) \tag{6.62}$$

比较简单的 T 操作如图 6.25 所示,其中,图 6.25(a)所示的 $T(r)$ 是一种灰度拉伸变换函数,变换使得原始图像中灰度级低于 k 的部分经过变换后会变得更暗,而高于 k 的部分经过变换后会变得更亮,这种变换是针对每一个像素点作用的。如图 6.25(b)所示的极端情况下,$T(r)$ 产生了二值图像,这种变换函数称为阈值函数。

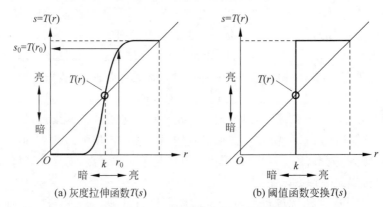

(a) 灰度拉伸函数 $T(s)$ (b) 阈值函数变换 $T(s)$

图 6.25 对比度增强的灰度变换函数

常见的可以直接进行点操作的变换函数除了拉伸变换函数和阈值变换函数之外,还包括:

(1) 恒等变换函数,如进行输出的灰度等于输入的灰度的变换。

(2) 线性变换函数,包括常规线性变换和反转变换等。一幅灰度级为$[0, L-1]$的图像的反转变换公式为

$$s = L - 1 - r \tag{6.63}$$

其中,r 是输入像素的灰度值,s 是输出像素的灰度值。反转变换完成的是一种黑变白、白变黑的变换过程,适用于增强嵌入在一幅图像的暗区域中白色或灰色的细节。

(3) 对数变换函数,包括对数变换和反对数变化。主要用于压缩像素值变换较大的图像的动态范围,对低的灰度级拉伸,对高的灰度级压缩,其通用形式的变换公式为

$$s = C\log(1+r) \tag{6.64}$$

其中,C 为正常数。反对数变换则恰相反,对高的灰度级拉伸、对低的灰度级压缩。

(4) 幂律变换函数,包括 n 次幂和 n 次根变换。其通用形式的变换公式为

$$s = Cr^{\gamma} \tag{6.65}$$

其中,C 和 γ 为正常数:$\gamma < 1$ 时,提高灰度级,在正比函数上方,使图像变亮;$\gamma > 1$ 时,降低灰度级,在正比函数下方,使图像变暗。幂律变换适用于增强对比度或对图像进行灰度级的压缩。

(5) 分段线性变换,具有线性变换函数的简单、易于处理的优点,又具有形式多样、任意

复杂的特点。

（6）比特图像重构，该方法可以理解为一种具有多阶的阶跃函数，通过分层映射的方法，可以直观地观察到特定灰度范围对图像的贡献。例如，图像的灰度值范围为[0,255]，由8位二进制数构成，即该图像最多有8个比特层，8位二进制分别对应每一层比特平面的灰度值。因此，只要将图像的每一个像素点的灰度级转换为8位二进制位数，然后分别提取出每个二进制位的数值，按照对应的位置赋值给每一个比特平面对应位置的像素即可，具体实现过程不再介绍。

6.4.3　直方图均衡

有时候，因为摄像头或者外界光线等原因，图像的像素值限定在某一范围内，如图6.26(a)所示，这样的图片显得很不自然，不易理解。直方图均衡（Histogram Equalization）是一种增强图像对比度的方法，其主要思想是将一幅图像的直方图分布变成近似均匀分布，从而增强图像的对比度，结果如图6.26(b)所示。直方图均衡作用强大，是一种很经典的算法。

(a) 灰度值集中于特定范围的图片　　　　(b) 直方图均衡处理后的图片

图 6.26　对灰度进行直方图均衡前后的图片对比

简言之，直方图均衡是利用图像的直方图，对图像的对比度进行调整的一种图像处理方法。目的在于提高图像的全局对比度，使亮的地方更亮，暗的地方更暗。常被用于背景和前景都太亮或者太暗的图像，其方法简单、运算量小。

对于一个灰度图像$\{x\}$，n_i表示为灰度级别为i的像素点出现的次数，在图像中出现级别i的像素点的概率为

$$p_x(i)=p(x=i)=\frac{n_i}{n}, \quad 0\leqslant i<L \tag{6.66}$$

其中，L是图像中灰度级别的最大范围，一般是256，n是图像中像素的总数，$p_x(i)$是像素点i的归一化的图像直方图，范围为[0,1]。

直方图均衡的处理依赖于积累概率函数（cdf），一般数字图像的cdf为

$$\mathrm{cdf}_x(i)=\sum_{j=0}^{i} p(j) \tag{6.67}$$

假设转换函数cdf如下：

$$s=T(r)=\mathrm{cdf}_r(r)=\int_0^r p_r(w)\,\mathrm{d}w \tag{6.68}$$

其中，r 是归一化的原始图像灰度值，有 $0 \leqslant r \leqslant 1$。直方图均衡实际上就是寻找灰度变换函数 T，使得变化后的灰度值 $s = T(r)$，归一化为 $0 \leqslant s \leqslant 1$，即建立 r 和 s 之间的映射关系，使得 $p_s(s) = 1$，即期望所有灰度值出现的概率相同。

由于在进行灰度变换前后，dr 和 ds 区间内，像素点的个数是不变的，因此有：

$$\int_{r_j}^{r_j+dr} p_r(r)\, dr = \int_{s_j}^{s_j+dr} p_s(s)\, ds \tag{6.69}$$

当 $dr \to 0$，$ds \to 0$，略去下标 j，有：

$$\frac{P_r(r)}{P_s(s)} = \frac{ds}{dr} \tag{6.70}$$

进一步，有：

$$\frac{ds}{dr} = \frac{dT(r)}{dr} = (L-1)\frac{\int_0^r p_r(w)\, dw}{dr} = (L-1)P_r(r) \tag{6.71}$$

$$P_s(s) = P_r(r)\frac{dr}{ds} = \frac{1}{(L-1)} \tag{6.72}$$

因此，有：

$$T(r) = (L-1)\,\mathrm{cdf} \tag{6.73}$$

或

$$T(r) = \mathrm{round}\left(\frac{(\mathrm{cdf}(r) - \mathrm{cdf}_{min})(L-1)}{(\mathrm{cdf}_{max} - \mathrm{cdf}_{min})}\right) \tag{6.74}$$

上述是灰度图片的直方图均衡的实现过程，概括之，对像素进行点操作，将原始像素值映射到另一个范围。如果分别将上面过程应用于彩色图像的红、绿、蓝通道，就可以实现对彩色图片的直方图均衡处理。但这种方法经常会破坏彩色图片的色彩平衡，而色彩空间的亮度均衡一般采用 HSL 和 HSV 方法。

利用如下 OpenCV 代码，提取图 6.26(a) 的灰度值直方图和 cdf，需要特别注意的是，由于图像是灰度图像，所以代码中才可以混用 cv2.imread 和 plt.imshow，其结果如图 6.27(a) 所示。

```python
import matplotlib.pyplot as plt
import numpy as np
import cv2
img = cv2.imread('a0888.jpg', 0)
hist, bins = np.histogram(img.flatten(), 256, [0, 256])
cdf = hist.cumsum()
cdf_normalized = cdf * hist.max() / cdf.max()
plt.plot(cdf_normalized, color = 'b')
plt.hist(img.flatten(), 256, [0, 256], color = 'r')
plt.xlim([0, 256])
plt.legend(('cdf', 'histogram'), loc = 'upper left')
plt.show()
```

继续对该图片进行直方图均衡处理，代码如下，其输出结果如图 6.26(b) 所示，提取其灰度值直方图和 cdf，其结果如图 6.27(b) 所示。可以看出，均衡后的直方图比原先的灰度范围要宽，覆盖了整个亮度范围，图片也更加易于分辨。

```python
cdf_m = np.ma.masked_equal(cdf, 0)
```

```
cdf_m = (cdf_m - cdf_m.min()) * 255 / (cdf_m.max() - cdf_m.min())
cdf = np.ma.filled(cdf_m, 0).astype('uint8')
img2 = cdf[img]
res = np.hstack((img, img2))
plt.figure(figsize = (10,10))
plt.imshow(res, cmap = "gray")
plt.show()
```

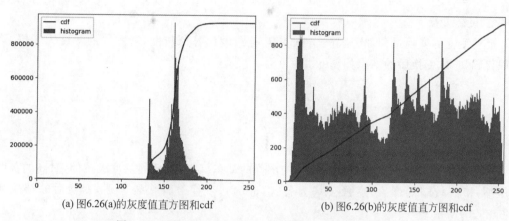

(a) 图6.26(a)的灰度值直方图和cdf   (b) 图6.26(b)的灰度值直方图和cdf

图 6.27   图 6.26(a)和图 6.26(b)的灰度值直方图和 cdf

6.4.4 灰度变换

灰度变换是所有图像增强和处理技术中最简单的一种,包括前述的反转变换、对数变换、幂次变换和分段线性变换,以及已经介绍的直方图均衡,只要对灰度进行操作的变换,以及从彩色图像到灰度图像的变换,都属于灰度变换。

1. 灰度化处理

灰度化处理是灰度变换的最简单操作,用于将彩色图片转换为灰度图片,代码如下,原始图像和灰度化处理后的图像如图 6.28 所示。

(a) 输入的原始图像   (b) 进行灰度化处理后的图像

图 6.28   对图片进行灰度化处理前后

```
import numpy as np
import matplotlib.pyplot as plt
from PIL import Image
```

```
img = 'IMG_0929.jpg'
pic = Image.open(img)
pic_l = pic.convert("L")
im = np.asarray(pic)
im_l = np.asarray(pic_l)
plt.imshow(im_l, cmap = "gray")
plt.show()
```

2. 反转变换

反转变换的变换过程如公式(6.63),用互补灰度代替原灰度,若图片的灰度为 8 位,该过程代码如下,变换后的结果如图 6.29(a)所示。

```
im_new = 255 - im_l
plt.imshow(im_new, cmap = "gray")
plt.show()
```

3. 对数变换

对数变换可以压缩像素值变换较大的图像的动态范围,对低的灰度级拉伸,对高的灰度级压缩,扩展较暗的像素,变换公式为公式(6.64),变换过程代码如下,变换后的结果如图 6.29(b)所示。

```
c = 255 / np.log(256)
im_new = c * np.log(1.0 + im_l)
im_new = np.array(im_new, dtype = np.uint8)
plt.imshow(im_new, cmap = "gray")
plt.show()
```

(a) 图6.28(b)反转变换后的图像　　　　(b) 图6.28(b)对数变换后的图像

图 6.29　对图片进行反转变换和对数变换

可明显见到图 6.29(b)较图 6.28(b)压缩了对比度,甚至产生了图像的像素值限定在某一范围内的问题。

4. 幂律变换

又称伽马变换,主要用于图像的校正,对灰度值过高或者过低的图像进行修正,增加图像的对比度,从而改变图像的显示效果,其变换公式为公式(6.65)。

如图 6.30(a)所示的幂律变换函数曲线可知,幂律变换对于图片的变换效果完全取决于 γ 的值,C 在其中的影响较小,图 6.30(b)幂律变换的实现代码如下。

```
im_new = gamma(im_l, 0.000001, 5.0)
plt.imshow(im_new, cmap = "gray")
plt.show()
```

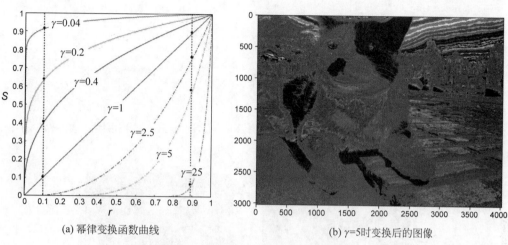

(a) 幂律变换函数曲线　　　　　　　(b) γ=5时变换后的图像

图 6.30　幂律变换曲线和变换后的图片

灰度变换除了反转变换、对数变换和幂次变换之外,还包括线性变换和分段线性变换等,但其原理和实现过程较为简单,不再介绍。

6.4.5　图像平滑

与前面讲述的灰度变换不同,灰度变换基本上是基于点处理的,不会与邻近的像素进行组合计算,而图像平滑则是一种基于邻域处理的图像增强方法。

由于图像在产生、传输和复制过程中,常常会因为多方面原因而被噪声干扰或出现数据丢失,降低了图像的质量,因此,需要对图像进行一定的增强处理以减小这些缺陷所带来的影响,相关的图像平滑方法主要有邻域平均法、中值滤波、边界保持类滤波等。

如图 6.31(a)所示,这张照片的拍摄和传输过程中没有任何噪点,为了进行示范,通过程序向其中增加 5000 个噪声,代码如下,增加噪声后的图像如图 6.31(b)所示。

(a) 输入的原始图像　　　　　(b) 增加噪声后的图像

图 6.31　原始图片和增加噪声的图片

第6章

机器人的视觉感知识别

```
import numpy as np
import cv2
img = cv2.imread("IMG_8116.jpg", cv2.IMREAD_UNCHANGED)
img_noise = img
rows, cols, chn = img_noise.shape
for i in range(10000):
    x = np.random.randint(0, rows)
    y = np.random.randint(0, cols)
    img_noise[x, y, :] = 255
cv2.imwrite("img_noise.jpg", img_noise)
```

上述代码中使用了 cv2.imread 读取照片和 cv2.imwrite 输出照片,如果使用 plt.imshow,即 matplotlib.pyplot 直接输出的照片,如图 6.32(a)所示。

(a) RGB颜色错位的输出图片　　　　(b) 采用5×5核的均值滤波图片

图 6.32　色彩还原错误的图片和均值滤波后的图片

将图 6.32(a)与原始图片 6.31(a)进行对比,会发现严重的色偏问题,这是由于 OpenCV 的接口使用 BGR,而 matplotlib.pyplot 则是 RGB 模式造成的,使用如下代码调整颜色后,再次调用 plt.imshow(img2)即可解决该问题。

```
b,g,r = cv2.split(img)
img2 = cv2.merge([r,g,b])
```

或者在 cv.imread 后调用 cv2.cvtColor(img,cv2.COLOR_BGR2RGB),也可以完成颜色调整的功能。

1. 均值滤波

均值滤波指图像中任意一点的像素值,都取决于像素的当前值和周围的 $M \times N$ 个像素的值。如图 6.33(a)所示是图像中某区域的像素点的值,当 M 和 N 的取值都为 5 时,采用均值滤波后,橙色点的像素值的计算方法为自身值(橙色像素点)加周围值(蓝色像素点),共计 25 个像素点值之和再除以 25,即均值滤波后的橙色像素点的值由原来的 208 变为 112。

均值滤波过程中,所采用的 $M \times N$ 矩阵称为核,针对原始图像中的像素点,逐个采用核进行处理,即可得到滤波后的图像,主要代码如下,处理后的结果如图 6.32(b)所示。

23	158	140	111	12	31	233	121	87
0	239	111	21	31	212	21	212	32
99	98	67	56	35	79	220	12	67
13	121	151	87	21	191	200	200	90
15	111	222	32	208	33	31	56	148
90	95	78	34	17	90	87	65	199
44	77	90	199	199	187	177	151	201
43	181	90	23	34	66	90	91	255
90	44	66	129	149	187	61	99	230

(a) 图像中的某区域的像素点的值

1/25	1/25	1/25	1/25	1/25
1/25	1/25	1/25	1/25	1/25
1/25	1/25	1/25	1/25	1/25
1/25	1/25	1/25	1/25	1/25
1/25	1/25	1/25	1/25	1/25

(b) 均值滤波所采用的5×5的核

图 6.33　均值滤波示例和 5×5 的核

```
img = cv2.imread('img_noise.jpg')
source = cv2.cvtColor(img, cv2.COLOR_BGR2RGB)
result = cv2.blur(source, (5, 5))
plt.imshow(result)
plt.show()
```

仔细观察图 6.32(b)会发现，图中依然有肉眼可辨识的白色噪点，蓝色柱子上的噪点尤为明显，并且图片还产生了模糊的问题，图片中物体的边界变得不易于区分，这也是由于均值滤波的处理原理所带来的问题。当核大小为 1×1 时，显然均值滤波不起作用，处理结果仍然是原始图像。当核的大小逐渐增大时，均值滤波的范围变大，图像也会变得更加模糊。

2. 中值滤波

均值滤波的处理原理必然会导致图片模糊的问题，而中值滤波则是一种非线性图像处理方法，能够在去噪的同时兼顾到边界信息的保留，在一定程度上缓解图片模糊的问题。

选一个含有奇数点的窗口 W，使这个窗口在图像上扫描，把窗口中所含的像素点按灰度级(或 R、G、B)的升或降序排列，取位于中间的值来代替该窗口中心点的当前值。以图 6.31(a)为例，选择橙色标记的像素点(图像中心值 208 的像素点)为中心点，窗口 W 的大小为 3×3，因此，窗口中像素值升序排序为：208→191→90→87→34→33→32→21→17。上述排序中，34 位于中间位置，因此取值 34 替代原有的像素值 208。中值滤波的主要功能代码段为：result＝cv2.medianBlur(source,3)，其中，3 为窗口 W 的大小，表示 3×3 的窗口。中值滤波的输出效果如图 6.34 所示。

通过观察图 6.34 可以发现，随着窗口的增大，中值滤波也逐渐会产生模糊的问题。在使用中值滤波时，必须要保证窗口的大小是大于 1 的奇数，在使用 OpenCV 的 medianBlur 函数时，只需要填写一个数值即可。

3. 高斯滤波

从上述过程可以发现，均值滤波和中值滤波的基本原理基本上是一种局部平均算法，必然会导致图片模糊的问题。为了克服简单的局部平均法的弊端，目前已提出许多保持边缘、细节的局部平滑算法，其出发点集中于如何选择邻域的大小、形状和方向、参数加平均及邻域各点的权重系数等方面。

高斯平滑又称高斯滤波，是一种基于邻域平均思想实现对图像进行平滑的方法。高斯

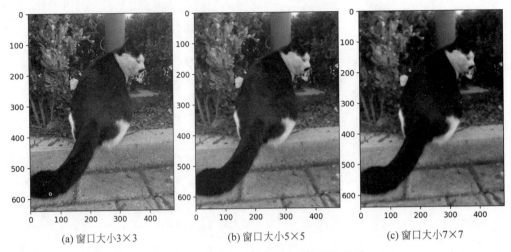

(a) 窗口大小3×3   (b) 窗口大小5×5   (c) 窗口大小7×7

图 6.34　不同窗口大小的中值滤波的效果

平滑过程中，不同位置的像素会被赋予不同的权重。高斯平滑与简单平滑不同，它在对邻域内像素进行计算时，会基于不同位置的像素的不同权值来进行。

高斯平滑时，会基于高斯模板分配邻域像素点的系数。一般二维的高斯函数如下。

$$h(x,y) = e^{-\frac{x^2+y^2}{2\sigma^2}} \qquad (6.75)$$

其中，(x,y) 是点的坐标，在图像中应为整数，σ 是标准差。

根据高斯函数计算高斯平滑的模板，应先对高斯函数进行离散化，得到高斯函数值作为模板的系数。以计算 3×3 的高斯平滑模板为例，以模板中心作为坐标原点，其周围像素点的坐标如图 6.35(a)所示，将各个坐标代入到公式(6.75)，就可以计算出模板的系数，对于任意 $(2k+1)\times(2k+1)$ 模板，计算方法如下。

$$H_{i,j} = \frac{1}{2\pi\sigma^2} e^{-\frac{(i-k-1)^2+(j-k-1)^2}{2\sigma^2}} \qquad (6.76)$$

根据公式(6.76)计算出来的模板一般是小数形式的，需要将其进行归一化处理，将左上角的值归一化为 1，构成整数模板，并且在使用整数模板时，需要在模板前增加一个系数 $\dfrac{1}{\sum\limits_{(i,j)\in w} w_{i,j}}$，即模板所有系数之和的倒数。具体的高斯模板的计算过程代码如下。

```
void generateGaussianTemplate(double window[ ][11], int ksize, double sigma) {//假定11行
    static const double pi = 3.1415926;
    int center = ksize/2;                        //图像中心点
    double x2, y2;
    for (int i = 0; i < ksize; i++) {
        x2 = pow(i − center, 2);
    for (int j = 0; j < ksize; j++) {
        y2 = pow(j − center, 2);
        double g = exp(−(x2 + y2) / (2 * sigma * sigma));
        g /= 2 * pi * sigma;
        window[i][j] = g;
```

```
    }
  }
  double k = 1 / window[0][0];                    //左上角归一化
  for (int i = 0; i < ksize; i++) {
    for (int j = 0; j < ksize; j++) {
      window[i][j] *= k;
    }
  }
```

通过调用 generateGaussianTemplate 函数,生成 3×3 的高斯模板,生成结果如图 6.35(b)所示,由于传递的 window[][]数组大于 3×3,因此只有左上角的 3×3 区域有计算后的数值,传递的参数 ksize=3、sigma=0.8。最终生成的高斯模板为式(6.77):

$$\frac{1}{16}\begin{bmatrix}1 & 2 & 1 \\ 2 & 4 & 2 \\ 1 & 2 & 1\end{bmatrix} \tag{6.77}$$

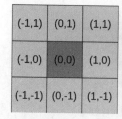 

(a) 3×3模板的坐标表示　　　(b) 函数生成的高斯模板

图 6.35　不同窗口大小的中值滤波的效果

高斯模板最重要的参数就是高斯分布的标准差 σ,其决定了数据的离散程度。如果 σ 较小,则生成的模板的中心系数较大、周围系数较小,图像的平滑效果就不很明显。反之,如果 σ 较大,则生成的模板的各个系数相差就不大,更接近于均值模板,对图像的平滑效果比较明显,也容易产生模糊的问题。

OpenCV 中使用如 cv2. GaussianBlur(source,(3,3),0.1)函数调用高斯平滑,(3,3)为窗口的大小,0.1 为标准差 σ 的值。不同的窗口大小和标准差的处理结果如图 6.36 所示,这里只选取局部图片。

(a) 原图　　(b) 3×3 σ=0.1　　(c) 3×3 σ=1.0　　(d) 7×7 σ=0.1　　(e) 7×7 σ=1

图 6.36　不同窗口大小和标准差的高斯滤波效果

机器人的视觉感知识别

通过图 6.36 与图 6.32、图 6.34 的对比可以发现,高斯平滑相较于中值滤波和均值滤波,能够有效地减小图像模糊问题的发生,同时也能保持较好的图像平滑的效果。

6.4.6 图像锐化

图像锐化与图像平滑是相反的操作,锐化是通过增强高频分量来减少图像中的模糊,增强图像细节边缘和轮廓,增强灰度反差,便于后期对目标的识别和处理。但锐化处理在增强图像边缘的同时,也会增加图像中的噪声。图像锐化的方法通常有微分法和高通滤波法。

图 6.37 是对某幅图像的特定位置进行灰度提取的结果,图像中依次出现了大块白斑、亮点、亮线和白色区域。可见:

(1) 当图片由亮变暗时,其灰度值是斜坡状变化的。

(2) 出现的孤立点可能是噪声点,其灰度值呈现凸起尖峰状的变化。

(3) 图像亮度平缓的区域,其灰度变化也是平坦的。

(4) 图片中的一条亮线,其灰度变化是一个略微平缓的尖峰。

(5) 图片由黑变亮时,灰度变化是一个阶跃。

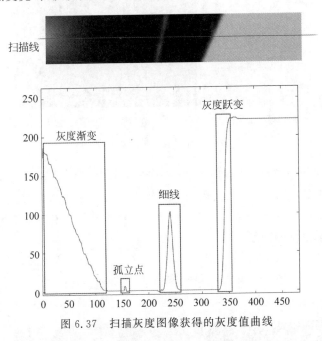

图 6.37 扫描灰度图像获得的灰度值曲线

继续对图 6.37 进行一阶微分和二阶微分,结果如图 6.38 所示。为了反映图像变换,可以采用微分算子:一阶微分描述了数据变化率,二阶微分描述数据变化率的变化率。图 6.37 中出现的基本状态的一阶微分和二阶微分图像总结如图 6.39 所示。

其中,一阶微分算子通过模板作为核与图像的每个像素点做卷积和运算,选取合适的阈值来提取图像的边缘,包括 Roberts 算子、Sobel 算子和 Prewitt 算子等。一阶微分算子依据于二阶导数过零点,包括 Laplacian 算子等,此类算子对噪声敏感。

1. 基于微分的梯度法

梯度的方向是指图像中变化率最大的方向,梯度的幅度比例于相邻像素的灰度级差值,对于图像 $F(x,y)$,在点 (x,y) 处的梯度,定义为矢量:

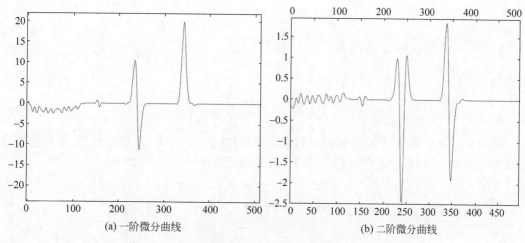

(a) 一阶微分曲线　　　　　　　　　　(b) 二阶微分曲线

图 6.38　对扫描灰度值曲线进行一阶微分和二阶微分

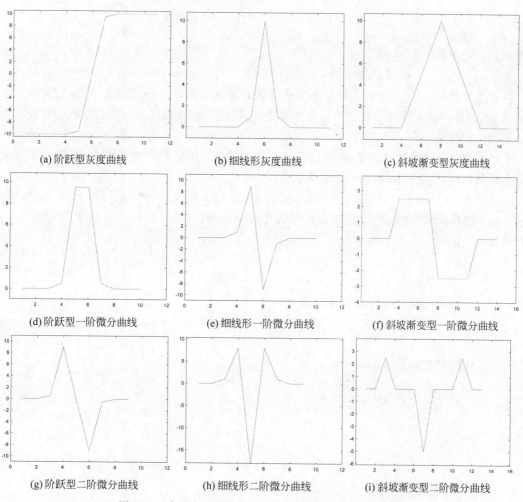

(a) 阶跃型灰度曲线　　　(b) 细线形灰度曲线　　　(c) 斜坡渐变型灰度曲线

(d) 阶跃型一阶微分曲线　　(e) 细线形一阶微分曲线　　(f) 斜坡渐变型一阶微分曲线

(g) 阶跃型二阶微分曲线　　(h) 细线形二阶微分曲线　　(i) 斜坡渐变型二阶微分曲线

图 6.39　各型灰度变化曲线对应的一阶和二阶微分曲线

$$\nabla F(x,y) = \begin{bmatrix} \dfrac{\partial F}{\partial x} \\ \dfrac{\partial F}{\partial y} \end{bmatrix} \quad (6.78)$$

280

其模为

$$|\nabla F(x,y)| = \sqrt{\left(\frac{\partial F}{\partial x}\right)^2 + \left(\frac{\partial F}{\partial y}\right)^2} \quad (6.79)$$

在进行图像处理时，所称的梯度也通常指的是梯度的模。对于离散图像，为了简化处理算法的复杂度，一般可以使用邻近相差的差分法来代替微分计算，如图 6.40 所示。

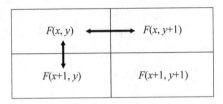

图 6.40 微分法的临近像素点坐标关系

有离散后的差分方程：

$$\nabla F(x,y) = |F(x+1,y) - F(x,y)| + |F(x,y+1) - F(x,y)| \quad (6.80)$$

有了梯度 $\nabla F(x,y)$ 之后就可以根据梯度得到锐化结果 $G(x,y)$ 输出。考虑到图像边界的拓扑结构，根据该原理可以派生出许多相关方法，包括直接替代法、阈值判断法、特定灰度法和二值图像法。

(1) 直接以梯度代替锐化输出：该方法简单，但是在图像均匀的区域由于梯度很小，会导致锐化输出图像整体偏暗，其方法为

$$G(x,y) = \nabla F(x,y) \quad (6.81)$$

(2) 输出阈值判断：该方法不会破坏图像背景，同时又可以进行一定程度的图像锐化，其方法为

$$G(x,y) = \begin{cases} \nabla F(x,y), & \nabla F(x,y) > T \\ F(x,y), & \text{其他} \end{cases} \quad (6.82)$$

(3) 为边缘规定一个特定的灰度级：

$$G(x,y) = \begin{cases} L_a, & \nabla F(x,y) > T \\ F(x,y), & \text{其他} \end{cases} \quad (6.83)$$

(4) 为背景规定特定的灰度级：

$$G(x,y) = \begin{cases} \nabla F(x,y), & \nabla F(x,y) > T \\ L_\beta, & \text{其他} \end{cases} \quad (6.84)$$

(5) 二值化图像：

$$G(x,y) = \begin{cases} L_a, & \nabla F(x,y) > T \\ L_\beta, & \text{其他} \end{cases} \quad (6.85)$$

2. 罗伯特梯度算子法

Roberts 梯度算子法算法简单，无方向性，采用对角相差的差分法来代替微分，如图 6.41 所示。

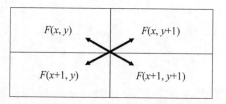

图 6.41　Roberts 梯度算子法的临近像素点坐标关系

交叉处理算子定义为

$$\nabla F(x,y) = |F(x+1,y+1) - F(x,y)| + |F(x+1,y) - F(x,y+1)| \qquad (6.86)$$

其矩阵形式的模板可以表示为

$$\boldsymbol{D}_1 = \begin{bmatrix} -1 & 0 \\ 0 & 1 \end{bmatrix}, \quad \boldsymbol{D}_2 = \begin{bmatrix} 0 & -1 \\ 1 & 0 \end{bmatrix} \qquad (6.87)$$

有：

$$\delta_1 = \boldsymbol{D}_1(F(x,y)), \quad \delta_2 = \boldsymbol{D}_2(F(x,y)) \qquad (6.88)$$

$$\nabla F(x,y) = |\delta_1| + |\delta_2| \qquad (6.89)$$

3. 索贝尔算子法

Sobel 算子是一种离散微分算子,它通过在水平和垂直两个方向上求导,得到的是图像在 x 方向与 y 方向的梯度图像。当内核大小为 3 时,矩阵形式的模板(卷积模板)为

$$\boldsymbol{S}_x = \begin{bmatrix} -1 & 0 & 1 \\ -2 & 0 & 2 \\ -1 & 0 & 1 \end{bmatrix}, \quad \boldsymbol{S}_y = \begin{bmatrix} -1 & -2 & -1 \\ 0 & 0 & 0 \\ 1 & 2 & 1 \end{bmatrix} \qquad (6.90)$$

窗口中心像素在 x 和 y 方向的梯度为

$$
\begin{aligned}
\boldsymbol{S}_x &= (-1) \times F(x-1,y-1) + 0 \times F(x-1,y-1) + 1 \times \\
&\quad F(x-1,y+1) + (-2) \times F(x,y-1) + 0 \times F(x,y) + \\
&\quad 2 \times F(x,y+1) + (-1) \times F(x+1,y-1) + \\
&\quad 0 \times F(x+1,y) + 1 \times F(x+1,y+1) \\
&= [F(x-1,y+1) + 2F(x,y+1) + F(x+1,y+1)] - \\
&\quad [F(x-1,y-1) + 2F(x,y-1) + F(x+1,y-1)] \\
\boldsymbol{S}_y &= (-1) \times F(x-1,y-1) + (-2) \times F(x-1,y) + \\
&\quad (-1) \times F(x-1,y+1) + 0 \times F(x,y-1) + 0 \times F(x,y) + \\
&\quad 0 \times F(x,y+1) + 1 \times F(x+1,y-1) + 2 \times F(x+1,y) + 1 \times \\
&\quad F(x+1,y+1) \\
&= [F(x+1,y-1) + 2F(x+1,y) + F(x+1,y+1)] - \\
&\quad [F(x-1,y-1) + 2F(x-1,y) + F(x-1,y+1)]
\end{aligned} \qquad (6.91)
$$

有：

$$\nabla F(x,y) = |\boldsymbol{S}_x| + |\boldsymbol{S}_y| \qquad (6.92)$$

4. Prewitt 算子法

Prewitt 算子与 Sobel 算子相同,方程的形式相同,但其中系数不同。Prewitt 算子有一定的抗干扰性,图像效果比较干净。其矩阵形式的模板(卷积模板)为:

$$S_x = \begin{bmatrix} -1 & 0 & 1 \\ -1 & 0 & 1 \\ -1 & 0 & 1 \end{bmatrix}, \quad S_y = \begin{bmatrix} -1 & -1 & -1 \\ 0 & 0 & 0 \\ 1 & 1 & 1 \end{bmatrix} \tag{6.93}$$

5. 拉普拉斯算子法

Laplacian 算法是线性二次微分算子,与梯度算子一样具有旋转不变性,从而满足了不同方向的图像边缘锐化要求。其获得的边界比较细,包括较多的细节信息,但边界不清晰。Laplacian 算子定义为

$$\nabla^2 F(x,y) = \frac{\partial^2 F(x,y)}{\partial x^2} + \frac{\partial^2 F(x,y)}{\partial y^2} \tag{6.94}$$

对于数字图像 $F(x,y)$,其一阶导数为

$$\begin{cases} \dfrac{\partial F(x,y)}{\partial x} = F(x,y) - F(x-1,y) \\ \dfrac{\partial F(x,y)}{\partial y} = F(x,y) - F(x,y-1) \end{cases} \tag{6.95}$$

对于一般函数 $f(x,y)$,有:

$$\frac{\partial f(x,y)}{\partial x} = \lim_{\varepsilon \to 0} \frac{f(x+\varepsilon) - f(x)}{\varepsilon} \tag{6.96}$$

对于数字图像,ε 最小值为 1(1 个像素),有:

$$\frac{\partial f(x,y)}{\partial x} = f'(x,y) = f(x) - f(x+1) \tag{6.97}$$

因此,又有:

$$\frac{\partial^2 f(x,y)}{\partial x^2} = \frac{\partial f'(x,y)}{\partial x} = f'(x,y) - f'(x+1,y) \tag{6.98}$$

故,公式(6.95)的二阶导数为

$$\begin{cases} \dfrac{\partial^2 F(x,y)}{\partial x^2} = [F(x,y) - F(x+1,y)] - [F(x-1,y) - F(x,y)] \\ \dfrac{\partial^2 F(x,y)}{\partial y^2} = [F(x,y) - F(x,y+1)] - [F(x,y-1) - F(x,y)] \end{cases} \tag{6.99}$$

公式(6.94)的 Laplacian 算子可以写为

$$\nabla^2 F(x,y) = 4F(x,y) - F(x+1,y) - F(x-1,y) - F(x,y+1) - F(x,y-1) \tag{6.100}$$

可见,该 Laplacian 算子就是其 4 倍中心元素值与其领域值和之差的绝对值。使用 Laplacian 算子进行锐化时,其锐化输出 $G(x,y)$ 为

$$G(x,y) = F(x,y) - \nabla^2 F(x,y) \tag{6.101}$$

而 Laplacian 算子 4 邻域的模板就可以表示如下。

$$H = \begin{bmatrix} 0 & -1 & 0 \\ -1 & 4 & -1 \\ 0 & -1 & 0 \end{bmatrix} \tag{6.102}$$

相应地还可以计算出 Laplacian 算子 8 邻域模板为

$$H = \begin{bmatrix} -1 & -1 & -1 \\ -1 & 8 & -1 \\ -1 & -1 & -1 \end{bmatrix} \qquad (6.103)$$

Laplacian 算子是一种微分算子,强调图像中灰度的突变区域,会产生一幅把图像中的浅灰色突变线和突变点叠加到暗背景的图像。这种将原始图像和拉普拉斯图像叠加在一起的简单方法可以保护锐化处理的效果,又可以复原原始信息。

6. Wallis 算子

Wallis 算子是一种结合了 Laplacian 算子和对数算子构造出来的锐化算子,该算法利用了人眼对信号处理过程中的近似对数运算的过程,通过对数运算构成非线性动态调整,进而进行图像增强。因此,可以认为 Wallis 算子是 Laplacian 算子与一种对数算子共同构造的一种锐化算子。Wallis 算子定义如下:

$$\nabla F(x,y) = 4\log(F(x,y)) - \log(F(x+1,y)) - \log(F(x-1,y)) - \\ \log(F(x,y+1)) - \log(F(x,y-1)) \qquad (6.104)$$

其模板可以表示为:

$$H = \begin{bmatrix} 0 & -\log() & 0 \\ -\log() & 4\log() & -\log() \\ 0 & -\log() & 0 \end{bmatrix} \qquad (6.105)$$

但在实际的应用中,应注意几点:①为了防止出现对 0 取对数的问题,在实际计算时,采用的是 $\log(F+1)$ 的形式;②对数的引入会导致计算结果非常小,如 8 位图像的最大值为 255,$\log(256) = 5.45$,所以在实际运算时,采用的是 $46 \times \log(F+1)$,其中,$46 = 255/\log(256)$。

可见,Wallis 算子可以看作一种进行了视觉矫正的 Laplacian 运算。与 Laplacian 算子的处理效果相比,Wallis 算子整体画面的锐化效果较好,不存在 Laplacian 算子对画面较暗部分的锐化效果较弱的问题。

小　　结

机器人通过视觉系统能够感知更为丰富的外界环境信息。本章从机器人视觉系统的基础知识入手,逐步介绍了机器视觉的发展历史、应用领域和技术现状,尤其是介绍了基于神经网络的视觉技术。然后,介绍了现有视觉系统的组成与结构,视觉系统中常用的图像处理算法,以实现对视觉系统图像的基本处理功能。第 7 章将从机器人的运动角度介绍机器人的智能处理技术。

习　　题

1. 机器视觉系统中的摄像机主要有哪些参数?
2. 简述平移变换、相似变换、仿射变换、射影变换的特点。
3. 摄像机产生偏心畸变的主要原因有哪些?
4. 计算机视觉技术对策图片的处理过程中,主要包括哪几个关联任务?
5. 双目视觉系统测量目标空间坐标的算法流程有哪些步骤?
6. 使用 OpenCV 实现均值滤波、中值滤波和高斯滤波处理方法。

第7章 机器人的路径规划和导航

机器人的路径规划和导航功能与人们日常生活中的车辆导航、手机导航功能几乎一致，主要解决以下三个问题。

(1) 当前位置，即"我在哪里"。

(2) 目标位置，即"我要去哪里"。

(3) 如何到达，即以何种手段到达目标位置。

其中，当前位置的确定可以依靠前面讲述的各类用于定位的传感器来实现。如各类卫星定位系统、超声波测距系统、室内的蓝牙定位、Wi-Fi 定位、水下 USBL 和 LBL、自身所携带的惯性导航系统等，也可以是机器人通过视觉或激光雷达等设备获取外部环境状态，通过地图分析自身在外部空间中的位置。而目标位置则是机器人根据自身指令或外部指令的设定，所确定的位置信息。

对于在地球范畴内运行的各类机器人而言，当前位置和目标位置可以有两种坐标形式。一类是大范围的经纬度坐标系，包括 WGS84 坐标系、GCJ02 坐标系和 BD09 坐标系等。这类坐标系以经纬度表示，作用范围大，每一个坐标点都可以对应地球范围内的特定位置，各类卫星定位系统和惯性导航系统的输出都是经纬度坐标。另一类是区域范围的局部坐标系，仅在机器人工作空间中使用，其格式往往是由设计者来设定的，每一个坐标点都与机器人的运动位置密切相关，室内定位系统等各类区域性定位系统一般输出的都是这类局部位置信息。

机器人需要根据自身情况规划到达目标位置的行程方式，其影响因素包括行程路径的可到达性、机器人的能源信息和运动机构特性等，与常见的"百度地图"等导航软件中选择不同的出行方式类似。其中，最重要的因素是行程路径的可到达性，而存储这一类信息的数据，通常是各类数字地图。

7.1 数字地图的表示方法

数字地图被认为是纸制地图的数字存在形式，是在一定坐标系内具有确定的坐标和属性的地面要素和现象的离散数据，在计算机可识别的存储介质上的概括的、有序的集合。因此，数字地图所承载的信息量远远大于传统纸质地图。

数字地图除了可以自由缩放之外，还可以方便地对其展示的内容进行组合、拼接，构成新的地图。图 7.1 为某手机地图软件的截图，其中就已经叠加了当前的地理位置信息和朝向信息，图中半透明状圆形是定位偏差范围。图 7.1(a)是卫星视图地图，可见数字地图可以很方便地与卫星影像、航空照片等信息源结合，生成新的地图类型。图 7.1(b)则是目前很常用的数字地图形式,在常规纸质地图标注道路、地理位置的基础之上,叠加了人们日常出行和生活所需要的建筑物轮廓和交通路况信息,受屏幕显示的限制,显示的地理范围较大,但细节不足;而数字地图的优点之一就是其自由缩放性,图 7.1(c)是 7.1(b)局部放大后的数字地图,展示了更多的局部细节信息。

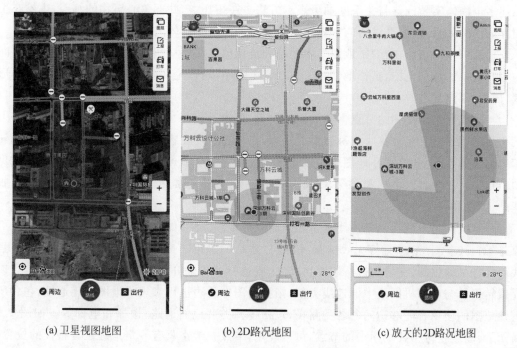

(a) 卫星视图地图　　　　　(b) 2D路况地图　　　　　(c) 放大的2D路况地图

图 7.1　某手机地图软件的屏幕截图

由此可见,数字地图主要有如下特点。

（1）**数字存储特性**。信息以数字化形式存储在各类媒介中,设备可以快速获取数据并进行展示。

（2）**动态展现特性**。可以在地图上叠加具有动画效果的信息,如当前位置信息、运动信息或方向信息等。

（3）**信息叠加特性**。用户可以根据自身特性选择在地图上叠加不同的信息,如卫星视图信息、实时路况信息或道路施工信息等。

（4）**展示多样特性**。数字地图中可以虚拟构建周围环境的 3D 形态,构建基于 AR 的全景展示,实现立体化展示。

（5）**数据共享特性**。多源数据和各类外部数据都可以作为地图信息共享至用户终端,用户可以获取更新、更及时的地图信息。

（6）**附加功能丰富**。用户可以方便地在数字地图中实现长度、角度和面积测量等功能。数字地图还可以叠加到各类应用程序和游戏中,如游戏《宝可梦 GO》就是一款集成了真实世界的数字地图与 AR 技术的游戏。

（7）**获取方式灵活**。传统地图的构建往往需要进行大量实地测绘和测量,而数字地图则可以直接通过卫星拍摄、雷达拍摄甚至无人机拍摄,配合图像识别技术构建地图。

机器人的路径规划和导航

7.1.1 拓扑地图

在计算机网络中，使用网络拓扑来描述各类网络设备（节点）经由传输介质（线）所构成的连接关系。理论上的拓扑是一种不考虑物体的大小、形状等物理属性，而仅使用点或者线描述多个物体实际位置与关系的抽象表示方法。在拓扑中，并不关心事物的细节，也不在乎相互的比例关系，而只是以图的形式表示一定范围内多个物体之间的相互关系。

而地图中的拓扑，指的是地图学中的一种统计地图，是一种利用线的连接来描述点之间的相对关系的抽象地图，拓扑地图（Topological Map）同理论拓扑一样，也不关心图形的形状、面积、距离和方向。

计算机网络拓扑中的节点指各类网络设备，是由于网络中的信息会在各类网络设备上发生变化，如被产生、被接收或被转发。同理，当地理路线在物理空间中起始、终止或发生转弯等路线属性改变时，拓扑地图也应该在该位置建立一个节点。例如，室内的拓扑地图常见的节点包括拐角、门、电梯和楼梯，以及走廊尽头等，室外的常见节点包括各类路口、环岛、收费站、匝道和停车场等。

计算机网络中的每一条连线都是相同的一种传输介质，如一条双绞线或一条光纤，也可以是 4G/5G/Wi-Fi/蓝牙等无线链路，但是必须是一条相同类型的直接传输的线路。一旦线路经过了路由器、交换机进行了路由转发，或进行了传输介质的转换，都需要增加节点以完成转换。与计算机网络中的连线类似，拓扑地图中的边也用来表示地图的连通性，包含所有该地图的使用者能够访问的各类路径，包括各种类型地面道路、楼梯和电梯等。如图 7.2 所示，圆圈就是该拓扑地图中的节点，可以发现，节点一般在具有一定地理位置特征的位置，如门口、房间、拐点等处，而边则连接了具有通行能力的两个节点。

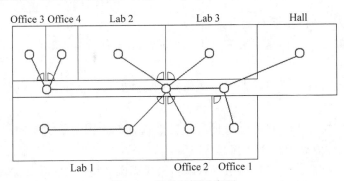

图 7.2 拓扑地图示意图

拓扑地图是一种较经典的地图，它忽略了地图中图形的形状、面积、距离和方向等参数，与之相对的、能够表示上述参数的地图形式称为度量地图（Metric Map），即基于测量构成的 2D 或 3D 地图。如图 7.3 所示，度量地图指包括基于激光雷达等各类测距装置的测量结果的、以距离形式表征的地图或点云。这类地图中包含丰富的地理位置信息，具有较高的地图精度，如图 7.3(a)所示的 2D 地图可以直接用二进制数表示空间中的位置是否有障碍物、是否可以通行等信息，十分适用于导航系统的路线计算。但是，度量地图的缺点也同样明显，过于精细的数据存储会导致地图信息庞大，尤其是如图 7.3(b)所示的 3D 地图，其所生成的详细的空间信息会占用大量的存储资源,导致存储成本升高、检索和应用速度降低,而其中很多空间信息又是不会被访问或使用的。

在没有标示点的情况下,根据度量地图所生成的导航信息类似于"向前走 2001m,向左转 212°,再走 520m 就到达了目的地"。这类信息更适用于没有任何标识物的空间内导航,且要求机器人具有高测量和统计精度,能够保证行驶方向的准确度和测量里程的精确性,才能实现统计导航的功能。任何传感器的误差以及累积误差都会导致导航偏差,因此这种没有地理位置标示的度量地图,在实际中是难以应用的。

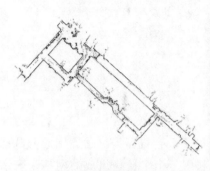

(a) 2D度量地图   (b) 3D度量地图

图 7.3　基于测量构建的度量地图

而现实中,指引道路的方式一般是"向前走,到第一个路口左转,再往前走到环岛,走第三出口"。这种路径规划方式中,引入标示点(路口、环岛、出口)的表示方法,更适用于拓扑地图。可见,并不存储形状、面积、距离和方向等参数的拓扑地图较精细存储空间信息的度量地图具有以下优点。

(1) 空间复杂度低。通过各类算法可以简单地进行路径规划,算法简便、执行效率高。

(2) 位置复杂度低。机器人在空间中不需要精准的位置信息。

(3) 人机交互简单。可以方便地接收人机交互指令,如"去门口",易于与现实环境进行关联。

但因为省略了细节的拓扑地图也存在着数据量过少而导致的缺点,包括:

(1) 在构建地图时,判定路径的连通性需要传感器提供详细的信息,且难以构建大环境下的地图。

(2) 由于信息量不足,机器人很难识别某个地点,识别时对于视角敏感。

(3) 可能产生未达最佳标准的路径,导致实际行进过程中绕路等问题的发生。

7.1.2　特征地图

拓扑地图的主要缺点就是数据量过少,过度忽略了地理位置的信息,而特征地图则是一种简化环境信息的地图。它利用有关的几何特征来表示环境,包括点、线、面等,特征地图的数据量和运算量仍保持较小。

特征地图是一种对测量信息进行构型处理后生成的模型化的地图,它一般通过 GNSS系统、摄像头或激光雷达来将环境特征表示为点、线和面等形状,如图 7.4 所示。

机器人的路径规划和导航

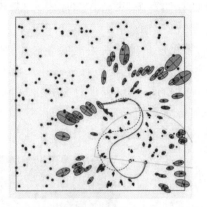

图 7.4　利用几何特征构建的特征地图

7.1.3　栅格地图

栅格地图（Grid Map 或 Occupancy Map）是一种很适合机器人描述周围空间状态的地图形式，栅格地图的表示形式与位图（BMP）类似，利用一个个栅格组成的网格来表示地图信息，栅格中存储的数据对应着特定位置的状态，主要类型是该位置被占据的概率。

对于已知区域，栅格地图中的栅格有多种表示方法。

（1）二值化栅格。这类地图中的栅格仅包含两个数据值"1"和"0"，即仅有占用和空闲两种位置状态。

（2）灰度或彩色栅格。这类地图中的栅格包含更多可以表达的位置信息，如 8 位灰度栅格可以表达该位置的 256 种属性。

栅格地图具有如下明显的优点。

（1）容易构建、表示和保存。栅格地图可以在激光雷达、超声波传感器等设备获得周围物体分布后快速生成，位图化的表示和存储相较于度量地图也简单很多。

（2）位置的唯一性。相比于拓扑地图，栅格地图更易于辨识自身所处的位置。

（3）小范围路径规划简便。栅格地图对于扫地机器人等在小范围区域内作业的机器人而言，可以简便地进行路径规划。

但是栅格地图的精度和效率也依赖于栅格的精度，精度不合理也会为栅格地图带来一些问题，例如：

（1）过小的栅格会导致路径规划效率不高，也会带来存储空间的浪费。

（2）机器人的位置估计精度取决于栅格精度的设置。

（3）对于物体的识别能力也取决于栅格精度的设置。

7.2　路径规划方法

路径规划的本质是一个搜索问题，即基于目标函数，根据地图寻找到合适的运动路径的问题，路径规划主要包含两种问题：一是前面已经介绍过的地图；二是路径规划的算法。

路径规划算法是自动驾驶和移动机器人等各类运动设备的重要技术之一，直接决定了运动设备的作业效率,甚至影响了其作业安全。也就是说,路径规划算法要满足以下三个最基本的要求。

(1) 可达性,即路径规划算法所生成的路径是一种能够实现的、能够导引机器人到达目标的路径。

(2) 实时性,即路径规划算法在生成路径时,具有一定的实时性,能够在较短的时间内根据当前状况生成路径,或可以根据状态调整路径。

(3) 安全性,即机器人在行进过程中,能够保障自身和周围物体的安全性。

根据上述三个最基本的要求,以图 7.5 为例,假设某机器人需要从 start 点移动到 goal 点,有以下三种典型的可能情况。

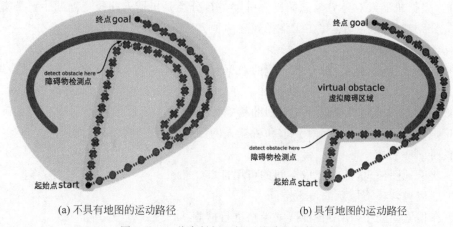

(a) 不具有地图的运动路径　　　　　　　　(b) 具有地图的运动路径

图 7.5　一种半封闭区间下的路径规划示例

情况 1:机器人不具有该区域的地图,扫描感知区域较小。机器人的扫描感知区域中没有任何障碍物阻碍其向上移动,因此机器人可以持续向上移动。但在靠近顶部时,机器人会探测到障碍,然后改变其移动方向向右沿着倒 U 形障碍物边缘移动,最终找到目标点,构成其运动路径,如图 7.5(a)中"×"符号所标识的路径。

情况 2:机器人不具有该区域的地图,但扫描感知范围覆盖了大范围区域,即图 7.5(a)外围阴影区域。机器人可以判定无法穿越倒 U 形障碍物到达目标点,因此可选择绕过该区域,如图 7.5(a)中"●"符号所标识的路径。实际上,这种机器人的路径规划也相当于基于传感器数据,建立了临时地图。

情况 3:机器人具有该区域的地图,且地图中也设定了倒 U 形内部区域的属性。在地图中,将倒 U 形内部区域标定为虚拟障碍空间,只有目标点在其内部时才应当进入,则机器人可根据该地图信息计算路径,扫描感知区域较小和较大两种情况的机器人的路径,如图 7.5(b)中"×"符号和"●"符号所标识的路径。

7.2.1　路径规划方法分类

机器人路径规划的分类角度有很多种,主要包括:

(1) 根据外界环境中障碍物的运动状态进行分类,可以分为障碍物静止、障碍物运动和部分障碍物运动三种。

(2) 根据目标是否已知进行分类,可以分为空间搜索规划路径和基于地图的路径搜索。

（3）根据机器人所处的位置进行分类，可以分为室内路径规划和室外路径规划。

（4）根据规划方式的不同进行分类，可以分为精确规划和启发规划。

（5）根据机器人系统中可控制变量的数目是否少于姿态空间数目进行分类，可以分为非完整系统路径规划和完整系统路径规划。

（6）根据机器人对外界信息的已知程度进行分类，可以分为环境信息已知的离线路径规划、对外界环境信息未知或部分已知的在线路径规划。前者在机器人未到达现场时即可完成，又被称为静态路径规划；而后者必须当机器人在路径环境中、采集环境信息后才能够进行规划，所以又被称为动态路径规划。

（7）根据机器人路径规划所使用的方法进行分类，可以分为传统方法与智能方法。

目前，根据机器人对外界信息的已知程度进行分类是机器人路径规划的主要分类方法，本节首先介绍离线路径规划和在线路径规划两种方法的主要技术。

1. 离线路径规划技术

当机器人已经获得了全部外界环境的数据时，即可不再依赖自身的传感器去获取外界环境数据，在机器人运动前可根据数据计算好运动路径，即实现全局的、离线的且是一条从起点到终点的最优的路径规划。其规划的精确程度取决于所使用的外部信息的准确度，规划的速度取决于规划算法的运算要求和机器人的处理能力。离线路径规划主要包括以下三个阶段的处理过程。

（1）获取地图信息，区分环境空间的可用性。

（2）形成包含环境信息的搜索空间。

（3）在搜索空间中，使用各种搜索策略进行搜索。

离线路径规划可以在预先知道全局环境信息的情况下寻找最优解，其计算量和实时性取决于地图信息，一旦环境信息变化较快，就会影响生成路径的实时性甚至是可用性，离线路径规划不能够较好地适用于动态环境。

离线路径规划主要包括栅格法、自由空间法和可视图法等方法。

（1）栅格法。

该方法与栅格地图相同，不再赘述。

（2）自由空间法。

该方法采用结构空间描述机器人所处的环境，将机器人缩小成为一个点，并将周围的障碍物和边界按照比例处理，使得机器人能够在自由空间中移动到任意一点，并且不会与障碍物和各类边界发生碰撞，即具备可达性和安全性。采用自由空间法进行路径规划，需要使用预先定义的广义锥形或凸多边形等基本形状构建自由空间。具体方法是从障碍物的一个顶点开始，依次做与其他顶点的连接线，使一系列由点到点之间的连接线构成的折线与障碍物边界所围成的空间是一个面积最大的凸多边形。再取各连接线的中点，用折线进行连接，即成为机器人的可行的路径，再通过一定的搜索策略寻找到最适合的路径规划。

自由空间法比较灵活，起点和目标点的改变不会对连通图造成重构，可以实现对网络图的维护。但是自由空间法在障碍物密集的复杂环境中效率会下降甚至失效，且不一定能保证得到最短路径。因此，该方法更适用于精度要求不高、机器人移动速度不高的应用场景。

（3）可视图法。

该方法使用一个点来描述机器人，同样以点来描述运动起始位置和目标位置，并将地图中的障碍物的顶点构造成可视图,由起点向终点扩散,将每个点与周围可见的点进行连接。因此,这些能够连接的点之间的路径是不存在障碍物遮挡的,即路径是可行进的,再利用搜索算法从中寻求最优路径即可。

由于可视图中的线路都是无碰撞线路,机器人沿着这些线路行进时,不会与障碍物发生碰撞,因此可以保证机器人运动时具备可达性和安全性,故而搜索最优路径的问题也转换为从起点到终点的最短路径问题。这样,虽然算法较为简单,但灵活性低,当起点和终点位置变化时,可能需要重新构造可视图。

2. 在线路径规划技术

当机器人无法获得全部外界环境的数据或者外部数据变化较快导致机器人数据不及时时,就无法再采用离线路径规划技术。此时,需要机器人利用自身搭载的各类传感器感知外部环境,或者通过网络等其他方式获取外部环境状态,对采集或获取的数据进行分析和处理,并结合可能或已经存储的部分环境信息进行在线路径规划。

在线路径规划问题主要包括机器搜索、机器发现学习等过程,实现机器人在环境中从起始点到目标点的运动过程。在该过程中,机器人所搭载的各类传感器会完成搜索工作,机器人中运行的各类算法会完成环境发现和学习等工作。

使用在线路径规划的机器人,由于无法及时有效地获得全部外界环境的数据信息,机器人往往只能获取传感器能够“触及”的搜索范围,因此在线路径规划又被称为局部路径规划。与离线路径规划相比,在线路径规划技术可以通过传感器更加及时地获得机器人路径环境,尤其是所处环境的状态信息,可使机器人具有更加准确的避障能力、更好的动态环境响应能力,以及更好的实时性和实用性。但是,这种局部路径规划的弊端同样明显,机器人只能依靠局部数据进行判断和规划,可能会产生局部极值点和振荡问题,使机器人难以实现全局最优路径规划,也会消耗较多的计算资源。

在线路径规划主要包括人工势场法、模糊逻辑算法、神经网络法和遗传算法等。

(1)人工势场法的基本思想是将机器人在环境中的运动看作在虚拟力场中的运动。在运动的过程中,目标点产生引力势场,障碍物产生斥力势场,机器人在虚拟势场中沿着合势场的负梯度方向进行运动,就可以得到一条规划路径。人工势场法的具体内容将在7.2.2节中介绍。

(2)模糊逻辑算法。该方法是在模糊集合理论的数学基础上发展起来的,与常规的确定性路径规划算法不同,模糊逻辑算法会首先将传感器采集的信息进行模糊化处理,再输入到模糊控制器,由模糊控制器根据模糊控制规则控制机器人的运动。

模糊控制规则一般取决于先验知识,由现有路径规划经验提炼形成。与常规模糊控制相似,基于模糊理论的路径规划方法具有实时性较好、对未知环境适应性较好等优点,尤其能够适应各类不确定性较高的环境。但模糊规则的建立需要以先验知识为基础,先验知识不足就无法形成有效的模糊推理规则。此外,实际应用时,如果输入量过多,也会造成模糊推理规则过大和推理结果的不确定性问题。

(3)神经网络法。基于神经网络的路径规划的基本思想与神经网络在其他领域的应用类似,将传感器系统采集的各类环境数据信息作为网络的输入量,经过神经网络控制器处理之后,其输出的各类控制信息和路径规划信息即为神经网络的输出量。与模糊逻辑算法相比,神经网络法需要更大的原始样本数据量,经过数据清洗等过程构成数据集,对神经网络进行训练,生成用于路径规划的神经网络控制器。神经网络通常运行在 NPU、GPU 或 FPGA 等高度并行化的系统之上,运算速度快、处理能力强,适用于对实时性要求较高的场合,但其设备成本也较高。

(4) 遗传算法。遗传算法是一种模拟生物进化机制所构建的方法,其基本思想是利用进化机制,对经过选择、交叉和变异等特征进行筛选,选出若干代之后的最优个体。

上述四种具有代表性的路径规划方法并不具有特定的优劣特性,在不同的工作环境、不同的路径规划要求和任务要求下,面对不同的机器人,上述路径规划方法会表现出不同的性能和实用性。目前,尚没有特定方法具有普适性,且离线路径规划和在线路径规划也不存在优劣之说,而且在日常使用中,往往是将离线路径规划和在线路径规划两种方法结合应用,机器人根据已经存储的信息进行离线路径规划,计算出行进路线,在行进的过程中,再根据传感器感知的环境信息进行局部的在线路径规划。

7.2.2 人工势场法

人工势场法中引入了物理学中场论的相关观点,该方法将机器人在环境中的运动看作一种在人工虚拟力场中的运动。目标物产生吸引的势场,而障碍物产生排斥的势场,吸引势和排斥势叠加构成机器人运动的虚拟势场。机器人在引力和斥力的合力下运动,势场的负梯度方向作为虚拟力的作用方向,斥力场的方向在障碍物指向机器人的连线上,引力场的方向在机器人指向目标点的连线上,如图 7.6 所示。

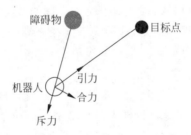

图 7.6　势场力类型与方向的示意图

势函数是一个以距离为变量的函数,建立势函数是研究人工势场法的关键。势函数有多种类型,包括虚拟力场、牛顿型势场、圆形对称势场、超四次方势场和调和场等。假设机器人在空间中为一个点,则所得的二维势场为(x,y),假定势场函数$U(q)$是可微的,则作用在位置$q(x,y)$的力$F(q)$为

$$F(q) = -\nabla U(q) \tag{7.1}$$

其中,$U(q)$表示在点q处的梯度矢量,其方向为q处势场变化率最大的方向,对于空间中的某点$q(x,y)$,有

$$\nabla U(q) = \begin{bmatrix} \dfrac{\partial U}{\partial x} \\ \dfrac{\partial U}{\partial y} \end{bmatrix} \tag{7.2}$$

在势场中,障碍物产生的势场会对机器人产生排斥,即产生排斥力,且机器人距离障碍物越近,排斥力越大,机器人的势能也越大。当机器人与障碍物之间的距离超过某个阈值

ρ_0 时，可以近似认为排斥力为 0、势场为 0，有

$$U_{\text{rep}}(q) = \begin{cases} \dfrac{1}{2} K_{\text{rep}} \left(\dfrac{1}{\rho(q)} - \dfrac{1}{\rho_0} \right)^2, & \rho(q) \leqslant \rho_0 \\ 0, & \rho(q) > \rho_0 \end{cases} \tag{7.3}$$

其中，$U_{\text{rep}}(q)$ 是斥力势场在 q 点的场强大小，K_{rep} 是比例因子，$\rho(q)$ 是障碍物与机器人位置 $q(x,y)$ 之间的欧氏距离，ρ_0 则被称为障碍物影响半径，则排斥力 $F_{\text{rep}}(q)$ 为

$$F_{\text{rep}}(q) = -\nabla U_{\text{rep}}(q) = \begin{cases} K_{\text{rep}} \left(\dfrac{1}{\rho(q)} - \dfrac{1}{\rho_0} \right) \dfrac{1}{\rho^2(q)} \dfrac{q - q_{\text{obs}}}{\rho(q)}, & \rho(q) \leqslant \rho_0 \\ 0, & \rho(q) > \rho_0 \end{cases} \tag{7.4}$$

其中，q_{obs} 是障碍物的坐标。

由于环境中往往有多个障碍物存在，所以综合作用的斥力势场和斥力也应该是多个障碍物各自的斥力势场和斥力对机器人的作用之和。而在势场中，只有目标物对机器人产生引力作用，机器人距离目标物越远，引力作用越大，机器人距离目标物越近，引力作用越小，当距离为 0 时，机器人的引力势能大小为 0。该性质与弹性势能相似，因此可取如下引力势场函数：

$$U_{\text{att}}(q) = \frac{1}{2} K_{\text{att}} \rho_{\text{goal}}^2(q) \tag{7.5}$$

其中，$U_{\text{att}}(q)$ 是引力势场在 q 点的场强大小，K_{att} 是比例因子，$\rho_{\text{goal}}(q)$ 是障碍物与机器人位置 $q(x,y)$ 之间的欧氏距离，则引力 $F_{\text{att}}(q)$ 为

$$F_{\text{att}}(q) = -\nabla U_{\text{att}}(q) = -K_{\text{att}}(q - q_{\text{goal}}) \tag{7.6}$$

在上述势场和力的综合作用下，可以直接应用叠加原理，全局势场为

$$U(q) = U_{\text{att}}(q) + \sum_{i=1}^{n} U_{\text{rep}}(q_n) \tag{7.7}$$

合力为

$$F(q) = F_{\text{att}}(q) + \sum_{i=1}^{n} F_{\text{rep}}(q_n) \tag{7.8}$$

可见，人工势场法的优势明显，该方法结构简单，也易于计算和实现。在理想条件下，人工势场法所控制的机器人能够实现类似小球自由滚落的效果，其运动路径平滑、运动速度平顺，而且机器人也会因为障碍物斥力场的存在，避免了与障碍物之间的碰撞，且始终会保持特定的安全距离。

但是，人工势场法的问题也较为明显，其问题主要表现为在特定的环境下，机器人可能会无法到达目标点甚至无法运动，主要表现在：

（1）全局最小值问题。当目标点周围有障碍物时，随着机器人逐步向目标点运动，受到障碍物斥力的影响会逐渐增大，而目标点的引力会逐渐减小，就可能产生目标点不是势场最低点的问题，而机器人就无法到达目标点。

（2）局部极小值问题。当目标点和各障碍物产生的斥力的合力为零时，则机器人会陷入局部极小值点，机器人会误认为已经到达目标点而在局部极小值点附近停止运动，无法抵达目标点。

（3）路径振荡问题。该问题也是由于目标点和各障碍物产生的斥力的合力为零造成

的,但是机器人由于还具有一定速度,因此会在合力为零的点附近振荡,也是无法抵达目标点的。

(4) 意外碰撞问题。尽管障碍物的斥力能够避免机器人与障碍物的碰撞,但当机器人距离目标点较远时,目标物的引力是极大的。机器人在向着目标点运动的过程中,就会与恰好在两者连线上的障碍物发生碰撞。

上述局部极小值和全局最小值等问题,都限制了人工势场法在路径规划中的应用,为了解决上述问题,研究人员也对人工势场法进行了不同角度的优化,主要包括势场函数改进、虚拟目标点法和混沌优化算法等。

1. 势场函数改进法

该方法是一种最直接的处理方法,通过对人工势场法中的势能函数进行改造,从而可以有效解决全局最小值和目标不可达等问题。当目标点周围有障碍物时,随着机器人逐步向目标点运动,障碍物斥力逐渐增大、目标点的引力会逐渐减小,就可能产生目标点不是势场最低点的问题,进而导致机器人无法到达目标点。

因此,可以对斥力场函数进行改进,解决在目标点附近斥力过大的问题,使得斥力在目标点附近能够减小甚至趋于零,目标点成为其周围区域中势能的最低点。优化后的斥力场函数可以表示为

$$U_{rep}(q) = \begin{cases} \dfrac{1}{2} K_{rep} \left(\dfrac{1}{\rho(q)} - \dfrac{1}{\rho_0} \right)^2 (\boldsymbol{X} - \boldsymbol{X}_g)^n, & \rho(q) \leqslant \rho_0 \\ 0, & \rho(q) > \rho_0 \end{cases} \tag{7.9}$$

其中,所增加的$(\boldsymbol{X} - \boldsymbol{X}_g)$部分被称为距离因子,表示的是机器人与目标点之间的距离,$\boldsymbol{X}$是机器人的位置矢量,$\boldsymbol{X}_g$是目标点在势场中的位置矢量,n是大于零的任意实数。

根据式(7.9),可得排斥力$F_{rep}(q)$为

$$F_{rep}(q) = -\nabla U_{rep}(q) = \begin{cases} F_{rep1}(q) + F_{rep2}(q), & \rho(q) \leqslant \rho_0 \\ 0, & \rho(q) > \rho_0 \end{cases} \tag{7.10}$$

其中:

$$F_{rep1}(q) = K_{rep} \left(\dfrac{1}{\rho(q)} - \dfrac{1}{\rho_0} \right) \dfrac{1}{\rho^2(q)} \cdot (\boldsymbol{X} - \boldsymbol{X}_g)^n \dfrac{\partial \rho(q)}{\partial X} \tag{7.11}$$

$$F_{rep2}(q) = -\dfrac{n}{2} K_{rep} \left(\dfrac{1}{\rho(q)} - \dfrac{1}{\rho_0} \right)^2 (\boldsymbol{X} - \boldsymbol{X}_g)^{n-1} \cdot \dfrac{\partial (X - X_g)}{\partial X} \tag{7.12}$$

改进后的排斥力函数增加了距离因子作为一项参数,将机器人与目标点之间的距离作为一项限制排斥力的条件,从而保证了局部范围内,目标点是整个势场中的全局最小值。

2. 虚拟目标点法

势场函数改进法能够有效地解决目标点不可到达的问题,解决了目标点附近障碍物的干扰问题,但是无法解决局部极小值问题。也就是说,如果机器人在抵达目标之前的路径上,遭遇到某点的合力为零的问题,机器人会误将该点当作目标点,陷入局部极小值点,无法到达真正的目标点。

为了解决局部极小值的问题,引入了虚拟目标点法。该方法的主要思路是构建虚拟点,改变机器人在非目标点处合力为零的问题:当机器人检测到自身陷入局部极小值点之后,系统会在原有的目标点附近增加一个虚拟的目标点,该点的加入能够改变机器人在原有合

力为零的点的合力,机器人受到的合力不再为零,使机器人摆脱局部极小值点而继续前进,而当机器人摆脱局部极小值之后,系统便可以撤销该虚拟目标点。

3. 混沌优化算法

势场函数改进法和虚拟目标点法分别适用于全局最小值和局部极小值问题,两种方法都无法同时解决两种问题。混沌优化算法则针对这类问题进行了改进,该算法结合了人工势场法和混沌优化算法,不仅可以解决全局最小值所导致的目标不可达问题、局部极小值点问题,同时还可以解决机器人在相近障碍物间不能发现路径、障碍物前振荡和狭小通道中摆动等问题。

混沌现象是自然界中的普遍现象,指一种在确定性系统中出现的介于规则与随机之间的现象。混沌理论认为:在混沌系统中,初始条件即便只是发生了微妙的变化,经过不断放大之后,也会对未来的状态造成极大的影响,即所谓的"蝴蝶效应"。混沌现象所表现出来的看似随机的现象其实并非真正的随机现象,混沌现象具有以下三种显著的特征。

(1) 随机性。混沌现象表现出来的是一种类似于随机现象的杂乱无章的现象。

(2) 遍历性。混沌可以不重复地遍历一定范围内的所有状态。

(3) 规律性。混沌现象可以由确定性的迭代式产生。

正是由于混沌现象的遍历特性,使人工势场法的改进方法——混沌人工势场法成为可能。混沌优化算法的基础是 Logistic 映射:

$$x_{n+1} = \mu x_n (1 - x_{n-1}), \quad n = 1, 2, \cdots \tag{7.13}$$

可以证明,当 $\mu = 4$ 时,该映射为 $[0,1]$ 区间上的满射,因此利用该映射得到的混沌优化算法具有摆脱局部极小值的能力。

在混沌人工势场法中,是将势函数作为目标函数,控制变量是机器人的运动状态,包括运动步长和方向。其中,引力势场函数(式(7.5))保持不变,斥力势场函数修改为

$$U_{\text{rep}i}(q) = \begin{cases} \dfrac{1}{2} K_{\text{rep}i} \left(\dfrac{1}{\rho(q)} - \dfrac{1}{\rho_0} \right)^2, & \rho(q) \leqslant \rho_0 \\ 0, & \rho(q) > \rho_0 \end{cases}, \quad i = 1, 2, \cdots, n \tag{7.14}$$

其中,i 是第 i 个障碍物,$K_{\text{rep}i}$ 则是其对应的正比例因子,数值的大小由障碍物的形状决定。因此,在有 n 个障碍物的环境中,总的势场函数为

$$U(q) = U_{\text{att}}(q) + \sum_{i=1}^{n} U_{\text{rep}i}(q) \tag{7.15}$$

机器人在采用混沌人工势场法进行路径规划时,凭借由传感器获取的外界障碍物的信息,就可以通过混沌优化算法计算出最优步长和方向角,从而使机器人准确地抵达下一位置,反复如此,直到机器人抵达目标为止。

由于在实际应用中,机器人是通过由传感器传递的障碍物信息实施规划的,因此可能会导致路径出现突变点、机器人在运动过程中不平顺等问题。因此,当势场函数 $U(q)$ 的值较小时,还应引入平滑因子:

$$U_s = \beta \frac{U_{\text{att}}(q) - U_{\text{rep}}(q)}{U_{\text{rep}}(q)} \tag{7.16}$$

其中,β 是由实际情况决定的正常数。

此时,混沌优化算法将 $U(q) + U_s$ 作为目标函数,采用相似的方法就可以得到相应的步

长和方向角,因此机器人规划得到的路径是平滑的。

7.2.3 栅格建模法

7.1节中已经介绍了栅格地图的相关特性,本节将主要介绍栅格的相关方法和理论基础。栅格建模法是一种广泛应用于各类移动机器人的全局路径规划方法,该方法在进行路径规划时使用的是栅格地图。可见栅格建模法实际上是一种对机器人运动空间环境的建模方法,用栅格标记环境的属性或可用性。机器人在空间中运动之前,必须先将传感器或其他手段获取的外部信息经过处理,转换成符合栅格地图格式要求的外部世界模型,这也是路径规划的关键一步。

栅格建模法是指使用相同尺寸的栅格对地面机器人的工作空间进行二维划分,栅格的大小取决于运动控制的精度。一般情况下,为了数据处理的便捷性,栅格通常设计为正方形,且栅格尺寸不可以小于机器人的尺寸,即栅格的大小能够容纳机器人。但是部分情况下,栅格也可以小于机器人的尺寸,以便实现对周围环境更加细致的描述。机器人可以使用的栅格通常被称为自由栅格(又称空闲栅格),而被障碍物占用或无法到达等机器人无法使用的栅格则被称为障碍栅格(又称占用栅格)。利用栅格建模法对记录的环境信息处理,环境信息会被量化为具有一定分辨率的栅格地图。在只考虑自由栅格和障碍栅格两种栅格类型的栅格地图中,机器人的工作环境可被看作一系列具有二值信息的网格单元。

栅格建模法主要包括栅格模型设计和路径搜索两个阶段。

1. 栅格模型设计

假设机器人所处环境的长度为 L,宽度为 W,栅格的长和宽均为 b,则环境空间内总的栅格数目为 $\left(\dfrac{L}{b}\right) \times \left(\dfrac{W}{b}\right)$,该环境的栅格地图 Map 由 $\left(\dfrac{L}{b}\right) \times \left(\dfrac{W}{b}\right)$ 个栅格 m_i 构成:

$$\text{Map} = \{m_i, m_i = 0 \text{ 或 } 1, i \text{ 为整数}\} \tag{7.17}$$

其中,$m_i = 0$ 表示该栅格是自由栅格,是没有被障碍物占用或机器人可达的区域,机器人可以通过该栅格或占用该栅格;$m_i = 1$ 则表示该栅格是障碍栅格,不能被机器人所使用。

在建立栅格时,栅格的大小是非常关键的参数。栅格的大小直接决定了机器人所要存储的环境信息量并影响机器人路径规划的效率。若建立的栅格尺寸过大,则建立的栅格地图所占用的存储空间就较小,机器人路径规划的时间较短,而且机器人存储的环境信息也会较少,可能会导致环境分辨率不足,部分路径无法发现,并导致路径规划能力减弱的问题发生。反之,栅格尺寸较小可以存储更精细的环境信息,环境分辨率较高,路径规划能力较强,但是机器人要付出更高的存储代价和更高的计算代价。

对于扫地机器人等工作环境较小、工作精度要求不高的机器人,可以直接根据传感器数据建立数据存储简单的二值化栅格地图。传感器已经探测的没有障碍物的栅格被标记为自由栅格,已经探测的无法使用的栅格被标记为障碍栅格,而传感器尚未探测的栅格或无法探测的栅格则可以被标记为未知栅格,如图7.7所示。

可视化的栅格地图可被看作一幅位图,但在机器人中,栅格地图可以以如下两种方式进行存储。

(1) 编号法。如图7.8(a)所示,栅格按照从左到右、从上到下的顺序从1开始被编号,每个栅格都有唯一对应的编号。

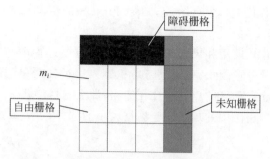

图 7.7 栅格建模法对二值化栅格的标记类型

（2）坐标系法。采用如图 7.8(b)所示的坐标系进行建模,每个栅格区间对应坐标轴上的长度区间,每个栅格都可以用直角坐标进行唯一的表示。

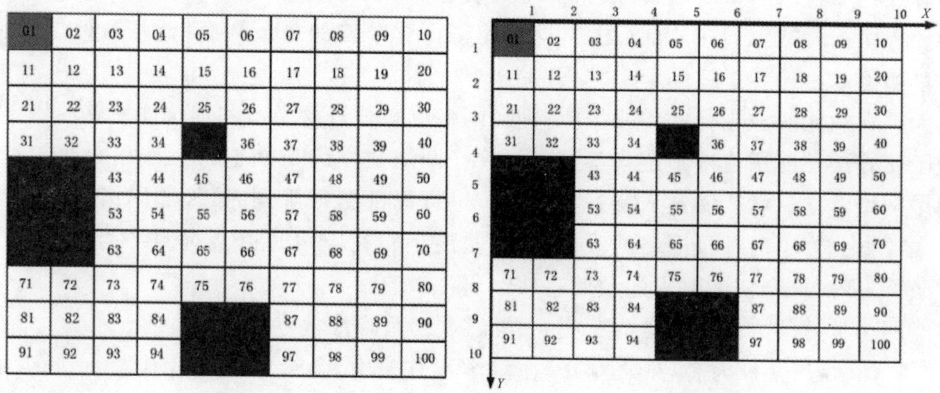

01	02	03	04	05	06	07	08	09	10
11	12	13	14	15	16	17	18	19	20
21	22	23	24	25	26	27	28	29	30
31	32	33	34		36	37	38	39	40
		43	44	45	46	47	48	49	50
		53	54	55	56	57	58	59	60
		63	64	65	66	67	68	69	70
71	72	73	74	75	76	77	78	79	80
81	82	83	84			87	88	89	90
91	92	93	94			97	98	99	100

(a) 编号法

(b) 坐标系法

图 7.8 栅格地图在机器人中的表示方法

若使用灰度对编号法的栅格地图进行表征,每个栅格中都有一个表征值,用于表示栅格对于机器人的危险程度,栅格内的数值越高则危险程度越高,栅格可用性就越低。栅格数值的取值方法主要有以下几类。

（1）中心归属法。栅格单元的值以栅格中心点对应的区域的属性而定。

（2）长度法。栅格单元的值以栅格的水平中线或者垂直中线的大部分长度所对应区域属性来确定,生成二值化栅格,或者以长度占比计算栅格的取值。

（3）面积法。栅格单元的值以栅格中被占用的面积占比的大部分来确定二值化栅格的值,或者以面积占比计算栅格的取值。

（4）重要性法。根据地图所关注的属性在栅格中的占比情况决定栅格的取值。

2. 路径搜索

以 Dijkstra 算法为代表的传统路径搜索算法是将起点处栅格作为参考栅格,从该栅格相邻的栅格中选取数值最小的栅格,也就是最安全的栅格作为机器人的前进方向,并把该栅格作为新的参考栅格,重复上述过程,直到机器人到达目标位置为止。

除了传统路径搜索算法之外,目前常见的路径搜索算法还包括 A* 和 D* 等各类启发式路径搜索算法、深度优先搜索（Depth First Search, DFS）、广度优先搜索（Breadth First

Search,BFS)和贪婪最佳优先搜索(Greedy Best First Search,GBFS)算法等,各种算法的具体实现原理不再介绍。

栅格建模法具有简单、实用和灵活等优点,同时在建模过程中,对环境空间的栅格化处理,还可以忽略障碍物的外形因素,也无须考虑机器人等运动对象的运动轨迹、数目和形状的因素。理论上,只要起点和目的点之间存在通路,那么栅格法就一定能搜索到起点和目的点之间的路径。但是,栅格法中的难点在于栅格大小的选择,过大或过小都会影响机器人的运行性能。

7.2.4 神经网络法

人们在对人脑思维方式进行了长期并深入的研究之后,设计出了有着高度并行性、泛化能力、自组织性的各类神经网络算法。神经网络算法具有非线性和结构化的突出优点。向已有的神经网络输入参数之后,一般就能得到期望获得的输出参数。因为网络结构的不同,一般神经网络的层数也会在 3 层以上。这也使得计算结构的复杂性有所提升,但结果也逐步逼近真实值。

与人类在幼儿阶段进行的学习类似,神经网络也必须进行学习和训练才能够使用,学习训练用于使算法在应用前来锁定其参数。尽管在网络建立的初期这一工作相对比较复杂,然而如果网络建立后就能够达成良好的效果。进行局部路径规划时,神经网络输入即为传感器采集数据。为了对神经网络的输出走向进行控制,在应用时也会对网络加入一些相应的限制条件,得到符合实际要求的预期有效输出。

神经网络学习的方式主要分为三类:监督学习、无监督学习和强化学习。

(1)监督学习,又称为有导师学习。在该学习方式中,会给出导师信号,其对一组给定的输入提供了正确的输出结果,这组已知的"输入-输出"数据被称为训练样本集,或训练数据集。学习系统会根据已知输出与实际输出的误差来调节系统的参数。

(2)无监督学习,又称为无导师学习。在该学习中,没有外部导师,学习过程只能靠神经网络系统自身来完成。学习系统会完全按照环境所提供数据的统计规律来调节自身的参数或者网络结构,以表示外部输入的固有特性。

(3)强化学习,又称为再激励学习。该方法介于监督学习和无监督学习之间,与监督学习的差别在于其所存在的外部环境并不会给出明确的正确输出结果。而是只给出结果的评价,学习系统需要根据这些评价来选择能够实现预期输出结果的最佳参数,以提升自身的性能。

具体的关于神经网络在机器人路径规划中的应用方法,本节不再介绍。

7.3 ROS 的同步定位与地图构建

同步定位与地图构建(Simultaneous Localization and Mapping,SLAM)指的是机器人在自身位置不确定的条件下,在完全未知的环境中创建地图,同时利用地图进行自主定位和导航。该问题可以描述为机器人在未知环境中,从一个未知位置开始移动,在移动过程中根据位置估计和传感器数据进行自身定位,同时构造增量式地图的过程。在该过程中,会涉及以下三方面的问题。

（1）定位（Localization），机器人必须能够确定自己在环境中的位置。

（2）建图（Mapping），机器人必须能够记录环境中特征的位置，即确定当前位置周围环境的特征。

（3）SLAM，机器人在定位的同时建立环境地图。其基本原理是运用概率统计的方法，通过多特征匹配来达到定位和减少定位误差的目的。

7.3.1 SLAM工作流程和分类

SLAM技术起源于1986年的IEEE Robotics and Automation Conference大会，研究人员希望能将估计理论（Estimation Theory）与方法应用在构图和定位问题中。SLAM最早被应用在机器人领域，其目标是在没有任何先验知识的情况下，根据传感器数据实时构建周围环境地图，同时根据这个地图，机器人能够推测自身的定位。机器人在运动过程中必须解决三方面的问题，即"我在哪?""我要去哪?""我怎么去那儿?"而SLAM解决的正是第一个问题，即推断出机器人在环境中的位置并构建环境地图。在此基础上才可以顺利地完成路径规划，才可以选择到达目的地的最优路线并规避障碍。移动机器人各个研究领域的关系如图7.9所示。

SLAM技术的一个关键点在于感知周围环境的状态。SLAM从感知层面上，可以在多种不同的硬件上实现。SLAM的实现也不仅是一个算法层面的意义，更是一种实现特定功能的概念。所以，SLAM技术包含许多步骤，其

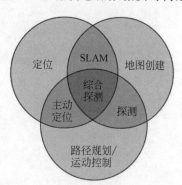

图7.9 移动机器人各个研究
领域的关系

中的每一个步骤均可以使用不同的算法、不同的设备来实现。以测距为例，目前比较常见的测距单元包括激光测距、超声波测距以及视觉测距三种。此外，结构光和TOF也逐渐在部分领域得到应用。

（1）激光测距是最为常用的方式。通常激光测距仪或激光雷达比较精确、高效并且其输出不需要太多的处理。但其缺点在于价格一般比较昂贵，且激光测距仪在穿过玻璃平面的问题上也存在诸多尚未解决的问题。激光测距仪目前还不能应用于水下测量，当需要建立水下SLAM系统时，则需要声呐进行测距。

（2）超声波测距也是一种常用的测距方式。超声波测距以及声波测距目前仍有十分广泛的应用。相对于激光测距单元，超声波测距价格低廉，但其测量精度较低。相对于激光测距仪的发射角仅为0.25°，超声波的发射角可以达到30°。超声波测距作为目前最为常用的测距方式，广泛地应用在各类智能小车、扫地机器人和汽车上。

（3）视觉测距目前也已经成为主流的测距方式之一。传统的视觉测距会受到光线等影响，而该问题近年来已经得到了很好的解决。而且GPU和FPGA等算力的提升也解决了视觉测距所需要的算力资源问题。目前，视觉测距主要通过双目或者多目相机来实现。基于视觉测距的机器人往往与人工智能相结合，使得机器人在完成测距的同时，还能够获取大量外界的环境信息，并通过神经网络模拟人类的思考过程。但是，视觉测距依然面临着数据量大、数据处理过程复杂等问题，这也就导致了视觉测距系统对于运算资源的依赖性更高。

前端感知技术的不同决定了进入SLAM处理算法的数据类型，激光雷达和声呐所生成

的一般是点云形式的二维数据或三维数据，超声波测距生成的则是点数据，视觉测距生成的则是图像数据。数据形式不同，就会对硬件系统提出不同的接口和性能需求，也必然会对算法提出适应性的需求。因此，常见的 SLAM 分类方法一般也是基于前端感知设备进行大分类的，而后再根据技术进行细分。例如，一种 SLAM 的分类如图 7.10 所示。

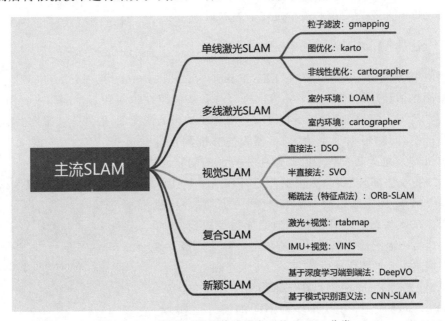

图 7.10　一种基于前端传感器类型的 SLAM 分类

以视觉 SLAM(vSLAM)为例，其基本流程可以分为传感器信息读取、视觉里程计、后端优化、回环检测和建图五个步骤，五个步骤之间的关系如图 7.11 所示。其中，前端和后端是目前 vSLAM 的研究重点。

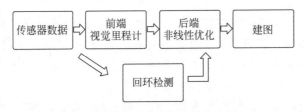

图 7.11　SLAM 的五个基本流程

（1）传感器信息读取。在视觉 SLAM 中，主要是相机图像信息的读取和预处理，如果在其他类型的 SLAM 中，则可能是码盘、惯性传感器、超声波传感器和激光雷达等信息的读取和同步工作。

（2）视觉里程计(Visual Odometry，VO)。视觉里程计的任务是估算相邻图像间相机的运动以及局部地图的样子，又被称为前端(Front End)。视觉里程计与传统的里程计不同，不使用码盘等设备，只利用摄像头拍摄的连续图像帧就可以计算里程，方便且用途广泛。

视觉里程计的实现方法按照是否需要提取特征，可以分为特征点法前端及不提取特征的直接法前端。特征点法主要包括特征提取与匹配、位姿求解。常用的特征提取方法包括 SIFT 特征、ORB 特征与 SURF 特征。从精度方面，SIFT 特征的效果最好，但耗时长，ORB

则兼顾了精度和计算时间,所以最有实用价值。现有 vSLAM 中,PTAM 和 ORB-SLAM2 也是两种具有代表性的特征点法。

特征点法中,相机位姿的求解通常是根据匹配的点对来计算的,对于多组 2D 像素点,可以利用对极几何来估计,即匹配两个单目图片,以得到 2D-2D 之间的关系;对于多组 3D 空间点,可以利用 ICP 来解决,即匹配的是 RGB-D 图,得到的是 3D-3D 之间的关系;对于 3D 空间点和 2D 像素点,则可以采用 PNP 来求解,即匹配单目图片与地图,得到 3D-2D 之间的关系。

直接法的前端是根据像素灰度的差异直接计算相机运动,并根据像素点之间的光度误差进行优化的方法。直接法既缩短了特征的计算时间,也避免了特征缺失的情况。只要场景中存在着明暗变化,直接法就能工作,典型的直接法有 SVO 和 LSD-SLAM。根据使用像素的数量,直接法分为稀疏、稠密和半稠密三种。稀疏方法可以快速地求解相机位姿,而稠密方法可以建立完整的地图,但是,直接法也存在着以下明显的缺点。

① 非凸性,由于图像是强烈非凸的函数,优化算法容易陷入极小值,在运动很小时直接法效果较好。

② 难以在单个像素没有区分度的情况下工作。

③ 只能在灰度值不变的假设前提下工作。

(3) 后端优化(Optimization)。对视觉前端得到的不够准确的相机位姿和重建地图进行优化微调。在视觉前端中,不管是进行位姿估计还是建图,都是利用相邻帧之间的关系来完成的。这种依赖局部约束且不停地链式进行的算法,必将导致误差逐帧累积,最终产生一个较大的误差漂移。因此,后端优化的思路就是从全局(整个相机运动过程)中选取一些关键帧,利用这些关键帧之间的关系建立起时间和空间跨度更大的、需要同时满足的全局约束,以优化之前得到的不够准确的各帧的相机位姿,实际上,后端优化完成的是一个 Bundle Adjustment(最小化重投影误差)工作。

该全局优化问题可以通过建立和优化位姿图(Pose Graph)来求解。位姿图是以关键帧的全局位姿作为图的节点,以关键帧之间的相对位姿误差作为图的边的权重,通过令整个图的所有边的权重值总和最小,来优化得到每个图节点的值。

(4) 回环检测(Loop Closing)。处理视觉前端产生的累积误差的另一种方法就是回环检测。回环检测判断机器人是否回到了之前经过的位置,如果检测到了回环。它会把信息传递给后端进行优化处理。回环是一个比后端优化更加紧凑且准确的约束,这一约束条件可以形成一个拓扑一致的轨迹地图。如果能够检测到闭环,对其优化就可以让结果更加准确。在检测回环时,如果把以前的所有帧都拿过来和当前帧做匹配,匹配足够好的就是回环,但这样会导致计算量太大,匹配速度过慢。而且在没有找好初值的情况下,需要匹配的数目是巨大的。因此,回环检测是 SLAM 的一个难点问题。

现阶段应用最广的回环检测方法是词袋模型(Bag-of-Words),该方法首先利用机器学习的方法从大量图像中提取特征并将其聚类形成一部词典。然后将每幅图像根据词典编码为一个向量的描述。最后,若有差异小于某个阈值的两幅图像,再根据对极几何进行几何验证,对于验证通过的一对图像认为是相机在同一个地方。

(5) 建图(Mapping)。根据估计的轨迹,建立与任务要求对应的地图。

7.3.2　ROS 基础

2007 年，斯坦福大学人工智能实验室与机器人技术公司 Willow Garage 开展了个人机器人（Personal Robots Program）方面的合作，随后，Willow Garage 公司发布了 PR2（Personal Robot 2）机器人。

PR2 有两条手臂，每条手臂七个关节，手臂末端是一个可以张合的夹爪。PR2 依靠底部的四个轮子移动，在头部、胸部、肘部、夹爪上分别安装有高分辨率摄像头、激光测距仪、惯性测量单元、触觉传感器等丰富的传感设备。PR2 的底部有两台八核计算机作为机器人各硬件的控制和通信中枢，并且都安装了 Ubuntu 和 ROS 系统。PR2 能够完成诸如叠衣服、插插座和做早饭等行为，这些不可思议的表现迅速提升了 ROS 的知名度。PR2 和 ROS 有千丝万缕的关系，可以说 ROS 产生于 PR2，也促成了 PR2。如图 7.12 所示，是 PR2 在执行各项工作时的照片。

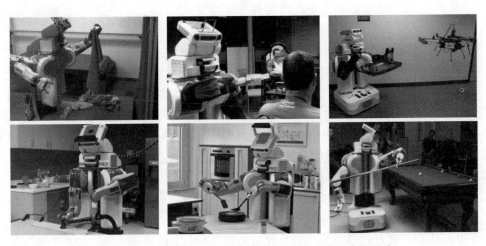

图 7.12　PR2 机器人在做叠衣服、梳头和端茶等工作的照片

1. ROS 简介

ROS(Robot Operating System)是一个适用于机器人的开源的元操作系统。它提供了操作系统应有的服务，包括硬件抽象、底层设备控制、常用函数的实现、进程间消息传递和包管理。它也提供了用于获取、编译、编写和跨计算机运行代码所需的工具和库函数。

简单来说，ROS 是用于编写机器人软件程序的一种具有高度灵活性的软件架构，它具备通信机制（Plumbing）、开发工具软件包（Tools）、机器人应用功能（Capabilities）和机器人生态系统（Ecosystem）四大功能，如图 7.13 所示。

图 7.13　ROS 架构示意图（ROS=Plumbing+Tools+Capabilities+Ecosystem）

传统机器人的开发带有很强的专用性,使得各类机器人在硬件层面上可以共享传感器、控制器和执行机构,而在软件和服务层面上却难以共享代码。ROS 所提出的机器人分工开发的思想,实现了不同研发团队间的共享和协作,提升了机器人的研发效率,实现了服务"分工"开发,其主要设计目标如下。

(1)代码复用功能。代码复用是 ROS 的主要目标,其目的在于支持机器人技术的软件代码的通用化,且可以重复使用。

(2)分布式功能。ROS 是基于进程(也称为 Nodes)的分布式框架,ROS 中的进程可分布于不同主机,不同主机协同工作,从而分散计算压力。而 ROS 所采用的点对点通信方式,也分散了系统的通信压力。

(3)松耦合。ROS 中的功能模块封装成独立的功能包或元功能包,便于分享,功能包内的模块以节点为单位运行,以 ROS 标准的 IO 作为接口,开发者不需要关注模块内部实现,只要了解接口规则就能实现复用,实现了模块间点对点的松耦合连接。

(4)精简。ROS 被设计得尽可能精简,以便为 ROS 编写的代码可以与其他机器人软件框架一起使用。ROS 可以很方便地与其他机器人软件框架集成,目前 ROS 已经可以与 OpenRAVE、Orocos 和 Player 等软件框架集成。

(5)语言独立性。ROS 支持 Java、C++和 Python 等开发语言。为了支持更多应用开发和移植,ROS 被设计成一种语言弱相关的框架结构,使用简洁,中立地定义了语言描述模块间的消息接口。在编译中再产生所使用语言的目标文件,为消息交互提供支持,同时允许消息接口的嵌套使用。

(6)易于测试。ROS 具有称为 rostest 的内置单元/集成测试框架,可轻松安装和卸载测试工具。

(7)支持大型应用。ROS 适用于大型运行时系统和大型开发流程。

(8)丰富的组件化工具包。ROS 可采用组件化方式集成一些工具和软件到系统中并作为一个组件直接使用,如 RVIZ(3D 可视化工具)。开发者根据 ROS 定义的接口在其中显示机器人模型等,ROS 的组件还包括仿真环境和消息查看工具等。

(9)免费且开源。开发者众多,功能包多。

2. ROS 的安装与开发环境配置

截至 2021 年 6 月,ROS Noetic Ninjemys 是 ROS 1 最新的长期支持版本(LTS),而 ROS Foxy Fitzroy 则是 ROS 2 最新的长期支持版本(LTS)。

Noetic 可以在 Ubuntu 20.04、MacOS 或 Windows 系统上安装,但受限于机器人的性能,一般会选择运行在 Ubuntu 等 Linux 操作系统之上。由于 ROS 中的部分硬件,如摄像头、雷达和各类传感器比较耗费资源,因此在实际使用中,Ubuntu 系统应该安装在真实的物理机上,而在学习和实践环境下,可以使用 VirtualBox 或 VMware 等软件,以虚拟机的形式构建 Ubuntu 环境。具体的安装虚拟机软件和 Ubuntu 系统的过程本书不做赘述。

1)设置 ROS 源

使用 Ubuntu 系统安装和配置软件可以有效解决包的依赖关系。为了保证 ROS 开发中第三方软件的来源问题,应首先配置 Ubuntu 的软件和更新,允许安装不经认证的软件:打开"软件和更新"对话框,配置并确保勾选了 main、restricted、universe 和 multiverse 四种源的类型。然后就可以为系统增加源,可以配置的源包括官方默认源,配置方法:

```
sudo sh - c 'echo "deb http://packages.ros.org/ros/ubuntu $(lsb_release - sc) main" > /etc/
apt/sources.list.d/ros - latest.list'
```

或者配置国内的清华大学镜像源:

```
sudo sh - c '. /etc/lsb - release && echo "deb http://mirrors.tuna.tsinghua.edu.cn/ros/ubuntu/
`lsb_release - cs`main" > /etc/apt/sources.list.d/ros - latest.list'
```

或者配置国内的中科大镜像源:

```
sudo sh - c '. /etc/lsb - release && echo "deb http://mirrors.ustc.edu.cn/ros/ubuntu/ `lsb_
release - cs`main" > /etc/apt/sources.list.d/ros - latest.list'
```

然后,设置软件 key:

```
 sudo apt - key adv - - keyserver 'hkp://keyserver.ubuntu.com:80' - - recv - key
C1CF6E31E6BADE8868B172B4F42ED6FBAB17C654
```

从源更新本地的软件列表:

```
sudo apt update
```

2) 安装 ROS 和 rosdep

安装官方推荐的完整的 ROS noetic 桌面版安装包:

```
sudo apt install ros - noetic - desktop - full
```

也可以安装其他 ROS 版本,如 kinetic、melodic 等,只需要将各命令中的 noetic 替换为版本名称即可,安装过程所消耗的时间取决于网络速度和虚拟机的性能,安装完成后可直接开始配置环境变量:

```
echo "source /opt/ros/noetic/setup.bash" >> ~/.bashrc
source ~/.bashrc
```

此外,如果新安装的 Ubuntu 系统中没有 Python 开发环境,还需要在安装桌面版安装包之前安装 Python 3 相关工具,并对其进行初始化:

```
sudo apt install python3 - rosdep python3 - rosinstall python3 - rosinstall - generator python3
- wstool build - essential
sudo rosdep init
rosdep update
```

在安装和配置 rosdep 时,如果遇到一些错误而终止,可以直接搜索错误信息,参考互联网的各类解决方法处理。

3) 测试 ROS 安装效果

完成上述安装后,就可以使用 ROS 内置的小程序,检测 ROS 环境是否可以正常运行,打开三个命令行终端窗口,分别在三个终端窗口中输入:

```
roscore
rosrun turtlesim turtlesim_node
rosrun turtlesim turtle_teleop_key
```

就可以在第三个终端窗口中,通过上下左右按键控制小乌龟的运动,如图 7.14 所示。

图 7.14   安装完成后的 ROS 的测试效果

4）基于 ROS 进行开发的基础过程

在使用 ROS 进行开发时，应遵循创建工作空间、创建功能包、编辑源代码文件、编辑配置文件、编译和执行的过程。由于 ROS 支持不同的开发语言，因此也仅仅会在编辑源代码和配置文件阶段出现差异。

首先，需要为 ROS 开发创建工作空间：

```
mkdir -p<自定义空间名称>/src
cd<自定义空间名称>
catkin_make
```

然后，创建 ROS 包并添加基本依赖：

```
cd src
catkin_create_pkg <自定义 ROS 包名> roscpp rospy std_msgs
```

ROS 执行的命令都在一个工作空间中运行，ROS 也需要一个区域来操作代码，该区域被称为工作空间（Workspace）。工作空间是 ROS 中最小的环境配置单位，可以把工作空间看成一个有结构的文件夹，内部包含多个包（Package）以及一些结构性质的文件。将工作空间的配置写进环境变量中，才能使用 ROS 命令执行该工作空间中的包的相关操作。

5）使用 C++开发 Hello World 示例

首先，进入 ROS 包的 src 目录编辑，然后编辑源文件，<源代码文件名>可以是任意自定义的合法文件名：

```
cd <自定义的 ROS 包名>
mkdir src
cd src
```

<源代码文件名>.cpp 文件的内容如下。

机器人的路径规划和导航

```
#include "ros/ros.h"
int main(int argc, char * argv[ ]) {
    //执行 ROS 节点初始化
    ros::init(argc, argv, "hello");
    //创建 ROS 节点句柄(非必需)
    ros::NodeHandle n;
    //控制台输出 Hello World
    ROS_INFO("Hello World!");
    return 0;
}
```

然后,编辑 ROS 包下的 Cmakelist.txt 文件:

```
add_executable(<源代码文件名>
    src/<源代码文件名>.cpp
)
target_link_libraries(<源代码文件名>
    ${catkin_LIBRARIES}
)
```

然后,回到工作空间文件夹并编译:

```
cd ../../../
catkin_make
```

最后,执行编译后的工程,打开一个终端窗口,输入:

```
roscore
```

再打开另一个终端窗口,输入:

```
cd <自定义空间名称>
source ./devel/setup.bash
rosrun <自定义的包名> <源代码文件名>
```

则在终端窗口会输出程序运行结果:

```
Hello World!
```

6) 使用 Python 开发 Hello World 示例

进入 ROS 包的 src 目录编辑,然后编辑源文件,<源代码文件名>可以是任意自定义的合法文件名。

```
cd <自定义的包名>
mkdir scripts
cd scripts
```

<源代码文件名>.py 文件的内容如下。

```
#! /usr/bin/env python
import rospy
if __name__ == "__main__":
    rospy.init_node("Hello")
    rospy.loginfo("Hello World!!!!")
```

修改该文件的权限，使其成为可执行文件：

```
chmod ＋x <源代码文件名>.py
```

然后，编辑 ROS 包下的 Cmakelist.txt 文件：

```
catkin_install_python(PROGRAMS scripts/<源代码文件名>.py
  DESTINATION ${CATKIN_PACKAGE_BIN_DESTINATION}
)
```

然后，回到工作空间文件夹并编译：

```
cd ../../../
catkin_make
```

最后，执行编译后的工程，打开一个终端窗口，输入：

```
roscore
```

再打开另一个终端窗口，输入：

```
cd <自定义空间名称>
source ./devel/setup.bash
rosrun <自定义的包名> <源代码文件名>.py
```

则在终端窗口会输出程序运行结果：

```
Hello World!
```

ROS 的编译系统决定了工作空间和包的结构，ROS 的编译系统有两种：catkin 和 rosbuild。不同的编译系统创建的工作空间和包也不相同。rosbuild 是 ROS 传统的编译系统，从最初沿用至今，但面临被弃用的状态。catkin 源于 ROSfuerte，最初只被少部分人使用，在 fuerte 的下一个版本 groovy 开始被正式使用，用于取代 rosbuild。基于 catkin 编写的 package 被称为 wet package，而基于 rosbuild 编写的 package 被称为 dry package。

7）ROS 的集成开发环境

尽管使用终端和 vi 等文本工具就可以完成 ROS 的开发和调试工作，但在 3）、5）和 6）等环节中可以看出，ROS 开发需要同时打开多个终端窗口，缺乏管理，桌面布局混乱，因此可以引入一些集成开发工具来提升工作效率，如 Terminator 和 VS Code 等。

8）ROS 文件系统结构

通过 4）、5）和 6）的操作环节可以看出，ROS 的文件系统具有如图 7.15 所示的结构。

其中，package.xml 文件定义有关软件包的属性，例如，软件包名称、版本号、作者、维护者以及对其他 catkin 软件包的依赖性。需要注意的是，该概念类似于旧版 rosbuild 构建系统中使用的 manifest.xml 文件。而 CMakeLists.txt 是 CMake 构建系统的输入，用于构建软件包。任何兼容 CMake 的软件包都包含一个或多个 CMakeLists.txt 文件，这些文件描述了如何构建代码以及将代码安装到何处。文件系统各目录的功能如图 7.16 所示。

9）ROS 文件操作的基本命令

ROS 的文件系统本质上还是操作系统文件，因此，可以使用 Linux 命令来操作这些文件。但为了提供更好的用户体验，ROS 也专门提供了一些类似于 Linux 的命令，这些命令

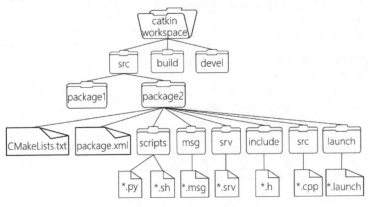

图 7.15 ROS 的文件系统结构

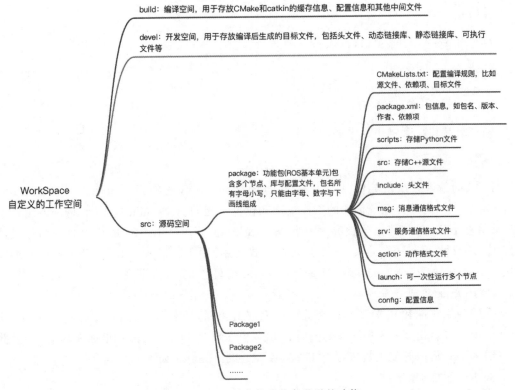

图 7.16 ROS 的文件系统各目录的功能

较之于 Linux 原生命令,更为简洁和高效。主要包括:

catkin_create_pkg<自定义包名> <依赖包>,用于创建新的 ROS 功能包。

rospack list,列出所有功能包。

rospack find<包名>,查找某个功能包是否存在,如果存在返回安装路径。

roscd<包名>,进入某个功能包。

rosls<包名>,列出某个包下的文件。

rosed<包名> <文件名>,修改功能包文件。

roscore 或 roscore-p <端口号>,ROS 的系统先决条件节点和程序的集合,必须先运行 roscore 才能使 ROS 节点进行通信。执行 roscore 将启动：ros master、ros ＜参数服务器＞和 rosout 日志节点三个功能。

rosrun＜包名＞ ＜可执行文件名＞，运行指定的 ROS 节点。

roslaunch＜包名＞ ＜文件名＞.launch，执行某个包下的 launch 文件。

10) ROS 通信机制：话题通信

机器人是一种高度复杂的系统性实现，在机器人上会集成各种传感器以及运动控制装置，为了解耦合，ROS 中每一个功能点都是一个单独的进程，每一个进程又都是独立运行的。

ROS 中的基本通信机制主要有三种实现策略：话题通信（发布订阅模式）、服务通信（请求响应模式）和参数服务器（参数共享模式）。

话题通信实现模型比较复杂，模型中涉及三种角色：ROS Master（管理者）、Talker（发布者）和 Listener（订阅者）。其中，ROS Master 负责保管 Talker 和 Listener 注册的信息，并匹配话题相同的 Talker 与 Listener，帮助 Talker 与 Listener 建立连接，连接建立后，Talker 可以发布消息，且发布的消息会被 Listener 订阅接收，该过程如图 7.17 所示。

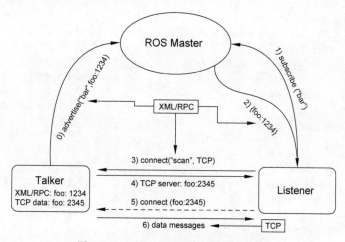

图 7.17 ROS 话题通信的功能流程图

如图 7.17 所示的 ROS 话题通信的各个流程的功能如下。

步骤 0：Talker 注册。Talker 启动后，会通过 RPC 在 ROS Master 中注册自身信息，其中包含所发布消息的话题名称等。ROS Master 会将节点的注册信息加入到注册表中。

步骤 1：Listener 注册。Listener 启动后，也会通过 RPC 在 ROS Master 中注册自身信息，包含需要订阅消息的话题名。ROS Master 会将节点的注册信息加入到注册表中。

步骤 2：ROS Master 实现信息匹配。ROS Master 会根据注册表中的信息匹配 Talker 和 Listener，并通过 RPC 向 Listener 发送 Talker 的 RPC 地址信息。

步骤 3：Listener 向 Talker 发送请求。Listener 根据接收到的 RPC 地址，通过 RPC 向 Talker 发送连接请求，传输订阅的话题名称、消息类型以及通信协议（TCP/UDP）。

步骤 4：Talker 确认请求。Talker 接收到 Listener 的请求后，也通过 RPC 向 Listener 确认连接信息，并发送自身的 TCP 地址信息。

步骤 5：Listener 与 Talker 建立连接。Listener 根据步骤 4 返回的消息使用 TCP 与 Talker 建立网络连接。

机器人的路径规划和导航

步骤 6：Talker 向 Listener 发送消息。连接建立后，Talker 开始向 Listener 发布消息。

需要注意的是，步骤 0 至步骤 4 采用的是 RPC 协议，步骤 5 和步骤 6 采用的是 TCP。Talker 与 Listener 都可以有多个，是一种多对多的关系，且 Talker 与 Listener 的启动没有先后顺序的要求。而 ROS Master 的作用也仅限于"协助"Talker 与 Listener 建立连接，当二者连接成功后，ROS Master 不再起作用，即使关闭 ROS Master，Talker 与 Listener 照常通信。

以实现每秒发布 10 次的消息为例，使用 C++ 语言实现的过程包括发布方(Talker)的实现、订阅方(Listener)的实现、编辑配置文件和编译执行等，具体过程如下。

首先，实现基于 C++ 语言的发布方程序，具体代码如下。

```cpp
# include "ros/ros.h"
# include "std_msgs/String.h"                    //普通文本类型的消息
# include < sstream >
int main( int argc, char * argv[ ]) {
    setlocale(LC_ALL,"");                         //设置编码
    ros::init(argc,argv,"talker");                //初始化 ROS 节点:唯一命名
    ros::NodeHandle nh;                           //实例化 ROS 句柄
    //实例化发布者 talker 对象
    ros::Publisher pub = nh.advertise< std_msgs::String >("chatter",10);
    std_msgs::String msg;                         //组织数据
    std::string msg_front = "Hello 你好!";        //消息前缀
    int count = 0;                                //消息计数器
    ros::Rate rate_10hz(10);                      //10Hz
    while (ros::ok()) {
        std::stringstream ss;
        ss << msg_front << count;
        msg.data = ss.str();
        pub.publish(msg);                         //发布消息
        ROS_INFO("发送的消息:% s",msg.data.c_str());  //调试,打印发送的消息
        rate_10hz.sleep();
        count++;                                  //count 自增
        ros::spinOnce();
    }
    return 0;
}
```

然后，实现订阅方程序，具体代码如下。

```cpp
# include "ros/ros.h"
# include "std_msgs/String.h"
void doMsg(const std_msgs::String::ConstPtr& msg_p) {
    ROS_INFO("接收到信息:% s",msg_p->data.c_str());
}
int main( int argc, char * argv[ ]) {
    setlocale(LC_ALL,"");
    ros::init(argc,argv,"listener");              //初始化 ROS 节点:唯一命名
    ros::NodeHandle nh;                           //实例化 ROS 句柄
    //实例化订阅者 Listener 对象
    ros::Subscriber sub = nh.subscribe< std_msgs::String >("chatter",10,doMsg);
    //处理订阅的消息(回调函数),暂无
    ros::spin();                                  //循环读取
    return 0;
}
```

继续配置 CMakeLists. txt 文件。

```
add_executable(Hello_pub
  src/Hello_pub.cpp
)
add_executable(Hello_sub
  src/Hello_sub.cpp
)
target_link_libraries(Hello_pub
  ${catkin_LIBRARIES}
)
target_link_libraries(Hello_sub
  ${catkin_LIBRARIES}
)
```

最后,完成编译,在多个终端窗口中依次启动 roscore、发布节点、订阅节点,即可实现消息的传输过程。使用 Python 也能实现同样的功能,具体程序不再介绍。

在 ROS 通信协议中,数据载体是一个较为重要的组成部分。ROS 通过 std_msgs 封装了一些原生的数据类型,如 string、int32、int64、char、bool、empty 等。但是,这些数据一般只包含一个 data 字段,结构单一意味着功能上的局限性,当传输一些复杂的数据时,就难以通过原生数据类型实现,需要自定义数据类型。

使用自定义数据类型时,应首先创建自定义 msg 目录,并向内添加自定义 msg 的文件。如自定义类型 Person 中包括姓名、年龄和身高三项数据时,可以定义 Person. msg 文件,内容为:

```
string name
uint16 age
float64 height
```

再向 package. xml 文件中添加编译依赖与执行依赖,并修改 CMakeLists. txt 文件,编辑 msg 相关配置和执行依赖。而在发布方和订阅方实现方面,只需要在实例化发布者对象、初始化数据、实例化订阅者对象和回调处理中进行修改即可,具体代码和实现过程不再介绍。

11) ROS 通信机制: 服务通信

服务通信也是 ROS 中一种常用的通信模式,服务通信是基于请求-响应模式的,是一种应答机制。即一个节点 A 向另一个节点 B 发送请求,B 接收处理请求并产生响应结果返回给 A。

服务通信较话题通信更为简单,理论模型如图 7.18 所示。该模型中涉及三个角色: ROS Master、Server(Talker)和 Client(Listener)。ROS Master 负责保管 Server 和 Client 注册的信息,并匹配话题相同的 Server 与 Client,帮助 Server 与 Client 建立连接。连接建立后,Client 发送请求信息,Server 返回响应信息。

如图 7.18 所示的 ROS 服务通信的各个流程的功能如下。

步骤 0: Server 注册。Server 启动后,会通过 RPC 在 ROS Master 中注册自身信息,其中包含提供的服务的名称,ROS Master 会将节点的注册信息加入到注册表中。

步骤 1: Talker 设置参数。Talker 通过 RPC 向参数服务器发送参数(包括参数名与参数值),ROS Master 将参数保存到参数列表中。

步骤 2: Listener 请求参数。Listener 通过 RPC 向参数服务器发送参数查找请求,请求中包含要查找的参数名。

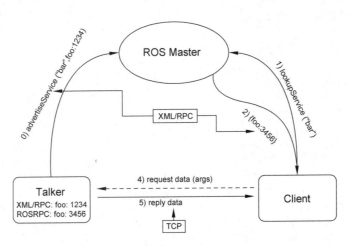

图 7.18　ROS 服务通信的功能流程图

步骤 3：ROS Master 向 Listener 发送参数值。ROS Master 根据步骤 1 请求提供的参数名查找参数值，并将查询结果通过 RPC 发送给 Listener。

步骤 4：Client 发送请求。Client 根据步骤 2 响应的信息，使用 TCP 与 Server 建立网络连接，并发送请求数据。

步骤 5：Server 接收、解析请求的数据，并产生响应结果返回给 Client。

12) ROS 通信机制：参数服务器

参数服务器在 ROS 中主要用于实现不同节点之间的数据共享。参数服务器相当于是独立于所有节点的一个公共容器，可以将数据存储在该容器中，被不同的节点调用，而不同的节点也可以往其中存储数据。

参数服务器实现是最为简单的，理论模型如图 7.19 所示，该模型中涉及三个角色：ROS Master、Talker(参数设置者)和 Listener(参数调用者)。ROS Master 作为一个公共容器，用于保存参数，Talker 可以向容器中设置参数，Listener 可以从容器中获取参数。

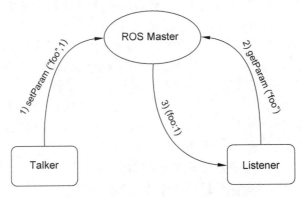

图 7.19　ROS 服务通信的功能流程图

如图 7.19 所示的 ROS 参数服务器的各个流程的功能如下。

步骤 1：Talker 设置参数。Talker 通过 RPC 向参数服务器发送参数(包括参数名与参数值)，ROS Master 将参数保存到参数列表中。

步骤 2：Listener 请求参数。Listener 通过 RPC 向参数服务器发送参数查找请求，请求中包含要查找的参数名。

步骤 3：ROS Master 向 Listener 发送参数值。ROS Master 根据步骤 1 请求提供的参数名查找参数值，并将查询结果通过 RPC 发送给 Listener。

13）ROS 通信操作的基本命令

ROS 提供了一些实用的命令行工具，可以用于获取不同节点的各类信息，常用的命令如下。

rosnode：操作节点，用于获取节点信息的命令。常用用法包括 rosnode ping 测试到节点的连接状态；rosnode list 列出活动节点；rosnode info 打印节点信息；rosnode machine 列出指定设备上的节点；rosnode kill 终止某个节点；rosnode cleanup 清除无用节点。

rostopic：操作话题，用于显示有关 ROS 主题的调试信息，包括发布者、订阅者、发布频率和 ROS 消息。它还包含一个实验性 Python 库，用于动态获取有关主题的信息并与之交互。常用用法包括 rostopic bw 显示主题使用的带宽；rostopic delay 显示带有 header 的主题延迟；rostopic echo 打印消息到屏幕；rostopic find 根据类型查找主题；rostopic hz 显示主题的发布频率；rostopic info 显示主题相关信息；rostopic list 显示所有活动状态下的主题；rostopic pub 将数据发布到主题；rostopic type 打印主题类型。

rosservice：操作服务，用于列出和查询 ROS Services。常用用法包括 rosservice args 打印服务参数；rosservice call 使用提供的参数调用服务；rosservice find 按照类型查找服务；rosservice info 打印有关服务的信息；rosservice list 列出所有活动的服务；rosservice type 打印服务类型；rosservice uri 打印服务的 ROSRPC uri。

rosmsg：操作 msg 消息，用于显示有关 ROS 消息类型。常用用法包括 rosmsg show 显示消息描述；rosmsg info 显示消息信息；rosmsg list 列出所有消息；rosmsg md5 显示 MD5 加密后的消息；rosmsg package 显示某个功能包下的所有消息；rosmsg packages 列出包含消息的功能包。

rossrv：操作 srv 消息，用于显示有关 ROS 服务类型，与 rosmsg 使用语法相似。常用用法包括 rossrv show 显示服务消息详情；rossrv info 显示服务消息相关信息；rossrv list 列出所有服务信息；rossrv md5 显示 MD5 加密后的服务消息；rossrv package 显示某个包下所有服务消息；rossrv packages 显示包含服务消息的所有包。

rosparam：操作参数，用于使用 YAML 编码文件在参数服务器上获取和设置 ROS 参数。常用用法包括 rosparam set 设置参数；rosparam get 获取参数；rosparam load 从外部文件加载参数；rosparam dump 将参数写出到外部文件；rosparam delete 删除参数；rosparam list 列出所有参数。

除了上述 ROS 的基本用法之外，ROS 系统还提供了功能强大的常用组件、可以实现进阶的通信以及机器人的仿真等功能，这些功能读者可以自行查阅互联网资料进行学习和实践，这也是进行 ROS 开发和仿真的必备知识。

7.3.3 ROS 下的 SLAM 仿真

本节以激光 SLAM 为例，介绍基于 Gazebo 的激光 SLAM 仿真。Gazebo 是一款功能强大的三维物理仿真平台，具备强大的物理引擎、高质量的图形渲染、方便的编程与图形接口，最重要的是其开源免费的特性。Gazebo 中的机器人模型与 Rviz 使用的模型相同，但是需要在模型中加入机器人和周围环境的物理属性，例如，质量、摩擦系数、弹性系数等。机器人的传感器信息也可以通过插件的形式加入仿真环境,以可视化的方式进行显示,其具有如下的功能特点。

(1) 动力学仿真。支持多种高性能的物理引擎,例如,ODE、Bullet、SimBody 和 DART 等。

(2) 三维可视化环境。支持逼真的三维环境显示,包括光线、纹理、影子。

(3) 传感器仿真。支持传感器数据的仿真,同时可以仿真传感器噪声。

(4) 可扩展插件。用户可以定制化开发插件,扩展 gazebo 的功能,满足个性化的需求。

(5) 多种机器人模型。官方提供 PR2、Pioneer2 DX、TurtleBot 等机器人模型,当然也可以使用自己创建的机器人模型。

(6) TCP/IP 传输。Gazebo 可以实现远程仿真,后台仿真和前台显示通过网络通信。

(7) 云仿真。Gazebo 仿真可以在 Amazon、Softlayer 等云端运行,也可以在自己搭建的云服务器上运行。

(8) 终端工具。用户可以使用 Gazebo 提供的命令行工具在终端实现仿真控制。

ROS 系统中,常用的激光 SLAM 算法包括 Gmapping、Karto 和 Hector 等,主要的功能参数对比如表 7.1 所示。

表 7.1　Gmapping、Karto 和 Hector 主要功能参数对比

	Gmapping	Karto	Hector
Sensor	激光雷达、里程计		高频率激光雷达
输入 topic	(1) /tf 以及 /tf_static:坐标变换,tf/tfMessage 或 tf2_msgs/TFMessage。需要提供两个 tf:①base_frame 与 laser_frame 之间的 tf,即机器人底盘和激光雷达之间的变换;②base_frame 与 odom_frame 之间的 tf,即底盘和里程计原点之间的坐标变换。odom_frame 可以理解为里程计原点所在的坐标系,里程计包括车轮上的光电码盘、惯性导航单元、视觉里程计,可以只用其中的一个作 odom,也可以选择多个进行数据融合,融合的结果再作为 odom; (2) /scan:激光雷达数据,类型为 sensor_msgs/LaserScan		
	—	—	(3) /syscommand:接收到 reset 消息时,地图和机器人的位置都会初始化到最初位置
输出 topic	(1) /tf:主要是输出 map_frame 和 odom_frame 之间的变换; (2) /map:slam_gmapping 建立的地图; (3) /map_metadata:地图的相关信息		
	(4) /slam_gmapping/entropy:std_msgs/Float64 类型,反映机器人位姿估计的分散程度	—	(4) /poseupdate:具有协方差的机器人位姿估计; (5) /slam_out_pose:没有协方差的位姿估计
提供的 service	/dynamic_map:类型为 nav_msgs/GetMap,用于获取当前的地图		
技术实现	粒子滤波	基于图优化的方法	scan-matching (Gaussian-Newton equation)
效果	成熟,可靠,效果稳定,许多基于 ROS 的机器人都跑 gmapping_slam	与 Gmapping 类似,更适合在大地图环境使用	效果不如 Gmapping 和 Karto,因为它仅用到激光雷达信息

1. 基于 Gmapping 的 SLAM 仿真过程

(1) 在已经安装了完整 ROS Kinetic 的 Ubuntu 系统中,可以直接安装 Gazebo。

```
sudo apt install ros - kinetic - gazebo - ros - pkgs ros - kinetic - gazebo - ros - control
```

(2) 在 Gazebo 中构建一个用于建图和导航的虚拟环境,可以使用 Building Editor 工具创建,也可以使用其他功能包中已有的虚拟环境。本书附带了一个已经完成的带有传感器的移动机器人,网盘地址为 https://pan.baidu.com/s/1CKG8sXfiPWwrSB4gaYF4KQ,密码为 88vv,将该模型放置到工作空间中,进行编译即可。

```
catkin_make
```

(3) 安装 Gmapping。

```
sudo apt install ros - kinetic - gmapping
```

安装后,默认是不需要修改配置文件的,如图 7.20 所示。

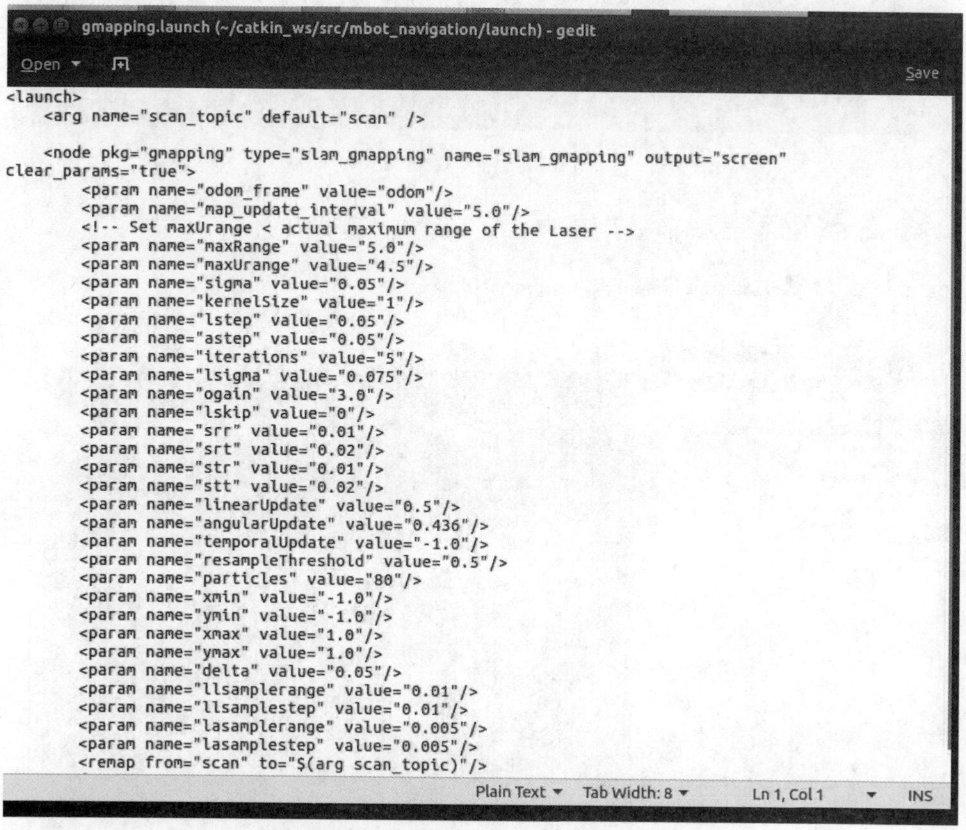


```
<launch>
    <arg name="scan_topic" default="scan" />

    <node pkg="gmapping" type="slam_gmapping" name="slam_gmapping" output="screen"
clear_params="true">
        <param name="odom_frame" value="odom"/>
        <param name="map_update_interval" value="5.0"/>
        <!-- Set maxUrange < actual maximum range of the Laser -->
        <param name="maxRange" value="5.0"/>
        <param name="maxUrange" value="4.5"/>
        <param name="sigma" value="0.05"/>
        <param name="kernelSize" value="1"/>
        <param name="lstep" value="0.05"/>
        <param name="astep" value="0.05"/>
        <param name="iterations" value="5"/>
        <param name="lsigma" value="0.075"/>
        <param name="ogain" value="3.0"/>
        <param name="lskip" value="0"/>
        <param name="srr" value="0.01"/>
        <param name="srt" value="0.02"/>
        <param name="str" value="0.01"/>
        <param name="stt" value="0.02"/>
        <param name="linearUpdate" value="0.5"/>
        <param name="angularUpdate" value="0.436"/>
        <param name="temporalUpdate" value="-1.0"/>
        <param name="resampleThreshold" value="0.5"/>
        <param name="particles" value="80"/>
        <param name="xmin" value="-1.0"/>
        <param name="ymin" value="-1.0"/>
        <param name="xmax" value="1.0"/>
        <param name="ymax" value="1.0"/>
        <param name="delta" value="0.05"/>
        <param name="llsamplerange" value="0.01"/>
        <param name="llsamplestep" value="0.01"/>
        <param name="lasamplerange" value="0.005"/>
        <param name="lasamplestep" value="0.005"/>
        <remap from="scan" to="$(arg scan_topic)"/>
```

图 7.20 默认的 Gmapping 配置文件

(4) 启动 Gazebo(基于激光雷达),屏幕显示 Gazebo,如图 7.21 所示。

```
cd catkin_ws
source devel/setup.bash
roslaunch mbot_gazebo mbot_laser_nav_gazebo.launch
```

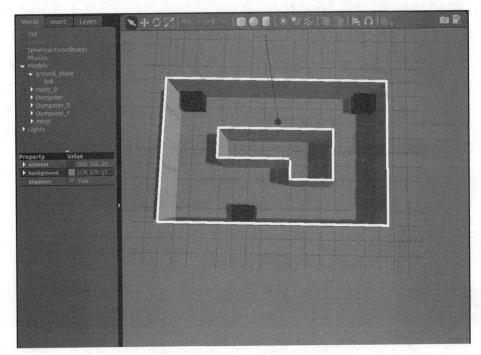

图 7.21　启动后的 Gazebo 显示界面

(5) 启动 RVIZ 演示,屏幕显示如图 7.22 所示。

```
roslaunch mbot_navigation gmapping_demo.launch
```

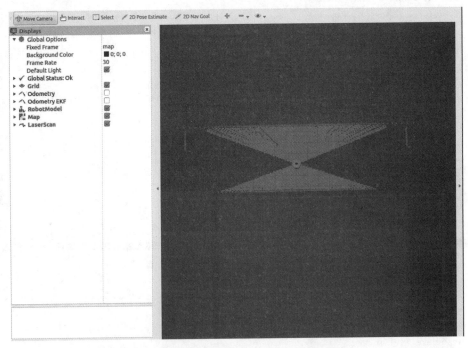

图 7.22　启动后的 Gmapping Demo 显示界面

（6）启动控制节点，屏幕会提示机器人的操作方法，如图 7.23 所示。

```
roslaunch mbot_teleop mbot_teleop.launch
```

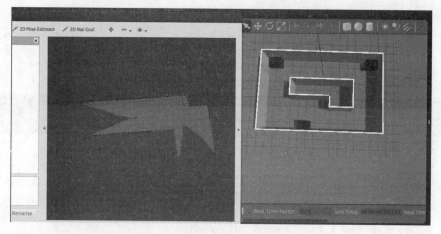

图 7.23　使用键盘控制机器人的提示

利用提示的键盘操作方式，控制机器人的移动，演示如图 7.24 和图 7.25 所示。

图 7.24　使用键盘控制机器人 1

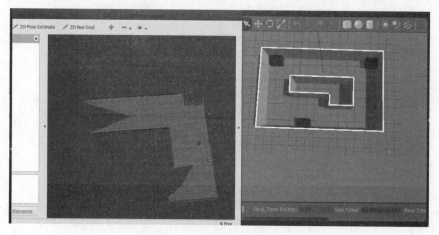

图 7.25　使用键盘控制机器人 2

机器人的路径规划和导航

(7) 保存地图,然后可以浏览地图,如图 7.26 所示。

```
rosrun map_server map_saver -f cloister_gmapping3
```

cloister_gmapping3.pgm

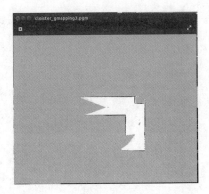

图 7.26　浏览保存之后的部分地图

2. 基于 hector_slam 功能包的 SLAM 仿真过程

(1) 安装 Hector。

```
sudo apt install ros-kinetic-hector-slam
```

(2) 第二步与基于 Gmapping 的 SLAM 仿真的第二步相同,不再介绍。

(3) 安装 Hector 后,默认是不需要修改配置文件的,如图 7.27 所示。

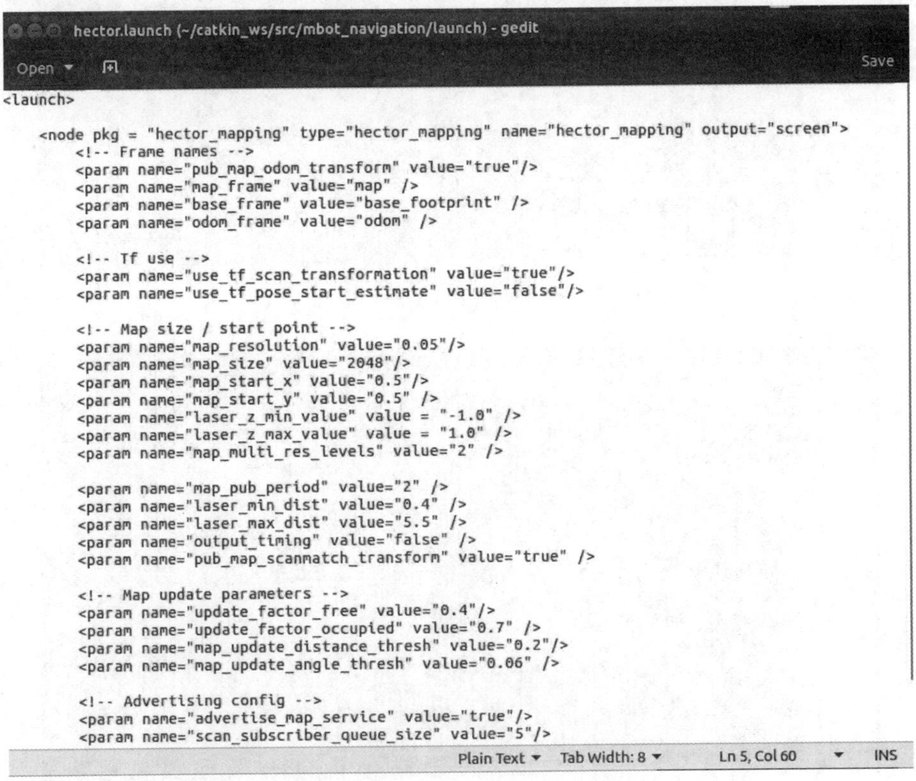

hector.launch (~/catkin_ws/src/mbot_navigation/launch) - gedit
Open
Save
Plain Text
Tab Width: 8
Ln 5, Col 60
INS

```
<launch>

  <node pkg = "hector_mapping" type="hector_mapping" name="hector_mapping" output="screen">
    <!-- Frame names -->
    <param name="pub_map_odom_transform" value="true"/>
    <param name="map_frame" value="map" />
    <param name="base_frame" value="base_footprint" />
    <param name="odom_frame" value="odom" />

    <!-- Tf use -->
    <param name="use_tf_scan_transformation" value="true"/>
    <param name="use_tf_pose_start_estimate" value="false"/>

    <!-- Map size / start point -->
    <param name="map_resolution" value="0.05"/>
    <param name="map_size" value="2048"/>
    <param name="map_start_x" value="0.5"/>
    <param name="map_start_y" value="0.5" />
    <param name="laser_z_min_value" value = "-1.0" />
    <param name="laser_z_max_value" value = "1.0" />
    <param name="map_multi_res_levels" value="2" />

    <param name="map_pub_period" value="2" />
    <param name="laser_min_dist" value="0.4" />
    <param name="laser_max_dist" value="5.5" />
    <param name="output_timing" value="false" />
    <param name="pub_map_scanmatch_transform" value="true" />

    <!-- Map update parameters -->
    <param name="update_factor_free" value="0.4"/>
    <param name="update_factor_occupied" value="0.7" />
    <param name="map_update_distance_thresh" value="0.2"/>
    <param name="map_update_angle_thresh" value="0.06" />

    <!-- Advertising config -->
    <param name="advertise_map_service" value="true"/>
    <param name="scan_subscriber_queue_size" value="5"/>
```

图 7.27　默认的 Hector 配置文件

（4）启动 Gazebo，启动效果如图 7.28 所示。

```
source devel/setup. bash
roslaunch mbot_gazebo mbot_laser_nav_gazebo. launch
```

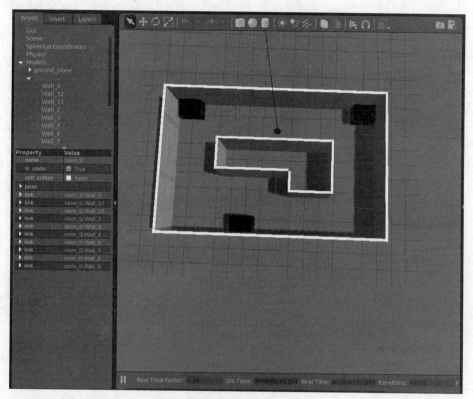

图 7.28　启动后的 Gazebo 显示界面

（5）启动 RVIZ 演示，屏幕显示如图 7.29 所示。

```
roslaunch mbot_navigation hector_demo. launch
```

（6）同样可以通过启动控制节点进行机器人控制，也可以进行保存地图的操作，具体的执行过程和执行效果不再列出。

3. 机器人自主导航仿真过程

在上述操作完成的基础上，还可以实现基于 move_base 和 amcl 的机器人自主导航仿真，其基本步骤如下。

（1）启动 Gazebo，如图 7.30 所示。

```
source devel/setup. bash
roslaunch mbot_gazebo mbot_laser_nav_gazebo. launch
```

（2）安装 move_base 和 amcl，启动导航节点，显示效果如图 7.31 所示。

```
sudo apt install ros － melodic － move － base
sudo apt install ros － melodic － amcl
roslaunch mbot_navigation nav_cloister_demo. launch
```

机器人的路径规划和导航

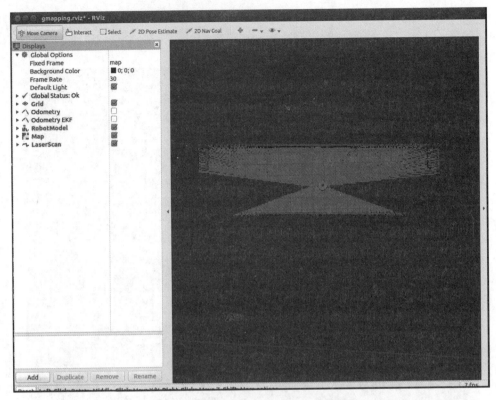

图 7.29　启动后的 Hector Demo 显示界面

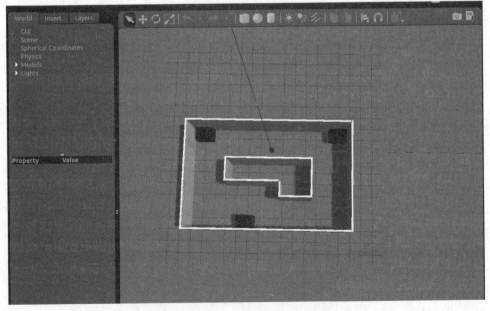

图 7.30　启动后的 Gazebo 显示界面

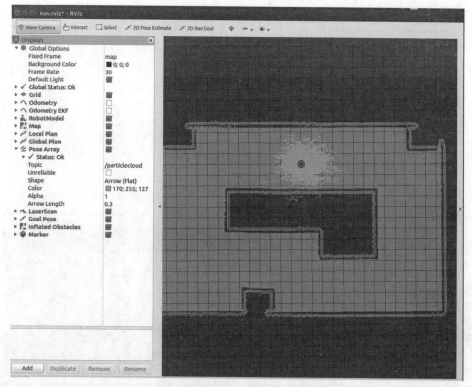

图 7.31　启动导航节点后的显示界面

（3）单击 2D Nav Goal，通过设定目标点和控制的方式使机器人自主移动，如图 7.32 所示。

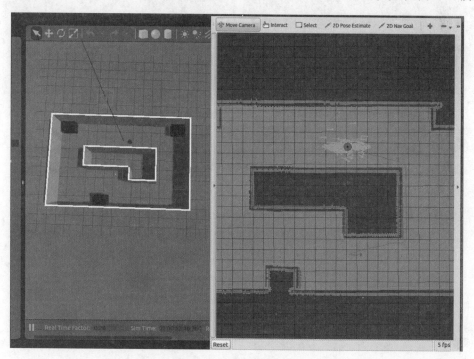

图 7.32　机器人自主移动

机器人的路径规划和导航

4. Gazebo 实现自主 SLAM 仿真过程

此外，还可以通过 Gazebo 实现自主 SLAM 仿真，主要步骤如下。

（1）启动 Gazebo。

```
source devel/setup.bash
roslaunch mbot_gazebo mbot_laser_nav_gazebo.launch
```

（2）运行导航文件。

```
roslaunch mbot_navigation exploring_slam_demo.launch
rosrun mbot_navigation exploring_slam.py
```

可以看到，机器人在缓缓移动，并逐渐构建地图的过程，该过程如图 7.33 所示。

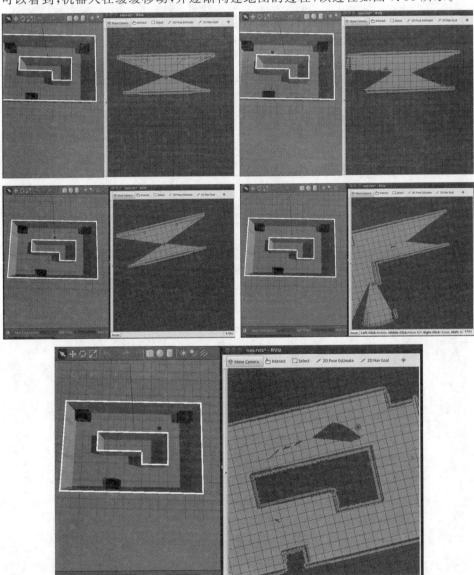

图 7.33　机器人自主 SLAM 的仿真过程

7.3.4　ROS 下的 vSLAM 系统

本节以 rtabmap_ros 为例，介绍如何使用 Turtlebot 通过 rtabmap_ros 进行建图和导航，所使用的 ROS 版本为 Kinetic。

TurtleBot 的目的是给入门级的机器人爱好者或从事移动机器人编程开发者提供一个基础平台，可以直接使用 TurtleBot 自带的软硬件，专注于应用程序的开发，避免了设计草图、购买、加工材料、设计电路、编写驱动和组装等一系列工作。借助该机器人平台，可以省掉很多前期工作，只要根据平台的软硬件接口进行开发，就能实现所需的功能。

TurtleBot 可以说是 ROS 中最为重要的机器人之一，几乎每个版本的 ROS 测试都会以 TurtleBot 为主，包括 ROS2 也率先在 TurtleBot 上进行了大量测试。所以 TurtleBot 也是 ROS 支持度最好的机器人之一，可以在 ROS 社区中获得大量关于 TurtleBot 的相关资源，很多功能包都能直接复用到自己的移动机器人平台上，是使用 ROS 开发移动机器人的重要资源。

（1）安装 TurtleBot。

```
sudo apt - get install ros - kinetic - turtlebot - bringup ros - kinetic - turtlebot - navigation
ros - kinetic - rtabmap - ros
```

（2）启动机器人底盘。

```
roslaunch turtlebot_bringup minimal.launch
```

（3）启动建图。

```
roslaunch rtabmap_ros demo_turtlebot_mapping.launch
```

（4）启动 rviz。

```
roslaunch rtabmap_ros demo_turtlebot_rviz.launch
```

该过程的具体实现和效果可以参考互联网搜索结果，不再详述。

7.4　无人驾驶中的视觉处理技术

无人驾驶（Self-Driving Car）又称为无人车、自动驾驶汽车，是指车辆能够根据自身周围环境条件实现自主感知、自主识别和自主行为控制功能，且能够辅助人类驾驶或达到人类驾驶水平。1.4.4 节已经介绍了自动驾驶汽车的分级，此处不再重复说明。

无人驾驶系统所包含的技术范畴相当广泛，包含感知、识别、计算决策和控制等技术，还涉及定位、通信等常规技术以及人工智能技术。自动驾驶是一种通过摄像头、激光雷达、毫米波雷达、GNSS 和惯性导航系统等设备获取周围环境状态，遵循人类的控制指令或设定目标，根据 4G、5G 和车联网等各类无线网络所获取的道路信息、交通信息、环境信息和障碍物状态等信息，使用车辆搭载的通用计算机软硬件系统或专用处理系统进行识别、分析和判定，输出控制指令，使得车辆具备一定程度上的自主运动或完全自主行为控制的技术。

7.4.1 无人驾驶技术的技术特点

无人驾驶技术相对于有人驾驶,具有非常突出的优势。

(1) 无人驾驶最直接的优点在于解放出行时间,改变出行方式。根据统计,80%的美国人平均每天驾车时间为50min,而无人驾驶汽车能帮助司机在此期间去做其他事情。麦肯锡公司估计,无人驾驶汽车每天为全球司机节省的时间总和高达10亿小时。

(2) 提升道路交通安全性、减少交通事故伤亡。在过去数年间,谷歌无人驾驶汽车已经行驶300多万千米,只遇到过16起交通意外,且从未引发过致命事件。自动驾驶技术可以有效地辅助解决或解决驾驶员注意力不集中、超速和危险驾驶带来的安全隐患。

(3) 减少道路拥堵、提升行驶速度。无人驾驶汽车不仅可以帮助人类减少车祸,还能大幅降低交通拥堵情况。据KPMG报告显示,无人驾驶汽车可帮助高速公路容纳汽车能力提高5倍。斯坦福大学计算机专家、谷歌无人驾驶汽车项目前专家塞巴森·特隆表示,一旦机器人汽车成为主流,当前公路上只需要30%的汽车。

(4) 减少温室气体排放。除了挽救生命外,无人驾驶汽车还能帮助人们拯救地球。由于无人驾驶汽车在加速、制动以及变速等方面都进行了优化,它们有助于提高燃油效率、减少温室气体排放。据麦肯锡咨询公司预测,无人驾驶汽车每年帮助减少3亿吨温室气体排放,这相当于航空业二氧化碳排放量的一半。

(5) 改善能源结构。无人驾驶汽车一般都伴随电动汽车或混合动力汽车进行,传统汽油车厂商对于自动驾驶技术的感兴趣程度完全不如各类造车新势力,包括特斯拉、蔚来和小鹏造车新势力在电动汽车领域发力的同时,也将自动驾驶技术作为一项重点任务进行研发,而Mobileye、百度和华为等公司的自动驾驶技术也都将电动汽车作为落地平台。

无人驾驶汽车已成为汽车行业乃至全社会关注的焦点领域,引来奥迪、丰田和沃尔沃等全球汽车巨头,以及百度、谷歌、特斯拉和优步等企业纷纷布局。但是,2018年Uber无人驾驶汽车致人死亡事故如一瓢冷水(但事后调查显示,在车祸发生前几分钟,驾驶员始终在她的手机上观看节目,这违反了Uber禁止使用手机的政策),浇醒了狂热的无人驾驶汽车推崇者,引发了全球范围对无人驾驶汽车安全性的讨论,发展无人驾驶汽车技术面临着前所未有的安全挑战。无人驾驶技术在引入了先进技术的同时,也构建了复杂的软硬件系统,使其自身也面临了各类安全问题。

(1) 硬件系统安全问题。硬件安全是指车载传感器、车载芯片、执行器等实际部件的安全性。确保相关机械、传感器和计算机等不受随机硬件失效的影响,无人驾驶汽车才具有安全行驶的基础。

(2) 软件安全是指车载决策系统能够保证根据收集到的行车数据,对无人驾驶汽车给出正确的转向、加速、减速和停车等指令。在硬件安全的基础上,软件安全决定了无人驾驶汽车能否根据复杂的行车环境做出正确决策。如果大脑不能根据周围环境做出正确的反应,那么视力再好都没有意义。

(3) 网络安全指的是相关车联网系统的设计能否保障无人驾驶汽车免受网络攻击,或在网络攻击下,应有的驾驶功能不受影响。在网络信息的配合下,无人驾驶汽车能够获得更多的路况和周围车辆信息,从而进一步提高车辆的安全性。可是随着车辆的外部接口类型的不断丰富,攻击路径也不断增多,在车载系统抵御黑客非法入侵方面,仍存在信息泄漏、车辆控制系统被操控等诸多漏洞。

自动驾驶技术的分类方法很多,但是在实际层面上,与机器人的 SLAM 技术的分类方式相似,即根据前端主要感知设备的类型进行分类。自动驾驶技术前端包括超声波传感器、毫米波雷达和惯性导航系统等,但这类传感器系统的感知范围小:超声波传感器最多只能感应 8m 距离,且感知角度只有 20°左右,而现有的毫米波探测距离可达 150m 以上,但感知角度只有 10°左右,而且这类设备只能感知前方特定位置是否有障碍物,而无法识别障碍物外观形状,因此这类前端传感器是无法作为自动驾驶技术的主要传感器的。

自动驾驶技术的主要传感器在功能上,必须满足三个基本要求:感知信息丰富、感知速度快和感知信息易于处理。从这个角度出发,目前国内和国际市场可以分为两大类型:以特斯拉为代表的纯视觉派,以华为等为代表的激光雷达＋视觉混合派。

特斯拉的 CEO 曾多次表示要抛弃激光雷达,以降低自动驾驶技术的实现成本。2021年起,特斯拉开始在美国地区测试新版本的 FSD(Full Self-Driving,全自动驾驶套件),而 FSD Beta 10 版本完全使用视觉技术,没有了雷达的介入。在特斯拉的"纯视觉"自动驾驶方案中,图像语义分割(ISS)是其中最重要的一项核心技术。图像语义分割在自动驾驶系统中主要用来进行行车路线和街道的识别和理解,是视觉自动驾驶方案的技术基石。图像语义将感知系统捕获到的图像按照其不同的含义、属性等进行分类,自动将不同类型的图像加以区分并识别。

而以华为为代表的造车新势力则一般会采用激光雷达＋视觉的混合方案。2021 年 4月 17 日,北汽旗下新能源汽车品牌极狐正式发布纯电轿车阿尔法 S,其中搭载华为 HI 基础版车型,支持高速道路自动驾驶,高阶版车型则支持城市道路自动驾驶。搭载华为 HI 版的极狐阿尔法 S,既是华为自动驾驶技术首次落地,也是华为初次展现 L4 级的自动驾驶能力。在华为与极狐阿尔法 S 合作的自动驾驶方案中,包括智能座舱、智能驾驶、智能网联、智能电动、智能车云服务,以及激光雷达、毫米波雷达、超声波雷达在内的 33 个智能化部件。

极狐阿尔法 S 华为 HI 版汽车中,华为采用了激光雷达,配合摄像头、毫米波雷达等元件,通过向四周散射激光。基于反馈判断周边是否存在障碍并生成点云图,具有抗干扰能力强的优点。但与特斯拉的纯视觉技术相比,激光雷达的使用也增加了整车的成本和系统复杂度,且需要对视觉信息和激光雷达信息进行精准融合才能应用。

7.4.2 无人驾驶系统的定位技术

本书已经介绍过的定位方式主要可以分为三类:①基于电磁波的定位,包括各类 GNSS 系统、Wi-Fi 定位,以及新兴超宽带(Ultra-Wide Band,UWB)定位等;②基于航迹推算的定位,包括惯性导航系统(INS)和里程计等;③基于环境特征匹配的定位,包括激光雷达、雷达和摄像机等。

不同定位系统的工作原理不同,有各自的优缺点:INS 属于相对定位系统,在已知运载体初始位置和方位的前提下,通过计算相邻时刻运动变化量,以累加的方式得到当前时刻的位置和方向。INS 最大的优势在于自身有导航算法,不会向外部辐射也不会被外部信息干扰,但是系统误差包括传感器误差和测量误差会随着时间无限增长。而 GNSS 由于对流层和电离层的信号延迟以及时钟误差,其单点定位精度约为 3～5m,必须依赖精准的载波相位技术。而且在很多情况下容易受到信号阻塞干扰和多路径的影响。GNSS 属于绝对定位系统,利用外界已知参考来确定运载体的位置,最大的优势在于几乎可以提供全天候的定位服务且不存在误差累积问题,在开阔环境下能够提供稳健的定位精度。激光雷达可以通过匹配不同时刻的扫描测量值计算载体的相对位姿变化,在充满纹理特征的结构化环境下,激光雷达定位效果良好,但是在恶劣天气和非结构化环境下容易出现定位失败的问题。

自动驾驶汽车对定位技术的可靠性和准确性提出了较高的要求,采用单一定位导航手段很难满足长时间稳定的高精度定位需求。单一传感器无法获得多级别、多方位和多层次的观测信息,单一的定位导航技术存在更新频率低、会受到不同环境影响、存在累计误差等不足,因此融合多种定位技术的组合导航定位方式正在成为自动驾驶定位的发展趋势。

通过对多种传感器及其观测信息的合理支配与使用,依据某种优化准则加以组合,产生对观测对象的一致性解释和描述,可以提高定位导航系统的有效性。同时,激光雷达和全球定位导航系统是两个在适用场景方面互补的传感器,二者互为冗余和补充;在 GNSS 信号受到干扰甚至完全阻挡的环境下,需要激光雷达对惯性导航系统进行修正、抑制累计误差的增长。

每个传感器都有自己独特的性能和稳定的工作条件,根据各类传感器的技术特点,在不同的场景和需求下,采用多传感器融合是目前应用于无人驾驶汽车中最稳定也最精确的定位方式。对于自动驾驶汽车定位导航系统的指标要求大致分为以下四个部分。

(1) 精度。即定位结果的误差均值,低误差均值可以避免车辆在行驶过程中与其他物体发生碰撞。

(2) 鲁棒性。包括定位结果的最大误差和标准差,最大误差过大会对车辆前后距离的控制有很大风险。

(3) 场景。定位模块需要覆盖多种场景,特别是在城市环境下,存在楼宇、林荫路、隧道的遮挡,定位模块能否在多种场景下工作至关重要。

(4) 实时性。无人驾驶汽车对定位模块输出频率要求较高,需要系统实时提供位置信息以便于下游模块调用当前位置信息并做出一些控制决策。

除此之外,定位系统还有完好性的要求,完好性是对系统提供信息正确性的信任程度的度量,是一个保护用户安全性的重要参数。当系统不能用于正常定位、出现故障观测或系统误差超限时,系统应该向用户提供告警。

可见,单一的导航技术不可能完全满足各种复杂环境中稳定和精确的导航需求,国内外许多学者致力于研究多传感器组合定位解决方案。然而,融合多种传感器信息并使整个系统准确稳健,并适用于各种场景,是一项非常具有挑战性的任务。在组合定位相关研究中,需要考虑到各种传感器的工作特性,适用场景的互补性。国内外对多传感器组合定位做了大量研究,主要包括以下几方面。

(1) GNSS 与 INS 的组合方式。在组合导航系统中,GNSS/INS 组合导航凭借诸多优势,获得了较多的研究成果。GNSS/INS 组合导航系统中的组合结构问题得到了广泛研究,包括松组合(Loosely Coupled)、紧组合(Tightly Coupled)和超紧组合(Deep Coupling)等组合模式。一般情况下,GNSS/INS 组合中是利用卡尔曼滤波算法作为信息融合手段进行的,该组合方式主要用于在狭窄的楼宇、隧道、峡谷等 GNSS 信号中断的情况下,利用 INS 进行短暂的补充定位。

(2) 视觉惯导组合方式。视觉惯性导航是近年来发展起来的一种实用的状态估计方法。其处理方式也是多种多样的,包括融合摄像机、IMU 和里程计的测量结果,进行视觉辅助惯导的组合定位方法;利用实时多个 IMU 视觉惯导系统,当其中一些 IMU 失败的时候,保证系统仍然可以正常工作。但是,视觉辅助惯导的方式虽然可以有效定位,却受光线条件限制较大,无法在阴雨天、光照条件较差或者夜间的环境中工作,并且图像处理量巨大,一般实时性较差。

(3) 相关室内定位技术的组合方式。室内定位技术比较丰富,包括利用 UWB/RFID/Wi-Fi/ZigBee/BT 等技术来辅助惯性导航进行定位。其中,UWB 技术的发射信号功率谱密度低,对信道衰落不敏感,与惯导系统集成可以保持导航精度,但是单个 UWB 节点的定位距离较近、覆盖范围小。因此,部分方案中则采用激光雷达辅助定位的方法,利用惯性测量单元和 2D 激光雷达组合实现机器人在复杂室内环境中的定位。此外,还有部分研究人员在室内采用 GNSS/LiDAR/INS 和机械化系统的综合定位方案。

7.4.3 深度学习和无人驾驶视觉感知

在现有的无人驾驶体系中,无论是纯视觉派,还是激光雷达＋视觉的混合派,都需要使用 GNSS/INS 和超声波等短距离雷达。但是,目前除了特斯拉这种"激进"的纯视觉派之外,激光雷达是各自动驾驶汽车上当仁不让的感知主角,但是受激光雷达的成本高等因素的影响,汽车业界也出现了很多关于使用成本较低的摄像头去承担更多感知任务的讨论和实践,以摆脱激光雷达的高成本。

在无人驾驶技术中,感知是最基础的部分,没有对车辆周围三维环境的定量感知,就有如人没有了眼睛,无人驾驶的决策系统就无法正常工作。为了安全与准确地感知,无人驾驶系统使用了多种传感器,其中可视为广义"视觉"的有超声波雷达、毫米波雷达、激光雷达和摄像头等。超声波雷达由于反应速度和分辨率的问题主要用于倒车雷达,毫米波雷达和激光雷达承担了主要的中长距测距和环境感知,而摄像头则主要用于交通信号灯和其他物体的识别。

激光雷达由于出色的精度和速度,成为现有无人驾驶感知系统中的主角,是厘米级的高精度定位中不可或缺的部分。但是其存在成本昂贵、精度受空气中悬浮物影响等问题。而毫米波雷达虽然相比激光雷达可以适应较恶劣的天气和灰尘,但又要防止其他通信设备和与其他雷达间的电磁波干扰。

传统的计算机视觉领域的主要研究方向是基于可见光的摄像头的视觉识别,从摄像头采集的二维图像来推断三维物理世界的信息。摄像头技术成熟、采集速度可达数百帧甚至更高,而且摄像头价格低廉,可以方便地组建双目或多目立体视觉系统,那么摄像头也是一定可以用于无人驾驶的。但是,验证基于机器学习的视觉方案是否可行,则需要使用各类无人驾驶数据集。目前,用于自动驾驶的数据集主要包括以下几种。

(1) AMUSE(Automotive Multi-Sensor Dataset,汽车多传感器数据集):该数据集由惯导等传感器数据以及多个测试车辆在实际交通场景中所拍摄的单目、全向、高帧速率的视觉数据相结合而成。

(2) Caltech Pedestrian Detection Benchmark(步行数据集):该数据集是一个用于检测行人的数据集,包含约 10h 的分辨率为 640×480 的 30Hz 视频,主要由行驶在乡村街道上的小车拍摄,视频共计约 250 000 帧,包含 35 万个边界框和 2300 个行人的注释。

机器人的路径规划和导航

(3) Cityscapes Dataset(城市景观数据集)：该数据集由戴姆勒等三家德国单位联合提供,是一组不同的立体视频序列,记录在 50 个不同城市的街道场景。其中包含了 5000 张在城市环境中驾驶场景的图像、19 个类别的密集像素标注、8 个具有实例级分割。尤其是其中包含 5000 帧高质量像素级注释,因此数据集的数量级要比以前的数据集大得多。Cityscapes 数据集共有 fine 和 coarse 两套评测标准,前者提供 5000 张精细标注的图像,后者提供 5000 张精细标注外加 20 000 张粗糙标注的图像。

(4) KITTI(KITTI Vision Benchmark Suite)：该数据集由德国卡尔斯鲁厄技术研究院(Karlsruhe Institute of Technology,KIT)和丰田芝加哥技术研究院(Toyota Technological Institute at Chicago,TTIC)共同制作,旨在为自动驾驶领域内的各种视觉任务提供在线评价服务,是目前世界上最大的用于自动驾驶的公开的数据集。

除了上述数据集集之外,自动驾驶领域还有 Malaga Stereo and Laser Urban Data Set、Ground Truth Stixel Dataset、Udacity dataset 和 Apollo Scape 等几十种数据集,均可用于自动驾驶中的道路信息检测、障碍物检测和行人检测等。本节将主要介绍 KITTI 数据集的相关特性,KITTI 所使用的记录车辆如图 7.34(a)所示。

KITTI 数据集包含市区、乡村和高速公路等道路场景,数据集中包括 389 对立体图像和光流图、39.2km 视觉测距序列、超过 20 万张 3D 标注物体图像,图像采样频率为 10Hz,包括 car(汽车)、van(货车)、truck(卡车)、pedestrian(行人)、pedestrian(sitting)(坐的行人)、cyclist(自行车)、tram(有轨电车)和 misc(杂项)。

KITTI 数据集中各类数据的采集手段与现有的各类自动驾驶汽车相似,主要包括 GNSS/IMU、激光雷达和摄像机等,其安装位置如图 7.34(b)所示,各设备主要参数如下。

(1) 1 个 OXTS RT3003：GNSS/IMU 定位系统,可实现 5cm 的定位精度和 250Hz 的数据输出率。

(2) 1 个 Velodyne HDL-64E：64 线激光雷达,可实现 100m 的探测距离、2cm 的测量精度、5～15Hz 的输出帧率。

(3) 2 个 Point Grey Flea 2 灰度摄像机、2 个 Point Grey Flea 2 彩色摄像机,使用 Edmund Optics NT59-917 镜头,可实现 1392×512 分辨率、90°×35° 的视场角和 10Hz 帧率。

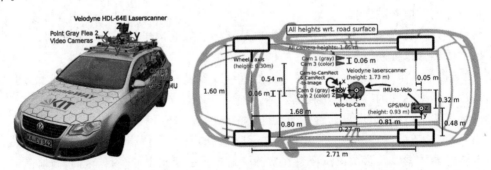

(a) KITTI的数据采集车   (b) KITTI数据采集车上的传感器安装位置

图 7.34 KITTI 的数据采集系统

可见,KITTI 数据集中,没有配备毫米波雷达,且图像占比依然较小,只配备了 4 个光学相机。而现有的各类自动驾驶汽车的图像数据要远多于 KITTI,特斯拉 Model 3 配备了 8 个摄像机、阿尔法 S 华为 HI 版配备了 13 个摄像头、百度 Apollo 方案中配备了 10 个摄像头,图像在实际应用中占比也大于 KITTI。尽管如此,KITTI 相较于其之前的数据集,也具有很多创新性的特点。

(1) 综合了无人驾驶汽车上的常见的多种传感器,利用激光雷达采集环境的高精度三维空间信息,有较好的 ground truth。

(2) 采用真实环境中采集的数据,而非计算机生成的模拟数据。

(3) 覆盖了自动驾驶过程中的多种道路特征和目标物。

可见,KITTI 已经覆盖了在自动驾驶场景中待解决的最主要的两大类问题:物体的识别与跟踪、车辆本身的定位。①物体的识别与跟踪:通过深度学习的方法,识别在行驶途中遇到的物体,比如行人、空旷的行驶空间、地上的标志、红绿灯以及旁边的车辆等。由于行人以及旁边的车辆等物体都是在运动的,因此需要使用 Optical Flow 等运动预测算法跟踪这些物体以达到防止碰撞的目的。②车辆本身的定位:通过基于拓扑与地标算法,或者是基于几何的视觉里程计算法,无人车可以实时确定自身位置,满足自主导航的需求。

7.4.4　无人驾驶规划

路径规划是指在一定的环境模型基础上,给定无人驾驶汽车起始点和目标点后,按照性能指标规划出一条无碰撞、能安全到达目标点的有效路径。

路径规划主要包含两个步骤:建立包含障碍区域与自由区域的环境地图,以及在环境地图中选择合适的路径搜索算法,快速实时地搜索可行驶路径。路径规划结果对车辆行驶起着导航作用,引导车辆从当前位置行驶到达目标位置。机器人地图建立和路径规划方法已经在 7.2 节中介绍,本节主要介绍与自动驾驶相关的行为规划(Behavior Planning)问题。

行为规划是无人驾驶最顶层的决策模块,获取各方信息汇总后做出行为决策输出路径规划,最终传给底层控制模块从而驱动车辆。行为规划早期又被称为决策系统,其在自动驾驶系统中位于任务规划和路径规划之间。行为规划系统主要负责以下两方面。

(1) 静态行为规划。基于道路和交通规则的指令。

(2) 动态行为规划。基于周边环境(主要是车辆、非机动车及行人)的交互指令和预测。

行为规划的运用场景通常有多个交通参与者,且其间的交互尤为重要。目前,行为规划主要可以分为以下三类。

(1) 基于规则的决策系统。

(2) 基于优化算法的决策。

(3) 基于概率和机器学习的方法。

早期的行为规划被称为决策系统的原因,主要在于其输出值通常为 0/1,例如,在停车标识前的停车指令,十字路口处是否可以左转等。早期的行为规划的设计,通常针对的是比较单一的路况条件。例如,仅针对封闭路段(如 2007 DARPA URBAN CHALLENGE 比赛)或者高速公路等简单场景。另外,也受制于当时有限的计算能力,行为规划系统多基于专家系统实现,即基于各种人类制定的既定规则的决策。因此,无人驾驶汽车的行为规划能力,完全取决于人类所制定的规则的全面性,规则越详细,行为规划能力越强。

专家系统的设计直观而且符合人类的直觉,即在符合条件 A 的情况下,就可以采取行为 a。基于专家系统的行为规划在简单的环境下,即外部条件是简单的、有限的且可描述的情况下是非常有效的。例如,在车辆很少的情况下完成并线超车行为,则只需要两个简单的条件:①观察到前车速度小于一个定值 X;②目标线上后车的距离大于某个值 T,即可发出超车换线指令。但是实际的应用场景中的条件是非常复杂的,例如,在车流量较大的环境下,专家系统难以枚举所有可能外部条件和解决方案,并且过于保守的设计指标会造成决策的困难,即无法在实际可行的条件下做出正确决策。随着周边环境的复杂度增加,有更多的参数需要考虑,难以建立条件庞大、可扩展的专家系统,甚至会造成逻辑漏洞或者矛盾。

为了适应更复杂的环境,业界提出了基于优化方法的行为规划算法。优化方法的特点在于可以同时考虑多个参数对决策的影响,而且参数更多使用的是连续变量。通过对目标函数的优化,可以求解一组时序参数,这组参数可以是底层的控制变量,直接输入给下层控制器,省去了中间由决策到控制的环节,这也是优化方法的一大优势。

优化的目标函数由多个评估函数加权组成,每个评估函数负责对一个或者多个参数的取值做评估。目前,研究人员期望把目标函数设计成凸函数,以达到更高的求解效率。然而如何将所有的评估函数设计成凸函数形式,也是目前一个很值得讨论的课题。此外,目前基于优化的方法需要额外的环境预测功能,也就是对相邻车辆的行为预测,这个预测可能会具有不确定性,优化方法也需要有完备的算法和机制来应对该不确定性。

但是实际道路中是难以预测或者评估其他车辆的意图和行为,并给出不确定性指标的。在现有的理论框架下,部分观测马尔可夫决策过程(Partial Observable Markov Decision Process,POMDP)能够在考虑多车相互影响的不确定性前提下,提供最优的决策和规划。但是,POMDP 虽然理论完备,但是离实际在无人车决策的应用上仍存在一定差距,主要表现在实时性方面:POMDP 的求解需要进行多次迭代,以期得到最优的状态-动作的对应函数,连续 POMDP 的通用解法本身就是一个难度很大且目前尚待解决的课题。为了弥补在线求解的实时性问题,学者陆续提出了各种优化方法,其中,最直观、最简便的一种离散化方法就是对行为的离散:即在决策时仅考虑抽象行为,如"保持直行""左变线""右变线"等动作,然后通过离散 POMDP 求解,该办法较为直接、实用;另外一种离散的方式是对策略的离散,即预制好多种最优解以应对不同的状况,POMDP 仅需要挑选对应目前状况最优的一个策略即可,该方法则大大降低了计算难度、减少了求解时间。不过预制多种最优策略也是一项很大的工程。虽然可以线下计算,但难以涵盖所有的状况,如果遇到了跟预制完全不同的状况,还是需要重新计算新的策略,产生了与专家系统类似的问题。

使用 POMDP 还有一个难点是概率转移函数的设计,传统方法是通过真实数据和仿真数据来计算得到概率分布的,但是,计算过程中所使用的数据是否有代表性?所进行的仿真是否具有足够的真实性?计算得到的状态转移函数是不是能很好地近似真实的状态和真实的概率分布?都是难以判定的问题。而且,POMDP 的奖励函数的设计也会影响最终结果:通常情况下,该奖励函数是一种由人工设计的分段函数,分段的设计是很难反映真实的奖励机制的,为了更好地得到真实的奖励函数,一些科研人员也提出了使用逆向强化学习(Inverse Reinforcement Learning,IRL)来解决。但逆向强化学习的逐步迭代过程会产生庞大的计算负担。因此,研究人员更期望通过深度学习的方法得到转移函数,目前,深度学习已经接管了自动驾驶中的主要分支领域。

小　结

路径规划和导航是机器人适应环境、自主运动的重要功能。本章从数字地图技术展开，首先主要介绍了常用的路径规划算法，在介绍 ROS 系统的 SLAM 仿真前，详细地介绍了 ROS 系统特性。最后，本章就自动驾驶中的视觉识别与导航规划进行了说明。

习　题

1. 数字地图相较于纸质地图有哪些特点？
2. 对比拓扑地图与度量地图的特点。
3. 离线路径规划主要有哪些实现方法？
4. 人工势场法是如何解决局部极小值和全局最小值问题的？
5. vSLAM 的基本流程包括哪些步骤？
6. 课后自行在 ROS 中实现基于 Gmapping 的 SLAM 仿真。

机器人的路径规划和导航

参 考 文 献

[1] JOHN J C. 机器人学导论(原书第三版)[M]. 北京：机械工业出版社,2006.

[2] SICILIANO B,SCIAVICCO L,VILLANI L,et al. Robotics：Modelling,Planning and Control[M]. US：Springer Publishing Company,Incorporated,2010.

[3] FEATHERSTONE R. Rigid Body Dynamics Algorithms[M]. US：Springer Publishing Company, Incorporated,2008.

[4] BROGARDH T. Robot Control Overview：An Industrial Perspective[J]. Modeling Identification & Control,2009,30(3).

[5] 西西利亚诺. 机器人手册：Springer handbook of robotics[M]. 北京：机械工业出版社,2013.

[6] 宗光华. 新版机器人技术手册[M]. 北京：科学出版社,2007.

[7] 熊有伦. 机器人技术基础[M]. 北京：机械工业出版社,1996.

[8] PAUL R P. 机器人操作手册：数字,编程与控制[M]. 北京：机械工业出版社,1986.

[9] VERLAG S. Fundamentals of robotic mechanical systems[M]. US：Springer Publishing Company, Incorporated,2003.

[10] CECCARELLI M. Fundamentals of Mechanics of Robotic Manipulation[M]. US：Springer Publishing Company,Incorporated,2004.

[11] SPONG M W,Hutchinson S,Vidyasagar M. Robot Modeling and Control[J]. Industrial Robot An International Journal,2006,17(5)：709-737.

[12] ROBERT C,ROBERT W. ROV 技术手册水下机器人使用指南[M]. 上海：上海交通大学出版社,2018.

[13] CLARENCE W de Silva. 传感器系统：基础及应用[M]. 詹惠琴,崔志斌,等译. 北京：机械工业出版社,2019.

[14] 徐科军. 传感器与检测技术[M]. 5 版. 北京：电子工业出版社,2021.

[15] 张志勇,王雪文,翟春雪. 现代传感器原理及应用[M]. 北京：电子工业出版社,2014.

[16] 严海蓉,薛涛,曹群生. 嵌入式微处理器原理与应用：基于 ARM Cortex-M3 微控制器[M]. 北京：清华大学出版社,2014.

[17] 柯博文. 树莓派(Raspberry Pi)实战指南[M]. 北京：清华大学出版社,2015.

[18] 周露,刘宝忠. 北斗卫星定位系统的技术特征分析与应用[J]. 全球定位系统,2004,29(4)：5.

[19] 王永鼎,李华南,钱莹娟. 北斗卫星导航系统在 AUV 中的应用研究[J]. 全球定位系统,2018.

[20] 黄志坚. 机器人驱动与控制及应用实例[M]. 北京：化学工业出版社,2016.

[21] 李二超,李战明,李炜. 未知环境下的机器人视觉/力觉混合控制[J]. 控制与决策,2010,25(3)：430-432.

[22] 魏延辉,田海宝,杜振振,等. 微小型自主式水下机器人系统设计及试验[J]. 哈尔滨工程大学学报,2014,000(005)：566-570,579.

[23] 万磊,张英浩,孙玉山,等. 基于重构容错的智能水下机器人定深运动控制[J]. 兵工学报,2015,36(4)：8.

[24] 马艳彤,郑荣,于闯. 过渡目标值的非线性 PID 对自治水下机器人变深运动的稳定控制[J]. 控制理论与应用,2018,35(8)：6.

[25] 徐德,谭民,李原. 机器人视觉测量与控制.[M]. 2 版. 北京：国防工业出版社,2011.

[26] 王修岩,程婷婷. 基于单目视觉的工业机器人智能抓取研究[J]. 机械设计与制造,2011,(5)：2.

[27] 王修岩,程婷婷. 基于单目视觉的工业机器人目标识别技术研究[J]. 机械设计与制造,2011,(4)：3.

[28] 韩建萍,魏诚. 工业机器人视觉系统在电气自动化中的应用[J]. 机械设计,2021,38(4)：1.

[29] 屠大维,林财兴. 智能机器人视觉体系结构研究[J]. 机器人,2001,23(3)：6.

［30］ 卢宏涛,张秦川.深度卷积神经网络在计算机视觉中的应用研究综述［J］.数据采集与处理,2016,
31(1)：17.

［31］ 郝颖明,吴清潇,周船,等.基于单目视觉的水下机器人悬停定位技术与实现［J］.机器人,2006,
28(6)：6.

［32］ ZHANG J,ZHU L,XU L,et al. Research on the Correlation between Image Enhancement and
Underwater Object Detection［C］.2020 Chinese Automation Congress (CAC).2020.

［33］ 付强,张宏静,赵建伟,等.Analysis and Implementation of Improved SLAM Algorithm for Mobile
Robot［J］.兵工自动化,2018,037(009)：86-89.

［34］ 张毅,沙建松.基于图优化的移动机器人视觉 SLAM［J］.智能系统学报,2018.

［35］ 王均,王红.电子地图符号体系与符号库标准的研究［J］.测绘科学,2003,28(2)：4.

［36］ 齐清文,梁雅娟,何晶,等.数字地图的理论、方法和技术体系探讨［J］.测绘科学,2005,30(6)：4.

［37］ 沈永增,姚俊杰,房晓菲.基于嵌入式电子地图的导航最优路径规划［J］.浙江工业大学学报,2008,
36(2)：5.

［38］ 刘安睿劼,王耀力.基于轮式机器人的实时 3D 栅格地图构建［J］.计算机工程与应用,2020：164-171.

［39］ 张海波,原魁,周庆瑞.基于路径识别的移动机器人视觉导航［J］.中国图象图形学报：A 辑,2004,
9(7)：5.

［40］ 柯耀.基于 ROS 的开源移动机器人平台设计［J］.单片机与嵌入式系统应用,2020,20(9)：4.

［41］ 何佳泽,张寿明.2D 激光雷达移动机器人 SLAM 系统研究［J］.电子测量技术,2021,44(4)：5.

［42］ 马腾,李晔,赵玉新,等.AUV 的图优化海底地形同步定位与建图方法［J］.导航定位与授时,2020,
7(2)：8.

［43］ AMITAVA C,ANJAN R.基于视觉的自主机器人导航［M］.北京：机械工业出版社,2014.

图书资源支持

感谢您一直以来对清华版图书的支持和爱护。为了配合本书的使用，本书提供配套的资源，有需求的读者请扫描下方的"书圈"微信公众号二维码，在图书专区下载，也可以拨打电话或发送电子邮件咨询。

如果您在使用本书的过程中遇到了什么问题，或者有相关图书出版计划，也请您发邮件告诉我们，以便我们更好地为您服务。

我们的联系方式：

地　　址：北京市海淀区双清路学研大厦 A 座 714

邮　　编：100084

电　　话：010-83470236　010-83470237

客服邮箱：2301891038@qq.com

QQ：2301891038（请写明您的单位和姓名）

资源下载：关注公众号"书圈"下载配套资源。

资源下载、样书申请

图书案例

书　圈

清华计算机学堂

观看课程直播